U0801072

普通高等教育"十一五"国家级规划教材

# 岩体力学

（第二版）

沈明荣　陈建峰　编著

同济大学出版社
TONGJI UNIVERSITY PRESS

## 内 容 提 要

本书共分10章，主要介绍岩石的基本物理力学性质、岩体的动力学性质、岩体的基本力学性质、工程岩体分类、岩体的初始应力状态，以及岩体力学在洞室工程、边坡工程和岩基工程中的应用、岩体力学数值分析方法及研究展望等内容；附录部分为岩体力学室内试验指导书。

本书在2006版本的基础上进行了修订，增加了近年来岩体力学研究的新成果。本书侧重于岩体力学的基本理论和方法，其内容由浅入深、推理严谨、层次清晰，并附有相关的思考题和习题，也便于读者自学。

本书可作为高等院校土木工程、地质工程、采矿工程、水利工程、交通工程等专业本科生的专业基础课教材，也可作为相关专业教师、研究生和工程技术人员的参考用书。



**图书在版编目(CIP)数据**

岩体力学/沈明荣，陈建峰编著. --2版. --上海：同济大学出版社，2015.8(2019.8重印)

ISBN 978-7-5608-5903-3

Ⅰ. 岩…　Ⅱ. ①沈…　②陈…　Ⅲ. 岩体力学一高等学校一教材　Ⅳ. TU45

中国版本图书馆CIP数据核字(2015)第172964号

**岩体力学(第二版)**

沈明荣　陈建峰　编著

责任编辑　高晓辉　　责任校对　徐春莲　　封面设计　陈益平

出版发行　同济大学出版社　　www.tongjipress.com.cn

（地址：上海市四平路1239号　邮编：200092　电话：021－65985622）

经　　销　全国各地新华书店

印　　刷　江苏句容排印厂

开　　本　787mm×1092mm　1/16

印　　张　17.25

字　　数　430000

版　　次　2015年8月第2版　　2019年8月第6次印刷

书　　号　ISBN 978-7-5608-5903-3

定　　价　36.00元

# 前　言

岩体力学是一门介于工程地质学与力学两门学科的边缘学科，在土木工程、地质工程、采矿工程、水利工程、交通工程等领域中都得到了广泛的应用。几十年来，随着国内外岩体工程建设项目不断增多，以及工程规模和复杂程度的不断加大，岩体力学的研究工作得到了飞速发展，取得了丰硕的实践经验和显著的理论成果。这些研究成果为本书的编写提供了丰富的素材，同时也为本书中所叙述的相关理论提供了重要依据。

本书是在同济大学多年教学实践和 2006 年编著的教材基础上加以修订的。本书系统介绍了岩体力学的基本理论以及相应的试验方法，阐述了岩体力学在洞室工程、边坡工程和岩基工程中的应用理论和分析方法。全书共有 10 章和 1 个附录，主要内容分为三大部分：第一部分主要介绍岩石和岩体的基本概念、岩石和岩体的基本物理力学性质（第 1—4 章）；第二部分主要介绍工程岩体的分类和岩体的初始应力状态（第 5，6 章）；第三部分主要介绍岩体力学在洞室工程、边坡工程和岩基工程中的应用、岩体力学数值分析方法及研究展望（第 7—10 章）。本次修订的主要原则是增加近几年来岩体力学研究的新成果，重新梳理本书内容，使其叙述更为简洁明了。为使学生加深对岩体力学基本理论的认识和理解，与理论课配套开设岩体力学实验课程，附录为岩体力学室内试验指导书。

本书由同济大学沈明荣教授、陈建峰教授编著。第 1，2，4，5，7 章由沈明荣执笔；第 3，6，8，9，10 章和附录由陈建峰执笔。全书由陈建峰统稿。

在此衷心感谢同济大学孔宪立教授和程鸿鑫教授对本书编写所给予的支持和帮助，并同时感谢对本书提出宝贵意见的兄弟院校的老师和同学们。

本书提供丰富的课件资源，有需要的任课老师可邮件陈建峰教授（邮箱：jf_chen@tongji.edu.cn）获取。邮件时请备注姓名、学校、联系方式、内容等。也请读者在使用本书过程中将发现的问题及建议及时发送至以上邮箱，以不断改进、完善本书的内容。

编者

2019 年 8 月

# 第一版前言

岩体力学是一门介于地学与力学两门学科之间的边缘学科，在土木工程、地质工程、采矿工程、水利工程、交通工程等领域中得到了广泛应用。几十年来，随着国内外岩体工程的不断增多，以及工程规模和复杂程度的不断加大，使岩体力学的研究工作得到了飞速的发展，取得了丰富的实践经验和显著的理论成果。这些成就为本书的编写提供了丰富的材料。

本书是在同济大学多年来的教学实践和原有教材的基础上编写的。本书系统地阐述了岩体力学的基本理论和方法，叙述了岩体力学在洞室工程、边坡工程和岩基工程中的应用理论和分析方法。本书主要分为三大部分：第一部分介绍了岩石与岩体的基本概念、岩石的基本物理力学性质（第一、二章）；第二部分介绍了岩体动力学性质、岩体的基本力学性质、工程岩体的分类、岩体的初始应力状态（第三、四、五、六章）；第三部分介绍了岩体力学在洞室工程、边坡工程和岩基工程中的应用、岩体力学数值分析方法及研究展望（第七、八、九、十章）；为使学生加深对岩体力学基本理论的认识和理解，需做一系列岩体力学室内试验，故附录部分为岩体力学室内试验指导书。

本书由同济大学沈明荣教授、陈建峰副教授编著。第一、二、四、五、七章由沈明荣执笔；第三、六、八、九、十章和附录由陈建峰执笔。全书由沈明荣统稿。

作者衷心地感谢同济大学孔宪立教授和程鸿鑫教授对本书编写所给予的支持和帮助，同时感谢对本书提出宝贵意见的兄弟院校的教师和学生。

限于作者水平，书中如有错误和不妥之处，恳请读者批评、指正。

编者

2006 年 3 月

# 符号说明

各种符号都在其出现时加以定义，各符号的单位标注在其定义后的括号里。以下列出了本书常用的符号。

$A$——截面面积。

$a,b$——分别为基础的长度和宽度。

$BQ$——岩体基本质量指标。

$c,\phi$——分别表示岩石的内聚力和内摩擦角。

$c_j,\phi_j$——分别表示结构面的内聚力和内摩擦角。

$E,E_d$——分别表示岩石的静态弹性模量和动态弹性模量。

$E_{50}$——相当于岩石单轴抗压强度50%时的应力值对应的割线弹性模量。

$e_1,e_2$——梯形分布的侧向围岩压力。

$e$——孔隙比。

$f$——摩擦系数；或岩石的坚固系数。

$G,G_d$——分别表示洞室的岩石的静态剪切模量和动态剪切模量。

$H$——洞室的埋深；或边坡的坡高。

$h$——洞室的高度；有时也表示水头高度。

$I_{d2}$——岩石(二次循环)耐崩解性指数。

$I_s,I_{s(50)}$——分别为未经修正的岩石点荷载强度和经尺寸修正后的岩石点荷载强度。

$J_V$——岩体的体积裂隙数。

$JRC$——结构面的粗糙度系数。

$JCS$——结构面的面壁强度。

$K$——边坡或岩基的稳定性系数；有时也用于表示各类修正系数和渗透系数。

$K_V$——岩体的完整性指数。

$k$——刚度系数。

$m,m_s$——分别为岩石和岩石固体的质量。

$N$——承载力系数。

$p_0$——岩体的初始应力。

$q$——作用于洞室顶部的围岩压力。

$R_c,R_t$——分别表示岩石的单轴抗压强度和抗拉强度。

$R_w,R_d$——分别表示岩石饱和和烘干状态下的单轴抗压强度。

$RQD$——岩石的质量指标。

$r$——岩体中任意一点离洞室中心轴的距离。

$r_a$——洞室的开挖半径。

$s$——基础的沉降量。

$u,v$——分别表示洞室围岩的径向位移和切向位移。

$v_P,v_S$——分别表示纵波波速和横波波速。

$V, V_s, V_v$——分别表示岩石的体积、岩石中固体的体积和孔隙的体积。

$V_H, V_D, V_{HP}$——分别表示岩石轴向自由膨胀率、径向自由膨胀率和侧向约束膨胀率。

$w, w_a, w_{sa}$——分别为岩石的含水率、吸水率和饱和吸水率。

$\beta$——结构面与最大主应力作用面的夹角;或破坏面与最大主应力作用面的夹角。

$\rho, \rho_d, \rho_{sa}$——分别表示岩石的天然密度、干密度和饱和密度。

$\rho_w$——水的密度。

$\rho_{WT}$——与试验温度同温度的试液密度。

$\delta$——结构面的法向位移。

$\varepsilon_1, \varepsilon_2, \varepsilon_3$——分别表示最大主应变、中主应变和最小主应变。

$\varepsilon_V$——体积应变。

$\dot{\varepsilon}$——应变速率。

$\eta$——岩石的黏滞系数;有时也用于表示岩石的软化系数。

$\theta$——方位角;有时也用于表示体积应变。

$\lambda$——侧压力系数;有时也用于表示拉梅常数。

$\mu, \mu_d$——分别表示岩石的静态和动态泊松比。

$\mu_{50}$——相当于岩石单轴抗压强度50%时的应力值对应的泊松比。

$\sigma_1, \sigma_2, \sigma_3$——分别表示最大主应力、中主应力和最小主应力。

$\sigma_c, \sigma_t$——分别表示岩石单轴抗压强度和抗拉强度。

$\sigma_n, \tau_n$——分别表示正应力和剪应力。

# 目　　录

# 第1章　绪　论

岩体力学(Rock Mass Mechanics)是研究岩石和岩体力学性能的理论及其应用的科学，是探讨岩石和岩体在其周围物理环境(应力场、温度场、地下水等)发生变化后，做出响应的一门力学分支。这是20世纪六七十年代给出的有关岩体力学的定义。从该定义可知，作为一门专业基础力学学科，岩体力学具有以下的特点：岩体力学研究的对象不仅是岩石，还有更为复杂的含有结构面的岩体；由于岩石与岩体存在于自然界中，将受到应力场、温度场、地下水等地质赋存条件所给予的影响，进一步加大了其研究的难度；而岩体力学所研究的对象又与岩石工程的建设有着紧密的联系，正是由于岩石工程的开挖改变了岩体的应力和应变状态，影响了工程岩体的稳定性；此外，岩石工程建设中将会遇到各种新问题，这将成为岩体力学发展的原动力。岩体力学的原名是岩石力学(Rock Mechanics)，由于科学技术的发展，岩石与岩体已有严格的区分，因而将岩石力学改为岩体力学更切合实际。但是，岩石力学这个名词沿用已久，且使用很普遍，在许多研究岩体力学问题的著作中，都称其为"岩石力学"，包括世界各国研究岩体力学的协会也采用岩石力学这个名词。因而岩石力学一词又可理解为"广义的'岩石力学'"，但其实质应该称为"岩体力学"。

## 1.1　概述

地球体的表层称为地壳，它的上部最基本的物质是由岩石所构成，人类的一切生活和生产实践活动，都局限在这地壳的最表层范围内，因而岩石和由岩石派生出来的土构成了人类生存的物质基础以及生活和生产实践活动的环境。

岩石是由矿物或岩屑在地质作用下按一定的规律聚集而形成的自然物体。岩石有其自身的矿物成分、结构与构造特征。所谓矿物，是指存在于地壳中的具有一定化学成分和物理性质的自然元素和化合物，其中构成岩石的矿物称其为造岩矿物，如常见的石英($SiO_2$)、正长石($KAlSi_3O_8$)、方解石($CaCO_3$)等，它们绝大部分是结晶质的。所谓岩石的结构，是指组成岩石最主要的物质成分、颗粒大小和形状以及其相互结合的情况。例如，沉积岩内存在有碎屑结构、泥质结构和生物结构等结构特征。所谓岩石的构造，是指组成岩石的成分在空间分布及其相互间的排列关系。例如，作为代表性构造的有沉积岩的层理构造和变质岩中的片理构造等。岩石中的矿物成分和性质、结构、构造等的存在和变化，都会对岩石的物理力学性质发生影响。

按岩石的成因可将其分为岩浆岩、沉积岩和变质岩三大类。

岩浆岩是岩浆冷凝而形成的岩石。绝大多数的岩浆岩是由结晶矿物所组成，由非结晶矿物组成的岩石是很少的。由于组成岩浆岩的各种矿物的化学成分和物理性质较为稳定，它们之间的联结是牢固的，因此，岩浆岩通常具有较高的力学强度和均质性。

沉积岩是由母岩(岩浆岩、变质岩和早已形成的沉积岩)在地表经风化剥蚀而产生的物质，通过搬运、沉积和硬结成岩作用而形成的岩石，组成沉积岩的主要物质成分为颗粒和胶结物。颗粒包括各种不同形状及大小的岩屑及某些矿物。胶结物常见的成分为钙质、硅质、铁质以及泥质等。沉积岩的物理力学特性不仅与矿物和岩屑的成分有关,而且与胶结物的性质也有很大的关系,例如硅质、钙质胶结的沉积岩胶结强度较大,而泥质胶结的沉积岩和一些黏土岩强度就较小。另外,由于沉积环境的影响,沉积岩具有层理构造,这就使得沉积岩沿不同方向表现出不同的力学性能。

变质岩是由岩浆岩、沉积岩和变质岩在地壳中受到高温、高压及化学活动性流体的影响下发生变质而形成的岩石。它在矿物成分、结构构造上具有变质过程中所产生的特征,也常常残留有原岩的某些特点。因此,变质岩的物理力学性能不仅与原岩的性质有关,而且与变质作用的性质及变质程度有关。

岩石的物理力学性能的指标是在试验室里用一定规格的试件进行试验而测定的。这种岩石试件是在钻孔中获取的岩心或是在工程中用爆破以及其他方法所获得的岩块经加工而制成的。用这种方法所采集的标本仅仅是自然地质体中间的岩石小块,称为岩块。岩块就成了相应岩石的代表。我们平时所称的岩石,在一定程度上都是指的岩块,因此,这两个概念也就不必严格地加以区分了。因为岩块的体积相对比较小,一般不包含有显著结构面,所以在力学分析时通常都把它作为连续介质及均质体来处理。

在地壳的自然地质体中,除了岩石块为主要组成部分外,还含有各种节理、裂隙、孔隙、孔洞等,这些自然地质体经历了漫长的地质历史过程,经受过各种地质作用。在地质赋存条件的长期作用下,地质体内部保留了各种各样的永久变形的现象和地质构造形迹,使地质体内部存在着各种各样的地质界面,如不整合、褶皱、断层、层理、片理、劈理和节理等。因而自然地质体中所包含的内容比原岩石块要广泛得多。在岩体力学中,通常将在一定工程范围内的自然地质体称为岩体。这就是说,岩体的概念是与工程联系起来的。岩体内存在各种各样的节理裂隙称为结构面。所谓结构面,在岩体力学中通常是指具有极低的或没有抗拉强度的不连续面,包括一切地质分离面。结构面的定义突出其在力学上的特征,很明确地描述了它的特征,使得人们对它的认识有着鲜明的特点。被结构面切割成的岩块称为结构体,结构面与结构体组成岩体的结构单元。结构面的存在使岩体具有不连续性,因而,这类岩体被称为不连续岩体,也被称为节理岩体。从力学特性方面分析,结构面是岩体中相对比较软弱的面,由于它的存在,增加了岩体中应力分布及受力变形的复杂性。同时,还降低了岩体的力学强度和稳定性能。由此可见,岩体是由岩石块和各种各样的结构面共同组成的综合体。对岩体的强度和稳定性能起作用的不仅是岩块,而是岩块与结构面的综合体,在大多数情况下,结构面所起的作用更大。许多工程实践表明,在某些岩石强度很高的洞室工程、岩基或岩质边坡工程中,发生大规模的变形破坏,甚至崩塌、滑坡,分析其原因,往往不是岩石强度不够,而是岩体中结构面的存在大大地削弱了岩体整体强度,导致稳定性的降低,在很多情况下将沿着结构面发生破坏,使得结构面的力学特性控制着岩体的稳定性。可见岩石与岩体是既有联系又有区别的两个概念。

结构面是岩体内的主要组成单元,岩体的好坏,与结构面的分布特征、结构面形成的性质和其力学特性有着密切关系。特别是结构面的产状、发育程度、延展性、粗糙度、胶结程度、充填物的性质等,都是评定岩体强度和稳定性能的重要依据。

岩体结构是指结构面的发育程度及其组合关系,或者是指结构体的规模、形态及其排列形式所表现的空间形态。岩体结构的两大要素是结构体和结构面。岩体结构通常采用定性的方法描述其基本特征。中科院地质研究所在 20 世纪 60 年代提出了他们的研究成果:岩体结构分类。该研究成果是从工程地质学的观点出发,描述了岩体被结构面切割后的形态特征，是对岩体完整性的一种定性的评价，是一种工程岩体的分类的应用，该成果为我国岩体分类提供了强有力的支持。岩体结构分类将岩体结构分成六大类型：块状结构（节理少，层厚）；镶嵌结构（结构面较多，有斜交结构面）；碎裂结构（碎块状）；层状结构（板状）；层状碎裂结构（小碎块体）；散体结构（颗粒状，碎屑状）。详见第5章工程岩体分类中的相关内容。

## 1.2 岩体力学的研究任务与内容

### 1.2.1 岩体的力学特征

岩体力学的研究对象是岩体，它包括岩石和结构面。因此，在力学性质上，岩体具有以下特征：

(1) 不连续性。岩体的不连续性主要受结构面对岩体结构的隔断性质所控制，因而岩体多数是属不连续介质，而岩石本身从其几何尺度上分析，则可作为连续介质看待。

(2) 各向异性。由于岩体中结构面有优先位向排列的趋势，随着受力岩体的结构取向不同，其力学性质也各异。实验表明，岩体的强度和变形都是与岩体结构的方向性有关。因此，岩体力学的性质通常具有各向异性的特征，层状岩体是最突出的实例。

(3) 不均匀性。岩体中结构面的方向、分布、密度及被结构面切割成的岩石块单元体（结构体）的大小、形状和镶嵌情况等各部位都很不一致，造成许多岩体具有不均匀性的特征。此外，岩石性质的不同也是不均匀特征的主要表现。

(4) 赋存地质因子特性。岩体处于一定的地质环境中，其赋存有不同于自重应力场的构造应力场、水、气、温度以及地质遗留的形迹等。这些赋存地质因子都将影响岩体的工程性质。

(5) 残余强度特性。在前期的地质构造作用下，岩体中产生了褶皱、断层、软弱夹层、剪切节理等，这些都是岩体遭受一次或者多次破坏后遗留下的构造形迹，因此，可以说岩体的强度本质上是一个残余强度。

### 1.2.2 岩体力学的研究任务

岩体力学的研究任务主要有以下四个方面：

(1) 基本原理方面。包括岩石和岩体的地质力学模型和本构规律，岩石和岩体的连续介质和不连续介质力学原理，岩石和岩体的破坏、断裂、蠕变、损伤的机理及其力学原理，岩石和岩体计算力学。随着经济建设不断地发展，深部岩体工程的开发和利用日趋增加，要求按照深部岩体的力学规律研究相关的基本原理，这是近几年来新的研究课题。

(2) 试验方面。包括室内和现场的岩石和岩体的力学试验原理、内容和方法；岩体工程的模型试验；动静荷载作用下的岩石和岩体力学性能的响应，各项岩石和岩体物理力学性质指标的统计和分析；试验设备与技术的改进等。

(3) 实际工程应用方面。包括地下工程、采矿工程、地基工程、斜坡工程、岩石破碎和爆破工程、地震工程、地学、岩体加固等方面的应用。

(4) 监测方面。在室内或工程现场量测岩石、岩体应力和变形变化、蠕变、断裂、岩石和岩体的损伤及其各自随时间变化的特性，以便评价岩体的承载能力和稳定性，或者反演预测各项岩体力学参数。

综上所述,岩体力学要解决的任务是很广泛的,且具有相当大的难度。要完成这些任务,必须从生产实践中总结岩体工程方面的经验,提高理论知识,再回到实践中去,解决实践中提出的有关岩体工程问题,这就是解决岩体力学任务的最基本的原则和方法。

### 1.2.3 岩体力学的研究内容

岩体力学研究的具体内容相当广泛,大致包含以下几方面的内容:

(1) 岩体的地质力学模型及其特征方面。这是岩体力学分析的基础和依据。研究岩石和岩体的成分、结构、构造、地质特征和分类;研究结构面的空间分布规律及其地质概化模型;研究岩体在自重应力、构造应力、工程应力作用下的力学响应及它们对岩体的静、动力学特性的影响;研究赋存于岩体中的各类地质因子,如水、气、温度以及时间、化学因素等相互的耦合作用。这方面的基本内容在本书第 3 章、5 章、6 章中讨论。

(2) 岩石与岩体的物理力学性质方面。这是表征岩石与岩体的力学性能的基础,岩石与岩体的物理力学性质指标是评价岩体工程稳定性的最重要依据。通过室内和现场试验,掌握岩石和结构面的力学特性及其本构关系,获取其各项物理力学性质参数,研究各种试验方法和技术,探讨在静、动荷载下岩石和岩体力学性能的变化规律等,这方面的基本内容在本书的第 2—4 章讨论。

(3) 岩体力学在各类工程上应用方面。岩体力学在岩体工程上的应用是非常重要的环节,许多重大工程的建设过程中都显现出其重要性。洞室围岩、岩基和岩坡等,其稳定与安全都与能否正确应用岩体力学的基本原理息息相关。在以往的工程建设中,对于结构面的重视不够使得岩体丧失稳定而发生工程事故的例子实属不少,如著名的法国马尔帕塞(Malpasset)拱坝由于左坝肩的软弱夹层在蓄水后发生滑移,导致在 1959 年 12 月 2 日整个拱坝溃决;意大利瓦依昂(Vajont)水库于 1963 年 10 月 9 日左岸石灰岩边坡滑动,在 1min 内约有 $2.5\times 10^8 m^3$ 岩石崩入水库内,顿时造成高达 150～250m 的水浪,致使下游郎加郎市遭到毁灭性的破坏。在我国的水利工程历史上也曾发生过许多岩石工程事件。如 1963 年发生梅山连拱坝坝基(花岗岩)滑动;20 世纪 70 年代葛洲坝水电站基坑开挖,发生岩层沿软弱夹层随时间而发展的水平位移。岩坡失稳事故在我国也常见报道。如 1986 年 6 月湖北省盐池河磷矿发生灾难性的大崩塌,高 160m、体积约 $100\times 10^3 m^3$ 的山体岩石突然崩落,将四层楼的房子抛至对岸撞碎,造成重大伤亡;1981 年 4 月甘肃舟曲县东南 5km 白龙江左岸泄流坡发生重大滑坡,滑动土石方约 $4\,000\times 10^4 m^3$,堵塞了白龙江,形成回水长约 4.5km 的水库,严重威胁上下游的安全;四川云阳县城东发生的鸡扒子滑坡,滑坡体达 $1\,500\times 10^4 m^3$,前缘约 $180\times 10^4 m^3$ 土石方推入长江之中,使长约 600 余米的江段水位普遍提高 20～25m,对长江航运安全构成了严重威胁。此外,洞室围岩崩塌、矿山地表沉陷和开裂以及房屋岩基的失稳等,在我国的基本建设中也时有发生。从上述事例可认识到,为了选择相对优良的工程场址,防止重大岩体工程事故,保证顺利施工,必须重视工程地质条件对场地稳定性的影响,并对建筑场地进行系统的岩体力学试验及理论研究和分析;预测岩体的强度、变形和稳定性,为工程设计提供可靠的数据和有关资料。

岩体力学在岩体工程中的应用有以下几个方面:

(1) 地下洞室围岩的稳定性研究。包括地下开挖引起的应力重分布、围岩变形、围岩压力以及围岩加固等的理论与技术。在本书第 7 章讨论。

(2) 岩坡的稳定性研究。包括天然斜坡与人工边坡的稳定性,岩坡的应力分布、变形和破坏,岩坡的失稳等的理论与技术。在本书第8章讨论。

(3) 岩基的稳定性研究。包括在自然力和工程力作用下,岩基中的应力、变形、承载力和稳定性等的理论与技术。在本书第9章讨论。

(4) 岩体力学的新理论新方法的研究。当今各门学科发展很快,岩体力学理论的发展要充分利用其他学科的成果。例如电子计算机的发展,带动了能够用于岩体力学的数值计算的发展;岩体本身很复杂,而又加上天然和工程环境的影响,直接力学计算有时难以获取可靠数据,甚至有些数据难以通过试验获得的,因此,岩体力学又兴起反演分析技术,利用现场岩体的量测数据,通过简化的岩体模型,采用数字计算的方式,推测岩体的基本力学参数;此外,流变学、断裂力学、损伤力学及一些软科学近年来发展很快,对于岩体力学有很大的促进;随着工程建设的不断发展,尤其是工程规模和工程埋置深度的增加,又给岩体力学研究提出了新的要求,近年来的深部岩体力学向岩体力学提出了新的挑战。毫无疑问,岩体力学将利用这些新兴的理论、方法和试验技术,通过不断地研究所获得的成果来发展和完善岩体力学的理论体系。有关这方面的内容,将在本书第10章中作简要地介绍。

## 1.3 岩体力学的研究方法

岩体力学的研究方法是采用科学实验、理论分析与工程紧密结合的三位一体的方法。

科学实验是岩体力学研究工作的基础,这是岩体力学研究中的第一性资料。岩体力学工作的第一步就是对现场的地质条件和工程环境进行调查分析,建立地质力学模型,进而开展室内外的物理力学性质试验、模型试验或原型试验,作为建立岩体力学的概化模型和分析理论的基础;岩体力学的理论是建立在科学实验的基础上。由于岩体具有结构面和结构体的特点,所以要建立岩体的力学模型,以便分别采用如下的力学理论:连续介质或非连续介质理论、松散介质或紧密固体理论,在此基础上,按地质和工程环境的特点分别采用弹性理论、塑性理论、流变理论以及断裂、损伤等力学理论进行计算分析。合理地选择哪种理论作为岩体力学的研究工具是非常重要的理论问题,否则,将会导致理论与实际相脱离。当然,理论的假设条件与岩体实际条件之间是存在着一定的差距,在实际应用过程中应尽量缩小两者之间的距离。目前,尚有许多岩体力学问题,应用现有的理论、知识,仍然不能得到完善的解答。因此,紧密地结合工程实际、重视实践中得来的经验,并将这些经验发展上升为理论或充实理论,也是岩体力学研究中必不可少的重要环节。随着现代计算技术的迅速发展,计算机已广泛地应用于岩体力学的计算中,这不仅为岩体力学问题的分析解解决了复杂的计算,而且为岩体力学的数值法计算提供了有效的计算手段。目前,力学范畴的数值法,如有限元、离散元、边界元、流行元等方法,已在岩体力学中得到普遍的应用。

应用岩体力学的基本原理,分析研究所涉及的岩体工程的基本步骤,可参照如图1-1所示的框图进行。

图1-1所示框图内容和步骤,可视岩体工程规模的大小、工程的重要程度以及工程的岩体特点、工程需求,可作适当地调整。

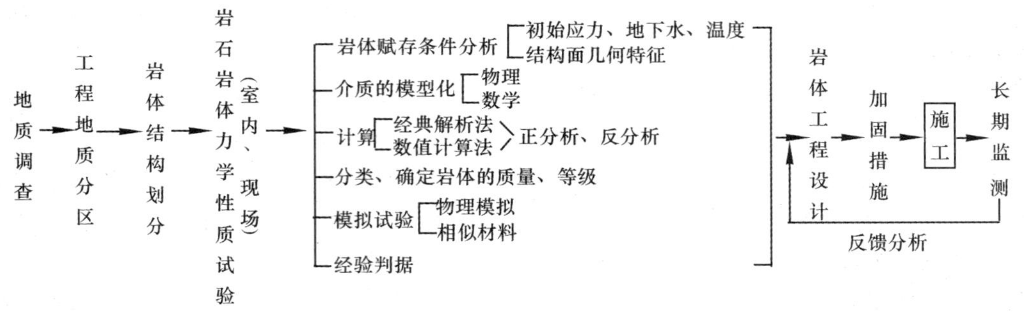


图 1-1　岩体力学研究步骤的框图

## 1.4　岩体力学在其他学科中的地位

岩体力学涉及两大学科:地质学科和力学学科。

### 1.4.1　地质学科在岩体力学中的作用

岩体本身是一种地质材料,这种材料的属性是在不同的地质历史和地质环境下所形成的。所以在研究岩体的力学问题时,首先要进行地质调查,利用地质学所提供的基本理论和研究方法来帮助了解所研究岩体基本属性。因此,岩体力学与工程地质学紧密相关。此外,岩体中含有节理裂隙等地质不连续面,这些结构面对于岩体力学的影响是显而易见的,加上由地质赋存条件地应力、水、温度及其他地质因子的作用,它们都将对岩体的力学性质和稳定性影响很大。这就需要运用地质学、构造地质学和岩石学以及地球物理学等地质学科的理论技术和研究方法来综合处理岩体的力学问题。

### 1.4.2　力学学科在岩体力学中的作用

岩体力学是力学学科中的一个分支,属固体力学范畴。但岩体有别于一般的致密固体。在力学学科的历史发展过程中,最初建立的是刚性体的力学规律,这就是理论力学。在自然界中,是没有不变形的固体的,因此,理论力学在岩体力学中的应用受到约束。但理论力学知识能提供物体运动规律和平衡条件的力学分析原理,这为岩体力学奠定了一个非常重要的力学理论基础。

研究变形物体的固体力学有弹性力学、塑性力学和流变学等。岩体力学的变形研究是基于上述力学发展起来的。问题是岩体是一个多相体,且含有结构面和结构体等结构构造,许多岩体的力学性质具有非连续和非均质的特性,因而在利用一般变形物体的力学理论和方法时会受到限制。但是,对于岩石块,采用上述力学作为基础理论来解决问题,一般认为是可行的,与实际结果的数据颇为接近。

天然的地质固体材料有岩石与土。随着经济与建设的发展,土力学在20世纪初已成为一门学科。土力学的研究对象是土体,土是一种疏松的物质,具有孔隙和弱连接的骨架,受荷载后容易发生孔隙的减小而变形。而岩石则是致密的固体,岩体则含有岩石块和结构面,因而它们与土的结构构造有很大的不同。岩石与岩体在受荷载后其变形主要是岩石块本身及岩石所包含的结构面的变形。可见岩体力学与土力学各自的研究对象就变形特性而言有着较大的差异。但是,在一些特殊的情况下,有时候土与岩石是难以区分的,例如,某些风化严重的岩石、某些岩性特别软弱或胶结很差的沉积岩,它们既可称作为岩石,在外形上也可看成松散的土,它们之间没有一条明显的区分界线。因而,在此类岩石中,使用土力学的理论和方法往往会得到较为接近实际的结果。岩体力学成为一门较为系统的学科要比土力学晚些,这是因为在 20 世纪中后期,重大的岩体工程建设增多,仅凭土力学的理论和技术已不能解决岩体工程中的力学问题,因而岩体力学应运而生。其利用了土力学的一些基本原理和方法,结合岩石、岩体的特征形成了具有自身特点的岩体力学,解决了土力学所不能解决的岩体力学问题。

## 1.5 岩体力学的发展简史

一门学科的诞生和发展都与当时的社会状况、经济发展和工业建设等有关。人类早期就与岩石有密切的关系。原始人曾利用岩石造成简陋的工具和兵器。人类进化后,又进行挖采矿石,利用岩石作为建筑材料,建房屋、水坝、防御工事等。可见,人类与岩石打交道由来已久,将岩石或岩体力学作为一门技术学科并持续地发展起来则是在 20 世纪中期以后的事。20 世纪初期,在国外,研究自然地质材料的科学已兴起,土力学已受到工程部门所重视。1925 年,太沙基的《建筑土力学》一书,是第一本土力学专著。以后,由于岩石工程的增多,单凭土力学的原理和技术来解决岩体工程问题已不很适用。特别是在第二次世界大战后,世界各国大量兴建各项岩石工程,促进了岩石力学的研究,并使其逐渐发展成一门独立学科——岩石力学(或岩体力学)。这门学科从 20 世纪 50 年代以来的发展过程中,出现了以地质学为观点的地质力学的岩石力学学派和以工程为观点的工程岩石力学学派。

地质力学的岩石力学学派也称奥地利学派,又称萨尔茨堡学派,这个学派是由缪勒(L. Müller)和斯体尼(J. Stini)所开创的。此学派偏重于地质力学方面的知识体系,主张岩石块与岩体要严格区分;岩体的变形不是岩石块本身的变形,而是岩石块移动导致岩体的变形;不太重视小岩石块试件的力学试验,主张通过现场(原位)力学测定,才能有效地获取岩体力学的真实性。这个学派创立了新奥地利隧道掘进法(新奥法),为地下工程技术作了一项重大的技术革新,促进了岩体力学的发展。

工程岩石力学派以法国塔洛布尔(J. Talober)为代表,该学派以工程观点来研究岩石力学,偏重于岩石的工程特性方面,注重弹塑性理论方面的研究,将岩体的不均匀性概化为均质的连续介质,小岩块试件的力学试验与原位力学测试并举。塔洛布尔 1951 年著有《岩石力学》一书,这是该学派最早的代表著作。而后,英国的耶格(J. C. Jaeger)1969 年按此观点又著有《岩石力学基础》一书,这是一本在国际上较为著名的著作。

1959 年法国马尔帕塞拱坝坝基失事和 1963 年意大利瓦依昂水库岩坡滑动,震动了世界各国从事岩石工程的工程技术人员,并开始重视结构面对于岩体力学的影响。同时,成立了"国际岩石力学学会",并于 1966 年在葡萄牙里斯本召开了第一次国际岩石力学大会。从此,该学会每四年召开一次会议,并出版了相应的刊物,对促进岩石力学的发展起到了很大的作用。

在我国,岩石力学作为一门专门学科起步较晚,尽管我们的祖先曾创建过轰动全世界的工程建设,如岷江都江堰、自贡深达数百米的盐井、万里长城等。但是,由于我国早期落后的经济和工业,束缚了生产力的发展,也限制了岩石工程的发展。在新中国成立后,随着社会主义建设事业的发展,大规模的厂矿、交通、国防、水利等基本建设的兴起,对岩体力学的发展起了重大的推动作用。回顾我国岩体力学的发展，大体上可划分为三个阶段：第一阶段，20 世纪 50 年代至 60 年代中期，这一时期，我国建设了一些中小型的岩石工程，也进行了与其相适应的岩石力学试验研究工作。这时期的理论和实验研究与国外相似，是运用材料力学、土力学、弹塑性理论等作为基础来开展的。1958 年三峡岩基组的成立，开始了岩体力学研究的系统规划和实施。这一时期是我国岩体力学发展的萌芽阶段。第二阶段，20 世纪 60 年代中期至 70 年代中期，由于大部分工程停建和缓建，岩体力学发展非常缓慢，成为我国自新中国成立以来岩体力学发展的低谷。第三阶段，20 世纪 70 年代后期至今，各类大规模岩石工程大量兴建，提出了许多岩体力学的新课题，使岩体力学进入了一个全面的蓬勃发展的新阶段。我国岩石工程工作者结合我国的重大工程，为提高岩体力学的理论水平和测试技术，开展了大规模的室内和原位测试研究工作，总结了一系列成功的经验与失败的教训。不仅成功地解决了像葛洲坝和三峡坝区、湖北大冶和江西德兴的露天矿场、秦山核电站岩基与高边坡以及铁道交通上的长隧洞工程等一系列岩石工程问题，而且在岩体力学理论研究方面，如岩体结构、岩石流变以及岩坡和围岩稳定性研究等，皆有重大的成就，这些成就在国际上占有重要的地位。

自 1978 年以来，我国陆续成立了分属各有关学会的岩石力学专业机构，如中国水利学会岩土力学专业委员会、中国力学学会土力学专业委员会、中国煤炭学会岩石力学专业委员会等。其中，水利水电岩石力学情报网办起了《岩石力学》的专门期刊。1985 年，我国正式成立了中国岩石力学与工程学会，办起了《岩石力学与工程学报》、《岩土工程学报》等。自 20 世纪 70 年代以来，国内许多高校相继出版了《岩石力学》或《岩体力学》教材。以上所述的工作和成就，对推动我国岩体力学学科的发展和学术水平的提高起到了积极的作用。

## 思考题及习题

1. 叙述岩体力学的定义。
2. 何谓岩石？何谓岩体？岩石与岩体有何不同之处？
3. 岩体有哪些力学特征？
4. 何谓岩体结构？岩体结构的两大要素是什么？
5. 中科院地质研究所提出的岩体结构可分成哪六大类型？

# 第 2 章　岩石的基本物理力学性质

## 2.1　概述

岩石的基本物理力学性质是岩体最基本、最重要的性质之一，也是整个岩体力学中研究最早、最完整的力学性质。作为描述完整岩石的物理力学性质的参数，从其大类上划分，大致可以分成物理指标和力学指标两大类。其中，物理指标包括岩石的质量指标、岩石的水理性质指标、岩石的抗风化能力指标；力学指标包括岩石的单轴抗压强度、抗拉强度、剪切强度、三向压缩强度和与各种受力状态相对应的变形特性、岩石的流变特性等。同时还包括与这些指标相对应的各种岩石力学试验方法。在获取这些参数所进行的岩石力学试验时，试验方法和试验环境的不同将对这些参数产生较大的影响。试验机的加载速率、试验机的刚度、岩石试件的形状和尺寸的不同，甚至会改变岩石的力学性状。而刚性试验机的诞生，应力-应变全过程曲线的获得，对岩石的变形特性的认识，进入了一个全新的阶段。有人甚至说这是岩石力学试验研究方面的一次革命。

对于岩石力学特性的认识，最终将体现在如何描述应力-应变关系，即岩石的本构关系。由于岩石介质的特殊性，对于岩石本构方程的研究，虽然取得了一定的成果，但距离完整地描述岩石的力学特性还存在着一定的差距。根据目前的研究现状，通常采用简化的方法，表述岩石应力与应变特性，包括其流变特性。

作为判别岩石是否破坏的各种强度理论，是岩石的力学特性在工程中应用的重要环节。完整岩石的破坏，有其自身的规律，无论是在材料力学中所提出的四大经典强度理论，还是岩土材料中常用的莫尔强度理论，断裂力学中的格里菲斯强度理论，以及霍克(E. Hoek)和布朗(E. T. Brown)针对岩石所提出的经验强度判据，从整体上说都存在着一定的缺陷，都不能涵盖所有岩石的强度规律。据此可以说岩石力学的研究还存在着很大的空间，在人们不断地研究下，新的研究成果还会涌现，形成对现有理论的补充和发展。

随着岩石工程不断向深部拓展，对岩体力学研究提出了新的要求，需要开发出新的研究领域。而这些研究往往需要应用新的研究方法，才能解决这些工程中所遇到的技术问题，才能更加完善岩石力学的理论。例如，深部岩体中不同应力路径对岩石力学特性的影响，深埋岩体中岩石在高压作用下频发的岩爆，在深部岩体中高温或者能量储存所需的低温等条件下的力学特性等，都将成为新的研究方向和研究课题。

## 2.2　岩石的基本物理性质

岩石按其成因可分为岩浆岩、沉积岩和变质岩三大类。这三大岩类有着很明显的区别，各类岩石由于组成岩石的矿物成分、结构构造和成岩条件的不同，对岩石的物理力学性质有很大的影响，将形成一定的差异性。

### 2.2.1 岩石的质量指标

岩石的质量指标是指描述岩石质量大小有关的参数，通常采用岩石单位体积质量的大小表示，包括岩石的密度和颗粒密度。

1. 岩石的密度

岩石的密度是指岩石试件的质量与岩石试件的体积之比，即单位体积内岩石的质量。岩石是由固相(由矿物、岩屑等组成)、液相(由充填于岩石孔隙中的液体组成)和气相(由孔隙中未被液体充满的剩余体积中的气体组成)所组成。很明显，这三相物质在岩石中所含的比例不同、矿物岩屑的成分不同，将会使密度发生变化。

1) 天然密度

天然密度($\rho$)是指岩石在自然条件下，单位体积的质量，即

$$\rho=\frac{m}{V} \quad (\mathrm{g/cm^3}) \tag{2-1}$$

式中 $m$——岩石试件的总质量(g)；

$V$——该试件的总体积($\mathrm{cm^3}$)。

2) 饱和密度

饱和密度($\rho_{sa}$)是指岩石中的孔隙都被水充填时单位体积的质量，即

$$\rho_{sa}=\frac{m_s+V_v\rho_w}{V} \quad (\mathrm{g/cm^3}) \tag{2-2}$$

式中 $m_s$——岩石试件中固体的质量(g)；

$V_v$——岩石试件中孔隙的体积($\mathrm{cm^3}$)；

$\rho_w$——水的密度($\mathrm{g/cm^3}$)。

3) 干密度

干密度($\rho_d$)是指岩石孔隙中的液体全部被蒸发，试件中仅有固体和气体的状态下，其单位体积的质量，即

$$\rho_d=\frac{m_s}{V} \quad (\mathrm{g/cm^3}) \tag{2-3}$$

上述是不同含水状态的三种常用岩石密度。岩石密度试验可采用量积法、水中称量法或蜡封法。量积法适用于能制备成规则试件的各类岩石；水中称量法适用于除遇水崩解、溶解和干缩湿胀外的其他各类岩石；蜡封法适用于不能用量积法或直接在水中称量法进行测定的岩石。测天然密度时，应在岩样开封后，在保持天然湿度的条件下，立即加工试件并称重；测干密度时，应将试件在105℃～110℃的恒温下烘24h，取出放入干燥器内冷却至室温，再称试件质量；测饱和密度时，先将试件烘干至恒重，而后采用煮沸法或真空抽气法对试件进行饱和，取出试件并沾去表面水分后称重。每组干密度试验的试件数量不得少于3个，每组天然密度和饱和密度的试件数量不宜少于5个。

4) 重力密度

重力密度($\gamma$)是指单位体积中岩石的重量，通常简称为重度。这个指标通常按照密度的参数乘以重力加速度而得。采用的单位为$\mathrm{kN/m^3}$。

密度指标是工程中应用最广泛的参数之一。密度指标不仅反映了岩石的致密程度，通常还利用这些参数计算岩体的自重应力。

2. 岩石的颗粒密度

岩石的颗粒密度($\rho_s$)是指岩石固体物质的质量与固体的体积之比。其公式为

$$\rho_s=\frac{m_s}{V_c}(\mathrm{g/cm^3}) \tag{2-4}$$

式中，$V_c$ 为岩石中固体的体积。

岩石的颗粒密度可采用比重瓶法试验获得。首先，将岩石粉碎，并使岩粉通过直径为 0.25mm的筛网筛选，然后，将其置于 105℃～110℃温度下烘干至恒重，称出一定量的岩粉，将岩粉装入烘干的比重瓶内，注入试液(蒸馏水或煤油)至比重瓶容积的一半处。当使用蒸馏水作试验时，采用煮沸法或真空抽气法排除气体；当使用煤油作试验时，采用真空抽气法排除气体。将经过排除气体的试液注入比重瓶至近满，然后置于恒温水槽内，使瓶内温度保持恒定并待上部悬液澄清。塞上瓶塞，使多余试液自瓶塞毛细孔中溢出，称瓶、试液和岩粉的总质量，并测定瓶内试液的温度。在同温度下，测出仅注满试液的比重瓶的质量(瓶、试液总质量)。则颗粒密度可按下式计算：

$$\rho_s=\frac{m_s}{m_1+m_s-m_2}\rho_{WT}$$

式中　$m_s$——烘干岩粉质量(g)；

$m_1$——瓶、试液总质量(g)；

$m_2$——瓶、试液和岩粉总质量(g)；

$\rho_{WT}$——与试验温度同温度的试液密度($\mathrm{g/cm^3}$)。

### 2.2.2　岩石的孔隙性

岩石的孔隙性是反映了岩石中微裂隙发育程度的指标。由于一般的岩石其孔隙相对比较少，且孔隙的大小对岩石变形的影响不如土那样明显，因此，该类参数只是在一些特殊的岩石中应用。

1. 岩石的孔隙比

孔隙比($e$)是指孔隙的体积 $V_v$ 与固体体积 $V_c$ 之比，其公式为

$$e=\frac{V_v}{V_c} \tag{2-5}$$

2. 岩石的孔隙率

孔隙率($n$)是指孔隙的体积 $V_v$ 与试件总体积 $V$ 的比值，其公式为

$$n=\frac{V_v}{V}\times 100\% \tag{2-6}$$

根据试件中三相体的相互关系，孔隙比 $e$ 与孔隙率 $n$ 存在着如下关系：

$$e=\frac{n}{1-n}$$

孔隙性参数可利用特定的仪器使孔隙中充满水银而求得。但是，在一般情况下，可通过有

关的参数推算而得，如：

$$n=1-\frac{\rho_d}{\rho_s}$$

### 2.2.3 岩石的水理性质

岩石通过水的作用会产生一系列的反应，而描述这些变化特征的参数主要有岩石含水性质和岩石的渗透性。

1. 岩石的含水性质

1) 岩石的含水率

岩石的含水率($w$)是指岩石孔隙中含水的质量($m_w$)与固体质量($m_s$)之比的百分数，即

$$w=\frac{m_w}{m_s}\times 100\% \tag{2-7}$$

根据试件含水率状态的不同，可分为岩石在天然状态下的含水率和饱和状态下的含水率。获取岩石含水率的方法与密度试验的方法大致相同，在测得岩石试件的体积和不同含水状态的质量后，即可按式(2-7)求得相应的含水率。岩石的含水率对于软岩来说是一个比较重要的参数。由于软岩中往往含有较多的黏土矿物，而这些黏土矿物具有遇水软化的特性。因此，当这部分岩石含有较大的含水率时，在某种程度上会降低该岩石的强度，并产生很大的变形量，影响岩石的力学特性。对于绝大多数中等坚硬以上的岩石，由于其含水率较小，对于岩石力学特性的影响并不是很明显，也就显得并不是非常重要。

2) 岩石的吸水率

岩石的吸水率是指岩石吸入水的质量与试件固体的质量之比。根据试验方法，岩石吸水率可分为吸水率($w_a$)和饱和吸水率($w_{sa}$)，即

$$\begin{aligned} w_a&=\frac{m_0-m_s}{m_s}\times 100\% \\ w_{sa}&=\frac{m_p-m_s}{m_s}\times 100\% \end{aligned} \tag{2-8}$$

岩石吸水率的试验方法采用自由浸水法，而饱和吸水率采用抽真空法或者煮沸法。吸水率是一个间接反映岩石内孔隙多少的指标，与岩石的含水率一样，对于软岩它是一个比较重要的参数。

2. 岩石的渗透性

岩石的渗透性是指岩石在一定的水力梯度作用下，水渗透通过岩石的能力。它不仅表述了岩石被水渗透的能力，同时又间接地反映了岩石中裂隙间相互连通的程度。由于水流在岩石的空隙中流动的状态大多数可以近似地看作层流状态，因此，其渗透性可用达西(Darcy)定律来描述：

$$q_x=AK\frac{\mathrm{d}h}{\mathrm{d}x} \tag{2-9}$$

式中 $q_x$——沿 $x$ 方向水的流量($\mathrm{m^3/s}$)；

$h$——水头的高度(m)；

$A$——垂直于 $x$ 方向的截面面积($m^2$);

$K$——岩石沿 $x$ 方向的渗透系数(m/s)。

就一般工程而言,由于岩石的渗透系数很小,早期对于岩石渗透特性的研究主要借鉴土工试验中的渗透试验方法。鉴于岩石结构的特征,有人提出了径向渗透试验方法,即采用钻有与岩心同轴小孔的试件,使水流能够从该空心圆柱体试样沿径向产生流动的试验方法。该方法的试验原理大致如下:将液体压力作用于试件的外围(辐合试验)或者作用于内孔(辐散试验),并测得液体沿着岩石试件的径向流动的流量,进而求得岩石的渗透系数(图 2-1)。由于在辐合试验和辐散试验的过程中,岩石试件的受力条件不同,其所求得的渗透系数有所差异。

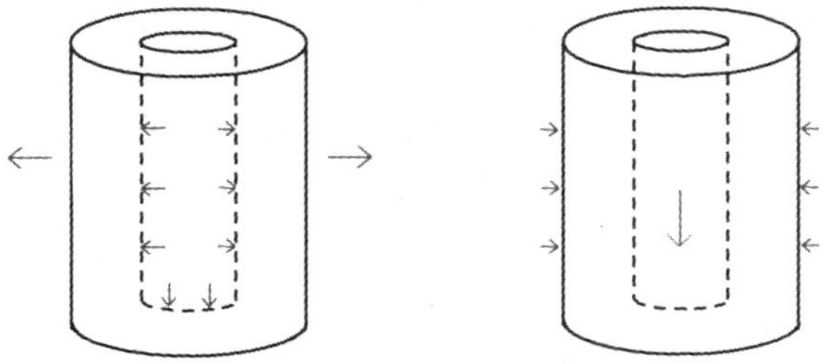

(a) 辐散径向渗透试验　　(b) 辐合径向渗透试验

图 2-1　岩石径向渗透试验原理示意图

岩石的渗透性对于解决一些特殊的工程问题具有一定的重要意义,例如,地下水封油库将水、油或者气体注入多孔隙的岩体中;评价水库的渗水性;防治深埋洞室的渗水等。但是,就渗透性而言,岩体的渗透系数远远大于岩石的渗透系数,其主要原因是岩体中存在着不连续面,而水的流动大都沿着结构面发生。在大多数工程中,一般不考虑岩石的渗透特性,而考虑结构面作为主要水流通道的岩体渗透特性。目前,国内外已在开展现场岩体的渗透性试验研究,以便获取和正确评价岩体的渗透特性。

### 2.2.4　岩石的抗风化指标

岩石开挖后,由于受到各种自然营力的作用,造成岩石性态的改变。如:日晒雨淋后岩石片状剥落,浸水后岩石强度的劣化和崩解,遇水后岩石体积的增大等,这些现象一般被称为岩石的风化作用。通常可采用以下三个指标来表征岩石的抗风化能力。

1. 软化系数

软化系数($\eta$)是指岩石饱和单轴抗压强度的平均值($\bar{R}_w$)与干燥状态下的单轴抗压强度平均值($\bar{R}_d$)的比值。它是岩石抗风化能力的一个指标,反映了岩石遇水强度降低的一个参数:

$$\eta=\frac{\bar{R}_w}{\bar{R}_d} \tag{2-10}$$

软化系数 $\eta$ 是一个小于或等于 1 的系数,该值越小,则表示岩石浸水饱和后对其强度的影响越大。岩石的软化系数大小差别很大,主要取决于成岩的时间和岩石中的主要矿物成分。试验发现,部分强度较大的岩石可能会出现饱和单轴抗压强度值大于干燥状态下单轴抗压强度值的情况,这是由于岩石自身的不均匀性造成的,这并不表明岩石的软化系数大于 1,此时可以将岩石的软化系数近似地看成 1。主要岩石的软化系数参见表 2-1。

表 2-1　　部分岩石的单轴抗压强度与软化系数　　单位:MPa

| 岩石名称 | 抗压强度 | | |
|---|---|---|---|
| | 干抗压强度 $R_d$ | 饱和抗压强度 $R_w$ | 软化系数 $\eta$ |
| 花岗岩 | 40.0～220.0 | 25.0～205.0 | 0.75～0.97 |
| 闪长岩 | 97.7～232.0 | 68.8～159.7 | 0.60～0.74 |
| 辉绿岩 | 118.1～272.5 | 58.0～245.8 | 0.44～0.90 |
| 玄武岩 | 102.7～290.5 | 102.0～192.4 | 0.71～0.92 |
| 石灰岩 | 13.4～206.7 | 7.8～189.2 | 0.58～0.94 |
| 砂岩 | 17.5～250.8 | 5.7～245.5 | 0.44～0.97 |
| 页岩 | 57.0～136.0 | 13.7～75.1 | 0.24～0.55 |
| 黏土岩 | 20.7～59.0 | 2.4～31.8 | 0.08～0.87 |
| 凝灰岩 | 61.7～178.5 | 32.5～153.7 | 0.52～0.86 |
| 石英岩 | 145.1～200.0 | 50.0～176.8 | 0.96 |
| 片岩 | 59.6～218.9 | 29.5～174.1 | 0.49～0.80 |
| 千枚岩 | 30.1～49.4 | 28.1～33.3 | 0.69～0.96 |
| 板岩 | 123.9～199.6 | 72.0～149.6 | 0.52～0.82 |

2. 岩石耐崩解性指数

岩石的耐崩解性指数是通过对岩石试件进行烘干、浸水循环试验所得的一个参数。它直接反映了岩石在浸水和温度变化的环境下抵抗风化作用的能力。耐崩解性指数的试验是将经过烘干的试块(10 小块左右的岩块,总重约 500g),放入一个带有筛孔的圆筒内,该圆筒被浸在高达圆筒直径三分之二的水槽中(图 2-2),试验时该圆筒以 20r/min 的速度连续旋转 10min,然后将留在圆筒内的岩块取出再次烘干称重。如此反复进行两次后,按式(2-11)求得耐崩解性指数:

$$I_{d2}=\frac{m_r}{m_s}\times 100\% \tag{2-11}$$

式中　$I_{d2}$——表示经两次循环试验所求得的耐崩解性指数,该指数在 0～100%内变化;

$m_s$——试验前试块的烘干质量(g);

$m_r$——两次循环试验后,残留在圆筒内试块的烘干质量(g)。

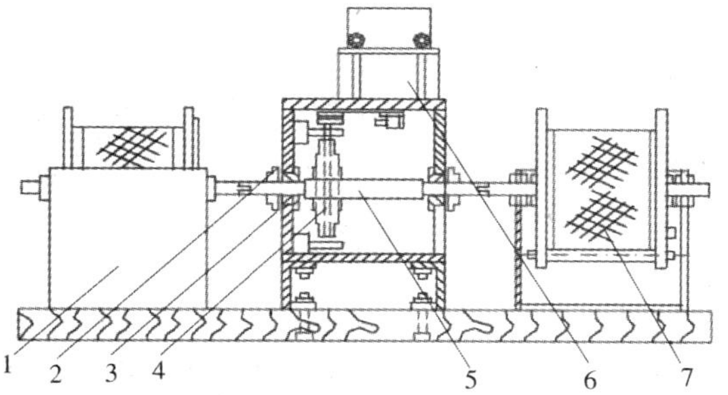


1—水槽;2—涡杆;3—轴套;4—涡轮;5—大轴;6—马达;7—筛筒

图 2-2　耐崩解性试验仪示意图

甘布尔(Gamble)认为,耐崩解性指数与岩石成岩的地质年代无明显的关系,而与岩石的密度成正比,与岩石的含水率成反比,并列出了表 2-2 的分类,对岩石的耐崩解性进行评价。

表 2-2　　甘布尔崩解耐久性分类

| 组　　名 | 一次 10min 旋转后留下的百分数(按干重计) | 两次 10min 旋转后留下的百分数(按干重计) |
|---|---|---|
| 极高的耐久性 | >99% | >99% |
| 高耐久性 | 98%～99% | 95%～98% |
| 中等高的耐久性 | 95%～98% | 85%～95% |
| 中等的耐久性 | 85%～95% | 60%～85% |
| 低耐久性 | 60%～85% | 30%～60% |
| 极低的耐久性 | <60% | <30% |

3. 岩石的膨胀性

含有黏土矿物的岩石，遇水后会发生膨胀现象。这是因为黏土矿物遇水促使其颗粒间的水膜增厚所致。因此，对于含有黏土矿物的岩石，掌握经开挖后遇水膨胀的特性是十分必要的。岩石的膨胀特性通常以岩石的自由膨胀率、岩石的侧向约束膨胀率和膨胀压力等来表述。由于具有膨胀性的岩石一般强度比较低，因此，参考了膨胀土的试验方法进行试验，获取这些参数值。

1) 岩石的自由膨胀率

岩石的自由膨胀率是指岩石试件在无任何约束的条件下浸水后所产生膨胀变形与试件原尺寸的比值。常用的有岩石的径向自由膨胀率($V_D$)和轴向自由膨胀率($V_H$)(这一参数适用于评价不易崩解的岩石)：

$$\left.\begin{aligned} V_H &= \frac{\Delta H}{H} \times 100\% \\ V_D &= \frac{\Delta D}{D} \times 100\% \end{aligned}\right\} \tag{2-12}$$

式中　$\Delta H, \Delta D$——分别为浸水后岩石试件轴向、径向膨胀变形量(mm)；

$H, D$——分别为岩石试件试验前的高度、直径(mm)。

自由膨胀率的试验通常是将加工完成的试件浸入水中，按一定的时间间隔测量其变形量，直至 3 次的读数差值不大于 0.001mm。

2) 岩石的侧向约束膨胀率

与岩石自由膨胀率不同，岩石侧向约束膨胀率是将试件浸入具有侧向约束的水槽中，使岩石试件仅产生轴向膨胀变形而求得的膨胀率($V_{HP}$)。其计算式如下：

$$V_{HP} = \frac{\Delta H_{HP}}{H} \times 100\% \tag{2-13}$$

式中，$\Delta H_{HP}$为有侧向约束条件下所测得的轴向膨胀变形量(mm)。

3) 膨胀压力

膨胀压力是指岩石试件浸水后，使试件保持原有体积所施加的最大压力。其试验方法是：预先施加 0.01MPa 压力，在岩石试件的变形稳定后，将试件浸入水中；当岩石遇水膨胀的变形量大于 0.001mm 时，施加一定的压力，使试件始终保持原有的体积；经过一段时间的试验，测量试件变形稳定时的压力。

上述三个参数从不同的角度反映了岩石遇水膨胀的特性,进而可利用这些参数,评价建造于含有黏土矿物的岩体工程中岩体的稳定问题,并为这些工程的设计提供必要的参数。

### 2.2.5 岩石的其他特性

近几年来,随着我国在寒冷地区工程建设的不断发展,特别是利用深部岩体建立能源储存库等工程项目不断增加,这就会不可避免地涉及岩石在冻融条件下的物理力学特性的测试。因此,我国的相关试验规程提出了岩石的冻融试验,采用冻融试验所求得的岩石冻融质量损失率($M$)、岩石冻融单轴抗压强度($R_{fm}$)和岩石冻融系数($K_{fm}$),来评价岩石在冻融条件下物理力学特性。其计算公式如下:

$$M=\frac{m_p-m_{fm}}{m_s}\times 100\% \tag{2-14}$$

$$R_{fm}=\frac{P}{A} \tag{2-15}$$

$$K_{fm}=\frac{\bar{R}_{fm}}{\bar{R}_w} \tag{2-16}$$

式中 $m_p$——冻融前岩石试件的饱和质量(g);
$m_{fm}$——冻融后岩石试件的饱和质量(g);
$m_s$——冻融前岩石试件的烘干质量(g);
$R_{fm}$——岩石冻融单轴抗压强度(MPa);
$P$——无侧限条件下,岩石试件轴向破坏荷载(N);
$A$——岩石试件截面积($mm^2$);
$\bar{R}_{fm}$——冻融后岩石单轴抗压强度平均值(MPa);
$\bar{R}_w$——冻融前岩石饱和单轴抗压强度平均值(MPa)。

岩石冻融试验每组试件的数量为 6 个。其先将烘干的试件强制饱和,之后在(−20±2)℃温度下冻 4h,然后将试件浸在保持(20±2)℃水温的水槽中融解 4h,如此反复进行 25 次试验后,按式(2-14)—式(2-16)计算各参数,并以此作为评价岩石抗冻融能力的依据。

岩石在冻融条件下物理力学性质变化的主要原因有两个:组成岩石的各种矿物的膨胀系数的差异;岩石孔隙中的水在 0℃以下的温度将结成冰,水结冰后会产生体积增大的现象,而如此反复的冻融将形成岩石的损伤。

以上所叙述内容是基于现行《工程岩体试验方法标准》(GB/T 50266−2013)所推荐的常用指标。除此以外,相关的岩石指标还有影响岩石可钻性的岩石硬度,影响洞室冷、热流体的储存和地热回收的热传导性、热容量以及热膨胀系数等。由于这些指标仅针对一些特殊的工程,就建筑工程而言,它们并不十分重要,因此,在此不作具体的介绍。

## 2.3 岩石的强度特性

就一般的工程材料而言,工程师们总会提出两个问题:

(1) 工程材料在各种应力作用下所能承受的最大荷载或者允许最大应力值为多大?换言之,材料在多大的外力作用下,会引起局部或整体破坏。

(2) 在上述的荷载作用下,材料所产生的变形是否会影响工程上正常的使用?

上述两个问题也就是力学中所说的材料的强度和变形特性。本节主要介绍岩石的强度特性。

所谓强度是指材料在荷载作用下,单位面积上所能承受最大的力。对于岩石而言,其主要的荷载形式为受压、受拉和受剪。因此,就其强度特性而言,通常研究岩石的单轴抗压强度(无侧限压缩强度)、抗拉强度、剪切强度和三轴压缩强度等。

## 2.3.1　岩石的单轴抗压强度

岩石的单轴抗压强度($R_c$),也称作无侧限抗压强度,是指岩石试件在无侧限条件下,受轴向力作用破坏时,单位面积所承受的最大荷载,即

$$R_c = \frac{P}{A} \tag{2-17}$$

### 2.3.1.1　单轴抗压强度的试验方法

在岩体力学中,岩石的单轴抗压强度是研究最早、最完善的特性之一。按《工程岩体试验方法标准》(GB/T 50266—2013)的要求,单轴抗压强度的试验方法是在带有上下承压板的试验机内,按 0.5～1.0MPa/s 的加载速度加压至试件破坏。此外,《工程岩体试验方法标准》提出试件的尺寸及加工的精度应达到一定的要求:试件的直径或边长为 48～54mm;高度为直径的 2.0～2.5 倍;试件两端面的不平整度不得大于 0.05mm;沿试件的高度上直径或边长的误差不得大于 0.3mm;两端面应垂直于试件轴线,偏差不得大于 0.25°等。试件一组为 3 块。《工程岩体试验方法标准》之所以提出试件的尺寸及加工精度的要求,主要是为了使岩石试验结果具有很好的重复性和可比性,减少由于岩石的不均匀性造成试验值的离散性。

### 2.3.1.2　岩石在单向压缩荷载作用下的破坏形态

在荷载作用下,岩石试件的破坏形态是表现岩石破坏机理的重要特征。它不仅反映了岩石受力过程中的应力分布状态,同时还将表现出不同试验条件对强度的影响。因此,岩石的破坏形态备受重视,规范中提出试验完成后,应对其破坏形态做一个完整的描述。依据对岩石在单轴压缩应力作用下破坏形态的观察,其主要表现为以下两种情况(图 2-3)。

1. 圆锥形破坏

圆锥形破坏形态如图 2-3(a)所示。这种破坏形态的特征是岩石试件将形成两个相对的锥形。经分析发现这一形态特征的形成是由于试件两端面与试验机承压板之间具有较大的摩擦力造成的。在试验加压的过程中,试件的应力分布如图 2-4 所示。在承压板接触的两个岩石端面上,由于摩擦力的存在,使得试件的端部形成压应力的三角形区域,而其他区域都表现为拉应力。试件端面与承压板之间的摩擦力,使试件端面部分形成了一个箍的作用,而这一作用随远离承压板而减弱,使其表现为拉应力。在拉应力区域,由于侧向的部分岩石可自由地向外变形、剥离,最终形成圆锥形破坏的形态。

2. 柱状劈裂破坏

柱状劈裂破坏形态如图 2-3(b)所示。若采用有效方法消除岩石试件两端面与试验机承压板之间的摩擦力,则试件的破坏形态成为柱状劈裂破坏。试件在破坏时,由于消除了端面的摩擦力,使得试件在拉应力的作用下,出现平行于试件轴线的垂直裂缝,最终使试件丧失了抵抗外力的能力。因此,可以说柱状劈裂破坏是岩石在单轴压缩应力作用下自身所具有的真实破坏形态。据此可应用这样一个特征,分析岩石试件在试验过程中的受力条件,以便判断试验

结果的可靠性。

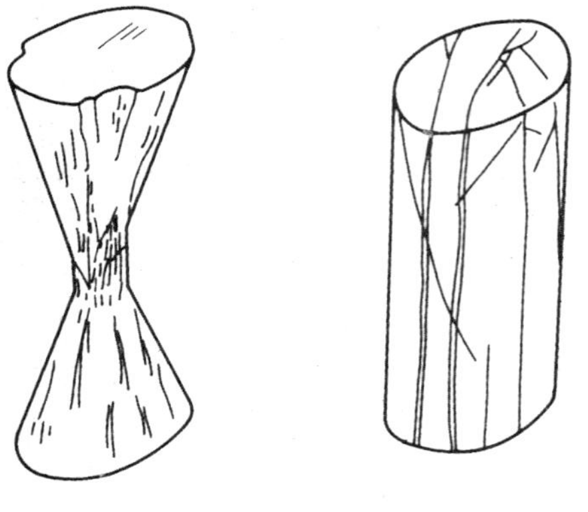
(a) 圆锥形破坏　　(b) 柱状劈裂破坏

图 2-3　单轴压缩破坏形态图

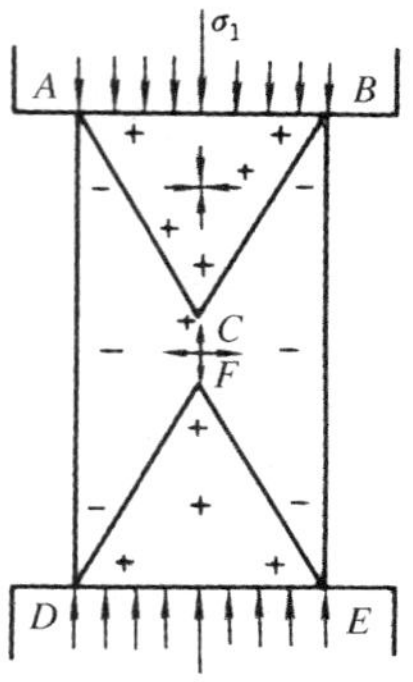


图 2-4　在两个金属板之间压缩圆柱体样品的应力-应变分布特征

2.3.1.3　**单轴抗压强度的影响因素**

在进行岩石单轴抗压强度试验的过程中,有一些因素将影响其试验值。影响岩石单轴抗压强度的主要因素有以下几个方面:

1. 承压板刚度

除了上述试件端面与承压板之间的摩擦力影响试件的破坏形态以外,试验机承压板的刚度还会影响试件端面的应力分布形态。当承压板刚度很大时,岩石试件端面的应力分布很不均匀,呈山字形,如图 2-5(a)所示;当承压板刚度较小,为柔性承压板时,则岩石端面的应力分布为抛物线形,如图 2-5(b)所示。显然,试件端面受力的不均匀将影响整个试件的受力状态。因此,试验机的承压板(或者垫块)应该尽可能采用与岩石刚度相接近的材料,避免由于刚度的不同而引起变形不协调造成应力分布不均匀的现象,减少岩石的端面对强度的影响。同时采取一定的措施减小承压板与岩石端面之间的摩擦力。

2. 岩石试件形状、尺寸及高径比

岩石力学试验最早采用的是边长为 5cm 的立方体试件。在进行了系统地研究后发现,试件的形状、尺寸、高径比均将影响岩石的强度。

1) 岩石试件的形状

众所周知,方形试件的四个边角会产生很明显的应力集中现象,这将产生整个试件在受力后应力分布不均匀的现象。此外,从另外一个角度来说,方柱体的试件加工要比圆柱形试件困难得多,六个面的切割不易达到有关加工精度的要求。因此,目前绝大多数的国家都采用圆柱形的岩石试件。

2) 岩石试件的尺寸

试件的强度通常随其尺寸的增大而减小,这在岩石力学中被称作为尺寸效应。研究发现,试件的尺寸对其强度的影响在很大程度上取决于组成岩石的矿物颗粒的大小。研究结果表明,若岩石试件的直径为 4～6cm,且满足试件直径大于组成岩石矿物的最大颗粒直径 10 倍以上,其强度值相对比较稳定。因此,目前采取直径为 48～54mm,且直径大于最大矿物颗粒直径 10 倍以上的岩石试件作为其标准尺寸。

3) 岩石试件的高径比

在图 2-6 中可以看出，由于高径比($h/d$)的不同，对岩石强度将产生不同的影响。由该曲线的形态特征可明显地看出，高径比在 2～3 时，岩石单轴抗压强度值已趋于稳定。因此，试件的高径比取 2～3 对其强度试验来说是比较合理的。

据此，目前世界上几乎所有国家都采用直径为 50mm 左右、高度为直径的 2～3 倍的圆柱形试件进行岩石室内力学试验。这不仅考虑了不同尺寸、形态、高径比对其强度的影响，同时还考虑了岩石力学试验结果的可比性。

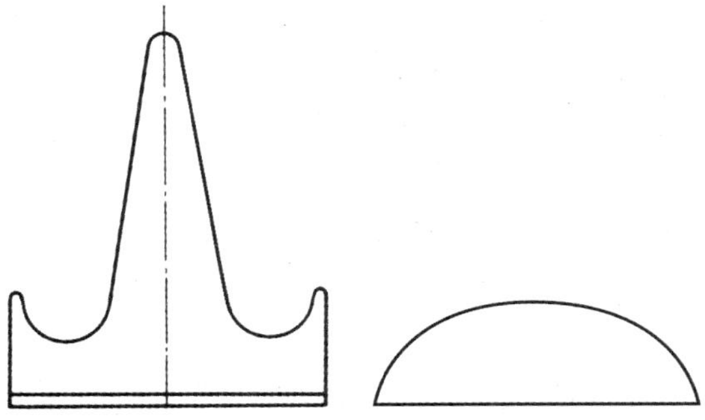


图 2-5　承压板刚度不同岩石试件压缩时端面的应力分布

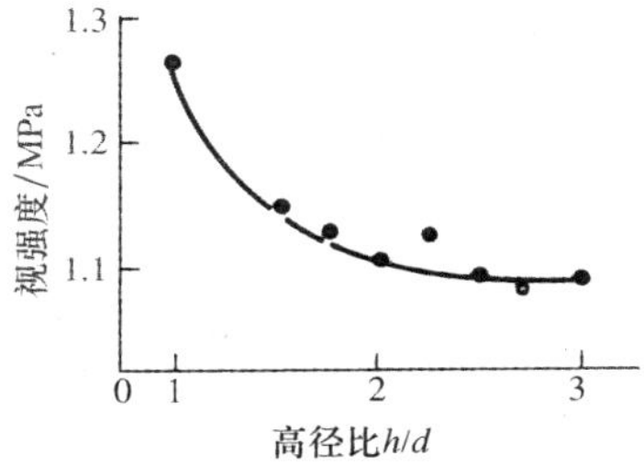


图 2-6　米祖霍(Mizuho)粗面岩的抗压强度与 $h/d$ 的关系

3. 加载速率

加载速率是影响岩石单轴抗压强度的重要因素。岩石的单轴抗压强度通常随加载速率的提高而增大，如图 2-7 所示。在很高的加载速率下，如冲击荷载等快速加载试验所求得的单轴抗压强度要比缓慢加载的试验结果大得多。经微观分析发现，由于矿物在高速率加载时未充分变形而提高了它的抗外荷载的能力。因此，选择适当的加载速率对其试验结果来说很重要。现行《工程岩体试验方法标准》规定，其加载速率应控制在 0.5～1.0MPa/s 之间，可按岩石的软硬不同选取不同的加载速率。这一加载速率与国外的许多试验标准中所提出的要求是一致的。但是，依据最新的研究成果可知，最合理的试验方法应该是控制岩石的变形速率，或者说采用控制应变速率进行加载。由此，无论岩石强度值的高低和硬软如何，在同一个应变速率下进行试验，才具有真正的可比性。

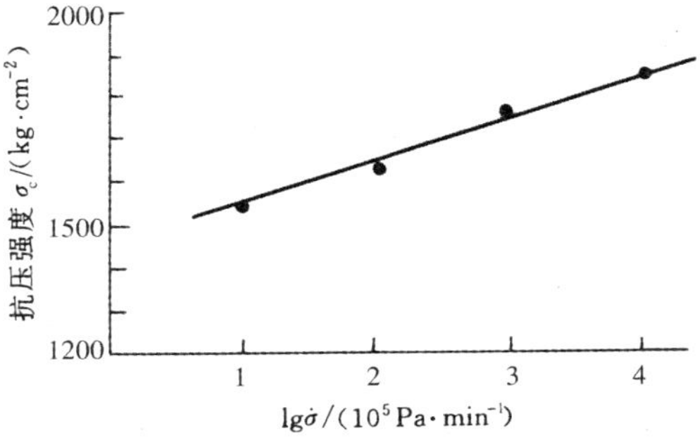


图 2-7　抗压强度 $\sigma_c$ 随着加荷速率 $\dot{\sigma}$ 的变化

4. 环境

环境对岩石单轴抗压强度的影响通常指不同的含水状态和不同的温度对岩石试验结果的影响。

1) 含水率

岩石孔隙含水的多少，将对岩石的单轴抗压强度有着一定的影响，岩石在完全烘干状态下与饱和状态下所求得的单轴抗压强度有一定的差别。这一差别在软岩中表现得更为突出，即前者的值往往要比后者大得多。因此，通常用岩石的软化系数来表示它的特征。这在岩石抗风化指标中已经叙述过，该系数是表征在岩石中不同的含水率影响其单轴抗压强度的一个指标。

造成软岩在饱和状态下单轴抗压强度降低很多的原因，是由于孔隙中的水使得岩石中的黏土矿物发生风化、软化、泥化、溶蚀以及膨胀作用。如表 2-1 所示，对于泥岩、黏土岩、页岩等软弱的岩石，二者的差值甚至可达 2～3 倍；而对于致密坚硬的岩石，二者的差别甚小。

2）温度

岩石力学试验一般是在室温条件下进行的。试验环境的温度对岩石强度的影响并不是很明显。然而，在一些特殊的工程中，将会遇到高温状态下岩石的力学特性问题。地热的利用以及在核电工程中核废物的地质处置库建设等具体问题中，温度对岩石力学性质的影响不容忽视。近年来，人们愈来愈重视温度对岩石力学特性影响的研究。温度对岩石强度的影响主要表现为两个方面：一是由于温度的升高使岩石内的化学成分、结晶水等产生变化，进而影响了岩石的强度。由试验结果可知，当温度加至 180℃左右时，岩石中矿物周围的部分结晶水会消失，使强度降低。当加温高达 380℃左右时，石英等矿物会发生晶变而使强度急剧下降；二是由于温度的升高，将使岩石内储存热应力，进而使岩石的抵抗外荷载的能力降低。温度对岩石强度的影响是一个很复杂的问题，从总体上来说，温度的增加会使岩石强度降低。但也有人通过试验提出，在 180℃左右时，温度对强度影响不大的说法。因此，温度对于岩石强度的影响还是一个有待于进一步深入研究的课题。

除了以上的影响因素以外，还有岩石中矿物成分、颗粒尺寸、孔隙率等都会影响岩石的强度。但是，这些因素对岩石强度的影响不大，可作为间接影响因素，所以，不在此一一详细介绍。

### 2.3.2 岩石的抗拉强度

岩石的抗拉强度是指岩石试件在受到轴向拉应力后其试件发生破坏时单位面积所能承受的最大拉力。

由于岩石是一种具有许多微裂隙的介质，在进行抗拉强度试验时，岩石试件的加工和试验环境的易变性，使得试验的结果不是很理想，经常出现一些意外的现象，试验值与实际的抗拉强度存在着较大的偏差。人们对其试验方法进行了大量的研究，提出了多种求得抗拉强度值的方法。以下介绍四种岩石抗拉强度试验方法。

#### 2.3.2.1 直接拉伸法

直接拉伸法是将岩石加工成棒状，并利用岩石试件的两端与试验机夹具之间的黏结力或摩擦力，对岩石试件直接施加拉力，测试岩石抗拉强度值。通过试验，可按下式求得其抗拉强度指标 $R_t$，即

$$R_t=\frac{P}{A} \tag{2-18}$$

式中 $P$——试验中试件能承受的最大拉力(N)；

$A$——与拉应力垂直的试件截面面积($mm^2$)。

岩石试件与夹具连接的方法见图 2-8。进行直接拉伸法试验的关键在于：一是岩石试件与夹具间必须具有足够的黏结力或者摩擦力；二是所施加的拉力必须与岩石试件同轴心。否则，就会出现岩石试件与夹具脱落；或者由于偏心荷载，使试件的破坏断面不垂直于岩石试件的轴心等现象，致使试验失败。由于对岩石试件和加载的要求很高，使得直接拉伸试验难度较大，因此，在实际的试验中很少采用。

#### 2.3.2.2　抗弯法

抗弯法是利用结构试验中梁的三点或四点加载的方法，使得岩石制成的梁在其下沿产生纯拉应力，最终由于纯拉应力的作用导致岩石试件的下沿产生拉裂缝而破坏的试验原理，间接地求得岩石抗拉强度值的一种试验方法。此时，其抗拉强度值可按下式求得：

$$\sigma_t = \frac{MC}{I} \tag{2-19}$$

式中　$\sigma_t$——由三点或四点抗弯试验所求得的最大拉应力（MPa），它相当于岩石的抗拉强度 $R_t$；

$M$——作用在试件纯拉截面上的最大弯矩（MN·m）；

$C$——梁的边缘到中性轴的距离（m）；

$I$——梁截面绕中性轴的惯性矩（$m^4$）。

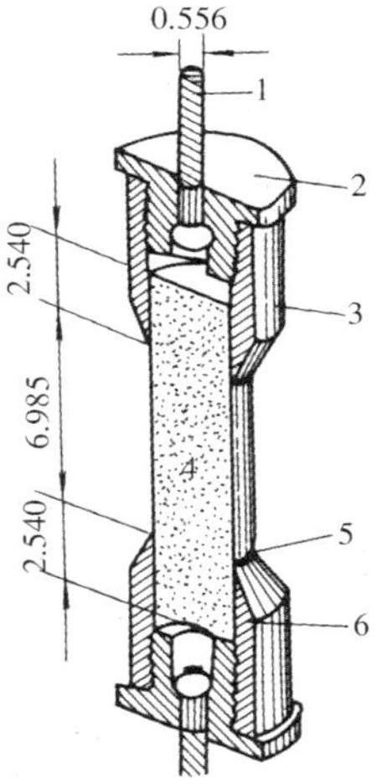


1—钢索（不扭动的）和带花饰的球（不锈钢）；2—螺旋连接器（不锈钢）；3—环（铝质）；4—岩石试件（直径 10mm）；5—束带（环氧树脂）；6—黏结物（环氧树脂）

图 2-8　单轴拉伸试验用的削脚

式(2-19)的成立是建立在以下四个基本假设基础之上：①梁的截面严格保持为平面；②材料是均质的，服从虎克定律；③弯曲发生在梁的对称面内；④拉伸和压缩的应力—应变特性相同。对于岩石而言，第 4 个假设与岩石的特性存在着较大的差别。因此，利用抗弯法求得的抗拉强度也存在着一定的偏差。另外，由于将岩石试件加工成梁形状，也是相对比较复杂的事情，各个面之间的不平行，会造成受力不均匀现象，导致试验参数不具代表性。故此，该方法应用也是相对比较少。

#### 2.3.2.3　劈裂法(巴西法)

劈裂法也称作径向压裂法，因为是由巴西人杭德罗斯（Hondros）提出的试验方法，故也称为巴西法。这种试验方法的基本原理是：用一个实心圆柱形试件，使它承受径向压缩线荷载至破坏，间接地求出岩石的抗拉强度（图 2-9）。该方法具有一定的理论依据，参照弹性力学中半无限体上作用着集中力的布辛奈斯克（Boussinesq）解析解，将其作用于圆盘试件直径的两端，并扣除由于集中力而产生于圆盘周边的应力，在此条件下求得岩石圆盘中心点的水平拉应力，以此作为岩石的抗拉强度。由于该方法试件加工方便，试验步骤简单，是目前最常用的抗拉强度的试验方法，几乎所有国家的相关试验规范都推荐此方法求得岩石的抗拉强度。按现行《工程岩体试验方法标准》规定：试件的直径宜为 48～54mm，其厚度宜为直径的 0.5～1.0 倍，一组试件为 3 块。通过理论推导，岩石试件破坏时作用在试件中心的最大拉应力可按下式求得：

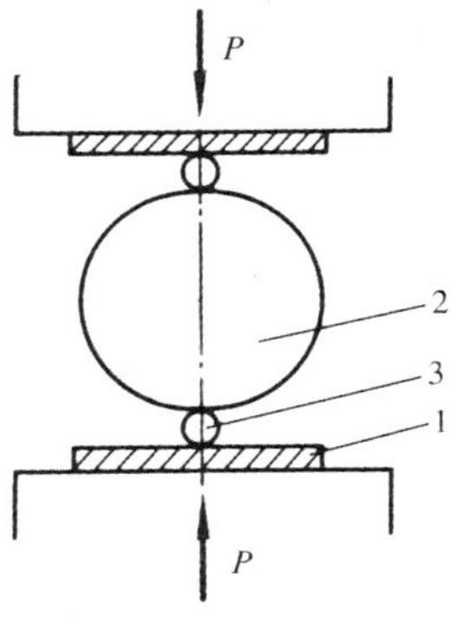


1—承压板；2—试件；3—钢丝

图 2-9　劈裂法试验示意图

$$R_t = \frac{2P}{Dh\pi} \tag{2-20}$$

式中　$R_t$——试件中心的最大拉应力，即为抗拉强度（MPa）；

$P$——试件破坏荷载（N）；

$D$——试件的直径（mm）；

$h$——试件的厚度（mm）。

根据理论解分析条件,试验时所施加的线荷载必须通过试件圆心,与加载的两点连成一直线,并要求在破坏时其破裂面亦通过加载点连接的直径。否则,试验结果将带来较大的误差。

### 2.3.2.4 点荷载试验法

点荷载试验法是在 20 世纪 70 年代发展起来的一种简便的现场试验方法。该试验方法最大的特点是对于岩石试件的尺寸未作强制性的要求,可以是 5cm 的钻孔岩心,也可以是开挖后掉落下的不规则岩块,试件各边长之间的比值可近似取 1,不作任何岩样加工亦可直接进行试验。该试验装置是一个极为小巧的设备(图 2-10),其加载原理类似于劈裂法,不同的是劈裂法所施加的是线荷载,而点荷载法所施加的是点荷载。该方法所确定的试验值,可用点荷载强度指数$I_s$来表示,按下式求得:

$$I_s = \frac{P}{D_e^2} \tag{2-21}$$

式中 $P$——试验时所施加的极限荷载(N);

$D_e$——等价岩心直径(mm),当采用岩心试件径向加载试验时,为两个加载点之间的距离;而采用岩心轴向加载、方块体或不规则试件试验时,按下式计算等价岩心直径:

$$D_e^2 = \frac{4WD}{\pi} \tag{2-22}$$

式中 $D$——两加载点间距(mm);

$W$——通过两加载点最小截面的宽度或平均宽度(mm)。

按《工程岩体试验方法标准》要求,当一组试验同时采用多种形态试件时,应按要求对等价岩心直径进行修正。此外,为了更合理地求得点荷载试验值,要求每组试验的试件达到一定的数量,其中采用岩心的试件宜为 5~10 个,方块或不规则试件宜为 15~20 个。点荷载强度的平均值计算应采用以下试验数据处理方法:当有效数据少于 10 个时,舍去其中的最高值和最低值;当有效数据超出 10 个时,可舍去 2 个最高和 2 个最低值。

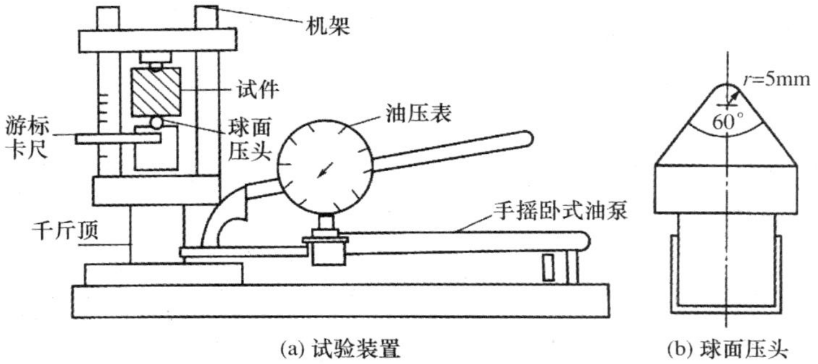


图 2-10 点荷载试验示意图

经过大量点荷载试验数据的统计分析,发现点荷载试验的结果与岩石的饱和单轴抗压强度($R_w$)和抗拉强度($R_t$)之间具有以下统计关系:

$$\left.\begin{aligned} R_w &= 22.82 I_{s(50)}^{0.75} \\ R_t &= 0.96 I_s \end{aligned}\right\} \tag{2-23}$$

式中,$I_{s(50)}$是指直径 50mm 圆柱形试件径向加压时的点荷载强度指数。

采用点荷载强度指数换算岩石饱和单轴抗压强度是我国《工程岩体分级标准》中所建议的方法;而对抗拉强度的换算还未得到验证,在此仅供参考。

### 2.3.3 岩石的抗剪强度

岩石的剪切强度是指岩石在一定的应力条件下(主要指法向的压应力作用)所能抵抗的最大剪应力,通常用 $\tau$ 表示。该强度与岩石的抗压、抗拉强度不同,属于在复杂应力作用下的强度,且随法向应力的变化而变化。因此,岩石的抗剪强度不能仅采用一块试件的试验值表述,而是需要用一组岩石试件,在不同的法向应力作用下的试验结果来获得其抗剪强度。因此,岩石的抗剪强度一般式可用以下的函数表示:

$$\tau=f(\sigma) \tag{2-24}$$

根据岩石剪切试验的结果,常用直线的形式描述某种岩石的抗剪强度:

$$\tau=\sigma\tan\phi+c \tag{2-25}$$

式中　$\sigma$——岩石破坏面上的正应力(MPa);

$\phi$——岩石的内摩擦角(°);

$c$——岩石的内聚力(MPa)。

常用的岩石剪切强度试验方法有三种:抗剪断试验、抗切试验和弱面抗剪切试验(包括摩擦试验)。三种抗剪强度试验受力条件不同,其示意图见图 2-11。

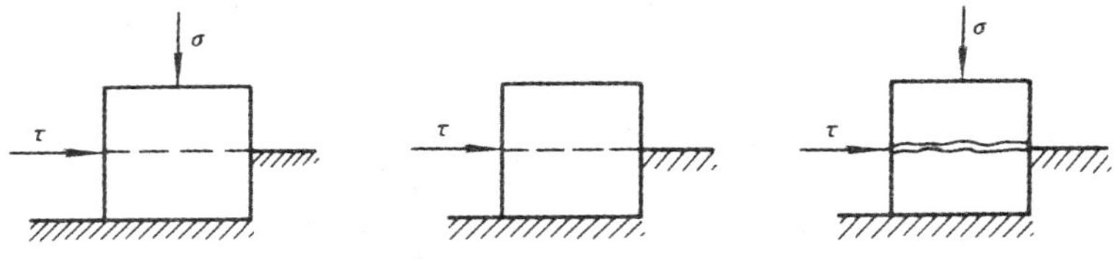

(a) 抗剪断试验　(b) 抗切试验　(c) 弱面抗剪切试验

图 2-11　岩石的三种受剪方式示意图

抗剪断试验在室内进行时,通常可采用具有不同的 $\alpha$ 值的夹具进行试验,一般 $\alpha$ 角度为 30°～70°(以采用较大的角度为好),参见图 2-12。这种具有角度 $\alpha$ 的剪切试验可在单向压缩试验机上进行,并求得所施加的极限荷载。作用在剪切面上的正应力 $\sigma$ 和剪应力 $\tau$ 与角度 $\alpha$ 的大小有关,可按下式求得:

$$\left.\begin{aligned}\sigma&=\frac{P}{A}(\cos\alpha+f\sin\alpha)\\ \tau&=\frac{P}{A}(\sin\alpha-f\cos\alpha)\end{aligned}\right\} \tag{2-26}$$

式中　$P$——试验机所施加的极限荷载(N);

$f$——滚珠排与上下压板的摩擦系数;

$A$——剪切破坏面的面积($mm^2$);

$\alpha$——夹具的倾斜角(°)。

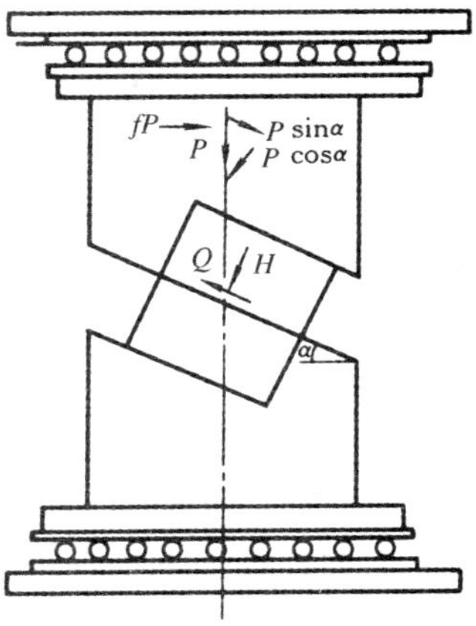

图 2-12　岩石抗剪断试验

按式(2-26)求出相应的 $\sigma$ 及 $\tau$ 值就可以在 $\tau$-$\sigma$ 坐标系统作出它们的关系曲线,如图 2-13(a)所示,岩石的抗剪断强度关系曲线严格意义上是一条弧形曲线,由于它是通过试验而求得,因此很难用一个明确的数学公式加以表述。而在工程上,为了使用方便,通常将其在一个应力段内简化成直线形式,如图 2-13(b)所示。这样,就可用强度参数内聚力和内摩擦角表述岩石的抗剪断

强度 $\tau$ 与法向应力 $\sigma$ 之间的关系。

从严格的意义上来说,抗剪断的试验方法存在一定的弊端。首先,从试验的结果看,岩石试件的破坏被强制规定于某个平面上,它的破坏并不能真正反映岩石的实际情况;其次,在试验时剪切破坏面上的应力状态极为复杂。因此,虽然《工程岩体试验方法标准》中也将其推荐为试验方法之一,但是作为抗剪强度的试验,目前最常用的还是通过三向压缩应力试验而求得强度。三轴试验完全克服了上述的不足,其强度表现形式与抗剪断试验的结果可采用相同的方式,且其受力条件更为合理。

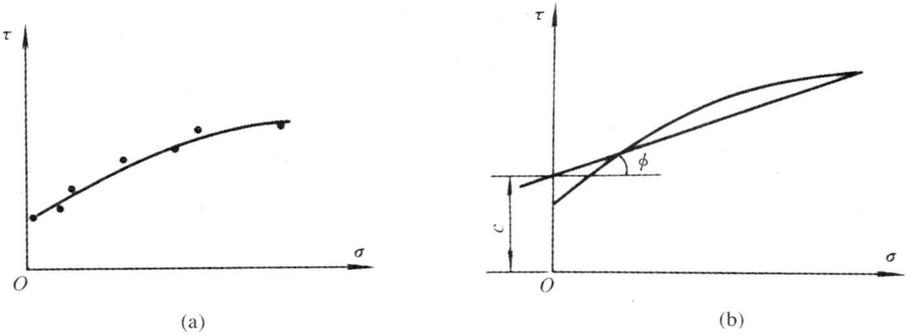


图 2-13　岩石的抗剪断 $\sigma$-$\tau$ 曲线

## 2.3.4　岩石在三向压缩应力作用下的强度

众所周知,除了出露在地表的岩石之外,地层中的岩石绝大多数都处于三向压缩应力的作用下,从其受力条件而言,三向压缩应力作用下的强度特性是岩石受力特征的本质反映。因此,岩石在三向压缩应力作用下的强度特性就显得格外的重要。

所谓三向压缩应力作用下的强度,是指在三向压缩应力作用下岩石抵抗外荷载的最大应力。由于三向应力状态由许多不同的应力组合而成,因此,岩石的三向压缩强度通常用极限最大主应力或极限剪应力表示的一个函数式来表达:

$$\left.\begin{aligned}\sigma_1&=f(\sigma_2,\sigma_3)\\ \tau&=f(\sigma_n)\end{aligned}\right\}\tag{2-27}$$

式中　$\sigma_1$——最大主应力;

$\sigma_2,\sigma_3$——分别为中间主应力和最小主应力;

$\sigma_n$——作用在某个面上的正应力。

由式(2-27)可知,岩石的三向压缩应力的强度可用两种不同但等价的表达式表示。岩石三向压缩强度是根据试验的结果而建立的,从目前的研究成果来说,由于岩石成因的不同以及成岩后地质环境的变化造成不同的岩石具有不同的缺陷,由此使得岩石的三向压缩强度很难用一个具体的显式函数将其变化规律给予准确地描述。但是,根据试验的结果可知,岩石的三向压缩强度具有随所施加围压的增大而增大的特性。因此,从总体上来说,通常可以采用一次式和二次式的单调函数来表示。

### 2.3.4.1　三向压缩试验方法简介

三向压缩应力试验根据施加围压状态的不同,可分成真三轴试验和假三轴试验。二者的区别在于真三轴试验的两个水平方向施加的压力不等,而假三轴试验是相等的围压。由于真三轴试验对试验机的特殊要求,使该试验要花费很大的人力、物力和财力,大多用于具有特殊要求的工程和研究。而假三轴试验要比真三轴试验容易得多，已成为岩石力学中最常用的试验方法之一。图 2-14 是假三轴试验机施加三向压力的装置示意图，围压是通过液体施加在试件上。通常假三轴试验的围压按照工程的要求或者研究的应力范围确定，一般将围压按等比级数或等差级数设定为 5 级，试验先同步施加轴压和围压，当施加到预定的围压之后，将围压保持稳定，再施加轴压直至岩石试件破坏。

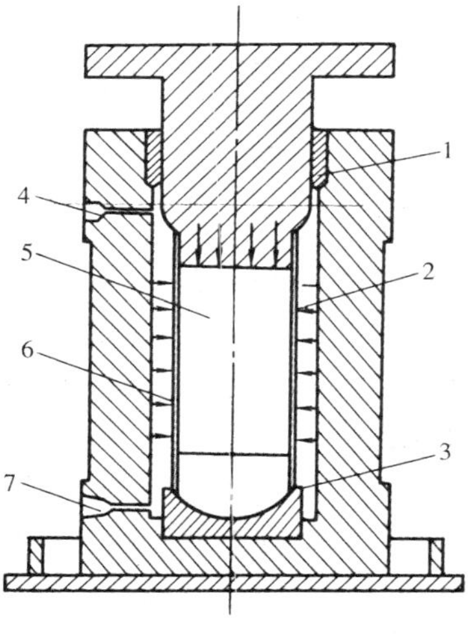


1—密封装置；2—侧压力；3—球形底座；
4—出油口；5—岩石试样；6—乳胶隔离膜；
7—进油口

图 2-14　岩石三向压力试验基本原理图

### 2.3.4.2　三向压缩试验的破坏类型

表 2-3 列出了假三轴试验在不同围压作用下的破坏类型。岩石试件在低围压作用下(表中情况 1,2)，其破坏形式主要表现为劈裂破坏，这一破坏形式与单轴压缩破坏很接近，这主要是围压的作用并没有明显地显现出来的缘故，说明此时围压对其破坏形态影响并非很大。当在中等围压的作用下(表中情况 3,4)，试件主要表现为斜面剪切破坏，其剪切破坏面与最大主应力作用面的夹角通常约为 $45°+\phi/2$($\phi$ 为岩石的内摩擦角)；而当在高围压作用下(表中情况 5)，试件则会出现塑性流动破坏，试件不出现宏观上的破坏断裂面而呈腰鼓形。由此可见，围压的增大改变了岩石试件在三向压缩应力作用下的破坏形态。若从变形特性的角度分析，围压的增大使岩石从脆性破坏向塑性流动过渡。

**表 2-3**　　**假三轴试验岩石破坏类型**

| 情况 | 1 | 2 | 3 | 4 | 5 |
|---|---|---|---|---|---|
| 破裂或断裂前的典型应变 | <1% | 1%～5% | 2%～8% | 5%～10% | >10% |
| 压缩 $\sigma_1>\sigma_2=\sigma_3$ | 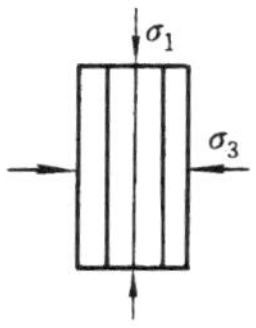  | 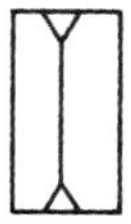 |  |  | 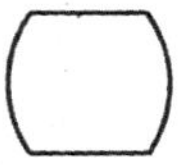 |
| 拉伸 $\sigma_3<\sigma_1=\sigma_2$ | 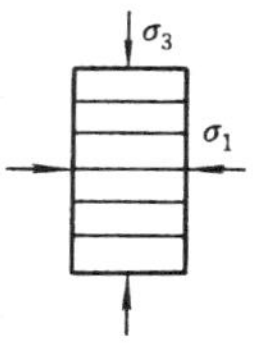  | 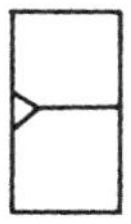 |  |  |  |
| 典型的应力-应变曲线 $(\sigma_1-\sigma_3)$ |   |  |  |  | 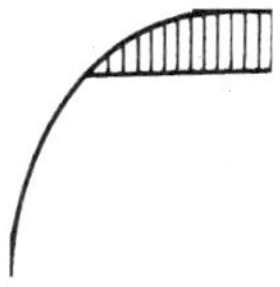 |

### 2.3.4.3 岩石三向压缩强度的影响因素

岩石在三向压缩应力作用下的影响因素，与岩石单轴强度的影响因素稍有不同，明显带有三向压缩应力所具有的特征。

1. 侧向压力

图 2-15 是一组岩石的应力-应变曲线，图中显示了侧向压力对三向压缩强度的影响规律。由图可见，大理岩随着侧向压力(在假三轴试验中可称为围压)的增大，其极限最大主应力也将随之增大，且显示出极限最大主应力增大的变化率随围压的增大而减小的变化规律。若用莫尔极限应力圆的包络线来描述，则包络线的斜率具有前陡后缓的特征。当然，对不同的岩性来说，这一特性并不是完全一致的。但是随围压的增大，极限最大主应力也变大，这一特性则是一个普遍的规律。

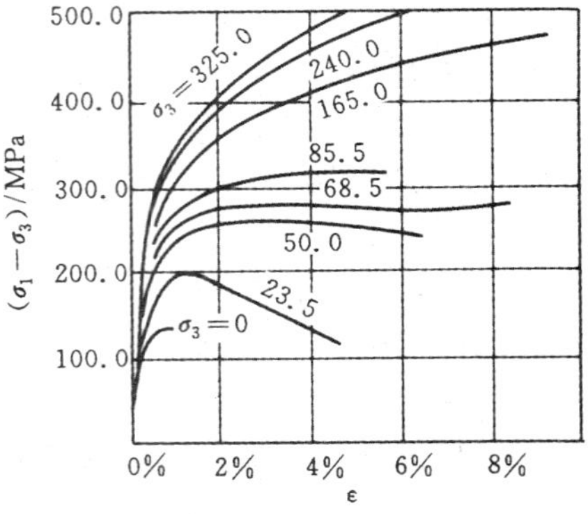


图 2-15 大理岩的应力差($\sigma_1-\sigma_3$)与纵向应变 ε 的关系曲线

2. 试件尺寸

在低围压与中等围压作用下，试件尺寸对岩石三向压缩强度的影响与其对岩石单轴压缩强度的影响基本一致。当岩石在高围压作用下，由于围压的径向限制增大，使得试件中微裂缝始终处在闭合的状态下工作，此时岩石试件尺寸的影响将逐渐渐弱。

3. 加载速率

加载速率对岩石三向压缩强度的影响与其对岩石单轴压缩强度的影响基本一致，即随着加载速率的增加强度有所提高。

4. 加荷路径

三向压缩试验的加载路径可以归纳为三种不同的形式，如图 2-16 中 $A$，$B$，$C$ 三条虚线所示。根据大量的试验结果可知，三种不同的加载路径对岩石的三向压缩强度影响并不大，无论用哪种加载路径，其最终的破坏应力都很接近三向压缩强度的极限应力包络线(图中的实线)。

5. 孔隙水压力

对于一些具有较大孔隙的岩石来说，孔隙水压力将对岩石的强度有一定的影响。这一影响可用“有效应力”的原理给予解释。由于岩石中存在孔隙水压力，在外部的应力作用下，孔隙水压力也将平衡掉一定的外部压力，而使得真正作用在岩石上的围压值减少了。根据岩石在三向压缩应力作用下的特征可知，随着围压的减小，它所对应的极限主应力也将随之降低。因此，当作用在岩石上的总应力减去孔隙水压力后，由于其围压变小，与其相对应的极限最大主应力值(峰值应力)也将相应减小。若用莫尔极限应力圆来表示，由于孔隙水压力的存在使得极限应力圆向左侧移动，即向强度包络线方向平移，因此，更容易接近岩石的破坏状态。

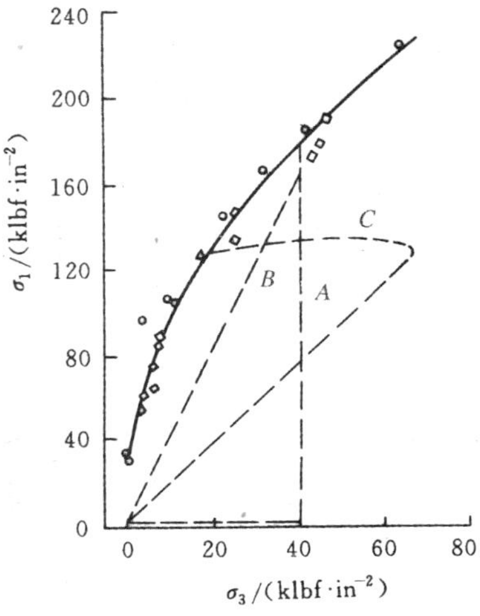


注：$1\text{klbf/in}^2=6.89476\text{MPa}$

$A$—典型的侧压为常数荷载轨迹；
$B$—典型的成比例的荷载轨迹；
$C$—第 26 号试件的荷载轨迹

图 2-16 威斯特雷(Westerly)花岗岩的破坏轨迹

# 2.4　岩石的变形特性

与岩石的强度特性一样，岩石的变形特性也是岩石的重要力学特性。从某种意义上讲，岩石的变形更为重要，尤其是在岩石工程的施工和运营阶段，岩石的变形将直接影响工程围岩的稳定以及工程的正常使用。当工程技术人员对岩石的变形特性的变化规律有了足够的了解，才能应用某些数学表达式描述岩石应力应变关系（岩石的本构关系），预测岩石在工程所处的环境下以及相关的荷载作用下所产生的变形，进而评价围岩的稳定性。近几年来，人们加强了对岩石工程的现场测量工作，通常现场测量所获得的数据大都是岩体的变形值。为了能够更好、更全面地利用这些数据，必须要掌握岩石的变形规律及其特征，并在此基础上综合结构面的力学特性，分析岩体的稳定性。随着对变形特性的深入研究，有人提出用变形（或应变）表示的破坏判据代替以往常用的应力强度判据，可以说这是一个更切合实际的新的研究方向。上述所有的一切都需要对岩石的变形特性有一个全面地了解。由此可见，变形特性是极为重要的，无论对岩石工程建设还是岩石力学的理论，都成为不可或缺的重要内容。在实际的岩石工程中，由于其受力条件的限制，经常遇到岩石在单向压缩和三向压缩状态下的变形问题，而在受拉条件下岩石变形的基本规律与岩石在单向压缩下的变形规律基本一致，且三向压缩条件下的变形特性基本涵盖了剪切变形特性的规律（结构面剪切特性应另当别论）。因此，本节着重介绍岩石在单向压缩和三向压缩两种受力状态下的变形特性。

## 2.4.1　岩石在单向压缩应力作用下的变形特性

### 2.4.1.1　岩石在普通试验机中进行单向压缩试验时的变形特性

岩石的变形特性通常可从试验时所记录下来的应力-应变曲线中获得。岩石的应力-应变曲线反映了各种不同应力水平下所对应的应变（变形）的规律。以下介绍岩石在单向压缩应力作用下具有代表性的典型的应力-应变曲线。

1. 典型的岩石应力-应变曲线分析

图 2-17 所示为典型的岩石应力-应变曲线。根据最大主应力与主应变的曲线形态变化，可将其分成 $OA$，$AB$，$BC$ 三个阶段。三个阶段各自显示了不同的变形特征。

(1) $OA$ 阶段，通常被称为压密阶段。其特征是应力-应变曲线呈上凹形，即应变增量随应力的增加而减小，形成这一特性的主要原因是存在于岩石内的微裂隙在外力作用下发生闭合所致。

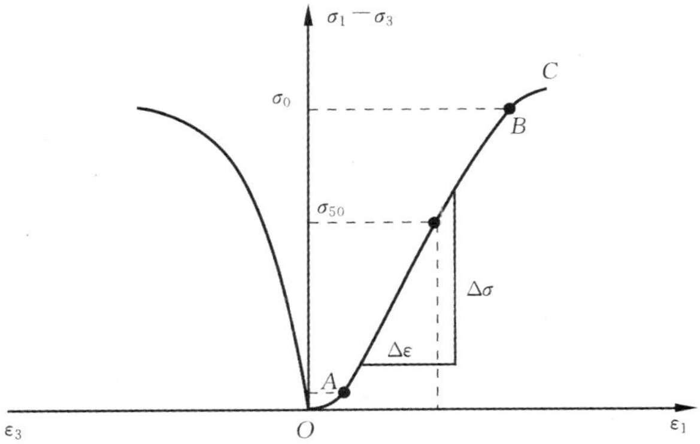


图 2-17　典型的应力-应变曲线

(2) $AB$ 阶段，也可称作弹性阶段。这一阶段的应力-应变曲线基本呈直线。若在这一阶段进行卸荷，其应变可以恢复，因而称为弹性阶段。这一阶段常用弹性模量和泊松比两个参数来描述岩石的应力应变的特征。在《工程岩体试验方法标准》中，弹性模量是用应力-应变直线段的斜率来表示，该值被称作平均模量。就模量的概念而言，岩石的模量还有初始模量、切线模量和割线模量。初始模量是指应力-应变曲线在坐标原点切线的斜率；切线模量是指应力-应变曲线在任意一点切线的斜率;割线模量是指应力-应变曲线任意一点到坐标原点割线的斜率。在岩石力学中除了比较常用的平均弹性模量以外,还常用割线模量 $E_{50}$。$E_{50}$是指岩石峰值应力的一半(50%)时应力、应变的比值,其实质为岩石的变形模量。泊松比 $\mu$ 是指在弹性阶段中,岩石的横向应变与纵向应变的比值。这是描述岩石在受力后向侧向膨胀的变形特性。这个参数与弹性模量相对应,应在同一个应力取值范围内计算岩石的泊松比 $\mu$。经过大量的试验发现,虽然岩石可假定为弹性介质,但岩石是由多种矿物组成,在其成岩过程中必定包含许多细小的微裂缝,当岩石受力后不断出现原有的裂纹扩展以及新的裂缝,使得岩石在宏观上出现一些不可逆的变形。因此从某种意义上来说,岩石并不属于真正的弹性介质,而是一种近似弹性的介质。直线的终点 $B$ 为岩石的屈服点,它所对应的应力通常称为屈服应力($\sigma_0$)。当应力超过 $B$ 点后,则岩石的变形特性将进入第三阶段。

(3) $BC$ 阶段,也被称作塑性阶段。当应力值超出 $B$ 点(屈服应力)之后,随着应力的增大曲线呈下凹状,明显地表现出应变增大的现象,即进入了塑性阶段,岩石将产生明显的不可逆塑性变形。此时,与最大主应变相比,最小主应变的应变增大表现得更明显。应该指出,对于坚硬的岩石来说,一般塑性变形的量值都非常小,有的几乎不出现明显的塑性变形,它所表现的是脆性破坏的特征。所谓脆性,是指应力超出了屈服应力后并不表现出明显的塑性变形的特性,而此类的破坏也被称为脆性破坏。

2. *反复循环加、卸载的应力-应变曲线分析*

若在岩石变形试验时改变加载的方式,采用反复循环加—卸载形式,可得到如图 2-18 所示的应力-应变曲线。由于岩石是一种带有天然缺陷的介质,其内部存在着许多微裂隙。当其受力后这些裂隙会产生扩展、相互搭接,甚至出现新的裂缝等现象。由这些现象所产生的变形从某种意义上来说是不可逆的,因此,岩石也可以说并不具有理想的弹性特性,图 2-18 中的曲线形态说明了这个问题。进行加卸载试验后,岩石的应力-应变曲线将形成一个环,通常将它称作为塑性滞环。塑性滞环的面积反映了岩石在加卸载试验过程中,消耗于裂隙的扩展和部分闭合的裂隙面的摩擦所做的功。此外,随着卸载点的应力增大,加卸载后所消耗的功也将随之增大,进而在应力-应变曲线上表现出塑性滞环面积的增大;有一些岩石随着卸载点的应力增大,其塑性滞环的平均斜率也会稍有提高,这一现象被称为塑性硬化特性。由加卸载曲线可知,整个加卸载过程对岩石的变形特性影响并不大,尤其是再加载后的曲线似乎始终沿着原应力-应变曲线的轨迹发展。有人将这样的特性形象地称为岩石的“记忆”功能。

3. *岩石应力-应变曲线形态的类型*

岩石在成岩过程中,由于成岩条件、矿物成分、胶结物质的不同以及后期所经历的地质作用的差异,使岩石具有不同的变形特性。通过分析归纳可将反映不同种类岩石变形特性的应力-应变曲线大致分为以下四种类型(图 2-19):

(1) 直线形曲线。该类曲线主要描述具有很明显的弹性特性的岩石,直线形的应力-应变曲线占主导地位,且绝大多数带有很明显的脆性性态。其代表性岩石主要有石英岩、玄武岩等很坚硬的岩石。

(2) 下凹形曲线。也称为弹塑性曲线。该曲线主要特征为随着应力的增大,岩石的变形由直线转变为下凹的曲线,岩石表现出较明显的塑性变形。石灰岩和粉砂岩是该类曲线的代表性岩石。

(3) 上凹形曲线。具有较大的孔隙但又相对比较坚硬的岩石,往往会表现出具有该类曲线的特性。由于该类岩石的孔隙在加载初期的应力作用下发生了较大的闭合,表现出较大的变形,

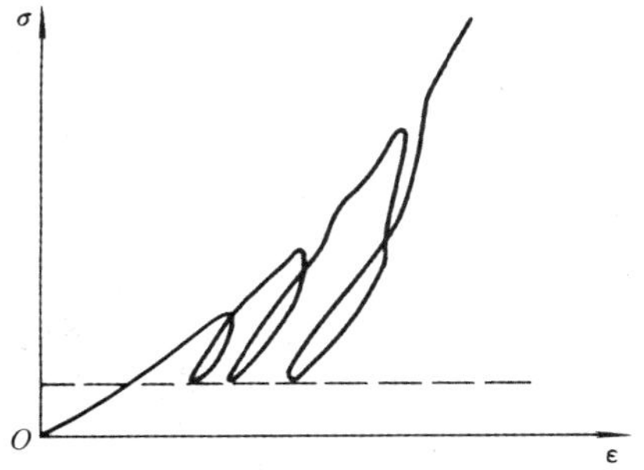


图 2-18 岩石在反复加载和卸载时的应力-应变曲线

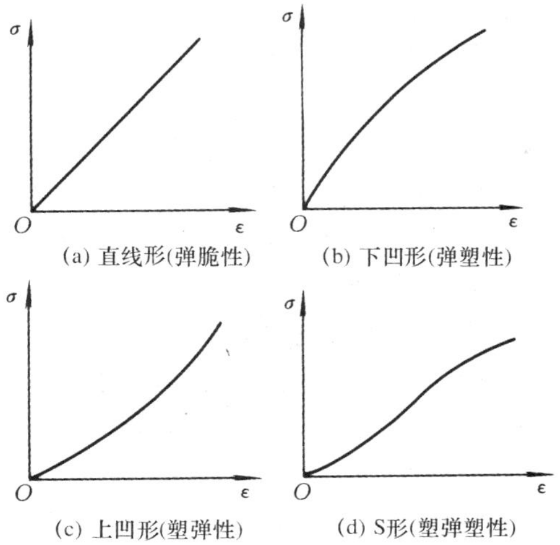


图 2-19 岩石在单向压力下，进行适当缓慢和连续加载条件下的 $\sigma$-$\varepsilon$ 曲线类型

之后岩石表现出弹性的特征，因此也称为塑弹性曲线。具有这类特性的岩石有片麻岩等。

(4) S 形曲线。也称为塑弹塑性曲线。其实质是上凹形与下凹形变形特性相结合，表现出该类岩石既有多孔隙性又具有明显的塑性。大理岩是这类曲线的代表性岩石。

#### 2.4.1.2 岩石在刚性试验机中进行单向压缩试验时的变形特性

上一节介绍了岩石在普通试验机中进行单向压缩试验时所得到的变形特性，这些变形特性反映了岩石“破坏”前的力学特性。绝大多数岩石的变形表现为脆性，属脆性破坏，使得“破坏”时无明显前兆，不出现明显的塑性变形，使得加载到峰值时岩石试件突然崩溃，无法记录下崩溃后的应力-应变曲线。有人质疑岩石试验的这一现象，提出了这样的问题：岩石在试验过程中发生崩溃现象是否真正反映了岩石所固有的特性？岩石达到“破坏”后的性态是怎样的？经过大量的试验研究发现，达到“破坏”的瞬间，试验机给予岩石试件的附加能量是加剧岩石试件崩溃的主要原因。1970 年，沙拉蒙(Salamon)首先全面论述了试验机刚度的不同对岩石变形特性的影响，提出了用刚度较大的试验机来减小加载过程中储存于试验机的附加能量，进而求得峰值应力后的应力-应变曲线。以后，这一观点被研究人员和工程技术人员在岩石的力学实验中所证实。由此，岩石刚性试验机和应力-应变全过程曲线这两个全新的概念进入了岩石力学的领域，为岩石力学的理论和实验的发展，起了很大的作用。

1. 刚性试验机工作原理简介

岩石试验机主要由出力系统和金属框架组成。当进行岩石压缩试验时，试验机的金属框架承受了与出力系统大小相等、方向相反的拉力。此时，框架中将贮存着一定数量的、由拉力而产生的弹性应变能。当岩石达到峰值应力时，岩石产生一个较大量级的应变。正是因为这一量级较大的应变在瞬时突然产生，使得岩石试件与试验机之间的上压板跟不上岩石的变形速率，从而两者之间在一个极短时间内形成脱离趋势，这一脱离趋势促使受拉的试验机框架向岩石释放出贮存于试验机内的弹性应变能。显然，原已承受极限应力状态下的岩石又将承受试验机的附加能量，这才是造成岩石试件突然崩溃的真正原因。图 2-20 是分析试验机刚度大小给予试验结果影响的示意图。假设：岩石的刚度用 $k_s$ 表示，在峰值应力后岩石仍具有一定的承载能力，其曲线的斜率用 $k'_s$ 表示；试验机的刚度用 $k_m$ 和 $k'_m$ 表示，且 $k_m > k'_m$，前者代表大刚度的试验机，后者代表小刚度的试验机。当试验机加载至岩石的峰值应力时，若岩石产生一个微小量的应变 $\Delta\varepsilon$，依据假设条件则其应力-应变曲线应沿着 $AA'$ 移动，这时岩石所能承受的能量为 $AA'O_2O_1$ 围成的面积。当试验机的刚度小于岩石的刚度，即 $k'_s > k'_m$，在使岩石达到峰值应力时产生微小应变 $\Delta\varepsilon$，则贮存在试验机内的弹性能为 $ABO_2O_1$ 所围成的面积。此时，岩石所能承受的能量比试验机储存的能量小，其差值为图中所示的 $ABA'$ 围成的面积。因此，试验机的附加能量使岩石的裂纹扩展加剧，发生了失控的现象，试件发生崩溃。与此相反，当试验机的刚度大于岩石的刚度，则在相同的条件下，试验机内储存的能量为 $ACO_2O_1$ 所围成的面积，比岩石所能承受的能量小 $AA'C$，若要岩石继续产生应变，必须依靠外荷载继续对岩石试件做功才能实现。因此，当试验机的刚度大于岩石的刚度时，才有可能记录下岩石峰值应力后的应力-应变曲线。这就是岩石刚性试验机的工作原理。

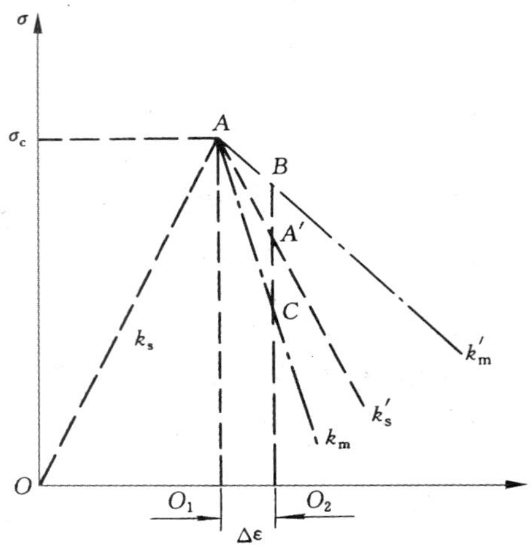


图 2-20　刚性试验机工作原理分析

2. 应力-应变全过程曲线形态

由上所述，岩石在刚性试验机上进行压缩试验，可获得包括岩石达到峰值应力之后的应力-应变全过程曲线。

图 2-21 是一条典型的应力-应变全过程曲线，由该曲线的形态特征可知，除曲线在峰值应力之前仍具有 $OA$、$AB$、$BC$ 三个阶段(如前所述分别为压密阶段、弹性阶段、塑性阶段)之外，当应力过了峰值应力 $C$ 点之后，其应力-应变曲线还可分为另外两个阶段：

$CD$ 阶段：又称为应变软化阶段。虽然此时已超出了峰值应力，但岩石仍具有一定的承载能力，而这一承载力将随着应变的增大而逐渐减小，表现出明显的软化现象。

$D$ 点以后的摩擦阶段：它仅表现了岩石产生宏观的破裂面之后，破裂面的摩擦所具有的抵抗外力的能力。

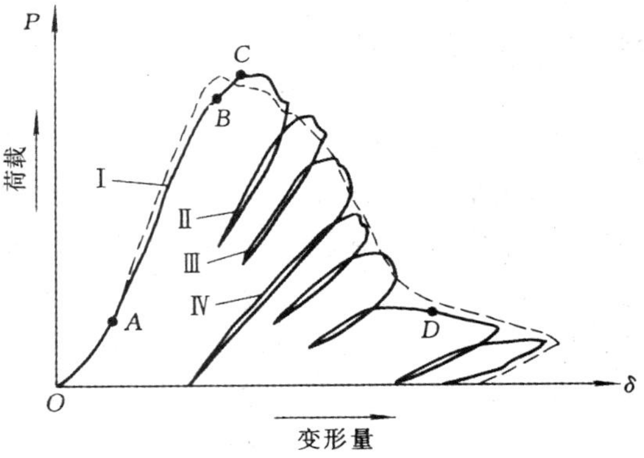


图 2-21　岩石应力-应变全过程曲线

3. 应力-应变全过程曲线的特征及其类型

岩石在刚性试验机上进行压缩试验所获得的应力-应变全过程曲线，在峰值之前与岩石在普通试验机上所获得的曲线具有相同的特征，而在峰值应力之后，表现出以下不同的特征：

(1) 岩石达到峰值应力之后，仍然具有一定的承载能力，而岩石突然的“崩溃”是一种假象。因此，以前将应力达峰值应力时，称作岩石“破坏”是不够严密的，其实质并非完全失去承载能力，仅仅表现为承载能力降低的特征。

(2) 在进行反复加卸载试验的情况下，峰值后的曲线也会形成塑性滞环，塑性滞环的平均斜率是在逐渐降低，表现出明显的应变软化特征；而塑性滞环的面积也将减小，显示出此时所消耗的能量在降低。曲线仍具有记忆能力，反复加卸载试验对岩体的变形曲线并无多大的影响。

岩石在刚性试验机上进行试验，其曲线类型根据岩性的不同可以分成两种类型。第一种类型为稳定型曲线。当试件所受的荷载超过其峰值应力后，只有在外力继续做功的情况下，才能使其破损进一步发展，如图 2-22 中的类型Ⅰ。第二种类型为图中的类型Ⅱ。该类试件将出现不稳定的裂纹扩展，试件无须外力继续做功，破裂会持续快速地发展，直至丧失整体的承载能力，这类曲线被称作非稳定型曲线。类型Ⅱ的曲线通常出现在极为坚硬的岩石中，作者认为出现这类曲线的主要原因是试验机控制的响应频率跟不上岩石的应变速率的缘故。

## 2.4.2　岩石在三向压缩应力作用下的变形特性

在三向压缩应力作用下，由于作用于岩石的侧向压力不同，其变形特性也将产生一定差异。在进行三向压缩试验时，侧向压力可以有无数种施加方案，这里仅通过几个典型的岩石三向压缩应力-应变曲线来分析其变形特性。

### 2.4.2.1　在 $\sigma_2=\sigma_3$ 的条件下岩石的变形特性

在 $\sigma_2=\sigma_3$ 的条件下，即为假三轴的试验条件下，由于侧向压力相同，岩石的变形特性仅受到围压所给予的影响。图 2-23 是一组大理岩在 $\sigma_2=\sigma_3$ 的条件下所获得的试验曲线，显示了岩石具有以下变形特性：

（1）随着围压的增加，岩石的屈服应力将随之提高；

（2）总体来说，岩石的弹性模量变化不大，但有随围压增大而增大的趋势；

（3）随着围压的增加，峰值应力所对应的应变值有所增大，岩石的变形特性明显地表现出由低围压下的脆性特性向高围压下的塑性特性转变的规律。

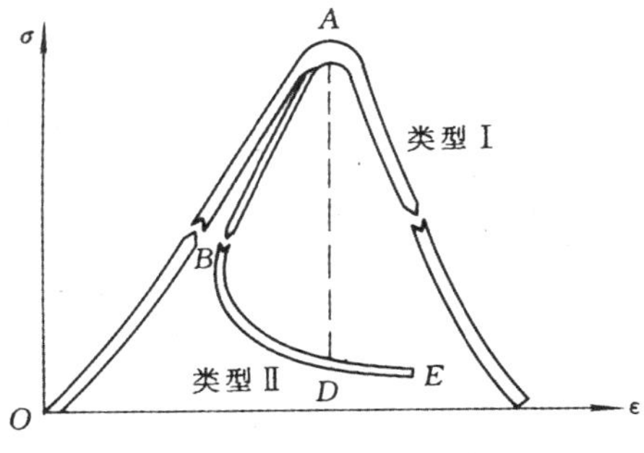


图 2-22　岩石应力-应变全过程曲线的两种类型

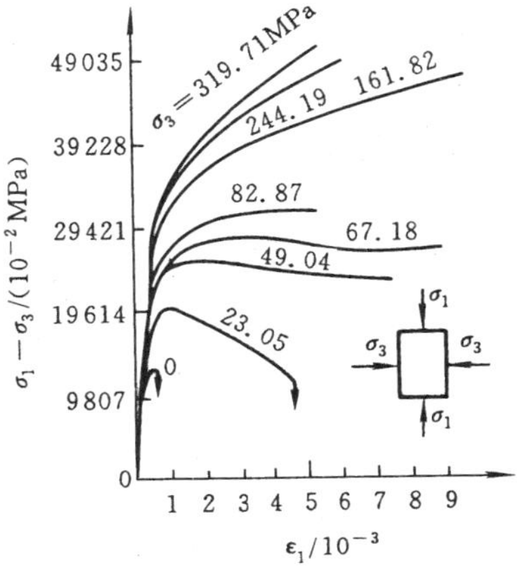


图 2-23　三向压缩应力作用下（$\sigma_2=\sigma_3$）大理岩的试验结果

### 2.4.2.2　在 $\sigma_2\neq\sigma_3$ 的条件下岩石的变形特性

在 $\sigma_2\neq\sigma_3$ 的条件下，通常被称作真三轴试验。此时的变形特性将同时受到 $\sigma_2$，$\sigma_3$ 的影响。当 $\sigma_3$ 为常数时，在不同的 $\sigma_2$ 作用下，岩石的变形特性如图 2-24(a)所示，主要表现为：

（1）随着 $\sigma_2$ 的增大，岩石的屈服应力有所提高；

（2）岩石的弹性模量基本不变，不受 $\sigma_2$ 变化的影响；

（3）岩石随 $\sigma_2$ 增大，其变形特性由塑性逐渐向脆性过渡。

当$\sigma_2$为常数时,在不同的$\sigma_3$作用下,岩石的变形特性如图 2-24(b)所示,主要表现为:

(1) 岩石的屈服应力几乎不变;

(2) 岩石的弹性模量也基本不变;

(3) 岩石随$\sigma_3$增大,其塑性逐渐增强。

由于真三轴试验的侧向压力变化有无数种可能性,因此,上述的特征是否具有普遍规律,还有待于进一步的验证。

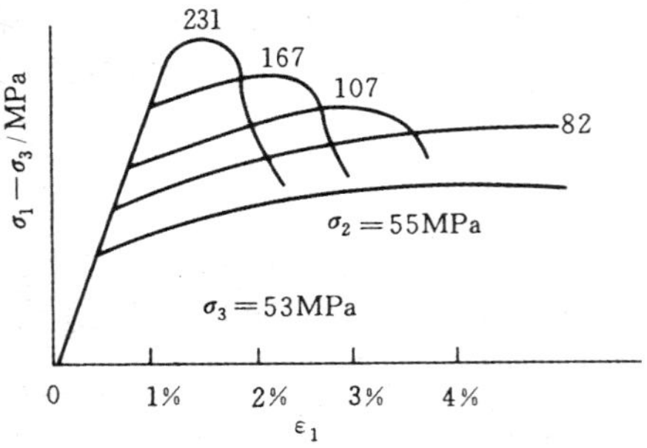


(a) 当$\sigma_3$为常数时受$\sigma_2$影响的应力-应变曲线

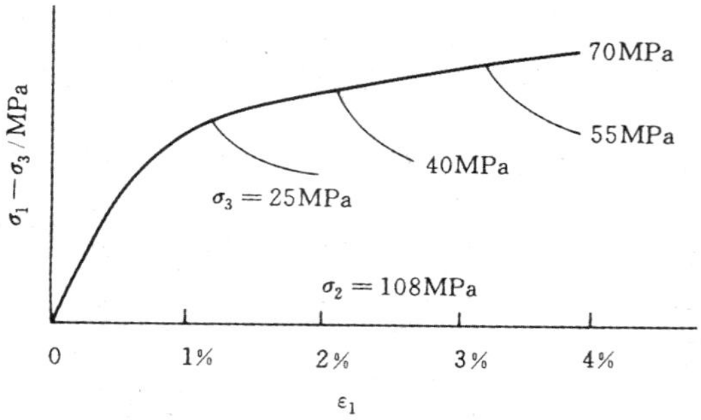


(b) 当$\sigma_2$为常数时受$\sigma_3$影响的应力-应变曲线

图 2-24 岩石在三轴压缩状态下的应力-应变曲线(茂木清夫)

### 2.4.2.3 岩石的体积应变特性

岩石体积应变的变化规律也是从另一个角度反映岩石变形特性的重要方面。图 2-25 中的体积应变$\varepsilon_V$是根据弹性力学中的基本假设条件,按下式求得:

$$\varepsilon_V=\frac{\Delta V}{V}=\varepsilon_1+\varepsilon_2+\varepsilon_3 \tag{2-28}$$

式中 $\Delta V$——体积的增量;

$V$——试件的原始体积;

$\varepsilon_1,\varepsilon_2,\varepsilon_3$——分别为最大、中间、最小主应变。

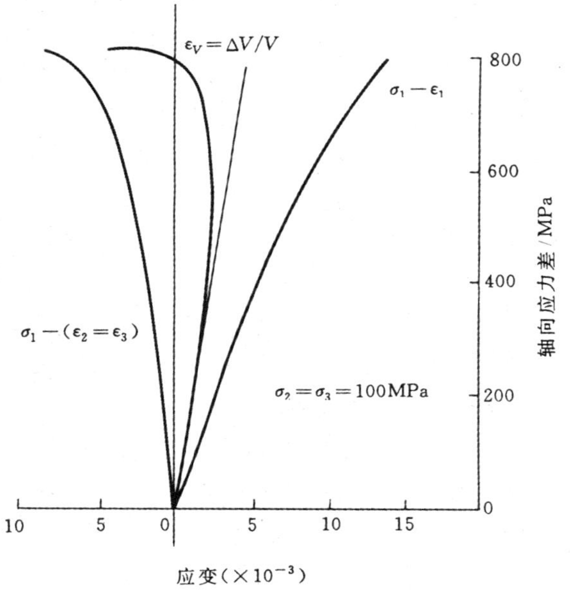


图 2-25 Westerly 花岗岩的应力-应变曲线

图中的曲线反映了体积应变与轴差应力 $\sigma_1-\sigma_3$ 之间的变化规律。在假三轴试验条件下，因为 $\sigma_2=\sigma_3$，使得体积应变在很大程度上受最小主应变 $\varepsilon_2=\varepsilon_3$ 的影响。从图中可知，当作用的外荷载较小时，体积应变表现出线性变化，即岩石的体积随荷载的增大而减小，呈压缩状态。然而，当外荷载达到一定的值之后，体积应变经过短暂不变的阶段，曲线出现反弯，开始发生体积膨胀的现象。这一现象在岩体力学中被称作扩容。所谓扩容是指岩石受外力作用后，发生非线性的体积膨胀，且这一体积膨胀是不可逆的。产生扩容现象的主要原因是岩石试件在加载过程中，由于试件中的微裂纹发生张开、扩展、连接和贯通，使岩石内的空隙不断地增大，促使其在宏观上表现为体积增大。这一体积变化的规律在三向压缩和单向压缩试验中都会出现。但是，由于围压的增大会出现扩容量随之减弱的现象，因此，围压影响岩石的扩容特性。

## 2.4.3　岩石弹、塑性变形机理的微观分析

弹、塑性变形是岩石最基本的变形，了解其微观的变形机理，将有助于更全面地认识岩石的变形规律和特征。

岩石的变形特性机理，可以通过组成岩石矿物的原子分子等微观结构以及对基本质点之间相互的作用规律来进行研究。而矿物的力学性能与其质点所形成的空间格子有密切关系。组成矿物的空间格子有各种不同的形式，其各个方向结合键的结合力以及质点间距也不尽相同。它不仅与矿物的化学成分有关，而且与矿物结晶时的外界条件(温度、压力、冷却速度等)有关。例如金刚石和石墨同样由碳原子所组成，但它们的晶体空间格子形式是完全不相同的，进而两种矿物表现出截然不同的硬度特征。如图 2-26 所示，在金刚石晶体的空间格子中，碳原子是按正四面体均匀排列的，所有碳原子的距离是相同的，约等于 $1.42\times10^{-10}$m。石墨的空间格子为另一种形式，碳原子组成了间距等于 $1.42\times10^{-10}$m 的六角平面网，而相邻面网之间的碳原子间距却为 $3.40\times10^{-10}$m。这样，由于物质结构形式不同，它们的物理性能就不同。众所周知，金刚石是硬度最大的矿物，而石墨却能在纸上划出痕迹。一般来说，晶体的空间格子沿不同方向质点间距以及质点之间的作用力是不相同的，因此，矿物的力学性能也是沿各个不同的方向而不同，这就表现为各向异性。对于具有层状格子构造的矿物来说，例如云母、石墨、黏土矿物(高岭土、蒙脱土等)以及其他片状矿物，各向异性表现得尤为明显。由于绝大多数矿物总能形成某一方向上的软弱面，因此，矿物在受到外力作用以后，在弱面方向上容易表现出变形及破坏。矿物的弹性和塑性也就与矿物中的弱面性质有关，并且总是表现为各向异性。

(a) 金钢石

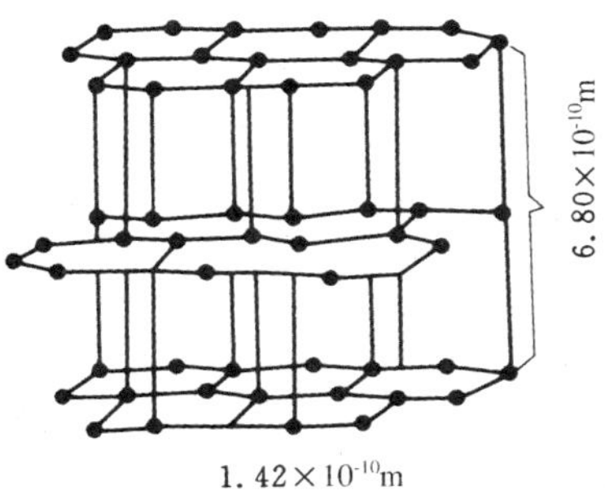

(b) 石墨

图 2-26　金刚石和石墨的空间格子

岩石由矿物组成,岩石的力学性能不仅与矿物性能有关,而且与岩石的结构、构造有关。从统计角度来看,存在着下列情况:一种情况是岩石中的矿物呈定向排列,尤其是具有明显弱面的片状矿物的定向排列,使得岩石也形成了一定方向上的一组软弱面或微裂隙,这就决定了岩石的各向异性,并且岩石的力学性质主要取决于这些软弱面的性质;另一种情况是岩石中的各种矿物都是沿不同方向均匀排列,从统计角度看,即使岩石含有某些具有明显软弱面的矿物,但它们在各个方向上出现的概率是相同的,软弱面的作用在各个方向上分散了,因此宏观上就可把岩石近似地看作均质体。当然,这种均质体仍含有弱面或微裂隙。岩石的弹塑性以及力学强度,都与此密切相关。即使在岩石的弹性变形阶段,仍然会有内部微裂隙的脆性扩展和破裂的出现,岩石的破坏与弹性及塑性过程中微裂隙破裂的积累和发展分不开的。

由固体物理学可知,在物体的结晶体内部,物质质点是以一定的距离保持在一定的位置上组成空间格子(图 2-27)。物质质点具有一定的动能与势能。势能使物质质点之间保持一定的间距;而动能则使物质质点围绕其相对静止位置的四周产生振动,动能的大小与绝对温度成正比。物质质点能维持在空间格子的位置上保持不变是由于质点之间存在着相互作用力的缘故。通过微观分析可知,以离子为例,在离子之间同时存在着吸引力和排斥力。吸引力 $f_a$ 可用下式求得:

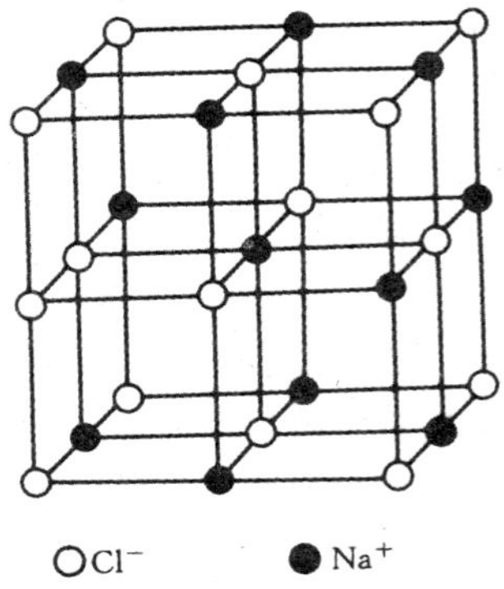


图 2-27 组成矿物(岩盐)的空间格子示意图

$$f_a = \frac{e_1 e_2}{r^2}$$

式中 $e_1, e_2$——表示两离子所带的电量;

$r$——两离子之间的距离。

离子间排斥力 $f_c$ 的表达式为

$$f_c = \frac{-b}{r^n} \quad (n > 2)$$

式中,$b$ 为比例常数。

作用在两离子之间的力,应该由吸引力和排斥力叠加而得的合力 $R$ 加以确定,依据上述两个公式,其合力 $R$ 可由下式求得:

$$R = \frac{e_1 e_2}{r^2} - \frac{b}{r^n} \tag{2-29}$$

由式(2-29)可知,作用在两质点之间力的大小以及力的性质,主要取决于两质点之间的距离。图 2-28 描述了吸引力、排斥力以及合力随两离子之间间距大小而变化的规律。由于物质质点之间的作用力性质与质点之间的距离相关,所以我们就由此图来认识物质质点之间作用力的性质。由图可见,随着物质质点间距 $r$ 的变化,合力 $R$ 不仅数值大小有变化,而且作用力的性质也会改变。当 $r < r_0$ 时,表现为排斥力;当 $r > r_0$ 时,表现为吸引力;而当 $r = r_0$ 时(图中 $A$ 点),即质点之间吸引力与排斥力相等,且相

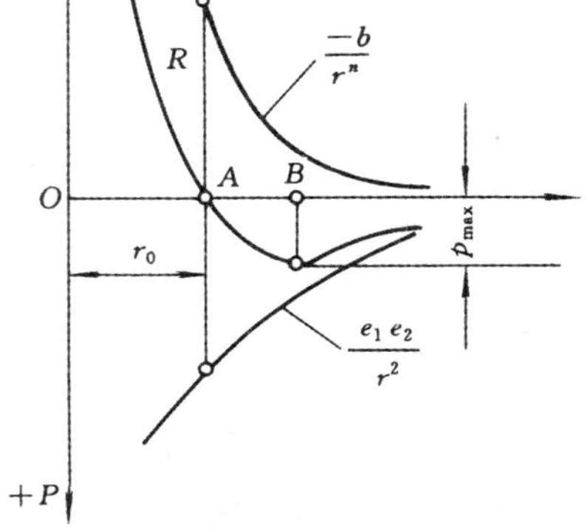


图 2-28 物质质点之间的相互作用力示意图

互抵消，其合力 $R$ 为零，故 $A$ 点为平衡位置，表示物体没有受到外部力的作用，两质点内部应力相平衡。当物体外部受压后，质点间距减小，合力表现为排斥力，排斥力逐渐增大，直到与外部的压应力平衡，此时质点间距 $r<r_0$，一旦外部的压应力消失，排斥力将减小，则质点间距仍会沿合力曲线返回到 $A$ 点，维持原有的平衡。物体在外部受拉时也存在类似的情况，只是物体内部的合力表现为吸引力。从合力与质点间距的变化曲线特征可以发现，吸引力有一个峰值(图中的 $B$ 点对应的合力)，当质点之间的间距超过 $B$ 点，将使吸引力越过峰值，此时质点之间的间距就不能维持原有的状态，即使撤除外力，两质点的间距不会恢复到 $A$ 点，从宏观上就会表现出岩石裂缝的出现。

综上所述，物体的弹性性能是以物质质点相互之间的作用力来表现的，当物体在压应力作用下减小了质点的间距，相应产生了物体的压缩变形，同时也建立了新的平衡，一旦压应力消失，质点返回到无应力时的平衡位置上。这就是物体产生弹性变形后能够恢复的微观机理。当物体在拉应力作用下，质点之间的间距将有所增大，一旦拉应力超出某个特定的值，将会出现不可恢复的应变。因此，岩石的不可恢复的变形很容易由拉应力产生。

下面再来讨论塑性变形。物体的塑性变形表现为当应力大于某一数值以后，物体的应变会持续产生，并且当应力消失以后，变形不再恢复。物体的塑性变形过程是相当复杂的，从质点之间的作用来看，可把塑性变形看作为质点在空间格子中受到相互作用的剪应力而产生位错的结果。质点的位错形式有多种，图 2-29 是晶体产生质点位错的例子。晶体的空间格子受到剪应力作用以后产生形变。当剪应力超过了某一数值时，质点将越过一个或数个质点，就会产生位置交换或者产生孪生的晶体形变，与新的质点保持平衡，这种现象就称为位错。位错往往是沿某一个面或一组面进行的。质点经过位错以后，质点之间的间距仍然保持交换位置后的平衡。这样，质点之间位置的平移，并未使晶格组合受到多大损害，而质点平移后在宏观上所表现的塑性变形却被永久地保持下来。

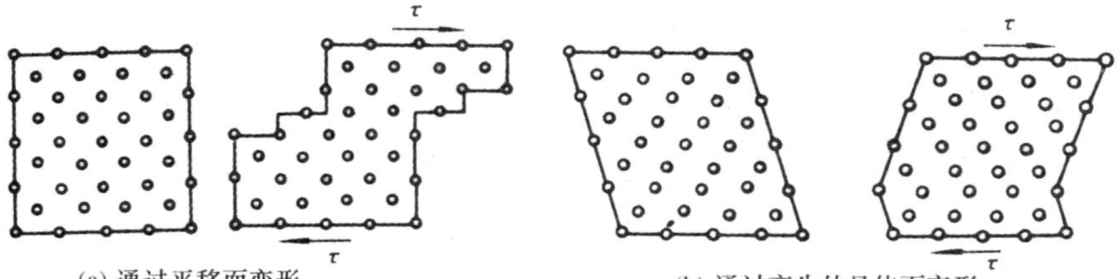

(a) 通过平移而变形　　(b) 通过孪生的晶体而变形

图 2-29　晶体的位错

如上所述，从微观的角度分析岩石的弹性和塑性变形，主要与物体外部作用力的性质以及形成岩石矿物的质点间距有关。当岩石内部作用压应力时，宏观上主要表现出弹性的压缩变形，而当内部作用拉应力或者剪应力且大于一定值时，宏观上将出现不可逆的塑性变形。

## 2.4.4　岩石的流变特性

在上几节中所讨论的岩石变形特性都是在瞬时加载后的变形特性，这些变形特性与时间是无关的。本小节主要讨论与时间有关的变形特性，也称作岩石的流变性。

岩石的流变性包含三部分的内容：岩石的蠕变(包括岩石的弹性后效特性)、岩石的应力松弛和岩石的长期强度。蠕变是指岩石在恒定的外力作用下，应变随时间的增长而增长的特性，也称作徐变；而应力松弛是指在应变保持不变的条件下，应力随时间的增长而减小的特性；长期强度则是指在长期荷载作用下岩石的强度。

#### 2.4.4.1 岩石的蠕变

1. 典型的蠕变曲线

蠕变试验通常依据工程的需要选择一个应力水平，在荷载加至所设定的应力水平后保持长期不变，以观察在该荷载作用下，变形随时间的变化规律。图 2-30 显示了在某一个应力水平下，以时间为横坐标，以应变为纵坐标的典型岩石蠕变曲线。依据蠕变曲线的变化特征可将其分成三个阶段(图中 $OA$ 段所表现的是最初加载时岩石的瞬时应变，这部分的应变与时间无关，故不在以下讨论)：

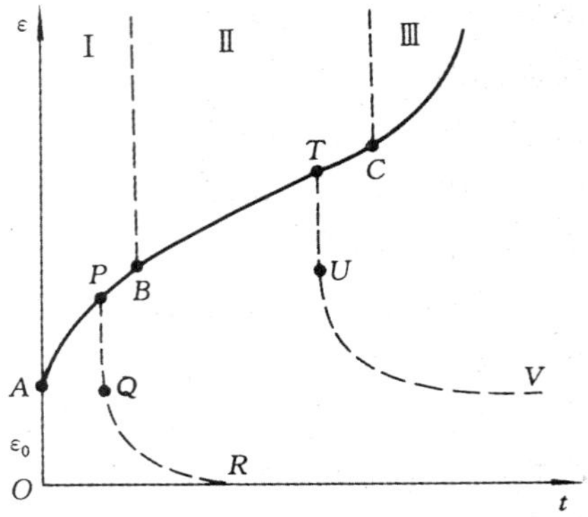


图 2-30 典型的蠕变曲线

(1) $AB$ 阶段，称为衰减蠕变阶段或瞬态蠕变阶段。在施加荷载并使荷载保持稳定后，岩石应变随时间增大，但应变速率却随时间的增长逐渐减小，蠕变曲线呈下凹形，并向直线状态过渡。在此阶段内，若卸去作用的荷载，则最先恢复的是岩石的瞬时应变，如图中的 $PQ$ 段；之后，随着时间的增加，其剩余应变亦能逐渐地恢复，如图中的 $QR$ 段。$QR$ 段曲线的存在，说明岩石具有随时间的增长应变逐渐恢复的特性，这一特性被称作岩石的弹性后效。

(2) $BC$ 阶段，称为稳态蠕变阶段。在这一阶段最明显的特点是应变与时间的关系近似呈直线变化，应变速率基本为一常数。若在这一阶段，也将作用荷载卸去，则同样会出现与第一阶段卸载时一样的现象，部分应变将逐渐恢复，弹性后效仍然存在(如图中的 $UV$ 段)，但是此时的应变已无法全部恢复，存在着部分不能恢复的永久变形，有人将其称作黏塑性变形。第二阶段的曲线斜率与作用在试件上的应力水平和岩石的黏滞系数 $\eta$ 有关。通常可利用岩石的蠕变曲线，推算岩石的黏滞系数。

(3) $C$ 点以后阶段，称为加速蠕变阶段或非稳态蠕变阶段。当应变达到 $C$ 点后，岩石将进入加速蠕变阶段，此时图中的 $C$ 点为蠕变速率变化的拐点，之后岩石的应变速率急剧增加，整个曲线呈上凹形，经过短暂时间后岩石将发生破坏。

2. 影响岩石蠕变的主要因素

岩石蠕变主要受岩性、应力水平以及温度和湿度等因素的影响。

(1) 岩性对蠕变的影响。与岩石的瞬时变形一样，不同的岩石也将表现出明显的蠕变差异。如：新鲜坚硬的花岗岩几乎不产生蠕变或者说蠕变变形可以忽略不计，而泥岩、泥质岩的蠕变很显著，经常产生大变形。

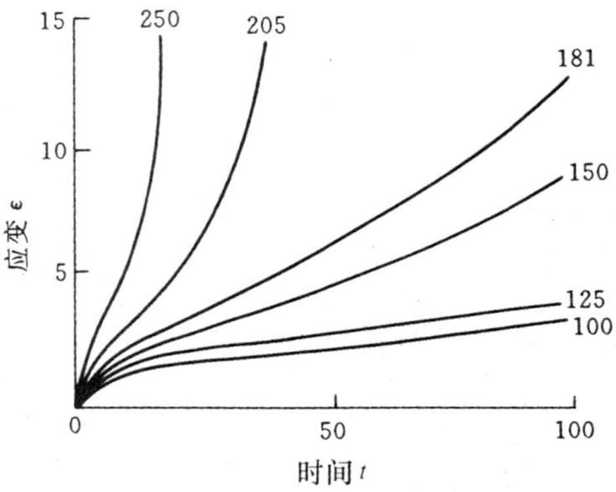


图 2-31 不同的应力水平作用下雪花石膏的蠕变曲线

(2) 应力水平对蠕变的影响。图 2-31 为不同的应力水平作用下雪花石膏的蠕变曲线。由这一组曲线可知：当在稍低的应力作用下，蠕变曲线只存在着前两个阶段，并不产生加速蠕变。它表明了在这样的应力作用下，试件不会发生破坏，其变形最后将趋于一个稳定值。相反，当施加的应力水平接近于岩石的极限应力时，试件经过短暂的稳态蠕变阶段甚至不出现稳态蠕变阶段，立即进入加速蠕变阶段，岩石试件快速地发生破坏。而只有在中等应力水平（大约为岩石峰值应力的 60%～90%）的作用下，才能产生包含三个完整阶段的蠕变曲线。这一特点对于进行蠕变试验而言是极为重要的。因此，选择合理的应力水平是保证蠕变试验成功与否的重要条件。

(3) 温度、湿度对蠕变的影响。岩石试件自身处在不同温度条件下，将对蠕变的总变形以及稳定蠕变的曲线斜率产生较大的影响。有人在相同荷载、不同温度条件下进行了蠕变对比试验，得出了如下的结论：第一，高温条件下的蠕变应变量低于较低温度条件下的蠕变应变量；第二，高温条件下蠕变曲线第二阶段的斜率（蠕变速率）要比较低温度时小得多。不同的湿度条件同样对蠕变特性产生较大的影响。通过试验可知，饱和试件的第二阶段蠕变速率和总应变量都将大于干燥状态下试件的试验结果。

此外，由于岩石蠕变试验时所测得的应变量级一般都很小，故要求严格控制试验的温度和湿度，以免环境和二次仪表等变化影响岩石的蠕变特性。

3. 蠕变特性和瞬时变形特性的联系

瞬时变形和蠕变虽然反映了两种不同的试验条件下岩石所产生的变形，但是二者之间存在一定联系，尤其是最终应变量非常接近。若同时将二者不同的试验所求得的应力-应变曲线放置于一幅图中（图 2-32），可以看到：瞬时加载变形是一条应力-应变全过程曲线；而蠕变试验，由于应力保持不变，蠕变变形曲线表现为一条水平线。如以 $C$ 点作为施加在试件上的应力水平，则其蠕变的应力-应变曲线如图中 $C$ 点到 $D$ 点的虚线所示。而 $D$ 点即为该应力水平下蠕变破坏的最终应变量。实质上，当应力大于 $G$ 点应力 $\sigma_\infty$ 时，蠕变试验所得的破坏变形量，几乎与应力-应变全过程曲线在相同应力水平下的后半段曲线中的应变量非常接近，因此，这应力-应变后半段曲线也可看成不同应力水平下蠕变破坏应变量的轨迹线。而当应力水平低于 $\sigma_\infty$ 时，由于其应力水平较低，所进行的岩石蠕变试验将不出现非稳态蠕变阶段，此时岩石不会破坏，其最终的蠕变量可在曲线 $IH$ 中找到。如图中的 $E$ 点，水平线与斜线 $IH$ 相交于 $F$ 点，此时岩石产生的最终蠕变变形量即为 $F$ 点。由此可见，斜线 $IH$ 表示了在较低的应力水平下，不同应力所产生的最终应变量的轨迹线，而 $\sigma_\infty$ 则可定义为岩石的长期强度。

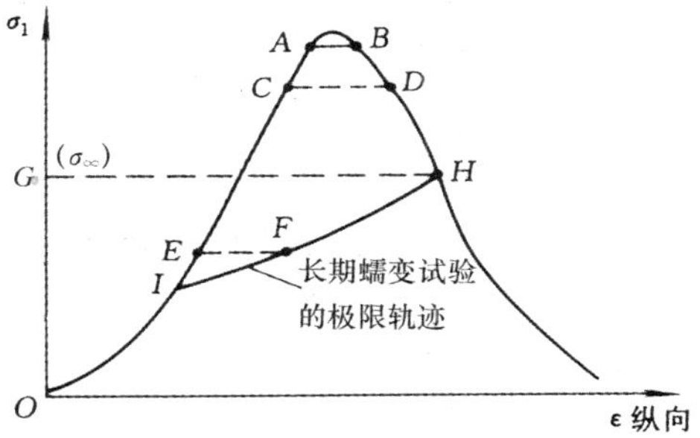


图 2-32　蠕变与应力-应变全过程曲线的关系

#### 2.4.4.2　岩石的应力松弛和长期强度

岩石的应力松弛和长期强度特性也是流变特性中的重要组成部分，相关研究也已获得了一定的成果，只是与蠕变相比较，并未形成系统的成果。在此仅介绍应力松弛和长期强度的一些基本规律和特征。

1. 岩石的应力松弛

岩石的应力松弛试验通常是先施加一定的应力值，之后保持在此应力水平下岩石所产生的应变不变，而为了让应变不再发生变化，必定要减小作用在岩石试件上的应力值，由此而获得应力松弛曲线，如图2-33所示。应力松弛的时间将受到岩石所受的初始应力水平影响。从目前研究的成果可知，随着初始应力水平的增加其对应的松弛时间将有所减小；当作用的初始应力大于某一个水平时,其应力并不会松弛为零,而达到某个稳定的值,在曲线上表现出随时间的增长应力保持不变的水平线。

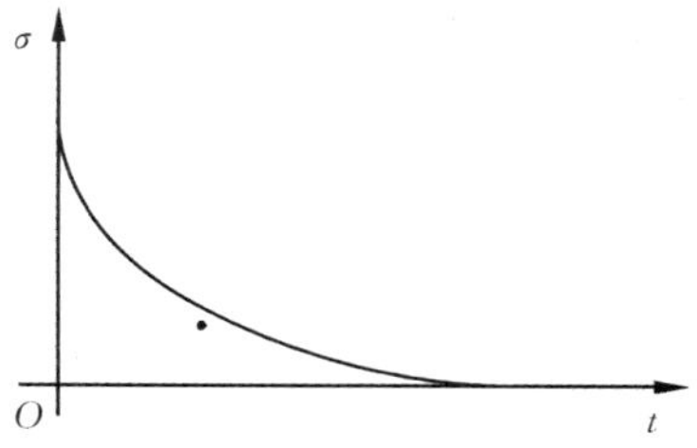

图 2-33　岩石的应力松弛曲线

2. 岩石的长期强度

众所周知,岩石工程即使在其运营阶段也仍然承受着一定的荷载作用,这就将引出一个理论问题:如何评价岩石在长期荷载作用下的稳定性?而问题的核心是岩体或者岩石长期强度的评价。所谓长期强度是指岩石在长期荷载作用下的强度。从现有的研究可知,岩石的长期强度要小于其瞬时强度,而目前大多数的工程都采用瞬时强度乘上一个总体的安全系数,其中包括长期荷载作用的因素。而无论是工程上还是理论上都要求对岩石的长期强度有一个全面的认识。

获得岩石长期强度的试验方法通常有两个途径:一是直接法,试验方法的要点很明确,通过施加长期荷载,获得最终的强度值,由此评价岩石的长期强度特性。由于该方法所需的时间很长,加上岩石试件的不均匀性所造成的偏差,目前的研究中很少有人采用直接法进行长期强度的试验研究;二是间接法,通过蠕变试验或松弛试验曲线确定岩石的长期强度值。由于间接法从各种不同的角度和观点分析岩石的长期强度,因此也有很多种试验方法确定岩石的长期强度,本小节仅对实际研究中应用较多的两种方法作一扼要介绍。

1) 过渡蠕变法

过渡蠕变法确定岩石长期强度的理论解释为:在进行岩石的蠕变试验时,其稳态蠕变速率为零时所对应的最大荷载即为岩石的长期强度。这一特征在所对应的蠕变曲线上表现为岩石在该荷载作用下刚好能够观测到具有一定斜率的非稳态蠕变阶段,或者通过一系列的蠕变试验,寻找在不同荷载作用下稳态蠕变速度为零的最大临界荷载。这个机理的理论解释正好与图 2-32 中的 $H$ 点相吻合。该试验方法的不足之处是很难正好找到这样一个应力水平,通常只能确定长期强度所处的应力范围,而不是一个具体的值。

2) 等时曲线法

等时曲线法是现行《水利水电工程岩石试验规程》(DL/T 5368—2007)中所推荐的确定结构面长期强度的方法,有人将其应用于岩石的长期强度试验中。该方法同样通过一组不同应力水平的蠕变试验,按图 2-34 中所示的方法制作等时曲线,找出等时曲线中直线段与曲线段分界点(类似于屈服应力点),并将这些分界点连成线,而这一连线的渐进线所对应的应力值即为岩石的长期强度值,如图 2-35 中的虚线所示。这一试验方法确定岩石长期强度的机理可以解释为岩石的长期强度对应于黏弹性和黏塑性分界点的最小应力值。

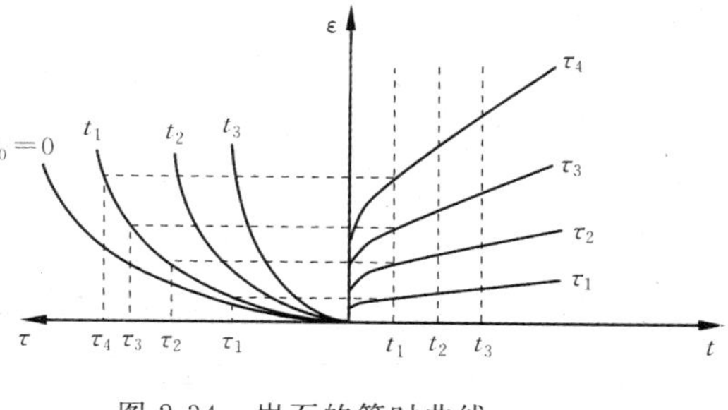

图 2-34　岩石的等时曲线

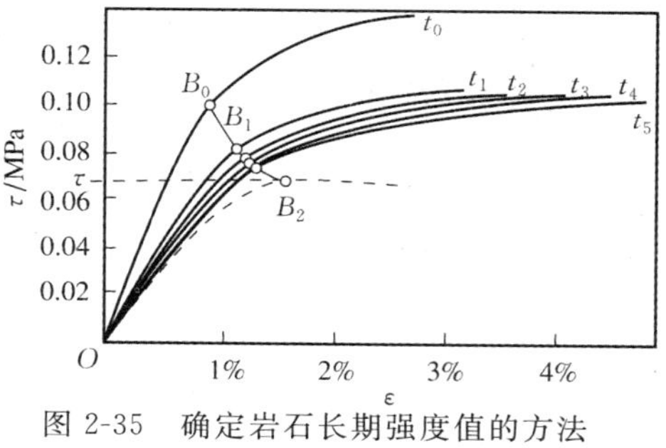

图 2-35　确定岩石长期强度值的方法

## 2.4.5　岩石介质力学模型

前几节介绍了岩石在不同的外力作用下，主要表现出的弹性、塑性、流变性等不同的变形特性及其变化规律。了解了这些变形特征，最根本的目的是依据这些规律再现或预测岩石的变形特性。这就需要将这些特性抽象成相应的物理模型，并用数学表达式描述这些变形特性。本小节介绍岩石的几个基本力学模型，用以描述岩石所具有的不同的变形特性。

### 2.4.5.1　基本的力学介质模型

岩石受力后所产生的基本变形性质可分为弹性、塑性和黏性。根据三种变形的特征，可用相应的力学介质模型来描述。

1. 弹性介质模型

弹性变形通常用一个具有一定刚度的弹簧来表示，见图 2-36。它表现了岩石的应力与应变成正比的关系，即岩石加载和卸载的应力-应变曲线为直线，不存在不可恢复的应变，此时应力-应变曲线的斜率为常数 $E$，即岩石的弹性模量。其表达式（本构方程）如下：

$$\sigma = E\varepsilon \tag{2-30}$$

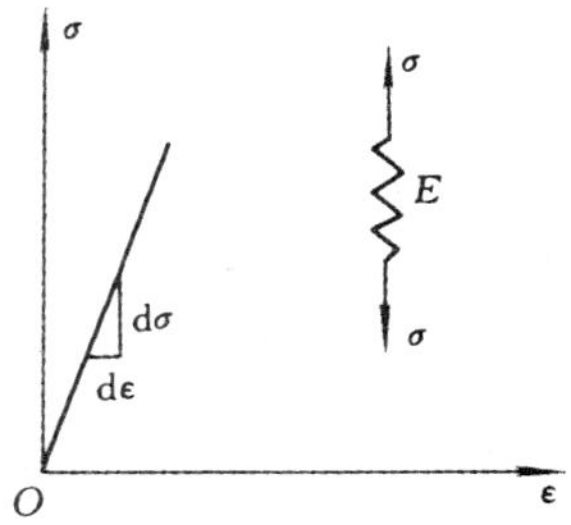


图 2-36　理想弹性材料的应力-应变曲线

2. 塑性介质模型

塑性介质模型的建立借鉴以下的思想：一个滑块放置在一平面上，当作用在滑块上的力大于滑块与平面的摩擦力时，滑块将产生滑动，而撤去作用力时，滑块将静止。由此来描述岩石的塑性变形，通常将该模型称为摩擦器。对于岩石而言，当作用在试件上的外力 $\sigma$ 超出 $\sigma_0$（屈服应力）时，试件将产生滑动。该滑动量即为岩石的塑性变形量。岩石的塑性变形有两种类型，可分别用以下两式表示：

（1）理想的塑性变形（图 2-37 中的实线）：

$$\left.\begin{aligned}&\sigma < \sigma_0, &&\varepsilon = 0\\&\sigma = \sigma_0, &&\varepsilon\ \text{持续增长}\end{aligned}\right\} \tag{2-31}$$

（2）具有硬化特性的塑性变形（图 2-37 中的虚线）：

$$\left.\begin{aligned}&\sigma < \sigma_0, &&\varepsilon = 0\\&\sigma \geqslant \sigma_0, &&\varepsilon = \frac{\sigma - \sigma_0}{K}\end{aligned}\right\} \tag{2-32}$$

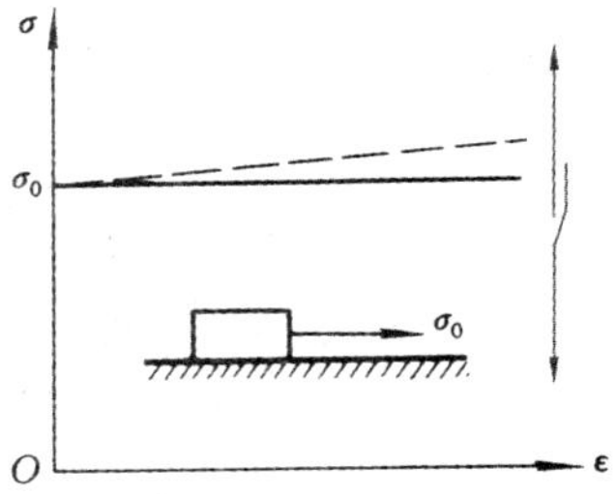


图 2-37　理想塑性材料的应力-应变曲线

式中，$K$ 为塑性硬化系数。表示只有在外力不断增大做功的条件下塑性变形才会继续发生。

3. 黏性介质模型

黏性介质通常是描述岩石与时间有关的变形特性。常用一个黏壶来表征岩石的黏性，即蠕变特性。黏壶是一个封闭的容器，容器内充满了具有黏滞系数 $\eta$ 的液体，容器中有一带有圆孔的活塞，当外荷载作用在容器两端时，由于液体在容器中具有瞬时不变形的特性，使得活塞不会立即产生变形。随着时间的推移，液体将从活塞的圆孔中流出，活塞将产生变形，由此产生了与时间有关的应变（图 2-38）。一般常用牛顿黏性体定律来描述岩石的应变与时间的关系。其表达式如下：

$$\sigma=\eta\frac{d\varepsilon}{dt}$$

或者

$$d\varepsilon=\frac{\sigma}{\eta}dt \tag{2-33}$$

### 2.4.5.2 常用的岩石介质模型

根据岩石的变形特性,利用上述所介绍的三种基本模型的不同组合,可以建立描述岩石各种不同变形特性的力学模型。下面仅介绍最常用的三种较为简单的岩石介质模型,以此了解建立模型的基本思路与方法。

1. 弹塑性介质模型

这是用弹簧与摩擦器串联在一起的一个模型,常用于描述具有弹塑性变形特性的岩石介质。图 2-39 表示这一模型所表征的岩石应力-应变曲线。该模型的工作原理比较简单,当作用在模型两端的外力 $\sigma<\sigma_0$ 时,介质模型中只有弹簧工作,仅产生弹性变形,此时表现出线性的应力-应变关系;当外力 $\sigma\geqslant\sigma_0$ 时,则摩擦器将产生移动,表现出持续的塑性变形。描述弹塑体的本构方程如下:

(1) 无塑性硬化作用时(图 2-39 中的实线):

$$\left.\begin{array}{ll}\sigma<\sigma_0, & \varepsilon=\dfrac{\sigma}{E}\\ \sigma=\sigma_0, & \varepsilon\text{ 持续增长}\end{array}\right\} \tag{2-34}$$

(2) 有塑性硬化作用时(图 2-39 中的虚线):

$$\left.\begin{array}{ll}\sigma<\sigma_0, & \varepsilon=\dfrac{\sigma}{E}\\ \sigma\geqslant\sigma_0, & \varepsilon=\dfrac{\sigma_0}{E}+\dfrac{\sigma-\sigma_0}{K}\end{array}\right\} \tag{2-35}$$

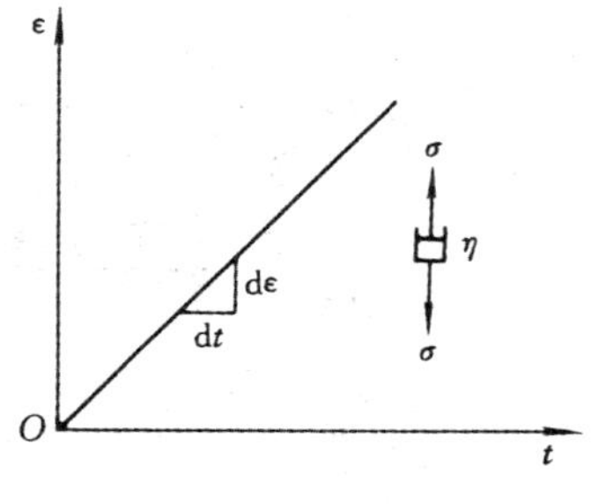


图 2-38 完全黏性材料的应变-时间关系曲线

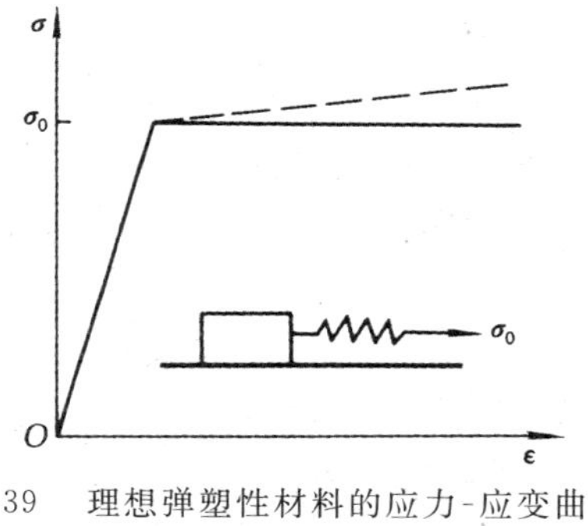


图 2-39 理想弹塑性材料的应力-应变曲线

2. 黏弹性介质模型

常用描述岩石黏弹性特性的力学介质模型,主要有马克斯韦尔(Maxwell)模型和凯尔文(Kelvin)模型。

1) 马克斯韦尔模型

马克斯韦尔模型是用弹簧和黏壶串联而成的模型(图 2-40(a)),它所表现的是具有弹性特性和黏性特性相组合的岩石变形特性。马克斯韦尔模型所描述的蠕变曲线特征如图 2-40(b)所示。当外力作用于串联模型的两端时,模型两端的力是相等的,而模型两端的总应变为弹簧的应变量 $\varepsilon_e$ 和黏壶的应变量 $\varepsilon_v$ 之和。其表达式如下:

$$\sigma=\sigma_e=\sigma_v;\quad \varepsilon=\varepsilon_e+\varepsilon_v;\quad \dot{\varepsilon}=\dot{\varepsilon}_e+\dot{\varepsilon}_v$$

根据基本模型的本构方程可知：

$$\dot{\varepsilon}_{e}=\frac{1}{E}\frac{\mathrm{d}\sigma_{e}}{\mathrm{d}t}$$

$$\dot{\varepsilon}_{v}=\frac{\mathrm{d}\varepsilon_{v}}{\mathrm{d}t}=\frac{\sigma_{v}}{\eta}$$

叠加上述两式可得：

$$\dot{\varepsilon}=\dot{\varepsilon}_{e}+\dot{\varepsilon}_{v}=\frac{1}{E}\frac{\mathrm{d}\sigma_{e}}{\mathrm{d}t}+\frac{\sigma_{v}}{\eta}$$

当试验施加的应力保持不变时，$\sigma_0=\sigma_e=\sigma_v$；$\frac{\mathrm{d}\sigma_0}{\mathrm{d}t}=0$，则

$$\dot{\varepsilon}=\dot{\varepsilon}_{e}+\dot{\varepsilon}_{v}=\frac{\sigma_0}{\eta},\quad \frac{\mathrm{d}\varepsilon}{\mathrm{d}t}=\frac{\sigma_0}{\eta}$$

等式两边积分后

$$\varepsilon=\frac{\sigma_0}{\eta}t+C$$

由初始条件 $t=0$，$\varepsilon_0=\frac{\sigma_0}{E}$，可确定积分常数 $C=\frac{\sigma_0}{E}$，代入原方程可得：

$$\varepsilon=\frac{\sigma_0}{\eta}t+\frac{\sigma_0}{E}=\sigma_0\left(\frac{t}{\eta}+\frac{1}{E}\right) \tag{2-36}$$

从式(2-36)可知，马克斯韦尔模型表述的是岩石蠕变变形与时间呈直线关系的特性，如图 2-40(b)所示。其初始应变即为岩石的瞬时加载所产生的弹性应变。当卸去外力后，可恢复的也仅是在这一荷载下所产生的弹性变形。

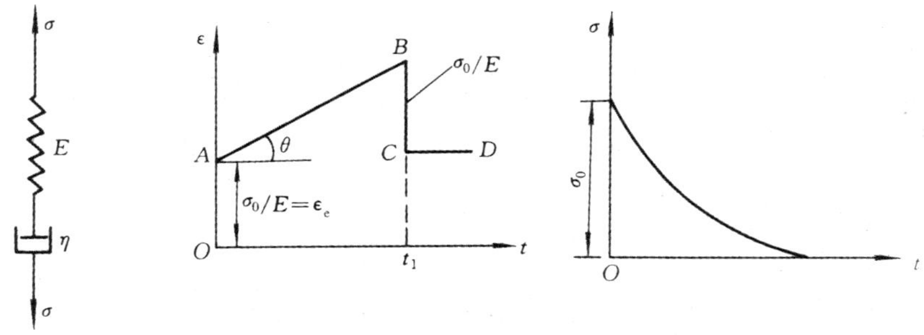


(a) 马克斯韦尔模型　　(b) 应变-时间曲线　　(c) 应力-时间曲线

图 2-40　马克斯韦尔模型的蠕变和应力松弛曲线

当改变试验的条件，瞬时加载后保持原应变不变，则由 $\dot{\varepsilon}=0$，可得：

$$\frac{1}{E}\frac{\mathrm{d}\sigma}{\mathrm{d}t}+\frac{\sigma}{\eta}=0$$

分离变量后两边积分得：$\sigma=Ce^{-\frac{Et}{\eta}}$。

依据初始条件 $t=0$，$\sigma=\sigma_0$，确定积分常数 $C=\sigma_0$，代入上式得：

$$\sigma=\sigma_0 e^{-\frac{Et}{\eta}} \tag{2-37}$$

式(2-37)描述了岩石在应变保持不变的条件下，应力随时间的增长呈指数函数衰减的特性，即应力松弛特性，如图 2-40(c)所示。应该指出，由于岩石试验初期加载量的不同，并不是所有的

应力都会松弛到零。

2) 凯尔文模型

凯尔文模型采用弹簧和黏壶并联的形式(图 2-41(a)),它所表现的变形特性与马克斯韦尔模型有所不同,如图 2-41(b)所示,其变形与时间之间的关系为一条曲线。根据两个基本力学模型并联的力学特性,当外力作用于模型的两端时,两个模型所产生的应变应该相等,而其应力为弹簧所受的应力与黏壶所受的应力之和,即可以用以下两个表达式表述:

$$\varepsilon=\varepsilon_e=\varepsilon_v,\quad \sigma=\sigma_e+\sigma_v$$

根据基本的力学介质模型表达式,可建立如下的微分方程:

$$\sigma_e=E\varepsilon_e,\ \sigma_v=\eta\frac{d\varepsilon_v}{dt},\text{且 }\varepsilon=\varepsilon_e=\varepsilon_v$$

$$\sigma=\sigma_e+\sigma_v=E\varepsilon+\eta\frac{d\varepsilon}{dt}$$

上式为常系数微分方程,该微分方程的通解为

$$\varepsilon=\frac{\sigma}{E}+Ce^{-\frac{Et}{\eta}}$$

根据模型的工作原理,其初始条件为 $t=0$,$\varepsilon=0$,由此可确定上式中的积分常数 $C=-\frac{\sigma}{E}$,代入原方程式,可得

$$\varepsilon=\frac{\sigma}{E}(1-e^{-\frac{Et}{\eta}}) \tag{2-38}$$

该公式表示了具有黏弹性的岩石在恒定的应力作用下,应变与时间的变化规律(图 2-41(b))。另外,如改变试验方式,当时间 $t=t_1$ 时,进行卸载,即 $\sigma=0$,则原方程可写成:

$$\sigma=E\varepsilon+\eta\frac{d\varepsilon}{dt}=0$$

解此方程,得 $\varepsilon=Ce^{-\frac{Et}{\eta}}$。

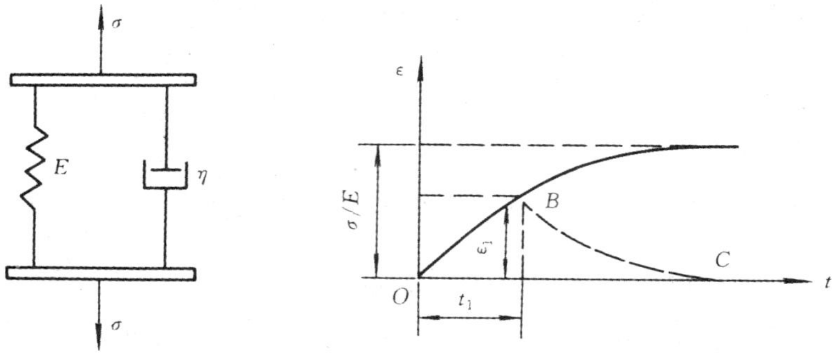


(a) 凯尔文模型　　(b) 应变随时间变化曲线

图 2-41　凯尔文模型的蠕变和弹性后效曲线

根据初始条件 $t=t_1$,$\varepsilon=\varepsilon_1$,确定其积分常数 $C=\varepsilon_1 e^{\frac{Et_1}{\eta}}$。代入原方程得

$$\varepsilon=\varepsilon_1 e^{-\frac{E(t-t_1)}{\eta}} \tag{2-39}$$

式(2-39)表现了岩石在卸载后,应变随时间的增长而逐渐恢复的特性,即为通常所说的弹性后效的变形特性,如图 2-41(b)中虚线 $BC$ 段。如前所述,此时的应变值并非都会完全恢

复，其恢复量将取决于所施加的应力水平。

由于岩石是一种复杂的介质，不同的岩石应该采取基本模型的不同组合形式，来描述其相应的变形特性。因此，除了上述的模型以外，还有许多种不同模型组合的形式。例如，用弹簧与马克斯韦尔模型的并联或串联、将马克斯韦尔模型与凯尔文模型串联等，甚至采用更多的基本模型通过并联和串联的形式建立模型。由于这些模型的分析方法与上述的方法大致相同，只要掌握了模型并联或串联的工作原理，并根据其力学特征建立相应的微分方程，求解该微分方程，就可获得描述该类岩石的本构方程。在此不再作进一步的介绍。

## 2.5　岩石的强度理论

岩石的强度理论是在大量的试验基础上加以分析、归纳建立起来的描述岩石强度特性的理论。从某种意义上也可以认为是在某种应力或组合应力的作用下，岩石产生破坏的判据。由于岩石的成因和矿物成分的不同，以及成岩之后所处的地质环境的不同，岩石的破坏特性会有许多差别，而不同的受力状态也将影响其强度特性的变化。因此，有人根据岩石的不同破坏机理，建立了多种强度理论。本节将着重介绍在岩体力学中常用的几种强度理论。

### 2.5.1　一点的应力状态

在介绍强度理论以前，先说明岩石力学中的正负号假定、某一单元体的应力状态、应力和应变之间的关系及其计算方法等基本的力学分析方法。

1. 正负号的规定

由于处于地表以下的岩石绝大多数是承受压缩应力，因此，在岩体力学中各力学参数的符号作如下规定：

(1) 以压应力为正，拉应力为负；

(2) 剪应力使物体产生逆时针转动为正，反之为负；

(3) 角度以 $x$ 轴正向沿逆时针方向转动所形成的夹角为正，反之为负。

2. 一点应力的表示方法

根据力学分析的常用方法，在某介质中取一单元体，单元体的应力状态如图2-42所示。该单元体的应力状态可用三个正应力 $\sigma_x, \sigma_y, \sigma_z$ 和六个剪应力 $\tau_{xy}, \tau_{yx}, \tau_{yz}, \tau_{zy}, \tau_{zx}, \tau_{xz}$ 表示。上述表示应力状态的符号中脚标的含义为：正应力的脚标表示为正应力作用面的外法线方向；剪应力的第一个脚标表示剪应力作用面的外法线方向，第二个脚标表示剪应力作用的方向。例如，$\sigma_x$ 表示作用在与 $x$ 轴垂直面上的正应力；$\tau_{xy}$ 表示作用在与 $x$ 轴垂直面上且方向与 $y$ 轴平行的剪应力。在单元体中的九个应力分量，其中只有六个分量是独立的，分别为 $\sigma_x, \sigma_y, \sigma_z, \tau_{xy}, \tau_{yz}, \tau_{zx}$。根据剪应力互等定律，脚标相同的剪应力分量是相等的，即 $\tau_{xy}=\tau_{yx}$，$\tau_{yz}=\tau_{zy}$，$\tau_{zx}=\tau_{xz}$。而在平面问题中，独立

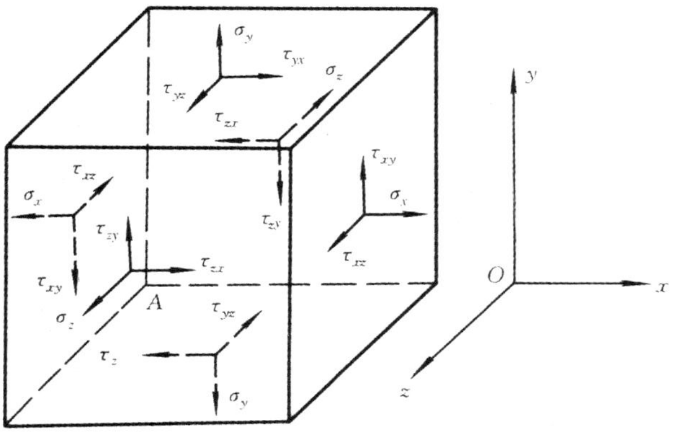


图 2-42　一点的应力状态

的应力分量只有三个,即 $\sigma_x, \sigma_y, \tau_{xy}$。

3. 平面问题的简化

在实际的工程中,可根据不同的结构形式和受力状态将三维问题简化成二维的平面问题。从受力特征分析,通常可分成以下两种平面问题:

(1) 平面应力问题。一般将受二向应力作用的问题简化成平面应力问题(如大型薄板)。其主要特征为一个方向上的应力为零,如 $\sigma_y=0$,此时 $y$ 方向上的应变不为零。

(2) 平面应变问题。由于结构物的限制,使其在某一方向上的应变为零的状态,可简化为平面应变问题。例如,隧道、大坝等在其长轴方向上所截取的单元体,由于在长轴方向上受到结构物的限制,则沿长轴方向上不产生应变。据此可以将其简化成平面应变问题。平面应变问题的主要特征是某个方向上的应变为零,如 $\varepsilon_y=0$,但此时该方向上的应力不为零。

不管是哪一种平面问题,用弹性力学的方法进行分析所得的结果,可以相互转换,如将平面应力计算公式中的 $E,\mu$ 用 $E=\dfrac{E}{1-\mu^2}, \mu=\dfrac{\mu}{1-\mu}$ 替换,即可将平面应力问题的计算公式转换成平面应变问题的计算公式。

4. 二维问题的基本应力计算公式

根据单元体的受力状态可以建立一套完整的应力计算公式。以平面问题为例(图 2-43),与 $\sigma_x$ 作用面夹角为 $\alpha$ 的平面上,所作用的应力可用以下公式计算:

$$\left.\begin{aligned}\sigma_n&=\frac{\sigma_x+\sigma_y}{2}+\frac{\sigma_x-\sigma_y}{2}\cos2\alpha-\tau_{xy}\sin2\alpha\\ \tau_n&=\frac{\sigma_x-\sigma_y}{2}\sin2\alpha+\tau_{xy}\cos2\alpha\end{aligned}\right\}\tag{2-40}$$

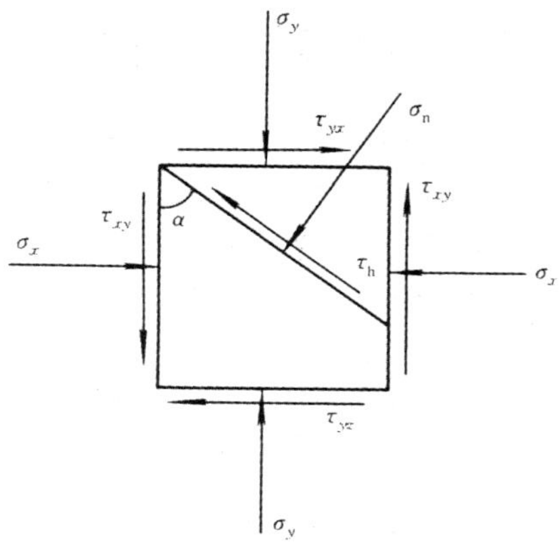


图 2-43 二维的应力状态

若上述公式对 $\alpha$ 求导,即可求得最大主应力和最小主应力的表达式

$$\begin{matrix}\sigma_1\\ \sigma_3\end{matrix}=\frac{\sigma_x+\sigma_y}{2}\pm\sqrt{\left(\frac{\sigma_x-\sigma_y}{2}\right)^2+\tau_{xy}^2}\tag{2-41}$$

最大主应力 $\sigma_1$ 与 $\sigma_x$ 的夹角 $\theta$ 可按下式求得:

$$\tan2\theta=\frac{2\tau_{xy}}{\sigma_x-\sigma_y}\tag{2-42}$$

此外,在分析任意角度的应力状态时,也常用最大、最小主应力表示,其公式如下:

$$\left.\begin{aligned}\sigma_n&=\frac{\sigma_1+\sigma_3}{2}+\frac{\sigma_1-\sigma_3}{2}\cos2\alpha\\ \tau_n&=\frac{\sigma_1-\sigma_3}{2}\sin2\alpha\end{aligned}\right\}\tag{2-43}$$

在 $\tau$-$\sigma$ 的坐标下,作用于岩石试件上的应力状态可用莫尔应力圆来表示。圆周上的任意一点,代表了岩石试件某个面上的应力状态。莫尔应力圆方程如下:

$$\left(\sigma_n-\frac{\sigma_1+\sigma_3}{2}\right)^2+\tau_n^2=\left(\frac{\sigma_1-\sigma_3}{2}\right)^2\tag{2-44}$$

式中，$(\sigma_1+\sigma_3)/2$ 为莫尔应力圆的圆心；$(\sigma_1-\sigma_3)/2$ 为莫尔应力圆的半径。

## 2.5.2 经典强度理论

在材料力学的范畴内，最为经典的是四大强度理论。这些强度理论代表了人们对材料破坏的认识，同时又表明了材料破坏的多样性。四大经典强度理论对于岩石而言，可能只有一部分适用，在此也仅作简单的介绍。

### 2.5.2.1 最大正应力理论

最大正应力理论认为：当作用在岩石上的应力大于某一值时，岩石将发生破坏。这一理论是建立在简单的应力状态之上，仅适用于单向受力条件下的岩石介质。其表达式为

$$\sigma<[\sigma] \tag{2-45}$$

式中 $\sigma$——作用在岩石上的正应力；

$[\sigma]$——岩石的屈服应力，根据理论假设，可以是压应力，也可以是拉应力。

### 2.5.2.2 最大正应变理论

最大正应变理论的基本思想与最大正应力理论相同，其以屈服应变值作为判别破坏的依据，即当岩石中的应变大于该值时，将发生破坏。其表达式为

$$\varepsilon<[\varepsilon] \tag{2-46}$$

式中 $\varepsilon$——岩石所产生的正应变；

$[\varepsilon]$——岩石的屈服应变。

### 2.5.2.3 最大剪应力理论

最大剪应力理论是一个适用于复杂应力状态下的强度理论。最大剪应力理论认为：当作用在某一个面上的最大剪应力满足极限应力状态时岩石将发生破坏。其表达式为

$$\tau_1=\pm\frac{\sigma_1-\sigma_2}{2},\quad \tau_2=\pm\frac{\sigma_2-\sigma_3}{2},\quad \tau_3=\pm\frac{\sigma_3-\sigma_1}{2} \tag{2-47}$$

式中 $\tau_1,\tau_2,\tau_3$——作用在岩石某一个面上的剪应力；

$\sigma_1,\sigma_2,\sigma_3$——岩石所受的极限主应力。

在单向压缩或拉伸的条件下，以上的公式就变得非常简单。

### 2.5.2.4 最大应变能理论

最大应变能理论认为，材料在静水压力作用下是不会发生破坏的，只有当材料的形状改变能（偏应力所产生的能量）达到以下表达式时，岩石才发生破坏：

$$U=\frac{1+\mu}{6E}[(\sigma_1-\sigma_2)^2+(\sigma_2-\sigma_3)^2+(\sigma_3-\sigma_1)^2] \tag{2-48}$$

式中 $E$——岩石的弹性模量；

$\mu$——岩石的泊松比。

## 2.5.3 莫尔强度理论

莫尔强度理论是岩体力学中应用最广泛的强度理论，其表达式简捷，物理意义明确。本小节主要介绍莫尔强度理论的基本思想、计算公式以及不足之处，以便能灵活、正确地掌握和应用莫尔强度理论。

#### 2.5.3.1 莫尔强度理论的基本思想

莫尔强度理论是建立在试验数据的统计分析基础之上的。莫尔强度理论认为:岩石不是在简单的应力状态下发生破坏,而是在不同的正应力和剪应力组合作用下,才丧失承载能力的。或者说,当岩石试件某个特定面上作用的正应力、剪应力达到一定的数值时,随即将沿这个面发生剪切破坏。根据岩石实际的破坏特征,莫尔强度理论作了如下假定:岩石的强度值与中间主应力 $\sigma_2$ 的大小无关,岩石宏观破裂面基本上平行于中间主应力的作用方向。据此,莫尔强度理论可在以剪应力为纵坐标,正应力为横坐标的直角坐标系下,用极限莫尔应力圆加以描述。破坏面上的正应力和剪应力,在极限应力圆上仅为一个点。在该坐标轴内,理论上存在着无数个极限应力圆以及相对应的破坏应力点,破坏应力点的轨迹线被称作莫尔包络线,也可称作莫尔强度线。

#### 2.5.3.2 莫尔强度包络线

通过三向压缩应力的试验(包括 $\sigma_1 = 0$ 的抗拉试验和 $\sigma_3 = 0$ 的单轴抗压试验)可求得多个用极限应力表示的莫尔圆,如图 2-44 所示。由于岩石存在着明显的不均一性,使得试验结果存在着一定的离散性,莫尔强度包络线很难形成一条光滑的曲线。因此,若用数学表达式来描述莫尔包络线,仅能用如下的一个普遍的函数形式表示:

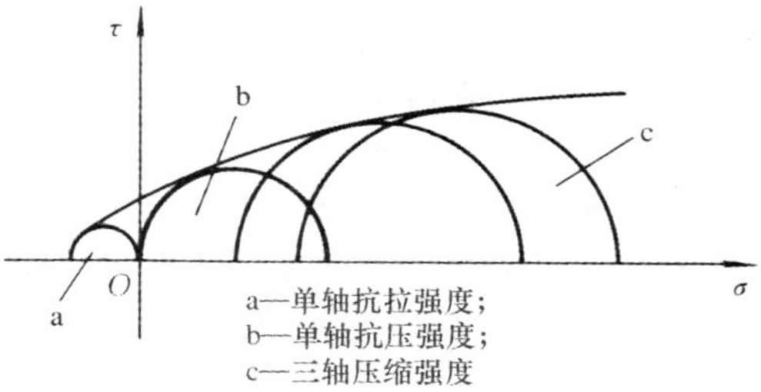

图 2-44 莫尔包络线

$$\tau = f(\sigma) \tag{2-49}$$

而无法用一个显式正确地表征岩石的莫尔强度包络线。由图 2-44 可知,莫尔强度包络线的主要特性为:在正应力较小的范围内,其曲线斜率较陡;而在较大的正应力作用下,其斜率相对比较平缓。如果通过试验掌握了某种岩石的强度包络线,即可对该类岩石的破坏状态进行评价。根据强度包络线的含义,只要作用在岩石某个特定的作用面上的应力与包络线上的应力值相等,则该岩石将沿这特定的作用面产生宏观的断裂破坏。若用极限应力圆来表示,则可表述为:极限应力圆上的某一点与强度包络线相切,即表示该切点应力状态满足岩石的强度,岩石发生破坏。

#### 2.5.3.3 莫尔-库仑强度理论

实验证明,在应力变化范围不很大的情况下,莫尔强度包络线可以用库仑强度公式表示(图 2-45),即所谓莫尔-库仑强度理论,其公式如下:

$$\tau = c + \sigma\tan\phi \tag{2-50}$$

式中 $\tau$——正应力 $\sigma$ 作用下的极限剪应力(MPa);

$c$——岩石的内聚力(MPa);

$\phi$——岩石的内摩擦角(°)。

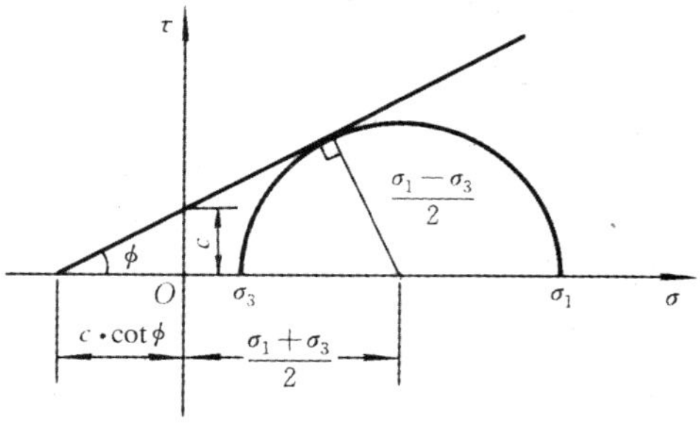

图 2-45 莫尔-库仑直线型强度线

从莫尔-库仑强度理论的几何关系,可得到以下的特征:

(1) 极限应力圆与莫尔-库仑直线型强度线相切。

(2) 破坏面与最大主应力作用面之间的夹角是一个定值,与应力状态无关。破坏角为 $45° + \phi/2$。

(3) 强度线在 $\sigma$ 轴上的截距为 $c\cot\phi$，它并不是岩石的抗拉强度。

在工程的实际应用过程中，为了更灵活地应用莫尔-库仑直线型强度包络线，也可采用式(2-51)表示的强度表达式，这可由图 2-45 中的几何关系得到：

$$\sin\phi=\frac{\dfrac{\sigma_1-\sigma_3}{2}}{c\cdot\cot\phi+\dfrac{\sigma_1+\sigma_3}{2}}=\frac{\sigma_1-\sigma_3}{\sigma_1+\sigma_3+2c\cdot\cot\phi} \tag{2-51}$$

此外，通常以最大主应力 $\sigma_1$ 为纵坐标，最小主应力 $\sigma_3$ 为横坐标，采用统计分析方法处理岩石三轴试验数据(图 2-46)。该坐标下的强度包络线可由式(2-51)转化得到，即

$$\sigma_1=\xi\sigma_3+\sigma_c \tag{2-52}$$

式中　$\sigma_c$——理论上的单轴抗压强度值(MPa)，可按 $2c\cos\phi/(1-\sin\phi)$ 求得；

$\xi$——强度线在 $\sigma_1$-$\sigma_3$ 坐标中的斜率，可按 $(1+\sin\phi)/(1-\sin\phi)$ 求得。

显然在 $\sigma_1$-$\sigma_3$ 坐标下，莫尔-库仑强度包络线也是一条直线，且公式也极其简单。若得到一组三轴试验结果，即可采用最小二乘法，求出直线的斜率和截距，即 $\sigma_c$ 和 $\xi$，进而通过 $\sigma_c$ 和 $\xi$ 求得岩石的内聚力 $c$ 以及内摩擦角 $\phi$。由于利用了统计的方法求出了岩石的强度参数，因此，可从统计意义上分析试验结果的可靠性。这也是 $\sigma_1$-$\sigma_3$ 坐标下的莫尔-库仑强度公式成为常用公式的原因。

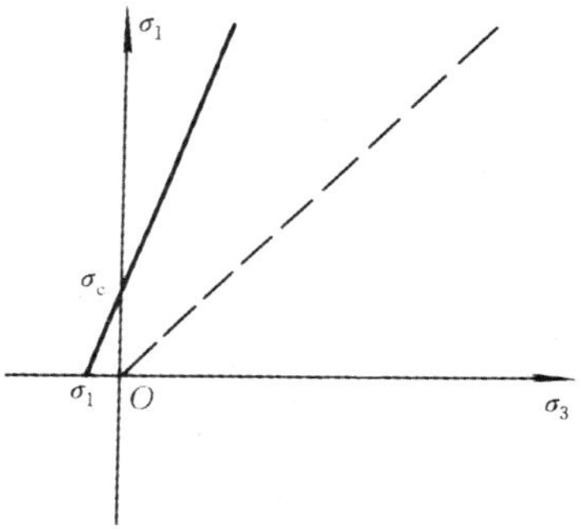

图 2-46　$\sigma_1$-$\sigma_3$ 表示的库仑-莫尔强度线

综上所述，莫尔强度理论使用方便、物理意义明确。但是不可否认，莫尔强度理论还存在不足之处。首先，它不能从岩石的破坏机理上解释其破坏的特征；其次，通过大量的试验发现，中间主应力对岩石的强度也存在着一定的影响，其影响程度约为 15%，而莫尔强度理论忽略了中间主应力的影响，这是值得商榷的问题。

## 2.5.4　格里菲斯强度理论

格里菲斯(A. A. Griffith)在研究脆性材料(玻璃)的基础上，提出了评价脆性材料的强度理论。格里菲斯强度理论在 20 世纪 70 年代末 80 年代初被引入了岩体力学研究领域。格里菲斯强度理论从理论上解释了岩石内部的裂纹扩展等现象，并能较正确地说明岩石的破坏机理。

### 2.5.4.1　格里菲斯强度理论的基本思想

格里菲斯在研究脆性材料过程中发现，在该类材料内部存在着许多微裂纹。在外力作用下，正是这些微裂纹的存在，改变了材料内部的应力状态，产生裂纹的扩展、连接、贯通等现象，最终导致了材料的破坏。有关格里菲斯强度理论的基本思想可归纳为以下三点：

(1) 在脆性材料的内部存在着许多裂纹。通常，这些微小的裂纹在数学上可以用一个扁平的椭圆来描述，且这些裂纹随机地分布在材料之中。在外力作用下，微裂纹的尖端附近产生很大的应力集中，当所聚集的能量达到一定值时，裂纹将开始扩展。由此可见，脆性材料中裂纹的存在是裂纹的开裂、扩展乃至试件破坏的首要条件。因此，可以说岩石是一种带有初始缺陷的介质。

(2) 根据理论分析可知,随着作用的外力逐渐增大,裂纹将沿着与最大拉应力成直角的方向扩展。在单轴压缩的情况下,裂纹尖端附近处(图 2-47 中的 $PP'$ 与裂纹交点)作用着最大拉应力。此时,裂纹将沿与 $PP'$ 垂直的方向扩展,最后,逐渐向最大主应力方向过渡,即裂纹向平行于最大主应力的方向扩展。这一分析结果,很形象地解释了在单轴压缩应力作用下岩石发生劈裂破坏的机理。

(3) 格里菲斯认为,当作用在裂纹尖端处的有效应力达到形成新裂纹所需的能量时,裂纹开始扩展,其表达式为

$$\sigma_t = \left(\frac{2\rho E}{\pi c}\right)^{\frac{1}{2}} \tag{2-53}$$

式中 $\sigma_t$——裂纹尖端附近所作用的最大拉应力;

$\rho$——裂纹的比表面能;

$c$——裂纹长半轴的长度。

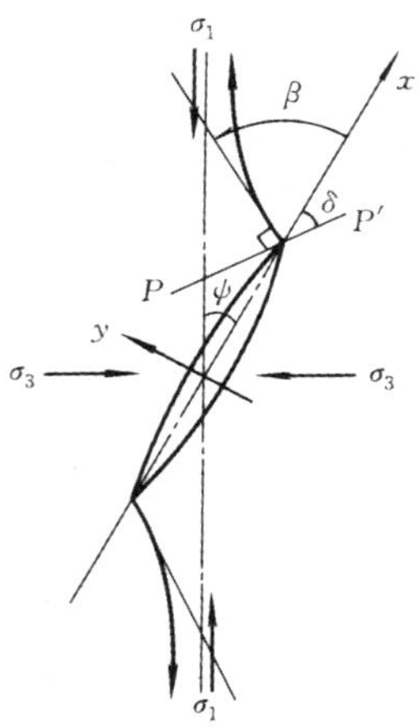


图 2-47 在压应力条件下裂纹开始破裂及扩展方向

格里菲斯强度理论的三点基本思想很明确地阐明了脆性材料破裂的原因、破裂所需的能量以及破裂扩展的方向。

### 2.5.4.2 格里菲斯强度判据

格里菲斯利用弹性力学中椭圆孔的应力解(计算模式参见图2-48),推导得到了如下强度判据:

$$\left.\begin{aligned} &\sigma_1 + 3\sigma_3 < 0, \quad \sigma_3 = -\sigma_t \\ &\sigma_1 + 3\sigma_3 > 0, \quad \frac{(\sigma_1 - \sigma_3)^2}{\sigma_1 + \sigma_3} = 8\sigma_t \end{aligned}\right\} \tag{2-54}$$

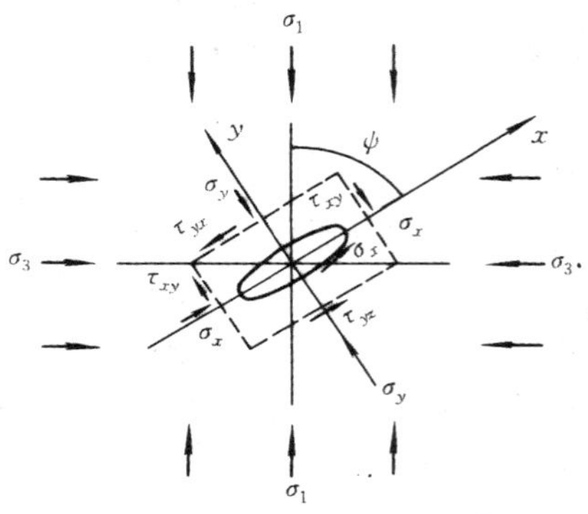


图 2-48 椭圆孔受力状态

当微裂纹随机分布于岩石中,其最有利于破裂的裂纹方向角 $\psi$(裂纹与 $\sigma_1$ 之间的夹角),可由下式确定:

$$\cos 2\psi = \frac{\sigma_1 - \sigma_3}{2(\sigma_1 + \sigma_3)} \tag{2-55}$$

由式(2-54)可知,格里菲斯强度理论的判据公式是一个分段函数。为了加深对格里菲斯强度理论的理解,下面讨论强度判据在不同坐标轴下的表达形式及其特征,以便与其他强度理论进行比较。

1. 在 $\sigma_1$-$\sigma_3$ 坐标轴下强度判据的表现形式

在 $\sigma_1$-$\sigma_3$ 坐标下,当作用于岩石的应力满足 $\sigma_1 + 3\sigma_3 < 0$ 的条件时,不管 $\sigma_1$ 值的大小,只要满足 $\sigma_3 = -\sigma_t$,岩石的裂纹开始扩展。因此,判据在 $\sigma_1$-$\sigma_3$ 坐标下表现为平行于 $\sigma_1$ 轴的直线(图 2-49)。当作用于岩石的应力满足 $\sigma_1 + 3\sigma_3 > 0$ 的条件时,其判据表现为一条二次曲线,且该二次曲线在点($3\sigma_t$, $-\sigma_t$)处与第一应力段的强度判据线相衔接(图 2-29)。在第二应力段内,若令 $\sigma_3 = 0$,由式(2-54)可得:

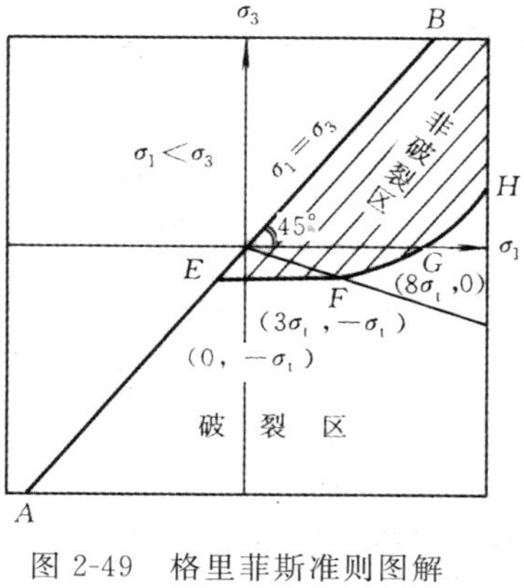


图 2-49 格里菲斯准则图解

$$\frac{(\sigma_1-\sigma_3)^2}{\sigma_1+\sigma_3}=\sigma_1=8\sigma_t \tag{2-56}$$

这一结论告诉我们：根据格里菲斯强度理论，岩石的单轴抗压强度是抗拉强度的 8 倍。

2. 在 $\tau$-$\sigma$ 坐标轴下强度判据的表现形式

为了能与莫尔-库仑强度理论相比较，讨论在 $\tau$-$\sigma$ 坐标下，格里菲斯强度理论判据公式的表达形式。设 $\sigma_m=(\sigma_1+\sigma_3)/2$，$\tau_m=(\sigma_1-\sigma_3)/2$，根据假设条件，判据的分段函数第二应力段的条件 $\sigma_1+3\sigma_3>0$ 可改写成 $2\sigma_m>\tau_m$。则第二应力段所对应的强度判据公式亦可改写成如下表达式：

$$\tau_m^2=4\sigma_m\sigma_t \tag{a}$$

此外，莫尔应力圆公式也可改写成用 $\sigma_m$，$\tau_m$ 表示的表达式：

$$(\sigma-\sigma_m)^2+\tau^2=\tau_m^2 \tag{b}$$

将式(a)代入式(b)，得

$$(\sigma-\sigma_m)^2+\tau^2=4\sigma_m\sigma_t \tag{c}$$

式(c)即为满足格里菲斯强度判据的极限莫尔应力圆的表达式。对式(c)中 $\sigma_m$ 求导，得到 $\sigma_m$ 变动时的线切方程：

$$\sigma_m=\sigma+2\sigma_t \tag{d}$$

若将式(c)与式(d)联立求解，其含义为极限应力圆与切线方程的交点，即为破坏点的轨迹线，也就是强度包络线，公式如下：

$$\tau^2=4\sigma_t(\sigma+\sigma_t) \tag{2-57}$$

式(2-57)在 $\tau$-$\sigma$ 坐标下为一条抛物线，如图 2-50 所示。其与 $\sigma$ 轴的交点为 $-\sigma_t$，此点也正是格里菲斯第一应力段在 $\tau$-$\sigma$ 坐标下的强度判据，即对于 $\sigma_3=-\sigma_t$，及满足 $\sigma_1+3\sigma_3<0$ 条件的任意 $\sigma_1$，其极限应力圆均在 $\sigma_3=-\sigma_t$ 处与包络线相切。因此，式(2-57)为格里菲斯理论在 $\tau$-$\sigma$ 坐标下的强度判据。

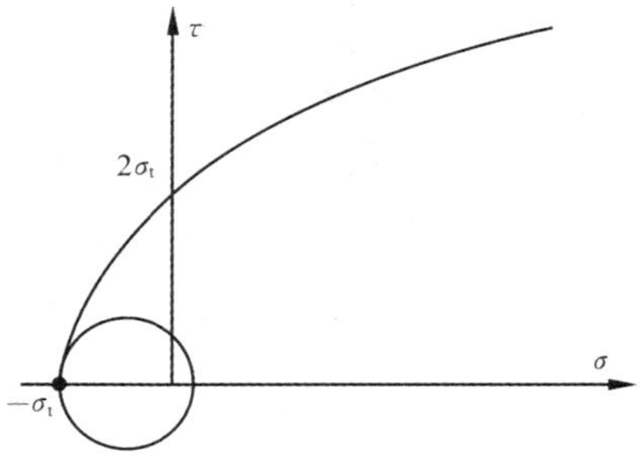

图 2-50　$\tau$-$\sigma$ 坐标下格里菲斯强度包络线

由图 2-50，格里菲斯强度判据公式在 $\tau$-$\sigma$ 坐标下，其曲线形态与莫尔强度包络线比较相似。但前者的强度值要比后者小，这是格里菲斯强度理论仅考虑岩石开裂而非宏观上破坏的缘故。

### 2.5.5　经验强度判据

霍克(E. Hoek)和布朗(E. T. Brown)根据实践经验和统计分析，提出了岩石的破坏判据，其极限主应力的表达式为

$$\sigma_1=\sigma_3+\sqrt{m\sigma_c\sigma_3+s\sigma_c^2} \tag{2-58}$$

式中　$\sigma_1$——破坏时的最大主应力(MPa)；

$\sigma_3$——作用在岩石试件上的最小主应力(MPa)；

$\sigma_c$——完整岩石的单轴抗压强度(MPa);

$m$——与岩石类型和完整性有关的系数,$m=0.001\sim25$;

$s$——反映岩石的完整性,$s=0\sim1$。

将 $\sigma_3=0$ 代入式(2-58)中,可得岩石的单轴抗压强度:

$$\sigma_1=\sqrt{s\sigma_c^2}=\sqrt{s}\sigma_c \tag{2-59}$$

其与岩石的完整性有关。对于完整岩石,$s=1$,则 $\sigma_1=\sigma_c$。当 $\sigma_1=0$ 时,将 $\sigma_3=-\sigma_t$ 代入式(2-58)中,可得岩石的抗拉强度:

$$\sigma_t=\frac{1}{2}\sigma_c(\sqrt{m^2+4s}-m) \tag{2-60}$$

根据莫尔应力圆的表达方法以及极限应力圆与强度线的几何关系,可得 $\tau$-$\sigma$ 坐标下岩石的经验强度判据:

$$\tau=(\sigma-\sigma_3)\sqrt{1+\frac{m\sigma_c}{4\tau_m}} \tag{2-61}$$

式中,$\tau_m=(\sigma_1-\sigma_3)/2$。

破坏面与最大主应力作用面的夹角 $\beta$ 可按下式求得:

$$\sin2\beta=\frac{\tau}{\tau_m} \tag{2-62}$$

虽然这是一个经验的强度公式,但是它与莫尔强度很接近,能够用曲线来描述岩石的强度,只是表达式稍显复杂。

## 2.5.6 屈服准则

上述介绍的强度理论都是建立在岩石的极限应力基础之上。有时根据理论分析的需要,也采用屈服应力所建立的屈服准则。屈服准则是指判别某一点的应力是否进入塑性状态的判别准则。虽然岩石属于脆性材料,但在岩石的数值计算中也会采用以下两种屈服准则。

### 2.5.6.1 屈列斯卡(Tresca)准则

屈列斯卡准则认为:当最大剪应力达到一定数值时,岩石开始屈服,进入塑性状态。表达式为

$$\tau_{max}=\frac{K}{2} \tag{2-63}$$

式中 $\tau_{max}$——作用在岩石上的最大剪应力,可按$(\sigma_1-\sigma_3)/2$ 求得;

$K$——与岩石性质有关的常数,可由单向应力状态试验求得,例如,当 $\sigma_1=0$,$\sigma_2=0$,$\sigma_3=\sigma_t$时,$K=\sigma_t$。

若各主应力的大小无法确定排序,则屈列斯卡判据应表示为

$$\left.\begin{aligned}|\sigma_1-\sigma_2|=K\\|\sigma_2-\sigma_3|=K\\|\sigma_3-\sigma_1|=K\end{aligned}\right\} \tag{2-64}$$

或写成

$$[(\sigma_1-\sigma_2)^2-K^2]\cdot[(\sigma_2-\sigma_3)^2-K^2]\cdot[(\sigma_3-\sigma_1)^2-K^2]=0 \tag{2-65}$$

### 2.5.6.2 米赛斯(Mises)准则

米赛斯准则认为:当应力强度达到一定数值时,岩石材料开始进入塑性状态。其表达式为

$$(\sigma_1-\sigma_2)^2+(\sigma_2-\sigma_3)^2+(\sigma_3-\sigma_1)^2=2K^2$$

或

$$(\sigma_x-\sigma_y)^2+(\sigma_y-\sigma_z)^2+(\sigma_z-\sigma_x)^2+6(\tau_{xy}^2+\tau_{yz}^2+\tau_{zx}^2)=2K^2 \quad (2\text{-}66)$$

米赛斯屈服准则与屈列斯卡准则不同，认为中间主应力 $\sigma_2$ 也将影响屈服准则。米赛斯屈服准则中的 $K$ 值及其意义和确定方法，与屈列斯卡准则相同。图 2-51 表示了两个屈服准则在主应力空间中的轨迹线。由图可知，屈列斯卡屈服面是一个六角形，而米赛斯屈服面是一个椭圆。二者的屈服面有所不同，但差别不大。

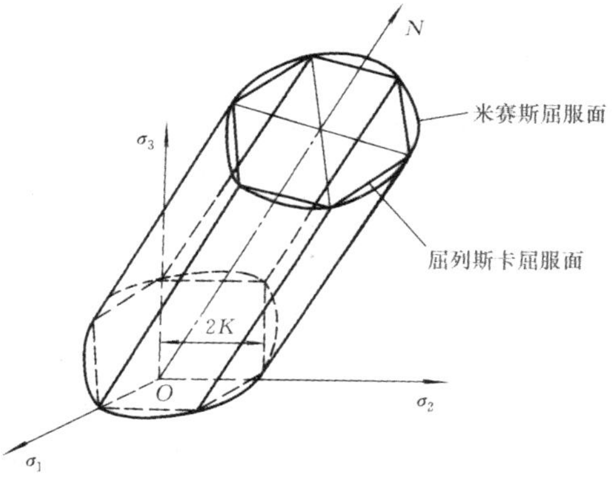


图 2-51　屈服面图形

## 思考题及习题

1. 岩石有哪些物理力学参数？

2. 影响岩石强度特性的主要因素有哪些？

3. 何谓岩石的应力-应变全过程曲线？

4. 简述岩石刚性试验机的工作原理。

5. 试比较莫尔强度理论、格里菲斯强度理论和 E. Hoek 和 E. T. Brown 提出的经验强度理论的优缺点。

6. 何谓岩石的蠕变、应力松弛、长期强度？

7. 典型的岩石蠕变曲线有哪些特征？

8. 分别简述描述岩石三种基本变形特性的力学介质模型。

9. 基本介质模型的串联和并联的力学特征有何不同？

10. 岩石在单轴和三轴压缩应力作用下，其破坏特征有何异同？

11. 一个 5cm×5cm×10cm 试样，其质量为 678g，用球磨机磨成岩粉并进行风干，天平称得其质量为 650g，取其中岩粉 60g 作颗粒密度实验，岩粉装入李氏瓶前，煤油的读数为 0.5$\text{cm}^3$，装入岩粉后静置半小时，得读数为 20.3$\text{cm}^3$，求该岩石的天然密度、干密度、颗粒密度、岩石天然孔隙率（不计煤油随温度的体积变化）。

12. 有一云母片岩试件，其力学性能在沿片理方向 A 和垂直片理方向 B 出现明显的各向异性，试问：

（1）岩石试件分别在 A 向和 B 向受到相同的单向压力时，表现的变形哪个更大？弹性模量哪个大？为什么？

（2）岩石试件的单轴抗压强度哪个更大？为什么？

13. 已知岩石单元体 $A$-$E$ 的应力状态如图 2-52 所示，并已知岩石的 $c=4\text{MPa}$，$\phi=35°$，试求：

（1）各单元体的主应力的大小、方向，并做出莫尔应力圆。

（2）判断在此应力作用下，岩石单元体按库仑-莫尔理论是否会破坏？（单位：MPa）

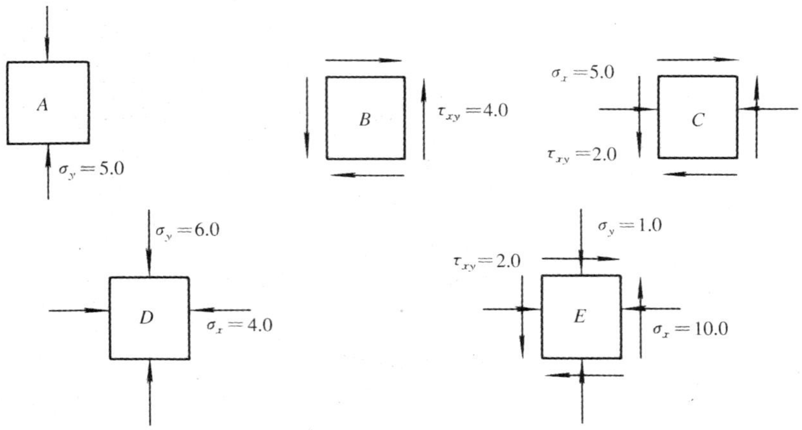


图 2-52　岩石单元体应力状态

14．对某种砂岩作一组三轴压缩实验得到表 2-4 所示峰值应力。

**表 2-4**　　**峰值应力**　　**单位:MPa**

| 序号 | 1 | 2 | 3 | 4 |
|---|---|---|---|---|
| $\sigma_3$ | 1.0 | 2.0 | 9.5 | 15.0 |
| $\sigma_1$ | 9.6 | 28.0 | 48.7 | 74.0 |

试求:

(1) 该砂岩峰值强度的莫尔包络线。

(2) 若强度满足直线型莫尔-库仑包络线,求该岩石的 $c$,$\phi$ 值。

(3) 根据格里菲斯理论,预测岩石抗拉强度为多少?

15．将某一岩石试件进行单轴压缩实验,其压应力达到 28.0MPa 时发生破坏。破坏面与水平面的夹角为 60°,设其抗剪强度为直线型。试计算:

(1) 该岩石的强度参数 $c$,$\phi$ 值。

(2) 作用在破坏面上的正应力和剪应力;

(3) 在正应力为零的面上,其抗剪强度为多少?

(4) 与最大主应力作用面成 30°角的面上的抗剪强度。

16．某砂岩表地层,砂岩抗剪强度参数 $c=1.2$MPa,$\phi=40°$。某一点的初始应力状态:$\sigma_3=8.97$MPa,$\sigma_1=34.5$MPa。由于修建水库岩石孔隙水压力增大,试求该点岩石当孔隙水压力达到多大时会使砂岩破坏?

17．若采用题 16 砂岩的强度参数,设主应力比 $\sigma_{3/}\sigma_1=K_p$,当 $K_p$ 多大时,岩石在三向应力作用下不会产生破坏?

18．某水库库址附近已知点现场场地应力:$\sigma_1=12$MPa,$\sigma_3=4$MPa。该水库位于多孔性石灰岩区域内,该灰岩三轴压缩试验求得其强度参数 $c=1.0$MPa,$\phi=35°$。

试问:能修多深的水库而不因孔隙水压力升高导致岩石破坏?

# 第 3 章　岩体的动力学性质

## 3.1　概述

在岩体工程中，遇到的大多数问题是有关岩体的稳定性，一般假定外荷载和岩体结构处于静态或准静态。但有一些情况则不然，荷载具有明显的动载特性，此时仍用静力学的原理和方法求解这类问题显然不合适。例如，冲击凿岩时岩石在冲击荷载下的破裂特性；爆炸波和地震波作用和影响下地下巷道、大坝、核电站、地下军事设施及建筑物的稳定性；列车飞速奔驰与铁轨、路基振动荷载；振动桩与岩土的相互作用。所有这些课题都是岩体动载特性和动力学问题。岩体动力学具有两方面内容，一方面是对岩体本身动力特性的研究；另一方面是研究岩体在各种动载下所表现出的应力、应变、位移及破坏特征。实验和研究表明：这两个方面不是相互独立的，而是相互依存、相互影响的。因此，岩体的动力学性质是岩体在动荷载作用下所表现出来的性质，包括岩体中弹性波的传播规律及岩体动力变形与强度性质。岩体的动力学性质在岩体工程动力稳定性评价中具有重要意义。同时岩体动力学性质的研究还可为岩体各种物理力学参数的动测法提供理论依据。

区别岩体静力和动力问题的依据是岩体应变率大小。岩体受到不同荷载作用时，其应变率变化范围很大，根据应变率的大小可把岩体的变形分为 5 个等级，如表 3-1 所示。

**表 3-1　　应变率等级分类**

| 荷载状态 | 应变率/($s^{-1}$) | 试验方式 | 动静态区别 |
|---|---|---|---|
| 蠕变 | $<10^{-5}$ | 蠕变试验机 | 惯性力可忽略 |
| 静态 | $10^{-5}\sim10^{-1}$ | 普通试验机和刚性伺服试验机 | |
| 准动态 | $10^{-1}\sim10^{1}$ | 气动快速加载机 | 惯性力不可忽略 |
| 动态 | $10^{1}\sim10^{4}$ | 霍布金逊压杆及其变形装置 | |
| 超动态 | $>10^{4}$ | 轻气炮、平面波发生器 | |

惯性力不可忽略的状态属于岩体动力学研究范畴，低应变率的静态为岩体静力学研究范畴，而极低应变率的蠕变状态则是岩体流变力学研究的内容。因此，区别岩体静力学和动力学只是在于岩体应变率的大小。静力学的研究对象并非处于静止状态，只是处于低应变率状态，确切地讲是处于准静态。

## 3.2　岩体中应力波类型及传播

### 3.2.1　岩体中应力波类型

所谓波，是指某种扰动或某种运动参数或状态参数（例如应力、变形、振动、温度、电磁场强度等）的变化在介质中的传播。应力波就是应力在固体介质中的传播。

由于固体介质变形性质的不同，在固体中传播的应力波有下列几类：

(1) 弹性波。为在线弹性体(应力-应变关系服从虎克定律)的介质中传播的波。

(2) 黏弹性波。为在非线性弹性体中传播的波,这种波,除产生弹性应力外,还产生摩擦应力或黏滞应力。

(3) 塑性波。为应力超过介质弹性极限的波。在能够传播塑性波的介质中,应力在未超过弹性极限前仍然是弹性的;当应力超过弹性极限后,出现屈服应力,其传播速度比弹性应力传播速度小得多。

(4) 冲击波。如果固体介质的变形性质能使大扰动的传播速度远比小扰动的传播速度大,在介质中就会形成波头陡峭的、以超声速传播的冲击波。

岩体受扰动(例如爆炸时)在岩体中主要传播的是弹性波。即使在静载荷作用下表现为弹塑性的岩体,在爆破载荷作用下,因塑性减小,屈服极限提高,脆性增加,变形性质也接近于线弹性体。塑性波和冲击波只有在振源处才能观察到,而且不是在所有岩体中都能产生这样的波。冲击波产生有不可逆的能量损失,故传播到一定距离,例如,爆炸在从中心算起 12～15 倍装药半径处,就蜕变为弹性波。

在岩体中传播的弹性波大致分为两类,一类是在岩体内部传播的体波,另一类是仅仅沿着岩体表面传递的面波。而体波又可分为两类,一类是质点振动方向与波传播方向一致的波,称为纵波(又称压力波或 P 波),它产生压缩或拉伸变形;另一类是质点振动方向与波传播方向垂直的波,称为横波(又称剪切波或 S 波),它产生剪切变形。沿岩体表面传播的面波主要有瑞利波和勒夫波两种。瑞利波,又称 R 波,其质点在平行于波传播方向的垂直平面内作椭圆运动,长轴垂直地面,它与纵波的辐射有关。勒夫波,又称 L 波,其质点在水平面内垂直于波前进方向作水平振动。

面波传播速度小于体波,其随着表面距离增加按指数规律减速减弱,但因它只在表面扩展传播,在传播方向上的衰减要比体波慢,故传播距离较大。面波的能量主要分布在表面附近,集中在一个波长的深度内。若震源辐射出的能量为 100,则沿着表面方向上的纵波、横波和面波所占的能量分别为:纵波 7%,横波 26%,面波 67%。因此,在岩体表面上,面波是最强的优势波。这种面波,在地震中起着主要作用。

弹性波的形式决定于质点的运动规律,质点作简谐振动形成正弦波。根据振动频率的不同,正弦波又区分为次声波(20Hz 以下)、声波($20\sim2\times10^4$ Hz)、超声波($2\times10^4$ Hz 以上),超声波中振动频率在 $10^{10}$ Hz 以上的称为特超声波。

按波面形状,应力波又区分为平面波、柱面波和球面波。波面上介质的质点具有相同的速度、加速度、位移、应力和变形,最前方的波面称为波前或波阵面。

### 3.2.2 岩体中弹性波的传播

弹性力学中,运动方程、几何方程和物理方程经过综合后,可得出拉梅运动方程,当不计体力时,该方程可表示为

$$\left.\begin{aligned}(\lambda+G_d)\frac{\partial\theta}{\partial x}+G_d\nabla^2u=\rho\frac{\partial^2u}{\partial t^2}\\(\lambda+G_d)\frac{\partial\theta}{\partial y}+G_d\nabla^2v=\rho\frac{\partial^2v}{\partial t^2}\\(\lambda+G_d)\frac{\partial\theta}{\partial z}+G_d\nabla^2w=\rho\frac{\partial^2w}{\partial t^2}\end{aligned}\right\}\tag{3-1}$$

式中　$u,v,w$——分别为 $x,y,z$ 方向的位移分量；

$\lambda$——拉梅常数，其值为$\dfrac{\mu_d E_d}{(1+\mu_d)(1-2\mu_d)}$；

$\theta$——体积应变，其值为$\dfrac{\partial u}{\partial x}+\dfrac{\partial v}{\partial y}+\dfrac{\partial w}{\partial z}$；

$E_d$——介质的动弹性模量；

$G_d$——动剪切模量，其值为$\dfrac{E_d}{2(1+\mu_d)}$，$\mu_d$ 为介质的动泊松比；

$\rho$——介质的密度；

$t$——时间。

将式(3-1)中的三式分别对 $x,y,z$ 求偏导，并相加，得

$$\rho\frac{\partial^2\theta}{\partial t^2}=(\lambda+2G_d)\nabla^2\theta \tag{3-2}$$

式(3-2)即为体积应变 $\theta$ 的波动方程。$\theta$ 为表示弹性体膨胀、收缩状态的物理量。

在岩体中取一点作为波的振源，则 $\theta$ 随时间 $t$ 的变化规律为正弦函数，即

$$\theta=\theta_0\sin\omega t \tag{3-3}$$

式中　$\theta_0$——初振幅；

$\omega$——角频率。

因为振动是由振源向四周传播，假定岩体为各向同性体，且只考虑单方向传播(例如 $x$ 方向)，故距振源为 $x$ 点的 $\theta$ 为

$$\theta=\theta_0\sin\omega\left(t-\frac{x}{c}\right) \tag{3-4}$$

式中，$c$ 为波动在岩体中的传播速度。

式(3-4)中 $\theta$ 分别对 $t$ 和 $x$ 求二阶偏导，得

$$\frac{\partial^2\theta}{\partial t^2}=-\omega^2\theta \tag{3-5}$$

$$\frac{\partial^2\theta}{\partial x^2}=-\frac{\omega^2}{c^2}\theta \tag{3-6}$$

由于只考虑 $x$ 方向的传播，故$\nabla^2\theta=\dfrac{\partial^2\theta}{\partial x^2}$。

将式(3-5)、式(3-6)代入式(3-2)中，得到纵波在各向同性岩体中传播的速度 $v_P$：

$$v_P=c=\left(\frac{\lambda+2G_d}{\rho}\right)^{\frac{1}{2}} \tag{3-7}$$

同上述方法，可得到横波在各向同性岩体中传播的速度 $v_S$：

$$v_S=\left(\frac{G_d}{\rho}\right)^{\frac{1}{2}} \tag{3-8}$$

若将 $\lambda=\dfrac{\mu_d E_d}{(1+\mu_d)(1-2\mu_d)}$，$G_d=\dfrac{E_d}{2(1+\mu_d)}$代入式(3-7)和式(3-8)，可得到用 $E_d$，$\mu_d$ 和 $\rho$

表示的纵波和横波速度,即

$$v_P=\left[\frac{E_d(1-\mu_d)}{\rho(1+\mu_d)(1-2\mu_d)}\right]^{\frac{1}{2}} \tag{3-9}$$

$$v_S=\left[\frac{E_d}{2\rho(1+\mu_d)}\right]^{\frac{1}{2}} \tag{3-10}$$

若已知 $\rho$, $v_P$ 和 $v_S$,则可根据上两式求动弹性模量 $E_d$ 和动泊松比 $\mu_d$。由于动泊松比 $\mu_d$ 和静泊松比 $\mu$ 很接近,当无条件进行岩石试样变形试验求取静泊松比 $\mu$ 时,可用声波测试获得的动泊松比 $\mu_d$ 代替静泊松比 $\mu$;反之,当横波波速 $v_S$ 分辨不清时,可用静泊松比 $\mu$ 代替动泊松比 $\mu_d$,从而由式(3-9)获得动弹性模量 $E_d$。

由式(3-9)和式(3-10),可得

$$\frac{v_P}{v_S}=\left[\frac{2(1-\mu_d)}{1-2\mu_d}\right]^{\frac{1}{2}} \tag{3-11}$$

当 $\mu_d=0.25$ 时,$v_P/v_S=1.73$。统计完整岩体的试验结果,其纵波波速与横波波速的比值 $v_P/v_S$ 为 1.7 左右。

### 3.2.3 岩体弹性波速度的测试

1. 岩块声波速度测试

通常在实验室测试岩块试件的纵波和横波速度,据此可计算动弹性模量等参数。测试仪器主要是岩石超声波参数测定仪和纵(横)波换能器。测试时,把纵(横)波换能器放在岩块试件的两端。测定纵波速度时宜采用凡士林或黄油作耦合剂,测定横波速度时宜采用铝箔、铜箔或水杨酸苯酯作耦合剂。

选用换能器的发射频率应满足下列公式要求:

$$f\geqslant\frac{2v_P}{D} \tag{3-12}$$

式中 $f$ ——换能器发射频率(Hz);

$v_P$——纵波速度(m/s);

$D$——试件的直径(m)。

测试结束后应测定超声波在标准有机玻璃棒中的传播时间,绘制时距曲线并确定仪器系统的零延时,或将发射、接收换能器对接测读零延时。

岩块试件的纵波速度 $v_P$ 和横波速度 $v_S$ 按下列公式计算:

$$\left.\begin{aligned}v_P&=\frac{L}{t_P-t_0}\\ v_S&=\frac{L}{t_S-t_0}\end{aligned}\right\} \tag{3-13}$$

式中 $L$——发射、接收换能器中心间的距离(m);

$t_P$——纵波在试件中行走的时间(s);

$t_S$——横波在试件中行走的时间(s);

$t_0$——仪器系统的零延时(s)。

2. 岩体声波速度测试

岩体声波测试的测点可选择在平洞、钻孔、风钻孔或地表露头，激发方式有换能器激发、电火花激发和锤击激发。相邻两测点的距离当采用换能器激发时距离宜为 1～3m，当采用电火花激发时距离宜为 10～30m，当采用锤击激发时距离应大于 3m。

在进行岩体表面声波速度测试时，测点表面应大致修凿平整并擦净，纵波换能器应涂厚 1～2mm 的凡士林或黄油，横波换能器应垫多层铝箔或铜箔，并应将换能器放置在测点上压紧。在钻孔或风钻孔中进行岩体声波速度测试时，钻孔或风钻孔应冲洗干净，并在孔内注满水，水即作为耦合剂，而对软岩宜采用干孔测试。

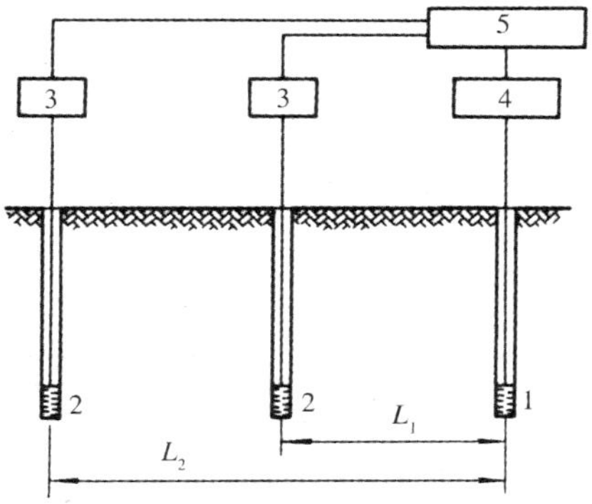


1—发射换能器；2—接受换能器；
3—放大器；4—触发电路；5—时间测定装置

图 3-1　岩体声波测试示意图

图 3-1 为钻孔中换能器激发岩体声波测试示意图。求弹性波速度时，根据激发孔和接受孔之间的距离(图 3-1 中的 $L_1$ 或 $L_2$)及纵波在钻孔间的行走时间 $t_P$ 或横波在钻孔间的行走时间 $t_S$，即可按式(3-13)计算岩体的纵波速度 $v_P$ 或横波速度 $v_S$。

3. 岩体弹性波测定结果

表 3-2 为常见岩石完整岩块纵、横波速度及动力变形参数。表 3-3 为常见岩体不同结构面发育情况下的纵波速度值。

由表 3-2 和表 3-3 可知，岩块的纵波速度大于横波速度，且岩体中结构面发育特征和风化程度不同时，其纵波速度也不同，一般来说，波速随结构面密度增大、风化加剧而降低。岩体的纵波波速与岩性、成因及地质年代、结构面、风化程度等多种因素有关，具体见 3.3 节的内容。

**表 3-2　常见岩石完整岩块弹性波速度及动力变形参数表**

| 岩石名称 | 密度 /(g·cm$^{-3}$) | 纵波速度 /(m·s$^{-1}$) | 横波速度 /(m·s$^{-1}$) | 动弹性模量 /GPa | 动泊松比 |
|---|---|---|---|---|---|
| 玄武岩 | 2.60～3.30 | 4570～7500 | 3050～4500 | 53.1～162.8 | 0.10～0.22 |
| 安山岩 | 2.70～3.10 | 4200～5600 | 2500～3300 | 41.4～83.3 | 0.22～0.23 |
| 闪长岩 | 2.52～2.70 | 5700～6450 | 2793～3800 | 52.8～96.2 | 0.23～0.34 |
| 花岗岩 | 2.52～2.96 | 4500～6500 | 2370～3800 | 37.0～106.0 | 0.24～0.31 |
| 辉长岩 | 2.55～2.98 | 5300～6560 | 3200～4000 | 63.4～114.8 | 0.20～0.21 |
| 纯橄榄岩 | 3.28 | 6500～7980 | 4080～4800 | 128.3～183.8 | 0.17～0.22 |
| 石英粗面岩 | 2.30～2.77 | 3000～5300 | 1800～3100 | 18.2～66.0 | 0.22～0.24 |
| 辉绿岩 | 2.53～2.97 | 5200～5800 | 3100～3500 | 59.5～88.3 | 0.21～0.22 |
| 流纹岩 | 1.97～2.61 | 4800～6900 | 2900～4100 | 40.2～107.7 | 0.21～0.23 |
| 石英岩 | 2.56～2.96 | 3030～5610 | 1800～3200 | 20.4～76.3 | 0.23～0.26 |
| 片岩 | 2.65～3.00 | 5800～6420 | 3500～3800 | 78.8～106.6 | 0.21～0.23 |
| 片麻岩 | 2.50～3.30 | 6000～6700 | 3500～4000 | 76.0～129.1 | 0.22～0.24 |
| 板岩 | 2.55～2.60 | 3650～4450 | 2160～2860 | 29.3～48.8 | 0.15～0.23 |
| 大理岩 | 2.68～2.72 | 5800～7300 | 3500～4700 | 79.7～137.7 | 0.15～0.21 |

续表

| 岩石名称 | 密度 /(g·cm$^{-3}$) | 纵波速度 /(m·s$^{-1}$) | 横波速度 /(m·s$^{-1}$) | 动弹性模量 /GPa | 动泊松比 |
|---|---|---|---|---|---|
| 千枚岩 | 2.71～2.86 | 2800～5200 | 1800～3200 | 20.2～70.0 | 0.15～0.20 |
| 砂岩 | 2.61～2.70 | 1500～4000 | 915～2400 | 5.3～37.9 | 0.20～0.22 |
| 页岩 | 2.30～2.65 | 1330～3970 | 780～2300 | 3.4～35.0 | 0.23～0.25 |
| 石灰岩 | 2.30～2.90 | 2500～6000 | 1450～3500 | 12.1～88.3 | 0.24～0.25 |
| 硅质灰岩 | 2.81～2.90 | 4400～4800 | 2000～3000 | 46.8～61.7 | 0.18～0.23 |
| 泥质灰岩 | 2.25～2.35 | 2000～3500 | 1200～2200 | 7.9～26.6 | 0.17～0.22 |
| 白云岩 | 2.80～3.00 | 2500～6000 | 1500～3600 | 15.4～94.8 | 0.22 |
| 砾岩 | 1.70～2.90 | 1500～2500 | 900～1500 | 3.4～16.0 | 0.19～0.22 |
| 混凝土 | 2.40～2.70 | 2000～4560 | 1250～2760 | 8.85～49.8 | 0.18～0.21 |

**表 3-3　　常见岩体纵波速度　　单位:m/s**

| 成因及地质年代 | 岩石名称 | 裂隙少,未风化的新鲜岩体 | 裂隙多,破碎,胶结差,微风化 | 破碎带,节理密集,软弱,胶结差,风化显著 |
|---|---|---|---|---|
| 古生代及中生代岩浆岩、变质岩和坚硬沉积岩 | 玄武岩、花岗岩、辉绿岩、流纹岩、蛇纹岩、结晶片岩、千枚岩、片麻岩、板岩、砂岩、砾岩、石灰岩 | 5500～4500 | 4500～4000 | 4000～2400 |
| 古生代及中生代地层 | 片理显著的变质岩、片理发育的古生代地层及中生代地层 | — | 4600～4000 | 4000～3100 |
| 中生代岩浆岩,早第三系地层 | 页岩、砂岩、角砾凝灰岩、流纹岩、安山岩、硅化页岩、硅化砂岩、火山质凝灰岩 | 5000～4000 | 4000～3100 | 3100～1500 |
| 第三系地层 | 泥岩、页岩、砂岩、砾岩、凝灰岩、角砾凝灰岩、凝灰熔岩 | 4000～1300 | 3100～2200 | 2200～1500 |
| 新第三系地层及第四系火山喷出物 | 泥岩、砂岩、粉砂岩、砂砾岩、凝灰岩 | — | 2400～2000 | 2000～1500 |

注:本表根据唐大雄等试验结果,1987。

根据对比资料的统计,岩体动弹性模量比静弹性模量高百分之几倍至百分之几十倍,一般岩体越坚硬完整,两者的差值越小,否则,两者的差值就越大。如图 3-2 所示,绝大多数(95%以上)岩体动弹性模量 $E_d$ 与静弹性模量 $E$ 的比值在 1～20 倍之间,而 85%以上在 1～10 倍之间。从动弹性模量的数值来看,多集中在 15～50GPa 之间。

动弹性模量 $E_d$ 和静弹性模量 $E$ 之间有以下关系:

$$E=jE_d \tag{3-14}$$

式中,$j$ 为折减系数,可根据表 3-4 进行选择。

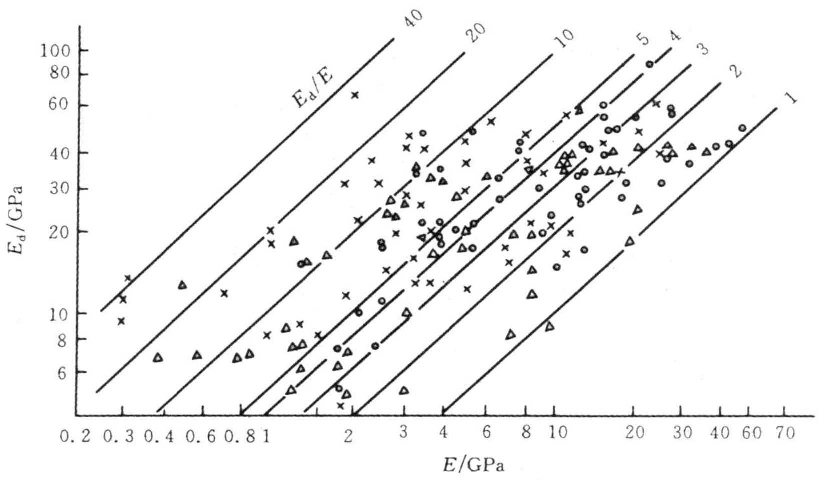


×—花岗岩、花岗闪长岩、安山岩、凝灰岩、玄武岩；○—石灰岩、白云岩、白云质灰岩；△—砂岩、页岩

图 3-2　岩体动弹性模量 $E_d$ 与静弹性模量 $E$ 的关系图

**表 3-4　　折减系数 $j$ 与岩体完整性系数 $K_v$ 的关系**

| 岩体完整性系数 $K_v$ ($v_{Pm}^2/v_{Pr}^2$) | 1.0～0.9 | 0.9～0.8 | 0.8～0.7 | 0.7～0.65 | <0.65 |
|---|---|---|---|---|---|
| 折减系数 $j$ | 1.0～0.75 | 0.75～0.45 | 0.45～0.25 | 0.25～0.20 | 0.20～0.10 |

注：$v_{Pm}$ 为岩体的纵波速度，$v_{Pr}$ 为岩块的纵波速度，两者平方之比值表示岩体的完整性指数 $K_v$。

## 3.3　影响岩体弹性波速度的因素

### 3.3.1　岩石种类、密度及其生成年代

表 3-1、表 3-2 反映了岩体弹性波速度与岩石种类、密度及其生成年代之间的关系。一般地，岩石的密度和完整性程度愈高，波速愈大，反之则波速愈小。

图 3-3 从统计角度反映了各类岩体弹性波速度的分布规律。从图中可以看出：

(1) 岩体纵波速度总体呈正态分布。岩浆岩和古生代及中生代沉积岩的一般波速值为 5.0～5.5km/s，集中度很好；其密度一般值为 2.5～2.7g/cm$^3$，集中度也很好。

(2) 新生代第三系的砂岩及泥岩，纵波速度分布较广。其速度分布图中除 1.5～2.0km/s 处有极值点外，在 2.5～3.0km/s 处还有较小的极值点。前者为泥岩波速分布极值点，后者为砂岩波速分布极值点。第三系岩体纵波速度分布范围较广的原因，可能是其固结度有较大的差别。另外，由于第三系岩体固结度要小于古生代及中生代沉积岩，故其纵波波速总体上要小于后者。

(3) 变质岩的纵波速度比岩浆岩和古生代及中生代沉积岩稍大，为 5.5～6.0km/s，分布也很集中，其原因可能是变质岩受高温高压后矿物成分较为致密的缘故。

图 3-4 为多种岩石实测平均波速与密度的关系。从图中看出，这些岩石的纵波速度在 1.8～7.2km/s 范围内，而密度在 0.47～3.32g/cm$^3$之间，两者呈线性关系，可写为以下公式：

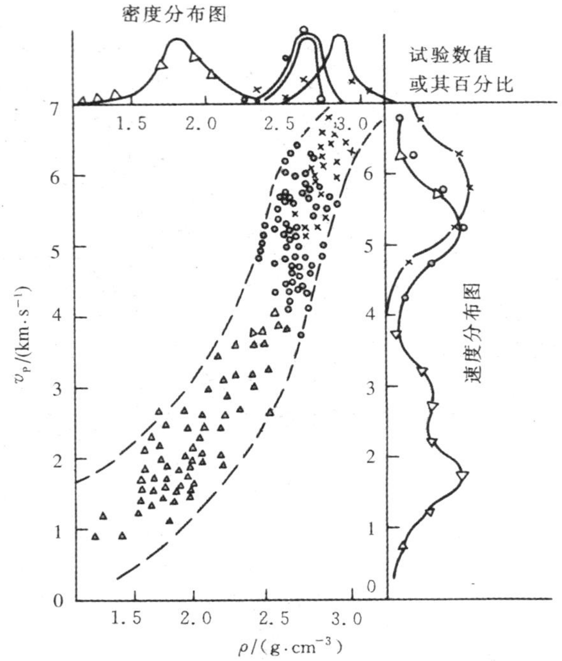


○—岩浆岩和古生代及中生代沉积岩(花岗岩、安山岩、石英斑岩、流纹岩、砂岩、石灰岩等);
△—新生代第三系沉积岩(砂岩、泥岩等);×—变质岩(片岩、片麻岩、蛇纹岩等)

图 3-3　各类岩体纵波速度分布图(ρ 为密度)

$$v_P = 0.35 + 1.88\rho \tag{3-15}$$

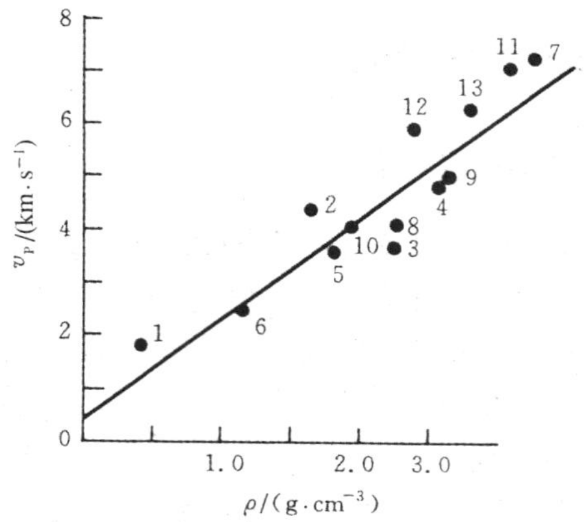


1—浮石;2—3 号多孔玄武岩;3—流纹岩;4-蛇纹岩;5—英安岩;6—半熔凝灰岩;7—纯橄榄岩;
8—变质流纹岩;9—花岗闪长岩;10—1 号多孔玄武岩;11—辉长岩;12—黑曜岩;13—玄武岩

图 3-4　平均纵波波速与密度关系

## 3.3.2　岩体中裂隙或夹层

弹性波在岩体中传播时,遇到裂隙,能否穿过应视充填物的情况。若裂隙充填物为空气,则弹性波不能穿过,而是绕过裂隙端点传播。在裂隙充水的情况下,有 5% 的声波能量可以穿过，若充填固体物质，则弹性波可部分或完全穿过。

弹性波跨越裂隙宽度的能力与弹性波的频率有关。频率越低，跨越裂隙宽度愈大，反之，跨越裂隙宽度愈小。从图 3-5 看出，当振幅比相同时，20kHz（曲线 1）跨越裂隙宽度最大，50kHz（曲线 2）次之，100kHz（曲线 3）最小。

弹性波速度与岩体裂隙数目有关。裂隙数目越多，则纵波速度越小，如图 3-6 所示。

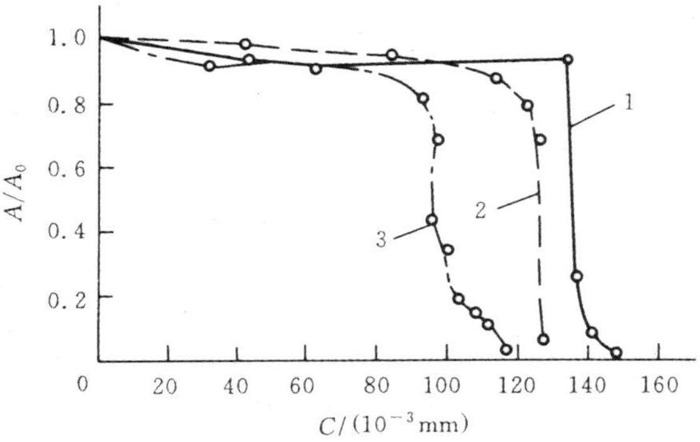


1—20kHz；2—50kHz；3—100kHz

图 3-5　振幅比（$A/A_0$）与跨越裂隙宽度（$C$）的关系

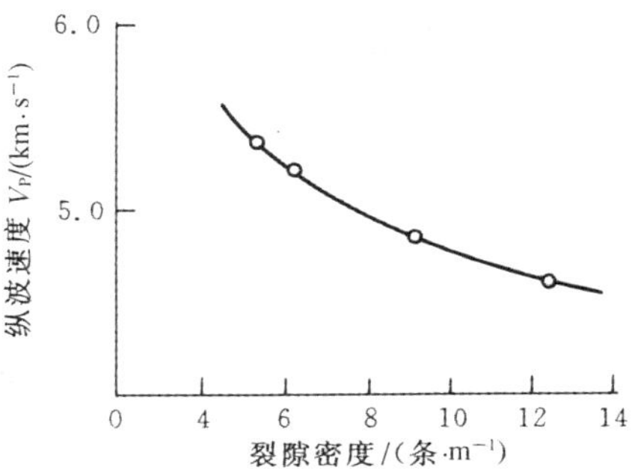


图 3-6　花岗闪长岩纵波速度与裂隙密度的关系

岩体的风化程度对弹性波速度也有影响。岩体受风化后，弹性波速度减小，风化越严重，速度减小越明显。表 3-5 为前泥盆系轻微变质中细粒砂岩风化程度与纵速度的关系。

表 3-6 为夹层厚度对弹性波速度的影响。一般地，夹层厚度越大，纵波速度越小。

**表 3-5　岩石风化程度对纵波波速的影响**

| 风化程度 | 纵波速度/(m·s$^{-1}$) |
|---|---|
| 微风化 | 4800 |
| 微-弱风化 | 4100 |
| 弱风化 | 3050 |

**表 3-6　夹层厚度对纵波波速的影响**

| 夹层厚度占测段长度比 | 纵波速度/(m·s$^{-1}$) |
|---|---|
| 0 | 5870 |
| 25 | 5230 |
| 49 | 4950 |
| 56 | 4540 |

## 3.3.3　岩体的有效孔隙率及吸水率

一些岩浆岩、沉积岩和变质岩的纵波速度与有效孔隙率 $n$（试件内部水可流通的总体积与试件体积之比，以百分率表示）之间的关系如图 3-7 所示。从图中可以看出，随着有效孔隙率 $n$ 的增加，纵波速度急剧减小。

坚硬的岩浆岩与变质岩，其 $n$ 值为 0.3%～8%，而第三系的软岩，则为 10%～50%。如将图 3-7 中的点拟合成一曲线，则有以下指数函数关系：

$$n = b\mathrm{e}^{-av_P} \tag{3-16}$$

式中，$a$，$b$ 为常数。

图 3-8 表示一些岩石纵波速度与吸水率 $w_a$ 之间的关系。从图中看出，同纵波速度与有效孔隙率 $n$ 的关系，随着吸水率 $w_a$ 的增加，岩体纵波速度 $v_P$ 急剧减小。

## 3.3.4　岩体的各向异性

岩体因成岩条件、结构面和地应力等原因具有各向异性，使得弹性波在岩体中传播的速度和动弹性模量等也具有各向异性。若以结构面中的层理面为例，平行于层理面的波速（动弹性

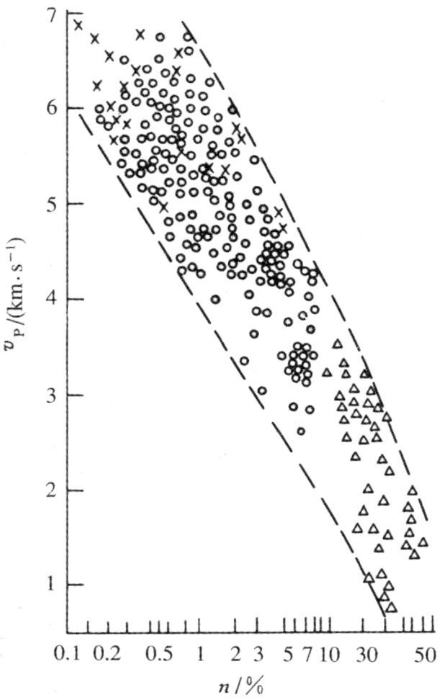


○—岩浆岩;△—新生代第三系沉积岩;×—变质岩

图 3-7　纵波速度与有效孔隙率的关系

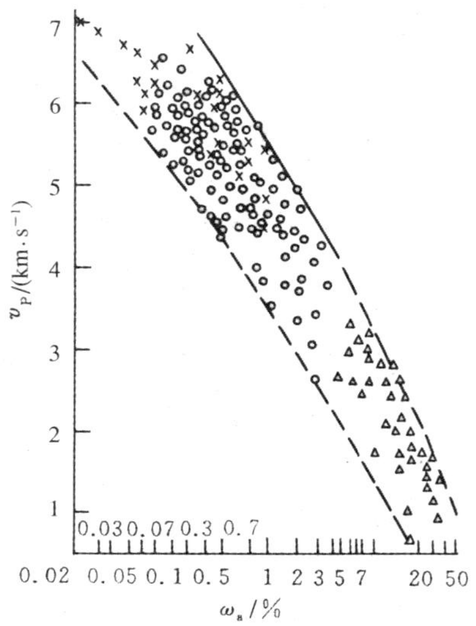


○—岩浆岩;△—新生代第三系沉积岩;×—变质岩

图 3-8　纵波速度与吸水率的关系

模量)总是大于垂直于层理面的波速(动弹性模量),二者的比值,称为波速(动弹性模量)的各向异性系数。

表 3-7 列出了一些平行和垂直于岩层面的纵波速度及其各向异性系数。从表中可以看出,波速的各向异性系数都大于 1,在所列数据中,其值为 1.02～2.28,超过 2 的只有一个,绝大多数在 1.67 以内,有相当一部分在 1.10 左右。

**表 3-7　　平行和垂直于岩层面的纵波速度及其各向异性系数**

| 岩石 | 平行于岩层面的纵波速度 $v_{P/\!/}$/(m·s$^{-1}$) | | 垂直于岩层面的纵波速度 $v_{P\perp}$/(m·s$^{-1}$) | 各向异性系数 $v_{P/\!/}/v_{P\perp}$ |
|---|---|---|---|---|
| 黏土岩 | 3500～3800 | | 3000～3400 | 1.12～1.3 |
| 板岩 | 2840 | | 2250 | 1.26 |
| | 5120 | | 4700 | 1.09 |
| Green 河页岩 | 贫油 | 4757 | 4411 | 1.08 |
| | 富油 | 5143 | 3634 | 1.42 |
| 泥灰岩 | 4300 | | 3900 | 1.10 |
| 砂岩 | 2400～2540 | | 1550～1830 | 1.39～1.55 |
| | 3800 | | 3200 | 1.19 |
| | 6100 | | 5500 | 1.11 |
| 大理岩 | 4855～5105 | | 4389 | 1.11～1.16 |
| 石灰岩 | 2800 | | 1240 | 2.28 |
| | 5540～6060 | | 3620 | 1.53～1.67 |
| 蛇纹岩 | 4600 | | 3800 | 1.18 |
| 石英岩 | 2900 | | 2490 | 1.16 |
| | 4630 | | 4260 | 1.09 |

表 3-8 列出了一些平行和垂直于岩层面的动弹性模量及其各向异性系数。从表中可以看出，动弹性模量的各向异性系数也是大于 1 的，其值在 1.01～2.72 之间，其中绝大部分小于 1.30。

表 3-8 平行和垂直于岩层面的动弹性模量及其各向异性系数

| 岩石 | 平行于岩层的动弹性模量 $E_{d//}$/GPa | 垂直于岩层的动弹性模量 $E_{d\perp}$/GPa | 各向异性系数 $E_{d//}/E_{d\perp}$ |
|---|---|---|---|
| 砂质黏土岩 | 20.6 | 18.5 | 1.11 |
| 砂质板岩 | 14.9<br>66.6 | 11.5<br>63.5 | 1.30<br>1.05 |
| 页岩 | 18.7～21.7 | 18.5 | 1.01～1.17 |
| 绿泥石片岩 | 45.4 | 16.7 | 2.72 |
| 砂岩 | 38.5<br>82.7 | 30.3<br>66.6 | 1.27<br>1.24 |
| 石灰岩 | 47.7～50.2 | 46.0 | 1.04～1.09 |
| 变质辉绿岩 | 57.8 | 54.6 | 1.06 |
| 石英岩 | 16.1<br>45.1 | 11.2<br>40.0 | 1.16<br>1.13 |

岩体波速（动弹性模量）的各向异性与垂直岩层的压力有关。一般来说，压力增大，岩层被压密，使得岩体的各向异性变小。表 3-9 列出了在各种压力下某些变质岩纵波速度的各向异性系数。从表中看出，各向异性系数随压力增大而减小，在压力等于 0.1MPa（即一个大气压）时，其值最大。

表 3-9 不同压力下纵波速度的各向异性系数

| 岩石 \ 垂直岩层压力 | 0.1MPa | 200MPa | 400MPa | 1000MPa | 1500MPa |
|---|---|---|---|---|---|
| 石英片麻岩 | 1.054 | 1.048 | 1.045 | 1.045 | 1.044 |
| 花岗片麻岩 | 1.10 | 1.091 | 1.06 | — | — |
| 绿泥石化片麻岩 | 1.60 | 1.072 | 1.05 | 1.045 | 1.03 |
| 石英-角闪石岩 | 1.135 | 1.10 | 1.092 | 1.076 | 1.07 |
| 二辉-角闪石岩 | 1.23 | 1.095 | 1.094 | 1.092 | 1.09 |
| 石榴石-角闪石-辉石片岩 | 1.266 | 1.205 | 1.19 | 1.19 | 1.185 |
| 绿帘石-黑云母-角闪石片岩 | 1.48 | 1.29 | 1.25 | 1.215 | 1.21 |
| 二云母片岩 | 1.63 | 1.25 | 1.15 | 1.14 | 1.14 |

### 3.3.5 岩体的受力状态

岩体受压应力可分静水压缩应力、三向压缩应力和单向压缩应力。弹性波速度的量测方式可分为平行于最大应力方向量测和垂直于最大应力方向量测。

图 3-9 为花岗岩在单向和静水压缩下纵波速度和压应力之间的关系。从图中可以看出，纵波速度随压应力的增大而增大，当应力较高后，纵波速度增加幅度变小；在同一单向压应力

下,平行于应力方向的纵波速度要高于垂直于应力方向纵波速度。

图 3-10 表示煤层单向受压后纵波速度的变化。从图中可以看出,平行于层面方向的纵波速度随应力的增大而增大,但增幅较小;垂直于层面方向纵波速度,当应力为零时很低,在低应力阶段随应力增大急剧增大,在超过平行于层面方向的纵波速度后,增长幅度减小。

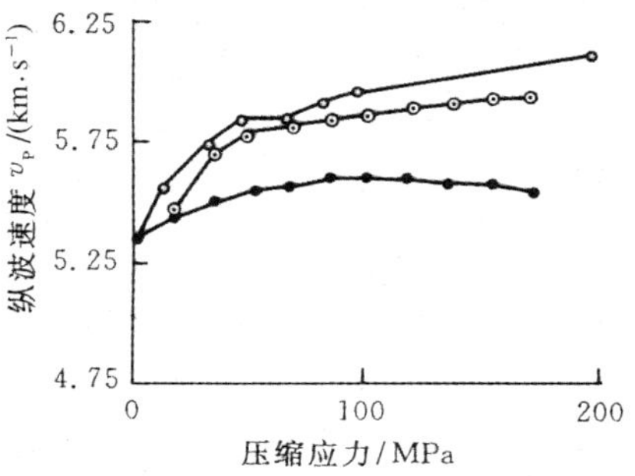


•—单向压缩垂直于应力方向;⊙—单向压缩平行于应力方向;○—静水压缩

图 3-9 花岗岩纵波速度和压应力之间的关系

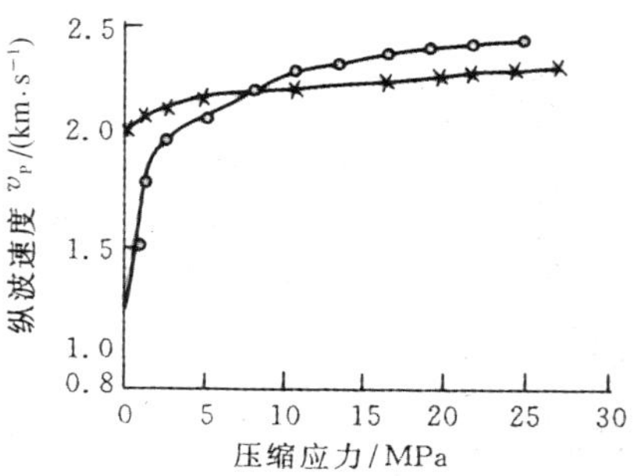


○—垂直于层面方向;×—平行于层面方向

图 3-10 煤层纵波速度与压应力之间的关系

图 3-11 为不同种类岩石单向压缩下平行于应力方向纵波速度与压应力的关系。从图中可以看出,岩石种类不同,它们的纵波速度不同,但随应力增大的变化规律基本相同。

图 3-12 为石灰岩在单向拉伸应力下垂直应力方向纵波速度和拉应力的关系。从图中可以看出,纵波速度随拉应力的增大而逐渐减小(在低拉应力阶段,有时出现波速随拉应力增大先增大的现象)。

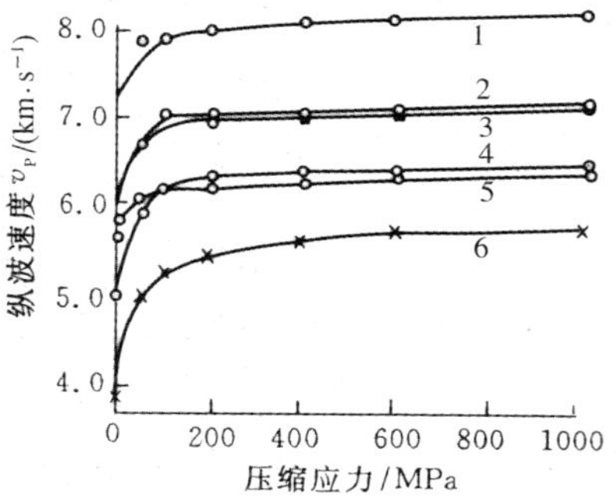


1—纯橄榄岩;2-辉长岩;3—白云岩;4—花岗岩;5—片麻岩;6—砂岩

图 3-11 不同种类岩石纵波速度与压应力的关系

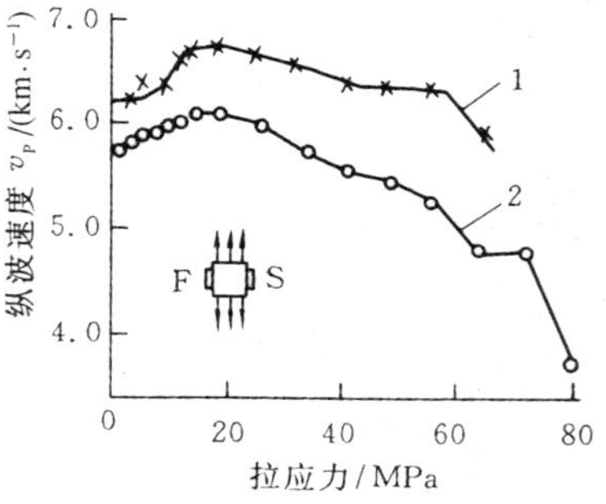


1—自然干燥试件;2—饱和试件

F,S—分别为发射、接收换能器

图 3-12 石灰岩纵波速度与拉应力的关系

根据岩体弹性波速度随裂隙的增多和应力的减小而降低的原理,可用弹性波速度来确定洞室(巷道)工程围岩松动圈(塑性圈)的范围。

在松动圈内,由于岩体破碎且属低应力区,因而波速较小,当进入松动圈边界完整岩体区域,应力较高,波速达到最大,之后波速又逐渐减小至一定值。根据波速随深度变化曲线,可确定松动圈厚度,其边界在波速最大值深度附近。

某巷道工程,在巷道的三个测点各打一对平行的钻孔(测点布置如图 3-13 所示),钻孔深度超过预计的松动圈厚度,在一钻孔中放入发射换能器,另一钻孔中放入接收换能器,平行移动发射换能器和接收换能器,测定不同孔深处两孔之间岩体的纵波速度。

测试结果如图 3-14 所示。从图中三条曲线总的趋势可以看出,距离巷道壁约 1.5m 处,波速达到最大，而后又降低，因此可推断松动圈范围就在该处。另外，曲线1在2.5m附近波速达到新高，这可能是该处巷道纵横交错、应力较为复杂的缘故。

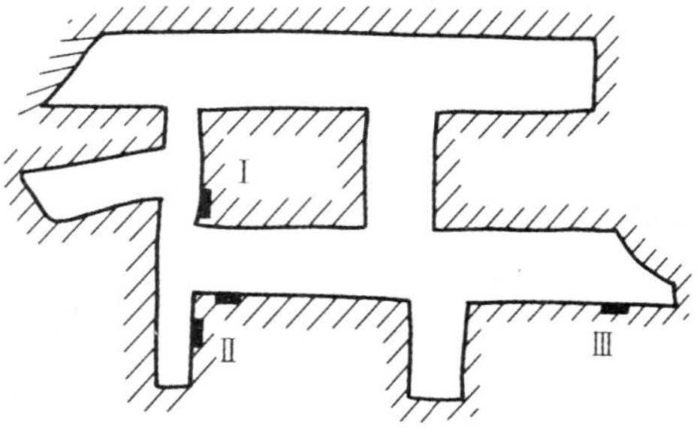


图 3-13 某巷道工程测点布置图

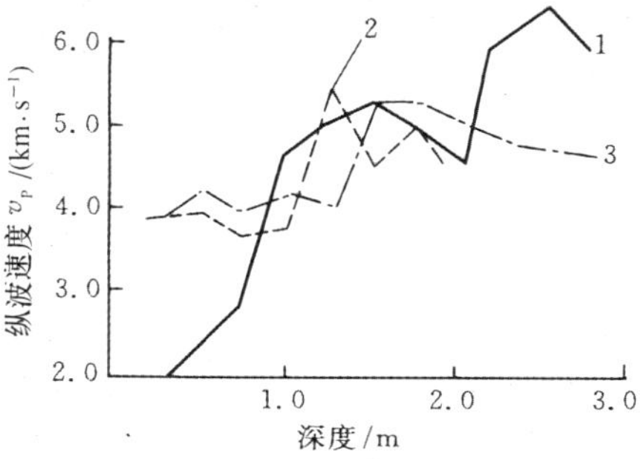


1—Ⅰ号测点；2—Ⅱ号测点；3—Ⅲ号测点

图 3-14 围岩内纵波速度与深度的关系

## 思考题及习题

1. 如何测试岩块和岩体弹性波波速？

2. 影响岩体弹性波速度的因素有哪些？

3. 何谓波速或动弹性模量的各向异性系数？

4. 用弹性波速度确定地下工程围岩松动圈（塑性圈）范围的原理是什么？

5. 某均质岩体的纵波波速是4720m/s，横波波速是2655m/s，岩体密度$\rho=2.63\text{g/cm}^3$，求岩体的动弹性模量、动泊松比和动剪切模量。

6. 现场测得岩体纵波波速$v_{\text{Pm}}=3536\text{m/s}$，室内测得岩块试样纵波速度$v_{\text{Pr}}=4167\text{m/s}$，岩体密度$\rho=2.45\text{g/cm}^3$，动泊松比$\mu_d=0.25$，求这种岩体的静弹性模量$E$。

# 第 4 章　岩体的基本力学性能

## 4.1　概述

天然岩体，从宏观上来说，它是由节理或裂隙切割成一块一块的、互相排列与咬合着大小不同的岩块所组成的。岩体中往往具有明显的地质遗迹，如不整合面、褶皱、断层、节理、劈理、解理、片理等。它们在岩体力学中一般都统称为节理。由于节理的存在，造成了岩体介质的不连续，因而，这些界面又称为不连续面或结构面。它将影响岩体的力学特性，造成岩体在力学上的不连续性和各向异性。

由于岩体中有结构面的存在，使岩体与完整岩石（指不含结构面的岩体）的力学特性之间有很大的差异。从岩体的力学属性来看，可认为：完整的岩体属连续介质力学范畴；碎屑岩体或强风化岩体则属土力学范畴；而介于上述二者之间的裂隙岩体或破裂岩体统称为节理岩体。由于它受节理切割的影响，可认为是有地质力学的属性，即由地质的特点而决定其力学性能的，其力学属性被认为部分属非连续介质力学的范畴。

从岩体的力学强度分析，岩体的强度与组成此岩体的岩块和节理的强度有很大不同。图 4-1 给出了节理岩体的强度区别。从该图中可见，在一定的正应力作用下，节理的强度低于岩石的强度，而节理岩体的强度以完整岩石强度为上限，节理的强度为下限，处在节理的强度和岩块的强度之间。所以，研究节理岩体的力学性能不仅仅要掌握完整岩石的力学特性，从某种意义上说掌握节理的强度更为重要，只有综合分析完整岩石与节理的力学特性，才能真正地了解节理岩体的力学性能。由于节理的力学性能大多数低于岩石的力学性能，因此，如果工程设计仅凭室内完整岩样试验指标来代表野外天然岩体的力学性能，将会造成很大的误差，有时甚至会给岩石工程带来无法弥补的损失。

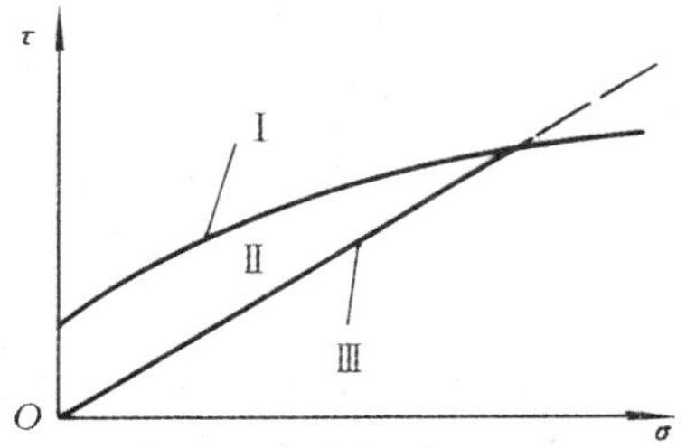


Ⅰ—完整岩石的强度
Ⅱ—节理化岩体的强度
Ⅲ—节理的强度

图 4-1　节理岩体的强度特征与岩石强度的区别

## 4.2　岩体结构面的分析

### 4.2.1　描述结构面特征的基本参数

由结构面的定义可知，结构面是指没有或具有极低抗拉强度的力学不连续面，包括一切地质分离面。它是在成岩过程中或者在后期的地质构造作用下所形成的，在地质体中主要表现为将岩体分割成两部分，两部分岩体或紧密地贴在一起或岩体中间充填着一些杂质。结构面存在于地质体中，必定受到各种地质作用的影响，并以一种特殊的状态出露或者隐藏于地质体中。要了解结构面的力学特性，必须要掌握结构面所具有的特征。为了全面、正确地掌握结构面在地质体中的特征，应该了解描述结构面特征的基本参数。根据大量工程实践的经验，结构面特征一般可以采用以下 8 个基本参数加以描述。

1. 产状

产状是指结构面在空间的分布状态。它由走向、倾向、倾角所表示的产状三要素来描述。由于走向可根据倾向来加以推算，一般只用倾向和倾角来表示。

结构面的产状与岩体开挖面的空间关系，将直接影响岩体的稳定性。最简单的实例就是顺坡向和逆坡向的结构面，前者从几何学上是一个影响岩体失稳的不利因素；而后者由于结构面的倾向与边坡的坡向相反，它对于岩体稳定性的影响几乎不存在。

2. 间距

结构面的间距是指同组相邻结构面的垂直距离。通常采用同组结构面的平均间距作为代表。间距的大小直接反映了该组结构面的发育程度，因此，间距将反映岩体的完整程度。

3. 延展性(持续性)

在一个岩石的露头上，所见到的结构面的迹线长度通常被称作结构面的延展性。该参数反映了该组结构面发育规模的大小。此外，还可利用与倾向方向上的延展性的乘积，推算结构面的面积，评价结构面切割岩体的程度。

4. 粗糙度和起伏度

相对于结构面表面的不平整程度，通常用结构面的粗糙度和起伏度表示(图 4-2)。这是评价结构面抗剪强度的一个重要几何参数。起伏度是指相对较大一级表面的不平整状态，若起伏度较大，可能会影响结构面的局部产状。对结构面的强度具有较大影响的，主要取决于结构面的粗糙度。粗糙度是指结构面局部凹凸不平的程度。当结构面受到剪切力作用时，结构面表面越粗糙其抗剪强度也会越高。

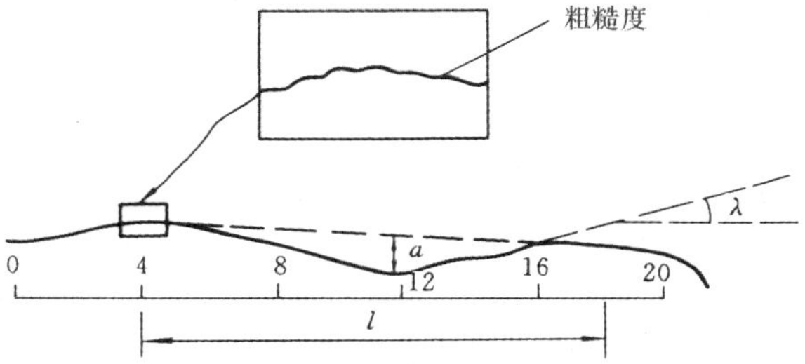


图 4-2　节理面的粗糙度和起伏度

5. 结构面面壁强度

结构面是由岩体的两个表面组成，该表面通常被称作结构面的面壁。结构面面壁的强度将对结构面的剪切强度有很大的影响。在岩体中由于长期的地质作用，尤其是水流的通过，该表面将发生不同程度的风化作用，进而影响其表面的力学特性。当结构面的面壁风化程度与母岩很接近时，其强度与母岩基本一致；当其风化程度与母岩相差较大时，其强度将要小得多。在后一种情况下，当结构面张开度较小时，也将表现出相对较低的抗剪强度。

6. 结构面的开度与充填物

结构面两个面壁之间的垂直距离称作结构面的开度。一般张性的结构面具有较大的开度，较大的开度又往往使得结构面成为地下水的通道，在长年累月的水流作用下，水流中的一部分物质残留在结构面中；同时结构面的面壁被风化，也有一部分物质遗留在裂缝中。另外，由于后期的地质作用，使得张开的裂缝由一些矿物重新胶结在一起等。这些都成为结构面中存在着杂质的主要原因。这些遗留在结构面缝隙中的物质称为充填物。

结构面的开度与充填物两个参数相互依存，开度较大的结构面一般也有较厚的充填物。在具有较厚的充填物的情况下，对结构面强度的影响主要取决于充填物的性质。

7. 结构面的渗透性

结构面的渗透性是指在单个结构面或者整个岩体中所见到水流和水量的状态。水对岩体的影响是不言而喻,通常用水的流速和流量来描述结构面的渗透性,渗透性的大小反映了岩体可能受水流影响的大小,甚至会影响结构面的强度。

8. 结构面的组数和岩块的尺寸

岩体中结构面的组数反映了结构面的发育程度,而结构面组数的多少,又可反映岩体被结构面切割所形成岩块的大小。同样,这也是两个相辅相成的参数,岩体的完整性如何,主要由这些参数来描述。

综上所述,主要从结构面空间分布的规律、发育的规模及程度、表面的几何形态等参数描述结构面在地质体中的基本特征。这些参数一般是利用现场地质调查所获得的资料,进行统计分析,并获得相应的统计规律,最终提出相应的参数值。鉴于本书的篇幅所限,在此不做进一步的阐述。

### 4.2.2 结构面的分类

结构面是在复杂的地质环境下形成,使得结构面的形态也具有不同的特征。为了更好地认识结构面的形态特征,通常按一定的规律对结构面进行相应的分类。

1. 按结构面成因分类

从工程地质学的角度而言,结构面的分类主要是按其成因类型加以划分。

(1) 原生节理:通常指在成岩过程中所形成的结构面,最具代表性的是岩层的层面、柱状节理面等。

(2) 构造节理:由于地质构造运动所形成的结构面,如断层、岩体中的共轭剪节理等。

(3) 次生节理:成岩后期由于风化作用或者环境的改变而形成的结构面,如岩石风化节理、卸荷裂隙等。

2. 绝对分类和相对分类

按照结构面发育的规模大小对工程的影响,岩体中结构面的分类有以下两种:

(1) 绝对分类。该分类是建立在结构面的延伸长度基础上的。一般将结构面分为:细小的结构面,其延长小于1m;中等的结构面,其延长为1～10m;巨大的结构面,其延长大于10m。绝对分类的不足之处是,仅考虑了自身的发育规模,没有与工程结构的规模相结合。

(2) 相对分类。该分类不仅以结构面的延伸长度为基础,同时结合结构面的延伸长度对工程结构类型和尺寸的影响进行分类。从表4-1可知,按工程结构类型和其规模大小的不同,将结构面分为细小的、中等的及大型的等不同类型。

**表4-1　　结构面的相对分类　　单位:m**

| 工程结构 | 尺寸 $L$ | 影响带直径 $D$ | 结构面的长度 | | |
|---|---|---|---|---|---|
| | | | 细小 | 中等 | 大型 |
| 平　洞<br>小型基础 | $\phi=3$<br>$b=3$ | 10<br>10 | 0～0.2 | 0.2～2 | >2 |
| 隧　洞<br>斜　坡 | $\phi=30$<br>$h=100$ | 100<br>100 | 0～2 | 2～20 | >20 |

**续表**

| 工程结构 | 尺寸 L | 影响带直径 D | 结构面的长度 | | |
|---|---|---|---|---|---|
| | | | 细小 | 中等 | 大型 |
| 洞　穴<br>小型水坝 | $h$=40<br>$h$=40 | ＞100<br>＞100 | 0～2.5 | 2.5～25 | ＞25 |
| 大型水坝<br>高 斜 坡 | $h$=100<br>$h$=300 | 300<br>300 | 0～6 | 6～60 | ＞60 |

注：$\phi$ 为洞径；$b$ 为基础宽度；$h$ 为工程结构体高度。

3. 按地质力学观点进行分类

一个自然地质体，在其形成的过程中以及形成后将受到地质因素作用，特别是受到地质构造作用后，在地质体内会产生各种结构面，它可以是稀疏的，也可以是密集的；可以是充填各种各样的砂砾黏土，也可以是互相有规律地排列或贯通。总之，自然地质体内存在各种各样的结构面，其特征千变万化，而且又在很大程度上决定了岩体的力学性能。经研究发现，在不同的地质力学作用下将产生不同的破坏形态，进而影响结构面发育的性质和规模。因此，若按地质力学观点对其破坏形态进行划分的话，可将岩体的地质破坏形态分为三大类：第一类为破坏面，它是属于大面积的破坏，一般认为这种破坏是由缓慢的地质作用所形成，在岩体中往往以出现大和粗的节理为代表；第二类为破坏带，它是属于小面积的密集破坏，一般认为是由快速的地质作用形成的，以岩体中出现细节理、局部节理等为代表；第三类为破坏面与破坏带的过渡类型，它同时具有破坏面和破坏带的力学特点，并表现为介于这两者之间的破坏特征。缪勒(Müller)按上述地质破坏特点，提出按岩体地质力学破坏形态特征将结构面分为如图 4-3 所示的从面到带的五大类型，即单个节理、节理组、节理群、节理带以及破坏带或糜棱岩带。在此五大类型基础上，又按充填节理中的材料性质和开度以及糜棱岩化程度将每种类型分成三个

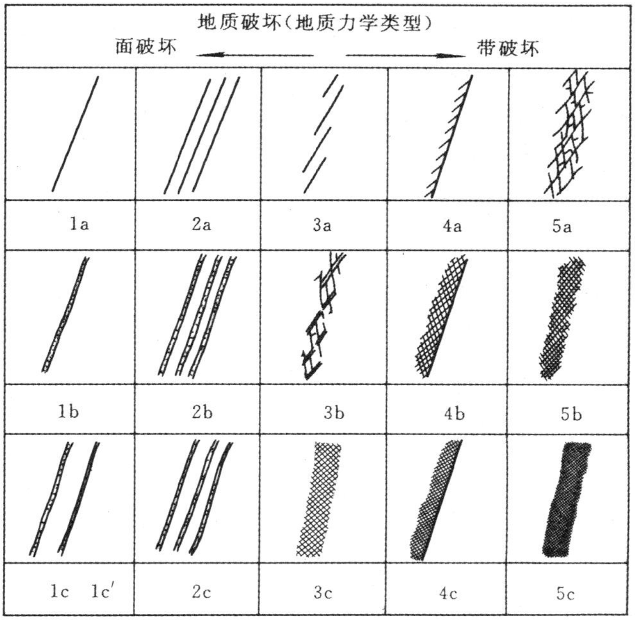


1a—粗节理；
2a—粉节理组；
3a—巨节理群；
4a—带有羽毛状节理的粗节理；
5a—破裂带；
1b—充填风化物的粗节理；
2b—充填风化物的粗节理组；
3b—带有巨节理的破坏带；
4b—带有边缘粗节理的破坏带；
5b—近糜棱岩（构造角砾）带；
1c—有黏土充填的粗节理；
1c′—由黏土组成的破坏带的粗节理；
2c—充填黏土的粗节理群；
3c—带有糜棱岩的巨节理；
4c—带有粗节理的糜棱岩带；
5c—糜棱岩带

图 4-3　按地质力学观点的破坏面和破坏带分类

亚类。这样共将结构面分为十五种亚类。这里应注意到:粗节理可以呈单个节理形式出现,也可以呈节理组出现。对于后一种情况,粗节理很明显占有主要位置,因而可作为主要破坏形态,其他则作为伴随破坏。在粗节理(和大的节理)中经常发现有磨碎的充填物,如裂隙中有黏质土和细粒状岩石(糜棱岩)与其他充填物,它们的形成往往由于节理或断层两壁发生重复和相反方向运动而使其间的岩体被压碎或磨碎。

### 4.2.3 岩体破碎程度的分类

在大自然的应力作用下,形成了各种形态的结构面。而结构面在岩体中又是无处不在,构成了对岩体的切割,影响了岩体的完整性。岩体破碎程度的分类,是表述结构面对岩体完整程度的一种评价。缪勒根据地质力学的原理,建立了岩体破碎程度的评价方法,该方法采用裂隙度和切割度这两个定量指标加以综合评价。

1. 裂隙度 $K$

裂隙度 $K$ 是指沿着某个取样线方向,单位长度上节理的数量。设有一取样直线,其长度为 $l$,若沿长度 $l$ 内出现节理的数量为 $n$,则该岩体的裂隙度 $K$ 为

$$K=\frac{n}{l} \tag{4-1}$$

那么,沿取样线方向上结构面的平均间距 $d$ 为

$$d=\frac{l}{n}=\frac{1}{K} \tag{4-2}$$

当取样线垂直节理的走向时,则 $d$ 为节理走向的垂直间距。当岩体中仅有一组节理,其垂直间距 $d>180\text{cm}$ 时,岩体为完整的结构性质;$d=30\sim180\text{cm}$ 时,则为块状结构;$d<30\text{cm}$ 时,则为碎裂结构;而当 $d<6.5\text{cm}$ 时,则称为极碎裂结构。

当岩体发育着几组不同方向的节理时,裂隙度可按下述原理求得。参见图 4-4,有节理 $K_{a1}$、$K_{a2}$ 和 $K_{b1}$、$K_{b2}$ 分别组成 $a$、$b$ 两组节理。沿取样线上的节理平均间距即 $K_{a1}$、$K_{a2}$ 和 $K_{b1}$、$k_{b2}$ 之间距离分别为 $m_{ax}$ 和 $m_{bx}$,此时所测得的节理组的平均垂直间距分别为 $d_a$、$d_b$ 以及节理的垂线与取样线的夹角 $\xi_a$、$\xi_b$,则沿取样线上的平均间距可按下式求得:

$$m_{ax}=\frac{d_a}{\cos\xi_a},\quad m_{bx}=\frac{d_b}{\cos\xi_b} \tag{4-3}$$

该取样线上的裂隙度 $K$ 为各组节理的裂隙度 $K_a$、$K_b$ 之和,即

$$K=K_a+K_b \tag{4-4}$$

式中,$K_a=\frac{n_a}{l}=\frac{1}{m_{ax}}$,  $K_b=\frac{n_b}{l}=\frac{1}{m_{bx}}$。

$$K=\frac{1}{m_{ax}}+\frac{1}{m_{bx}} \tag{4-5}$$

依次类推可得 $n$ 组节理的裂隙度 $K$。

从以上的计算可知,裂隙度是一个与取样线方向有关的参数。按裂隙度 $K$ 的大小,可将节理分成疏节理($K=0\sim1\text{m}^{-1}$)、密节理($K=1\sim10\text{m}^{-1}$)、非常密集节理($K=10\sim100\text{m}^{-1}$)、压碎或糜棱化带($K=100\sim1000\text{m}^{-1}$)。

2. 切割度 $X_e$

切割度是评价节理分隔岩体程度的一个参数。节理通常是一个面状的形态，它将岩体切割成两部分。有些属贯通性节理，可将整个岩体完全切割；而有些节理为非贯通性，在岩体中会出现断断续续的现象，其伸延不长，则只能切割岩体中的一部分，没有使整个岩体分离成两部分。据此，切割度的定义是指单位面积的岩体中结构面面积所占的比例。假设选取岩体中一个平直的断面，它与岩体中某个节理面相重叠，令该岩体平直断面面积为 $A$(图 4-5)。那么，根据切割度的定义，节理面的面积 $a$ 与这个平直断面面积 $A$ 的比值称为切割度 $X_e$，即

$$X_e=\frac{a}{A}=\frac{a_1+a_2+a_3+\cdots+a_n}{A}=\frac{\sum_1^n a_i}{A} \tag{4-6}$$

切割度 $X_e$ 一般以百分数表示。当切割度 $X_e$ 为 0.5 时，表示横贯岩体的平直断面有 50% 是被节理切割(或分离)的。当 $X_e$ 为 1 时，沿着该断面的岩体完全被节理切割。相反，如果 $X_e$ 为零时，则岩体为连续的完整体。

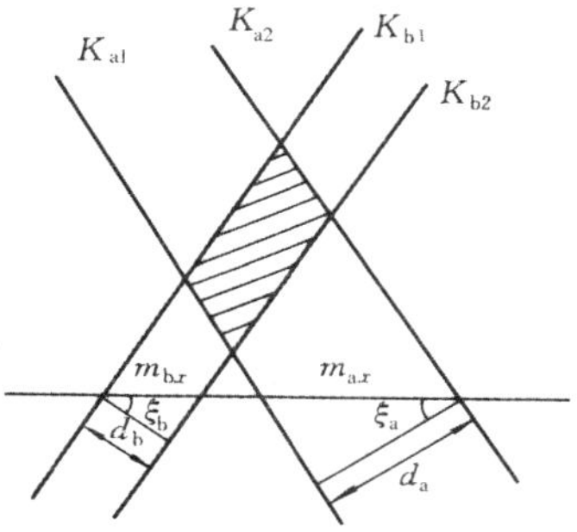


图 4-4　两组节理的裂隙度计算图

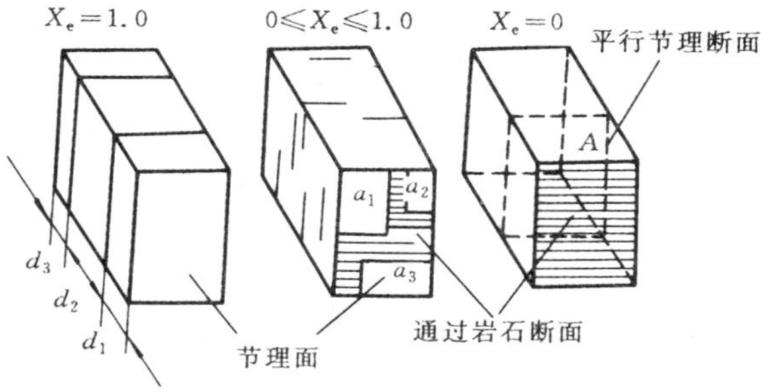


图 4-5　结构面的二向分布

**表 4-2　岩体按切割度 $X_e$ 分类**

| 名　称 | $X_e$ |
| --- | --- |
| 完整的 | 0.1～0.2 |
| 弱节理化 | 0.2～0.4 |
| 中等节理化 | 0.4～0.6 |
| 强节理化 | 0.6～0.8 |
| 完全节理化 | 0.8～1.0 |

按切割度 $X_e$ 的大小，可将岩体分成不同的完整程度，如表 4-2 所示。

上述 $X_e$ 仅是某一平面上所占的节理面的面积。有时为了研究岩体空间内部某组节理的切割程度 $X_r$，为此将裂隙度 $K$ 与平面切割度 $X_e$ 建立了如下关系式：

$$X_r=KX_e \tag{4-7}$$

式中，$X_r$ 为在给定的岩体体积内部由一个组的节理所产生的实际的切割程度，其单位为 $m^2/m^3$。

3. 岩体破碎程度分类

按照岩体的裂隙度 $K$ 和切割度 $X_e$ 的关系，可按表 4-3 将岩体的破碎程度划分为若干等级。

从表 4-3 中可见，由于裂隙度 $K$ 与切割度 $X_e$ 的不同组合，岩体的破碎程度不同，表 4-3 中分出似均质性、弱节理化、节理化、强节理化及完全节理化 5 种不同破碎程度的岩体。

表 4-3　　岩体破碎程度分类表

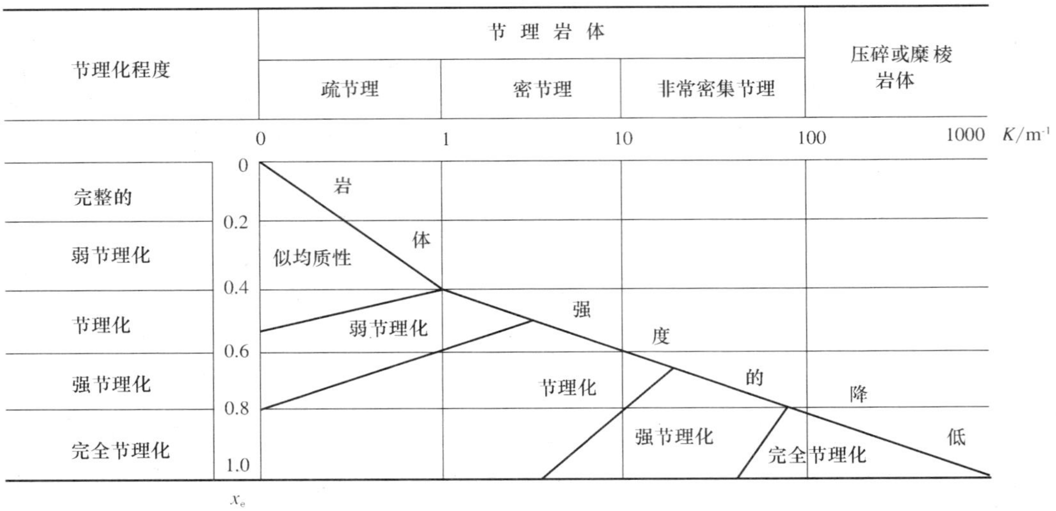


## 4.3　结构面的变形特性

结构面的变形特性是分析岩体力学特性的基础，只有了解了结构面的变形特性，才能正确地评价岩体的变形特性。根据结构面的受力特征，通常按剪切状态下的力学特性分析其变形特性。一般的剪切试验的顺序是先施加法向力，在法向力保持不变的情况下再施加剪切力。因此，可将结构面的变形特性分为结构面的法向变形特性和剪切变形特性。

### 4.3.1　结构面的法向变形特性

结构面的法向变形特性是指在垂直于结构面法向方向上施加力的情况下所产生的变形特性，其描述的是结构面的法向变形与法向力之间的特性。

在法向力的作用下，结构面可能产生多种类型的法向变形，首先介绍结构面的法向弹性变形。

#### 4.3.1.1　结构面的法向弹性变形

结构面是岩体受到了各类地质应力作用而遗留下的形迹，它是一个面，对于岩体而言它是由两个岩壁组成。由于结构面的成因不同，两个岩壁面有的形成相对比较平整的面，有的则形成凹凸不平的粗糙面。当节理面为平整面时，则节理受法向力后，两侧壁接触吻合，这时为面接触。但是，如果节理面是凹凸不平的粗糙面时，则节理面两侧岩壁的接触呈一小部分的面接触，从某种意义上来说，甚至可以说是点接触。当结构面受到外荷载时，只在岩壁两侧的接触部分传递荷载，同时，每一个接触面或者点会产生压缩变形。所谓的弹性变形就是指岩壁两侧接触面或者点产生的弹性变形。

1. 结构面弹性变形的基本假设

根据上述结构面的接触特点，在计算其弹性变形时，作了如下的假设：

(1) 结构面的接触是面接触，接触面是一个边长为 $h$ 的正方形，且有 $n$ 个接触面；

(2) 每个接触面所受的力是相等的；

(3) 每个接触面的力学特性是相同的。

在以上的假设条件下，可将作用在结构面试件上总的力平均分摊到每个接触面，然后利用弹性理论中布辛涅斯克的解计算一个接触面的法向弹性变形。根据上述的假设条件可知每个接触点的变形是相同的，因此，可将其替代整个结构面的法向弹性变形。设带有一条结构面的试件边长为 $d$，结构面面壁的弹性模量为 $E$，节理中两壁的接触面积为 $nh^2$，作用于节理试块上法向压缩应力为 $\sigma$，则作用在结构面上的法向总荷载为 $\sigma d^2$。而将总荷载分摊到结构面的每个接触面，此时，作用在单个接触面上的力为 $\sigma d^2/n$。引用弹性理论中计算沉降的布辛涅斯克解，节理中接触面表面的弹性变形可按下式求得：

$$\delta=\frac{mQ(1-\mu^2)}{E\sqrt{A}} \tag{4-8}$$

式中　$Q$——作用在单个接触面上的力；

$A$——单个接触面的面积，按假设条件为 $h^2$；

$E,\mu$——接触面的弹性模量和泊松比；

$m$——与作用荷载面积形状有关的系数，当为方形面积时，$m=0.95$。

根据结构面面壁力学特性的特点，沃尔多夫(Waldorf)认为，$m(1-\mu^2)$可近似等于 0.9，而作用在单个接触面上的力 $Q=\sigma d^2/n$。则结构面面壁的法向弹性变形为

$$\delta=\frac{mQ(1-\mu^2)}{E\sqrt{A}}=\frac{0.9\sigma d^2}{nEh}$$

由于结构面是由两个面壁所组成，因此，结构面的法向弹性变形 $\delta_0$ 应该是上述计算值的 2 倍，即

$$\delta_0=\frac{1.8\sigma d^2}{nEh} \tag{4-9}$$

根据式(4-9)可以评价结构面的弹性变形，但是由于计算的是结构面的弹性变形，还应满足结构面的强度条件，即单个接触面的受力条件必须小于或等于结构面面壁的单轴抗压强度。

#### 4.3.1.2　结构面的法向闭合变形

结构面的法向变形除了弹性变形之外，还有其他性质的变形。古德曼(R. E. Goodman)进行了所谓的配称试验和非配称试验，验证了结构面在法向应力作用下产生的法向变形的各个分量。其试验如下：图 4-6(a)中左半部的曲线 $A$ 是由完整岩石试样(高 9.04cm，直径4.44cm)在第三次荷载循环的条件下得到的法向应力-轴向位移曲线，这是因为第一次荷载循环会出现较大的后滞和非弹性效应，而试样在第二次、第三次荷载循环下有可能获得相对比较稳定的弹性压缩曲线。之后，在试样的中间，用劈裂法将试样劈开，形成一条平行底面带有一定波状起伏的粗糙切缝(模拟结构面的粗糙状态)。将此切缝上下两块试样按原有状态重合，并垂直切缝施加法向荷载，称该试验为配称试验。此时得到图 4-6(a)中的曲线 $B$。从配称试验和完整岩石试样的压缩曲线之间可以看出，两者的变形存在着明显的差值，有切缝试件的变形大于完整岩石的变形，其差值表现为切缝的法向压缩变形值。这部分变形的产生主要是结构面的突出物之间相互穿插而引起的，通常将此类变形称作啮合变形。在进行配称试验时，一般加荷量不会太高，以避免切缝壁产生局部破坏现象。然后，将具有切缝岩石的上半块试件旋转 90°，使试件形成一条不吻合的裂缝，即裂缝中的接触点成点接触，并施加法向荷载。此时可将该试验称为非配称试验。同样，可以得到图 4-6(a)中的曲线 $C$。在曲线中，$P$ 点表示试件开始沿纵

向破裂。从曲线也清楚地看出，曲线 $C$ 的变形量要大于曲线 $A$，$B$ 的变形量，曲线 $C$ 与曲线 $A$，$B$ 存在明显的差值。而曲线 $C$ 与曲线 $B$ 的差值通常被称作压碎变形。产生这一变形的主要原因是切缝中的接触点被压碎的缘故。比较这三条曲线，可以得出这样的结论：曲线 $A$ 表明了在法向压缩荷载作用下，试件所产生的弹性变形；曲线 $B$ 除了试件所具有的弹性变形之外，曲线 $B$、曲线 $A$ 的差值表明了试件还将产生结构面的啮合变形；以此类推，曲线 $C$ 在出现弹性变形、啮合变形之外还将出现结构面的压碎变形，可从曲线 $C$、曲线 $B$ 的差值推演出其变形量的大小。古德曼根据法向压缩荷载与变形的关系曲线，得出了配称试验和非配称试验的拟合方程。配称试验的拟合方程如下：

$$\Delta V=0.037+0.0018\lg\sigma \quad (V_{mc}=0.0119\text{cm}) \tag{4-10}$$

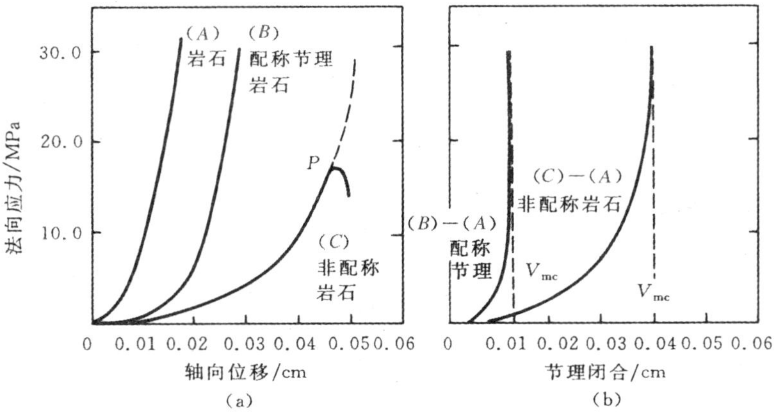


图 4-6　带有一条人工结构面的压缩变形曲线

非配称试验的拟合方程为

$$\Delta V=-0.003+0.0079\lg\sigma \quad (V_{mc}=0.0387\text{cm}) \tag{4-11}$$

式中　$\sigma$——作用在试件上的压缩荷载(MPa)；

$\Delta V$——结构面的闭合变形(cm)；

$V_{mc}$——结构面可能出现的最大闭合变形(cm)。

#### 4.3.1.3　结构面闭合变形的本构方程

古德曼通过如下的试验方法获得了描述结构面法向应力与闭合变形的典型曲线。首先，规定结构面的两个物理条件：一是张开节理没有抗拉强度；二是承受荷载时，有一个可能压缩量的极限值，即最大可能闭合量 $V_{mc}$，并认为最大闭合量 $V_{mc}$ 值必须小于或等于节理厚度 $e$（参见图 4-7(a)）。则法向压力与闭合变形的关系曲线可用以下方程描述：

$$\frac{\sigma-\xi}{\xi}=A\left(\frac{\Delta V}{V_{mc}-\Delta V}\right)^t \quad (\Delta V<V_{mc}) \tag{4-12}$$

式中，$\xi$ 为原位压力，它是由所测得的法向变形 $\Delta V$ 的初始条件而决定。

当 $\Delta V=0$ 时，$\xi$ 为曲线与纵坐标轴($\sigma$ 轴)上截距的数值；当 $A=t=1$ 时，式(4-12)为双曲线形式，如图 4-7(b)所示，并且可写为

$$\Delta V=V_{mc}-(\xi V_{mc})\frac{1}{\sigma} \quad (\sigma>\xi) \tag{4-13}$$

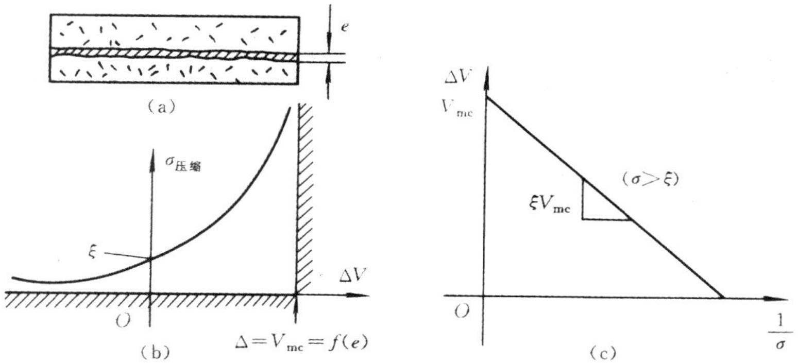


图 4-7　节理的闭合变形曲线

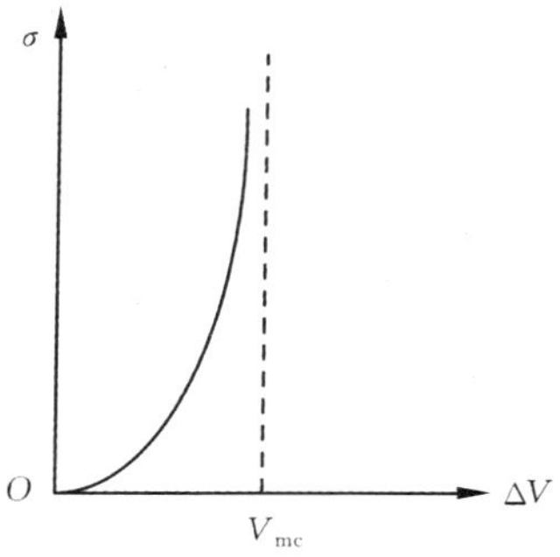


图 4-8　指数形式描述的法向应力与闭合变形的关系曲线

$\Delta V$ 与 $1/\sigma$ 的关系如图 4-7(c)所示。在现场做压缩试验时，如果 $\Delta V$-$1/\sigma$ 曲线同式(4-13)，则可计算出初始法向压力值 $\sigma_0$，从曲线的几何关系可得 $\sigma_0=\xi$。而当 $A$ 与 $t$ 不等于 1 时，则其曲线类型相对比较复杂，可通过拟合的方法求得 $A$ 与 $t$，确定曲线方程。

除此以外，结构面的本构关系还可用式(4-14)指数函数来描述，其反映的法向压缩应力与闭合变形的关系曲线如图 4-8 所示。

$$\Delta V=V_0\left(1-e^{-\frac{\sigma}{K_{n0}}}\right)$$

或

$$\sigma=-K_{n0}\ln\left(1-\frac{\Delta V}{V_0}\right) \tag{4-14}$$

式中　$V_0$——可能产生的最大闭合变形；

$K_{n0}$——结构面的法向初始刚度。

通过对式(4-14)的求导可得结构面的法向刚度与其法向初始刚度的关系：

$$K_n=\frac{\partial\sigma}{\partial\Delta V}=\frac{K_{n0}}{V_0-\Delta V} \tag{4-15}$$

## 4.3.2　结构面的剪切位移特性

在天然的条件下，结构面除了承受法向压应力以外，还将受剪切力的作用，从某种意义上说，在剪切力作用下的变形特性在实际工程中的应用比法向闭合变形更为常用，它在很多场合下将直接影响岩体的稳定性。

### 4.3.2.1　结构面的剪切位移曲线

由于结构面表面形态的千变万化，使得在剪切力的作用下所产生剪切力与剪切位移的关系曲线也有多种不同的类型，根据分析归纳节理在剪切时剪切位移曲线常常出现如图 4-9 所示的四种曲线类型。

从图中可以看到，不同的剪切位移曲线与其剪切强度有着密切的联系。图 4-9(a)表现的是重新胶结的结构面的剪切变形特性，很明显，由于结构面在后期的地质条件的影响下出现具

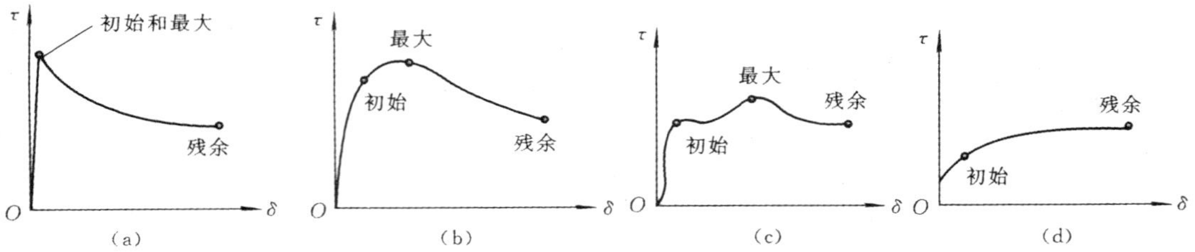


图 4-9 四种典型的结构面位移关系曲线

有脆断型的特征;图 4-9(b)所表现的是硬性结构面具有的剪切变形特性,受到风化作用的结构面面壁具有一定的粗糙度,在剪切力的作用下将沿着某个相对比较坚硬的突出物产生一定量的变形后,突出物被剪断的剪切过程,这类曲线被称为切齿型;图 4-9(c)的变形特性与图 4-9(b)比较接近,所不同的是它表现出有几个峰值强度,是由于先后剪断数个突出物而表现出的变形特性,根据这一特征通常被称作间断起伏型;图 4-9(d)被称作软弱型,它所表现的是结构面表面严重风化或者结构面中有充填物,在剪切力的作用下的变形特性,该类结构面明显地表现出具有塑性变形的特征。由于结构面的剪切变形的复杂性,通过简化采用剪切刚度来描述结构面的剪切变形。若假设剪切位移是作用在结构面上的正应力和剪应力的函数,则剪切刚度 $K_s$ 可用下式表示:

$$K_s=\frac{\partial\tau}{\partial u}=\frac{\partial f(\sigma,u)}{\partial u} \tag{4-16}$$

从其剪切变形的曲线特征可知,结构面的剪切刚度不是一个常数,除了结构面表面的形态影响之外,作用在结构面上的正应力也将对其产生很大的影响。

在进行结构面的剪切试验时,不仅可得到剪切位移,同时还可发现,结构面的法向变形也将随之发生变化。这是由于结构面沿着某个突出物的斜面向上滑动的缘故。如果将结构面的剪切位移与法向变形分别设为横坐标和纵坐标,就能够获得一条反映结构面扩容特性的曲线。所谓扩容在第 2 章中已经介绍过,即非线性的体积膨胀。由于在剪切过程中,结构面沿斜面滑动,使得体积有所增大,而产生了扩容现象。图 4-10 是一组不同正应力作用下的扩容曲线,从曲线中可得到以下几点规律:

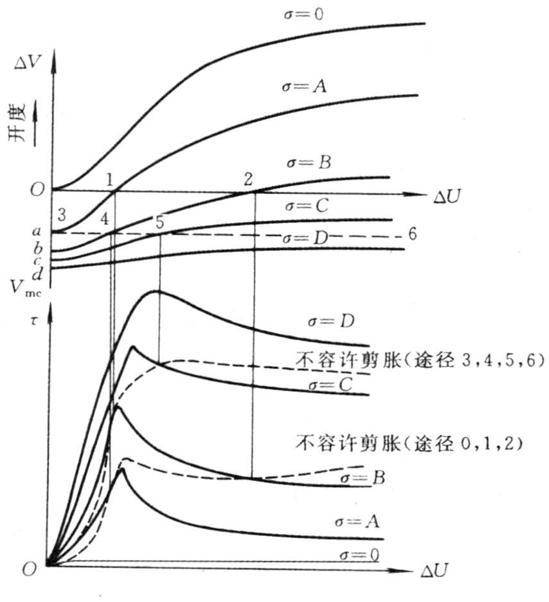


图 4-10 不同正应力下结构面的剪切位移曲线和扩容曲线

(1) 结构面的扩容曲线,可分成三个阶段:在施加正应力和剪切力初期时的体积压缩阶段;扩容曲线基本呈直线,体积匀速增大阶段,在该阶段中,曲线的斜率被称作结构面的平均爬坡角;在即将达到剪切力的峰值时,扩容曲线的斜率有所降低,这是剪断了突出物所表现出来的变形特性。

(2) 随着正应力的增大,体积压缩阶段

将随之减小，甚至消失，而第二阶段的曲线斜率也将随之降低，或者说平均爬坡角也将随之减小。

#### 4.3.2.2　结构面剪切位移曲线的本构方程

由于结构面的多样性，使得剪切位移曲线很难归纳出普遍的规律性，很难采用统一的本构方程描述其变形特性。本小节仅仅介绍一些常用的描述脆断型和软弱型结构面剪切位移曲线的本构方程。

1. 脆断型剪切位移曲线的本构方程

如图 4-11 所示，将该类剪切位移曲线简化成可用两条直线（或者三条直线）表示。从图中发现随着正应力的变化，脆断型的曲线可以分成两类：

(1) 图 4-11(a)为常刚度型的曲线，它的特点是随着正应力的增加，结构面的剪切刚度是不变的，此时，与峰值剪应力所对应的剪切位移将随正应力的增大而增大；

(2) 图 4-11(b)为变刚度型的曲线。它的特点是随着正应力的增加，结构面的剪切刚度将随之增大，此时，与峰值剪应力所对应的剪切位移将不随正应力的变化，可以近似看成相等。

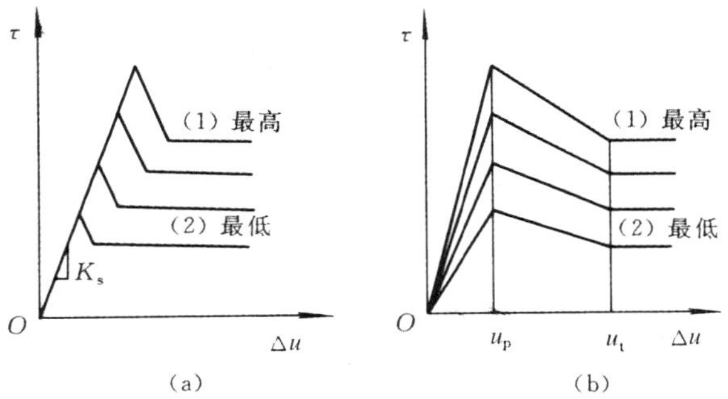


图 4-11　脆断型结构面剪切位移曲线模型

这一类曲线由于简化成直线，可简单地用剪切刚度加以描述，因此，在数值计算中往往采用该方法来反映结构面的剪切位移特性。

2. 软弱型剪切位移曲线的本构方程

软弱型剪切位移曲线与土的应力-应变曲线非常相似，因此可借用以下的方程来描述剪切位移特性，该表达式如下：

$$\tau=\frac{u}{au+b}$$

或

$$u=\frac{b\tau}{1-a\tau} \tag{4-17}$$

式中，$a$，$b$ 是与结构面剪切位移曲线形态有关的系数。

根据曲线的形态以及曲线的物理意义，$1/a$ 是剪切位移曲线中峰值剪应力的渐近线在剪切力轴上的截距，因此它是与峰值剪应力有关的参数；$1/b$ 是剪切位移曲线的初始曲线斜率，即与结构面的初始剪切刚度有关的参数，参见图 4-12。

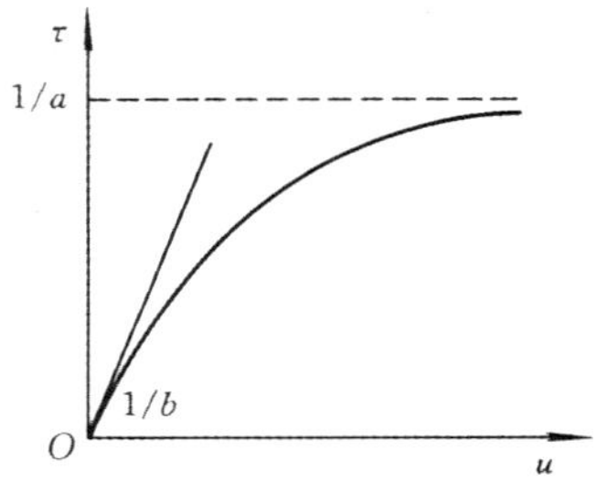


图 4-12　软弱型结构面剪切位移曲线模型

## 4.4 结构面的剪切强度特性

与完整岩石不同,根据结构面的受力特点,通常只讨论其抵抗剪切力的能力。结构面的剪切强度与其形态特征有着密切的联系。本节按结构面的形态特征分别讨论结构面的面摩擦、楔效应摩擦、转动摩擦和滚动摩擦等强度特性。

### 4.4.1 结构面的面摩擦效应

所谓结构面的面摩擦强度,通常是指结构面的表面是平整的,有的甚至是光滑的状态时,在正压力和剪切力的作用下,它所表现出的只是表面的摩擦特性。众所周知,平整物体的摩擦可表示成作用在物体上的正压力和物体接触表面的摩擦系数 $f$ 的函数,如式(4-18)所示:

$$\tau=\sigma f=\sigma\tan\phi \tag{4-18}$$

式中,$\phi$ 为物体接触表面的摩擦角。

假设物体的受力状态如图 4-13 所示。作用在结构面上的正压力和剪切力用 $N$ 和 $T$ 表示,合力用 $R$ 表示。如假定该合力与作用在物体上的正压力之间的夹角为 $\alpha$,则可根据夹角 $\alpha$ 与摩擦角 $\phi$ 的大小来判别物体是否产生滑动。其判别准则如下:

$$\left.\begin{aligned}&\text{稳定}:\alpha<\phi\\&\text{极限}:\alpha=\phi\\&\text{破坏}:\alpha>\phi\end{aligned}\right\} \tag{4-19}$$

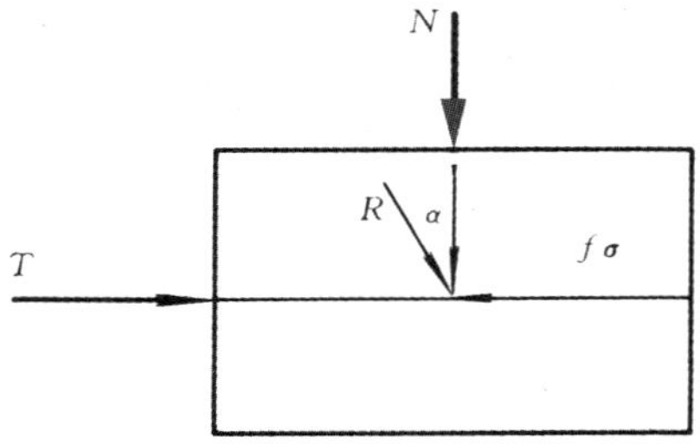

图 4-13 结构面的面摩擦效应

在剪切试验时,通常的做法是保持节理面上一个法向力为常数,而不断增加剪切力直至节理产生剪切位移破坏,这个剪切力就为在这固定的正应力作用下的最大摩擦力。在结构面发生面摩擦时,在节理面上可产生静摩擦及动摩擦两种情况。静摩擦系数 $f_s$ 是最大摩擦力与相应的法向力之比,也可用 $\tan\phi_s$ 表示,此时 $\phi_s$ 为节理面的静摩擦角。一旦节理面上的岩块开始滑移,其摩擦力常常会减小。此时,所求得的摩擦系数为动摩擦系数 $f_k$。同样可用 $f_k=\tan\phi_k$ 表示,其中,$\phi_k$ 为节理面的动摩擦角。无论是静摩擦系数还是动摩擦系数,它们的大小都与结构面的性质、接触面的光滑程度、结构面的湿度、结构面中充填物的黏结程度、滑移的速度、温度和振动状态等有关。

合力与正压力的夹角 $\alpha$ 与剪切位移的关系如图 4-14 所示。当 $\alpha=\phi_s$ 时,物体开始滑动,此时,摩擦角就立即减小到 $\phi_k$,在以后滑移过程中,将维持为一个常数值。如果在某一位移 $u_1$ 后,剪切力被卸除,则滑动立即停止,而物体的位移不可恢复,没有任何可逆性。若再要让试件产生滑动,必须再次施加剪切力,使 $\alpha=\phi_s$,当物体再次发生滑动,$\alpha$ 值又立即下降到 $\phi_k$ 值。剪切力所做的功为剪切力与剪切位移的乘积(在不产生扩容的条件下),该能量主要消耗于结构面表面摩擦所产生的热或者在接触表面上转化为永久变形。

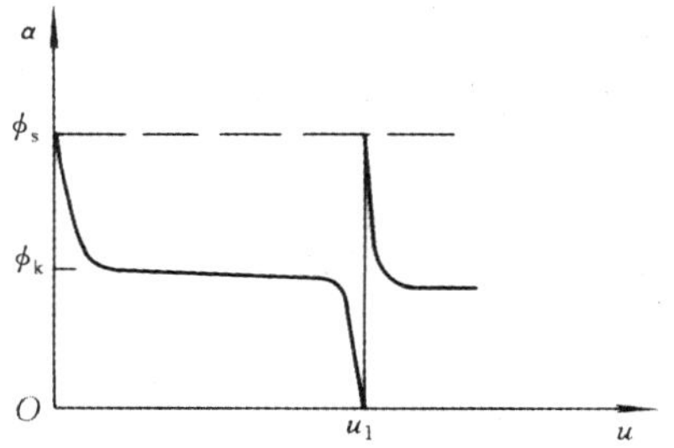

图 4-14 面摩擦的扩容

## 4.4.2　结构面的楔效应摩擦

在自然界中大多数的结构面的表面是起伏不平的。这种起伏不平状态将给结构面强度产生一个附加的值。附加的强度与起伏不平的程度有关，类似于沿某个凸出物的斜面向上滑动，所以被称作楔效应摩擦。楔效应摩擦根据起伏不平凸出物的特征，可分为规则齿形结构面的摩擦效应及不规则齿形结构面的摩擦效应。

### 4.4.2.1　规则齿形结构面的楔效应摩擦强度

在进行结构面的强度计算中，有一种做法，即将起伏不平的结构面表面形态简化成具有相同角度的规则齿形，在此基础上分析结构面的强度特性。在该方法中，帕顿（Patton）强度公式和勒单尼（Ladany）强度公式最为经典，已被岩石力学界的工程技术人员所公认。

1. 帕顿提出的结构面强度公式

帕顿提出的结构面强度分析如图 4-15 所示，将带有一定粗糙度的结构面试件简化成规则齿形状态的结构面试件，该试件将受到剪切力 $T$ 和正压力 $N$ 的作用。在正压力保持不变不断地施加剪切力后，结构面试件的上部块体将沿齿面滑移，该滑动量可用水平分量和垂直分量表示，但总的滑移方向仍为水平（图中的 $AB$ 连线）方向。当规则齿形面与水平面的夹角为 $\beta$ 时，试件在外力作用下其受力可简化成图 4-15(a)所示的状态。由该试件的受力特征可知，试件可看成受到法向力 $N$ 和剪切力 $T$ 作用下所进行的剪切试验，而此时作用在齿形斜面上的正应力和剪切力分别为 $N'$ 和 $T'$，而 $N'$ 和 $T'$ 与作用在试件上的法向力 $N$ 和剪切力 $T$ 之间的关系，可根据力的投影原理求得。其表达式为

$$\left.\begin{aligned} N' &= N\cos i + T\sin i \\ T' &= -N\sin i + T\cos i \end{aligned}\right\} \tag{4-20}$$

改变式(4-20)的表现形式，将 $N$ 和 $T$ 表示成 $N'$ 和 $T'$ 的函数，即

$$\left.\begin{aligned} N &= N'\cos i - T'\sin i \\ T &= N'\sin i + T'\cos i \end{aligned}\right\} \tag{4-21}$$

试件在该情况下，若要产生剪切滑移破坏，则作用在试件外部的正压力和剪切力必须满足以下条件（假定此结构面的强度可用面摩擦的判据表示）：

$$\tan\phi = \frac{T}{N} \tag{4-22}$$

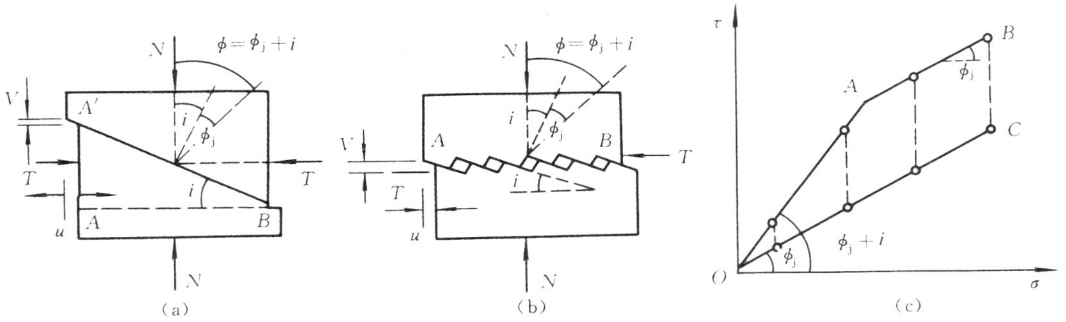


图 4-15　帕顿结构面强度公式的计算模式

式中,$\phi$ 为结构面试件在外力作用下总的摩擦角。

若用作用在齿形面上的应力表示,该公式为

$$\tan\phi=\frac{N'\sin i+T'\cos i}{N'\cos i-T'\sin i} \tag{4-23}$$

在试件产生剪切滑移破坏时,结构面试件同时又将沿规则齿形面产生向上的滑移破坏。因此,作用在齿形面上应力也将满足齿形面的摩擦强度,即

$$\tan\phi_j=\frac{T'}{N'} \tag{4-24}$$

式中,$\phi_j$ 为齿形结构面的摩擦角。

将式(4-24)代入式(4-23)则可得:

$$\tan\phi=\frac{N'\sin i+T'\cos i}{N'\cos i-T'\sin i}=\frac{N'\sin i+N'\tan\phi_j\cos i}{N'\cos i-N'\tan\phi_j\sin i}$$

$$=\frac{\cos\phi_j\sin i+\sin\phi_j\cos i}{\cos\phi_j\cos i-\sin\phi_j\sin i}=\frac{\sin(\phi_j+i)}{\cos(\phi_j+i)}=\tan(\phi_j+i)$$

$$\tan\phi=\tan(\phi_j+i)$$

$$\phi=\phi_j+i \tag{4-25}$$

由式(4-25)可以得出这样的结论:具有 $i$ 角的规则齿形结构面,在进行剪切试验时(此时的剪切力作用于齿形斜面上坡方向),在较低的正应力作用下,结构面表现出爬坡效应的破坏特征。其总体的摩擦角等于结构面齿形面的摩擦角 $\phi_j$ 与爬坡角 $i$ 之和。此结论亦可由图 4-15(a)推得。根据结构面的面摩擦强度可知,在其极限应力状态时,作用在齿形斜面上正压力和剪切力的合力应与作用在齿形面上的正压力之间的夹角为 $\phi_j$(满足齿形面的摩擦强度),而作用在齿形斜面上正压力与剪切力的合力又与作用在外部的正压力的夹角为 $\phi$(满足整体的摩擦强度)。因此,作用在斜面上的合力与作用在外部的正压力之间的夹角 $\phi=\phi_j+i$。

在上述的分析中并没有考虑正压力给予的影响,如果加大作用在结构面上的正压力,此时若要产生沿齿形斜面向上滑动所需的能量大于剪断齿尖的能量。因此,帕顿认为结构面在较大的正应力作用下,将出现剪断齿尖的破坏特征。因此,此时的强度表达式应该采用齿尖的剪切强度公式,如果该强度公式满足直线形的莫尔-库仑强度表达式:

$$\tau=c_j+\sigma\tan\phi_j \tag{4-26}$$

式中 $c_j$——剪断齿尖时所表现出的黏结力;

$\phi_j$——剪断齿尖时所表现出的内摩擦角。

理论上说剪断齿尖时所表现出的内摩擦角与结构面齿面的摩擦角 $\phi_j$ 是不同的。由于两者比较接近,因此近似地取结构面齿面的摩擦角 $\phi_j$。

综合帕顿对规则齿形结构面强度的描述,可以发现他提出的结构面强度是一条折线方程,表现了不同的破坏机理采用不同的公式评价其强度的基本思想。强度公式归纳如下:

$$\left.\begin{array}{lll}\sigma<\sigma_T, & \tau=\sigma\tan(\phi_j+i) & (\text{爬坡效应})\\ \sigma>\sigma_T, & \tau=c_j+\sigma\tan\phi_j & (\text{切齿效应})\end{array}\right\} \tag{4-27}$$

式中，$\sigma_T$ 为两条强度线的交点，表示结构面的破坏从爬坡效应转变为切齿效应的正应力值。

根据强度线的几何关系可按下式求得：

$$\sigma_T = \frac{c_j}{\tan(\phi_j + i) - \tan\phi_j} \tag{4-28}$$

图 4-16 为规则齿形楔效应摩擦在极限平衡状态下，静动摩擦系数的变化规律。当试件开始滑动前，试件所表现出静摩擦角 $\phi_t$，根据上述分析其值为 $\phi_t = \phi_s + i$。而开始滑动后所表现的应为残余摩擦角 $\phi_r$，其值为 $\phi_r = \phi_k + i$，参见图 4-16(a)。

在进行变形分析时可知，结构面的上下两个岩块产生相对位移时，不仅沿着剪力方向产生位移 $u$，而且也在垂直方向产生垂直位移 $v$。这就意味着在较小正应力作用下的剪切过程中将产生结构面的扩容现象，从图 4-16(b)得出如下的特性：在剪切力的作用下，结构面的上半块试件将沿爬坡角产生位移，当齿形越过齿尖将沿齿形的另外一个斜面产生位移。因此，在水平位移与垂直位移的坐标下，将表现出齿形的轮廓线。

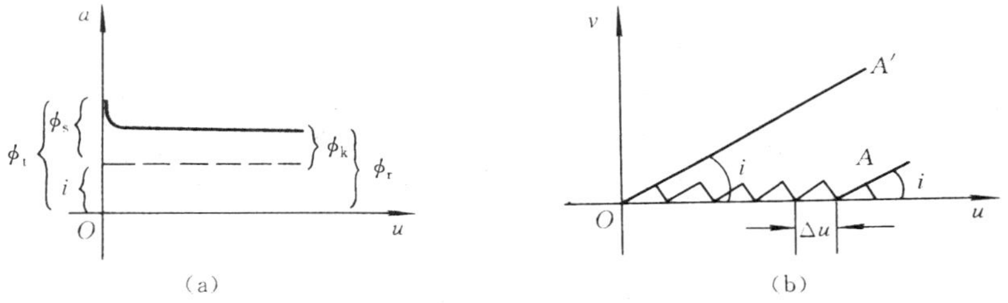


图 4-16　楔效应摩擦的扩容

2. 勒单尼提出的结构面强度公式

勒单尼详细分析了规则齿形结构面在剪切过程中的受力状态，提出结构面的剪切抵抗能力是由四个部分所做的贡献，并利用了能量分析的方法推得了勒单尼的结构面强度公式。

带有规则齿形结构面的岩体试件，在正压力 $N$ 和剪切力 $S$ 的作用下，所产生的剪切抵抗由以下四个分量组成。

1) 由剪切扩容所提供的分量($S_1$)

带有规则齿形结构面的岩体试件，在进行剪切试验时将产生扩容现象。假设结构面的爬坡角为 $i$，剪切过程中产生 $dx$ 水平位移的同时，将沿爬坡角为 $i$ 的齿形斜面向上移动，所产生的垂直位移为 $dy$。此时，水平力($S_1$)所产生的能量与正压力产生的能量相等，即可获得其剪切分量：

$$S_1 dx = N dy$$

$$S_1 = \frac{N dy}{dx} = N\tan i \tag{4-29}$$

2) 由于齿形斜面水平推力所产生的剪切分量($S_2$)

在施加水平力时，由于齿形斜面的缘故，该水平力将产生一个与齿形斜面垂直的分量。而该分量会产生剪切抵抗的附加值。根据受力分析可得其分量如下：

$$S_2 \cos i = S \sin i \tan\phi_n$$

$$S_2 = \frac{S \sin i \tan\phi_n}{\cos i} = S\tan i \tan\phi_n \tag{4-30}$$

式中，$\phi_n$为齿形斜面的摩擦角。

3）在无扩容条件下正压力的剪切分量($S_3$)

在剪切过程中试件总体的位移是与水平力平行的，因此，还将出现总的正应力所产生的剪切分量：

$$S_3 = N\tan\phi_n \tag{4-31}$$

4）剪断齿尖而产生的剪切分量($S_4$)

由于剪切位移不断增加，使得齿形斜面的接触也将减少，应力增大，最终将齿尖剪断。对于剪断齿尖而产生的剪切抵抗分量，勒单尼近似地用莫尔-库仑直线型的强度公式计算：

$$S_4 = Ac_0 + N\tan\phi_0 \tag{4-32}$$

式中 $c_0$——剪断齿尖时所表现出的黏结力；

$\phi_0$——剪断齿尖时所表现出的摩擦角；

$A$——被剪断齿尖的面积。

通过大量试验发现，出现剪切滑移和剪断齿尖分别只占有结构面面积中的一部分。为了合理地分配四个剪切分量所提供的贡献，勒单尼引入了剪切面积比的概念，定义剪切面积比$a_s$为剪断齿尖的面积与结构面的面积的比值，它是一个小于1的参数。由此将产生剪切滑移和剪断齿尖的结构面面积进行了区分，可得结构面总的剪切力和剪应力为

$$S = (S_1 + S_2 + S_3)(1-a_s) + S_4 a_s$$

$$= (1-a_s)(N\tan i + S\tan i\tan\phi_n + N\tan\phi_n) + a_s(Ac_0 + N\tan\phi_0)$$

$$S = \frac{(1-a_s)(N\tan i + N\tan\phi_n) + a_s(Ac_0 + N\tan\phi_0)}{1-(1-a_s)\tan i\tan\phi_n} \tag{4-33}$$

$$\tau = \frac{S}{A} = \frac{(1-a_s)(\sigma\tan i + \sigma\tan\phi_n) + a_s(c_0 + \sigma\tan\phi_0)}{1-(1-a_s)\tan i\tan\phi_n}$$

勒单尼公式物理意义清晰，很好地描述了规则齿形结构面在剪切过程中，既爬坡又切齿的真实破坏机理。同时又引入剪切面积比这个参数，使得强度公式更加合理。不足的是计算参数较多，有的参数要获得其值不是很容易，且表达式过于复杂。

#### 4.4.2.2 不规则齿形结构面的楔效应摩擦强度

在岩体中所包含的天然结构面，其表面形态一般都呈不规则凹凸不平的起伏状，影响结构面力学特性。巴顿(N. Barton)根据大量的试验，在统计分析的基础上提出了不规则齿形结构面强度经验公式，同时考虑了正应力和不规则结构面表面特征对强度的影响。该公式是目前应用最为广泛的结构面强度计算公式。其公式如下：

$$\tau = \sigma_n \tan\left[JRC\lg\left(\frac{JCS}{\sigma_n}\right) + \phi_b\right] \tag{4-34}$$

式中 $\sigma_n$——作用在结构面上的正应力(MPa)；

$JRC$——结构面粗糙度系数；

$JCS$——结构面面壁抗压强度(MPa)；

$\phi_b$——结构面基本内摩擦角(°)。

巴顿将结构面粗糙度系数$JRC$按其粗糙程度分成10级，建立了如图4-17所示的标准粗

糙程度剖面线。每条剖面线长度 100mm，并被赋予不同的 $JRC$ 范围值。$JRC$ 总的取值范围为 0～20。在进行粗糙度评价时，将相同长度的被测结构面与标准剖面线进行比对，选取与被测结构面的表面形态最接近的一条标准剖面线。若被测结构面形态与该标准剖面线基本一致，可取 $JRC$ 范围值的中值；若比该标准剖面线稍显平缓，则可取范围值的小值，反之，则可取大值。

结构面面壁强度 $JCS$ 值，可通过其与施密特回弹仪测试所获得的面壁硬度值之间的关系曲线获得。

结构面基本内摩擦角 $\phi_b$ 为岩石平滑锯开面的内摩擦角，其试验方法如下：取结构面面壁岩石试块，将试块锯成两半，去除岩粉并风干后合在一起，使试块缓缓地加大其倾角直到上盘岩块开始下滑为止，此时的试块倾角即为 $\phi_b$。

式(4-34)中的 $JRC\lg\dfrac{JCS}{\sigma_n}$ 项，其计算值即为角度值。可将该项看作为一个附加爬坡角 $i$，则式(4-34)的形式同帕顿的爬坡公式。

若已知结构面在某一正应力作用下的抗剪强度，则结构面粗糙度系数 $JRC$ 可按下式计算：

$$JRC=\frac{\arctan\left(\dfrac{\tau}{\sigma_n}\right)-\phi_b}{\lg\left(\dfrac{JCS}{\sigma_n}\right)} \tag{4-35}$$

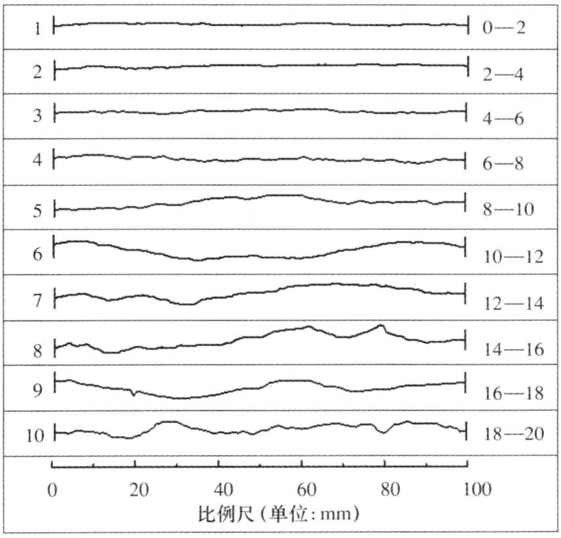


图 4-17　标准粗糙程度剖面的 $JRC$

### 4.4.3　结构面的转动摩擦效应

在张开的结构面中，经常有块状充填物，或者结构面面壁的岩体被切割成碎块体。当进行剪切时，可使充填物或碎块发生转动。假设在剪切过程中这些碎块体将发生转动，而这些碎块体的形状为平行六面体(矩形块)，其模型如图 4-18 所示。同时，该模型受到法向力 $N$ 和与层面平行的沿 $x—x$ 方向的剪力 $T$ 的作用。假定平行六面体的宽为 $a$，高为 $b$，块体对角线所形

成的夹角 $\delta$ 可按下式求得：

$$\tan\delta=\frac{a}{b} \tag{4-36}$$

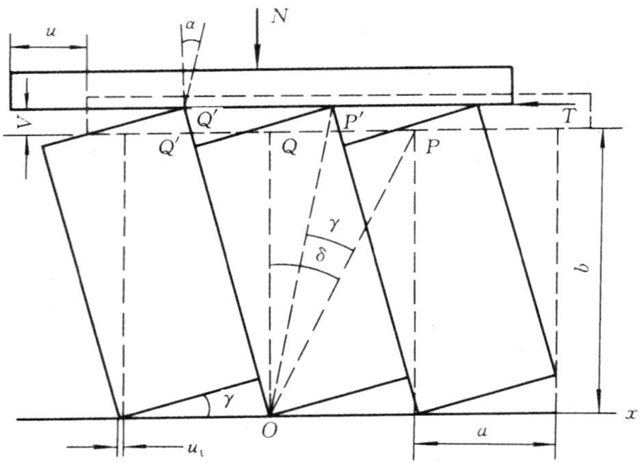


图 4-18　由于成层的平行六面体的转动所产生的剪应变

由块体的几何特征可知，当平行六面体受力后，以其对角线为轴发生转动。根据几何原理可知，当平行六面体转动角度小于 $\delta$ 时，它是不会翻倒的，而转角大于 $\delta$ 时，则平行六面体就翻倒。因此，称 $\delta$ 为翻倒角。在一组平行六面体因转动而彼此互相平行和彼此互相位移一个距离时，如果倾斜角 $\alpha$ 等于翻倒角 $\delta$，则碎块转动处于极限平衡状态，这时，结构面的静摩擦角 $\phi_s>\delta$。一旦转动破坏开始后，平行六面体层将产生剪应变 $\gamma$，而此时 $P$ 点沿着圆心为 $O$，半径为平行六面体的对角线作圆弧运动移动到 $P'$。该运动的轨迹方程为

$$(a-u)^2+(b+V)^2=a^2+b^2 \tag{4-37}$$

$u$ 和 $V$ 为 $PP'$ 位移的水平分量和垂直的分量。其剪应变为

$$\gamma=\frac{u}{b} \tag{4-38}$$

依据式(4-37)可求得 $V$ 为

$$V=\sqrt{b^2+2au-u^2}-b \tag{4-39}$$

则可求得沿垂直方向 $y$ 的应变，并将公式(4-36)、式(4-38)代入，其表达式为

$$\varepsilon_y=\frac{V}{b}=\sqrt{1+2\tan\delta\tan\gamma-\tan^2\gamma}-1 \tag{4-40}$$

又因为 $P'Q''-PQ=a/\cos\gamma-a$，则沿 $x$ 方向的应变为

$$\varepsilon_x=\frac{P'Q''-PQ}{a}=\frac{1}{\cos\gamma}-1 \tag{4-41}$$

在图 4-18 左半层底面沿 $x$ 方向的点的位移 $u_t$，由于与右半部对称，于是

$$u_t=\varepsilon_x x \tag{4-42}$$

式中，$x$ 为平行六面体的转动点在 $x$ 轴上的坐标值。

在层顶面的点的位移为

$$u_u = u_t + u \tag{4-43}$$

图 4-19(a)表示平行六面体分离开的模型。当转动时，分离开的每个平行六面体的倾斜角 $\alpha$ 为

$$\alpha = \delta - \gamma \tag{4-44}$$

在破坏的情况下，倾斜角将等于内摩擦角：

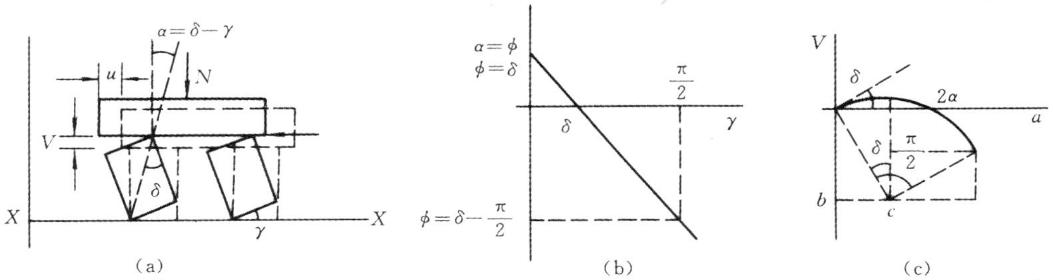


图 4-19　分离开的平行六面体转动模型

$$\phi = \delta - \gamma \tag{4-45}$$

在初始的位置时，$\gamma=0$，内摩擦角为最大，同时等于翻倒角，即 $\phi=\delta$(图 4-19(b))。当剪应变 $\gamma$ 增加时，内摩擦角 $\phi$ 则减小。当平行六面体表面的对角线平行 $y—y$ 面时，则 $\gamma=\delta$。如果从位移垂直分量 $V$ 与位移水平分量 $u$ 的关系来看，当剪切变形时，$V$ 与 $u$ 点随圆弧关系而变化(图 4-19(c))。当 $u=a$ 时，位移垂直分量为最大值，这时，$\phi=0$。超过该点时，内摩擦角 $\phi$ 变为负值，即力 $T$ 变为拉力。当 $\gamma=\pi/2$ 时，则 $J$ 平行六面体的长边平行 $x—x$ 层面。

当平行六面体紧靠时，其转动效应如图 4-20 所示。该图表示碎块体受到两个方向的应力作用，平行六面体的 $x—x$ 面上的应力以 $Q_x$ 表示(图 4-20(b))，则 $PQ_x$ 平行破裂面。当转动开始时，如果平行六面体之间没有接触，斜线 $OQ_x$ 的斜度等于翻倒角 $\delta$。如果它们各块之间相互接触，则在 $\sigma_2$ 的作用下，点 $Q_y$ 上的附加应力施加于平行 $y—y$ 的接触表面上。

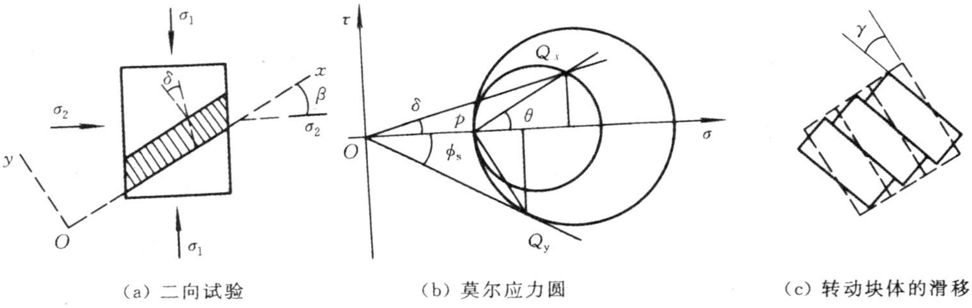


图 4-20　转动效应的力学分析

图 4-20(c)表示平行六面体之间彼此互相滑移。但是这个滑移只能是：当 $y—y$ 面上应力的倾斜度等于静摩擦角 $\phi_s$ 时，它们之间才发生滑移。这时，转动破坏开始的条件如下：

(1) $x—x$ 表面上应力的合力的倾斜度等于翻倒角，而这个翻倒角必须小于该面上的静摩

擦角；

(2) $y$—$y$ 表面上应力的合力的倾斜度等于该面的静摩擦角。

在碎块接触的条件下，当开始转动破坏时，碎块间的内摩擦角为

$$\phi=\phi_s+\delta \tag{4-46}$$

图 4-21(a)表示相应的内摩擦角与应变的关系曲线，图 4-21(b)表示扩容曲线，注意当剪切位移超过 $a$ 时，扩容将减小。

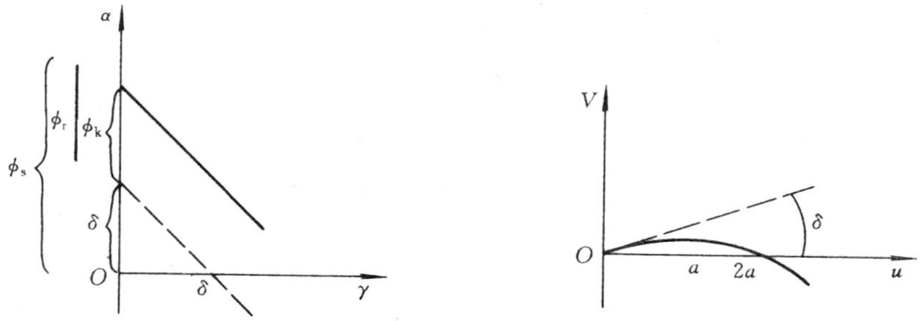

(a) 内摩擦角与应变的关系　　(b) 扩容曲线

图 4-21　转动效应的扩容分析

### 4.4.4　结构面的滚动摩擦效应

当一个质点或碎块的翻倒角 $\delta$ 减小时.其内摩擦角也将减小。例如，当质点或碎块的剖面表现为有 $n$ 个边的规则多角形时，其翻倒角 $\delta$ 为

$$\delta=\frac{180^\circ}{n} \tag{4-47}$$

如果质点的边数增加，则它趋向于一个圆球形，这时 $\delta\to0$。对于一个完全圆球质点，其抗翻倒的阻力就是它的滚动摩擦力，其值为

$$f_R=\frac{T}{N}=\tan\phi_R \tag{4-48}$$

式中，$f_R$为滚动摩擦系数，$f_R$与 $\phi_R$值通常是很小的。$f_R$一般小于 0.001，视滚块形状与光滑程度而异。如近似于铁圆柱滚动时，$f_R$为 0.002；而光滑的钢圆柱滚动时，$f_R$可小到 0.0004。

### 4.4.5　结构面强度的尺寸效应

从图 4-22 可以获得这样一个结论：存在于岩体中的结构面，对岩体力学特性的影响，与人们所选取的研究单元的大小有关。这就使得在进行结构面强度特性的研究时，应该考虑研究对象尺寸大小所给予的影响，即通常所说的结构面的尺寸效应。

巴顿进行了相关的研究，图 4-23 显示了其主要研究结果，归纳如下：

(1) 随着结构面面积的增大，峰值剪应力随之减小；

(2) 随着结构面面积的增大，峰值剪应力所对应的剪切位移随之增大；

(3) 随着结构面面积的增大，结构面的剪切位移曲线由脆断型向软弱型过渡；

(4) 随着结构面面积的增大，结构面的扩容量也具有随之减小的趋势。

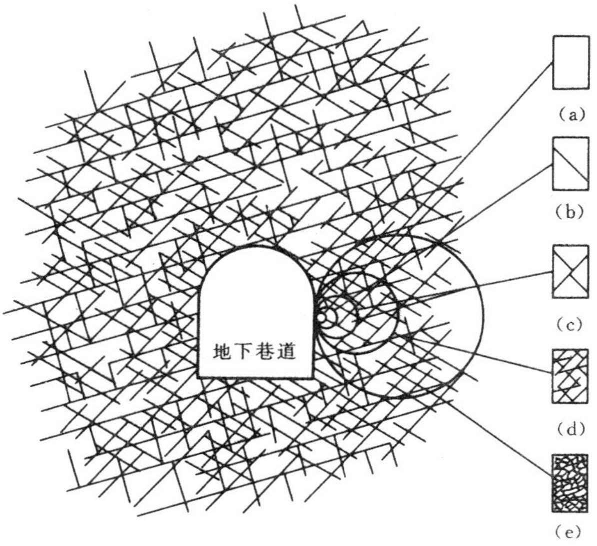


图 4-22　岩体单元的尺寸效应

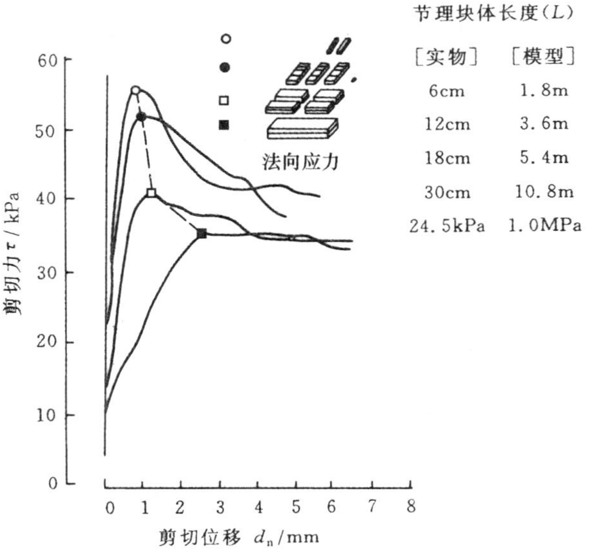


图 4-23　结构面力学特性的尺寸效应

结构面的尺寸效应属岩体力学中的难题，其产生的机理目前还没有定论。有两种说法具有一定的说服力。巴顿认为，随着结构面尺寸的增大，结构面面壁强度减小，因而其抗剪强度也减小。这一说法与对岩石单轴或三轴抗压强度尺寸效应的解释类似。另一种说法是，在结构面剪切过程中，结构面的实际接触面积要远远小于试件的面积，当试件面积增大时，其实际接触面积的增量同样要远远小于实际面积的增量，这使得结构面剪切面积比（剪切过程中实际接触面积与试件面积之比）反而减小，从而导致结构面抗剪强度减小。

# 4.5 结构面的力学效应

在工程中往往要求对既有完整岩石又有结构面的岩体进行力学特性的评价。本小节主要介绍由于结构面的存在,而造成岩体在力学特性方面的各向异性的特征。

## 4.5.1 单节理的力学效应

假设有一个试件,试件中仅有一条贯通的结构面,结构面的外法线与最大主应力的夹角成$\beta$角,如图 4-24 所示。试件受力后可能产生两种不同的破坏方式,即产生完整岩石的剪切破坏和沿结构面发生剪切滑移破坏。假定完整岩石和结构面的强度特性都满足莫尔-库仑直线的强度理论,即可按下式求得:

$$\left.\begin{aligned}\tau&=c+\sigma\tan\phi \quad (\text{岩石})\\ \tau&=c_j+\sigma\tan\phi_j \quad (\text{结构面})\end{aligned}\right\} \tag{4-49}$$

式中,$c_j$,$\phi_j$分别为结构面的黏结力和内摩擦角。

在进行结构面力学效应分析时,假定给出的强度参数已经综合考虑了结构面粗糙度等因素对于其强度的影响,不必再考虑爬坡切齿不同破坏机理的作用。

岩体试件将发生何种破坏主要取决于结构面的外法线与最大主应力的夹角$\beta$的大小。图 4-24(a)表示该试件的受力状态。作用在试件上的力与结构面强度线的力学关系可用莫尔极限应力圆来表示,如图 4-24(b)所示。由莫尔-库仑直线的强度理论可知,所谓某个面上的强度或者沿某个面产生破坏,通常应该满足两个条件:一是作用在该面上的剪应力应该大于或等于作用于该面的极限剪应力;二是破坏面的角度应该同该面与最大主应力的夹角相等。根据上述的条件来分析带有单一结构面的两种不同的强度特征。

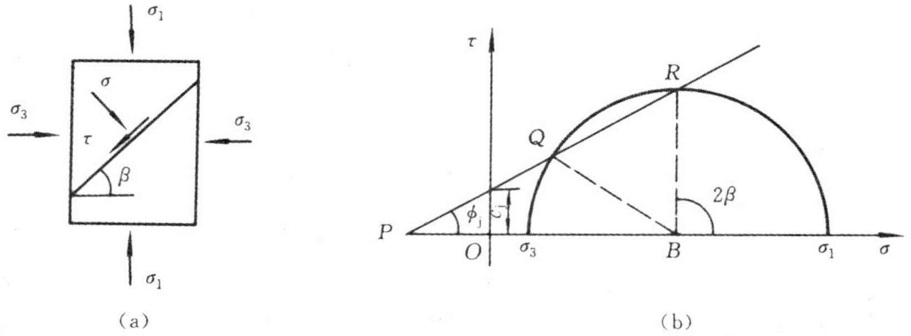


图 4-24 节理面上的力学分析

首先分析试件发生岩石破坏的应力特征。由莫尔-库仑直线的强度理论可知,岩石破坏可按下式计算其强度:

$$\sigma_1=\xi\sigma_3+\sigma_c \tag{4-50}$$

此时依据莫尔-库仑直线强度理论可知,破坏面与最大主应力作用面的夹角是一个不变的常数,即为 $45°+\phi/2$。

再分析沿结构面产生剪切滑移破坏的应力特征。图 4-24(a)中所示的岩石试件的应力状态可用一个莫尔应力圆表示,其对应于图 4-24(b)中的应力圆。根据应力圆所表示的原理可知，应力圆上的一点，代表了岩石试件相应面上的应力状态。而表示单一结构面的岩体试件的应力圆中，只有一个点代表了作用在结构面上的应力状态，即半径与正应力轴的正向夹角为 $2\beta$，并与应力圆相交的点所表示的应力状态，如图 4-24(b)中的 $R$ 点。因此，如果试件沿结构面发生破坏的话，此时，破坏角已经确定为 $\beta$；依据破坏的第二个条件应该是作用在结构面上的剪应力与在该作用面上的极限剪应力相等，极限剪应力可参照式(4-49)中结构面的强度公式计算而得。根据两者应力相等的条件，从极限应力圆的图形上看，应该是结构面的强度线与表示结构面的应力状态的点相交，表示两者的剪应力相等。因此，图 4-24(b)所示，沿结构面破坏时，绝大多数的情况下，极限应力圆应与结构面的强度线相割。

根据结构面的强度线与极限应力圆的几何关系，可推得用 $\sigma_1$，$\sigma_3$ 表示的结构面强度公式。

由正弦定律可得：

$$\frac{\dfrac{\sigma_1-\sigma_3}{2}}{\sin\phi_j}=\frac{\dfrac{\sigma_1+\sigma_3}{2}+\dfrac{c_j}{\tan\phi_j}}{\sin(2\beta-\phi_j)}$$

经过整理以及利用三角函数的和差与积的关系式可得：

$$\sigma_1=\frac{\sigma_3\cos(\beta-\phi_j)\sin\beta+c_j\cos\phi_j}{\cos\beta\sin(\beta-\phi_j)} \tag{4-51}$$

同样，可利用结构面的强度表达式推得公式的另一种表现形式：

$$\tau_\beta=c_j+\sigma_\beta\tan\phi_j$$

将 $\tau_\beta=\dfrac{\sigma_1-\sigma_3}{2}\sin2\beta$，$\sigma_\beta=\dfrac{\sigma_1+\sigma_3}{2}+\dfrac{\sigma_1-\sigma_3}{2}\cos2\beta$ 代入上式得

$$\frac{\sigma_1-\sigma_3}{2}\sin2\beta=c_j+\left(\frac{\sigma_1+\sigma_3}{2}+\frac{\sigma_1-\sigma_3}{2}\cos2\beta\right)\tan\phi_j \tag{4-52}$$

整理后得

$$\sigma_1-\sigma_3=\frac{2\sigma_3\tan\phi_j+2c_j}{(1-\tan\phi_j\cot\beta)\sin2\beta} \tag{4-53}$$

式(4-51)与式(4-53)是等价的，可根据应用时的特点采用不同的表达形式。

根据式(4-53)，利用结构面的外法线与最大主应力的夹角 $\beta$ 的大小，可得出可能沿结构面破坏的范围。只有夹角 $\beta$ 满足以下条件时，才有可能发生沿结构面的破坏，若处在该范围以外将发生完整岩石的破坏：

$$\left.\begin{aligned}&\beta\to\phi_j\text{ 时},\sigma_1\to\infty\\&\beta\to\frac{\pi}{2}\text{ 时},\sigma_1\to\infty\end{aligned}\right\} \tag{4-54}$$

$$\phi_j<\beta<\frac{\pi}{2} \tag{4-55}$$

图 4-25 是以 $\beta$ 角为横坐标，以极限最大主应力为纵坐标，表述单一结构面试件极限最大主应力随 $\beta$ 角而变化的特征。一条平行于横坐标的水平线为岩石的极限应力值，该值的大小不受破坏角的影响，是一个固定的值；而结构面的强度很明显受到 $\beta$ 角的影响，在式(4-55)所

指的范围内,表现出各向异性特性。此外,依据结构面的极限最大主应力与$\beta$角的变化曲线可知,存在着一个最小值,此时,结构面与最大主应力作用面的夹角$\beta$等于$45°+\phi_j/2$,其强度线与极限应力圆的几何关系是相切而不是相割。

此外,当岩体试件要考虑孔隙水压力的影响时,可采用有效应力原理分析完整岩石和结构面的强度,并可求得使岩石和结构面破坏的极限孔隙水压力$u$,公式如下:

岩石:

$$u=\frac{\xi\sigma_3+\sigma_c-\sigma_1}{\xi-1}$$

结构面:

$$u=\frac{\sigma_1+\sigma_3}{2}-\frac{\sigma_1-\sigma_3}{2}\cdot\frac{\sin(2\beta-\phi_j)}{\sin\phi_j}+\frac{c_j}{\tan\phi_j} \tag{4-56}$$

影响岩体强度的主要因素由以下几部分组成:完整岩石的强度参数$c$,$\phi$值;结构面的强度参数$c_j$,$\phi_j$值;结构面与最大主应力作用面的夹角$\beta$;作用于试件的$\sigma_3$,或者将其转换成作用在结构面上的正应力等因素。由图4-25所示,随着$\sigma_3$的增大,结构面和岩石的强度都会提高,表现出整条曲线向上平移的特征。曲线中结构面的强度与岩石的强度相交的两点,如图4-25中的$a$,$b$两点,其物理意义表示,带有单一结构面的试件既沿结构面发生滑移破坏又将发生完整岩石的剪切破坏。根据极限应力圆与结构面强度线的几何关系,可求得与$a$,$b$两点所对应的结构面的角度$\beta_1$和$\beta_2$:

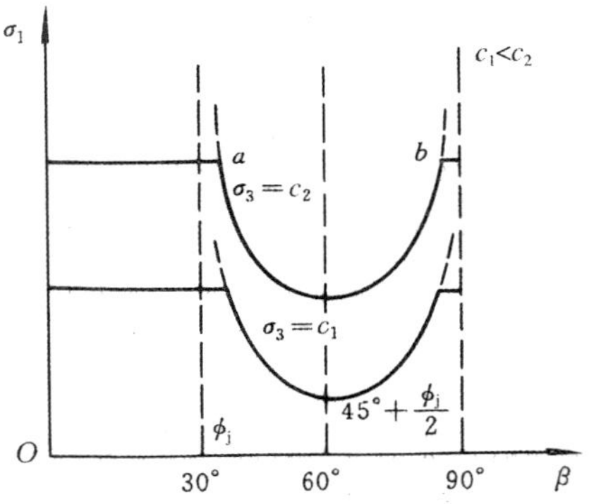


图4-25　$\sigma_1$与$\beta$的关系曲线

$$\left.\begin{aligned}2\beta_1&=\pi+\phi_j-\arcsin\left\{\left[\left(\frac{\sigma_m+c_j\cot\phi_j}{\tau_m}\right)\right]\sin\phi_j\right\}\\2\beta_2&=\phi_j+\arcsin\left\{\left[\left(\frac{\sigma_m+c_j\cot\phi_j}{\tau_m}\right)\right]\sin\phi_j\right\}\end{aligned}\right\} \tag{4-57}$$

式中

$$\sigma_m=\frac{\sigma_1+\sigma_3}{2},\quad \tau_m=\frac{\sigma_1-\sigma_3}{2} \tag{4-58}$$

根据$\beta_1$和$\beta_2$的物理意义,当结构面的夹角$\beta$处在$\beta_1$和$\beta_2$之间,可以断定该试件必定沿结构面发生破坏。

此外,对于结构面而言,往往会出现黏结力为零的情况,即$c=0$。这时结构面的强度表达式变得十分简单,即

$$\sigma_1=\frac{\sigma_3\cos(\beta-\phi_j)\sin\beta}{\cos\beta\sin(\beta-\phi_j)}=\sigma_3\frac{\tan\beta}{\tan(\beta-\phi_j)} \tag{4-59}$$

## 4.5.2　多节理的力学效应

自然界中的岩体有的包含着多条结构面。此时对岩体力学效应的评价,往往采用叠加的原理进行分析。在分析中通常不计由于局部块体的滑动所造成应力的变化。图4-26(a)表示两组节理的力学模型,在这种情形下,岩体的破坏判据可按叠加原理进行。图4-26(b)显示了两条结构面的强度经叠加以后的特性。显然,此时的强度应该选择完整岩石、结构面1、结构面2强度中的最小者。

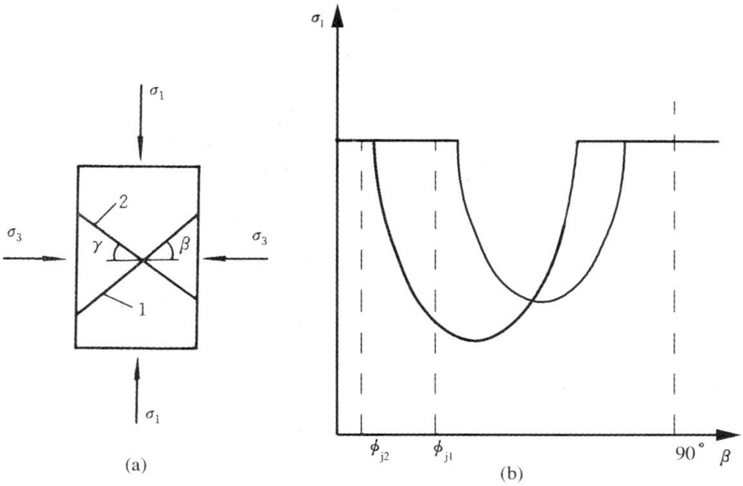


图 4-26　两组节理力学模型

对于具有两组或多组结构面的试件，发生完整岩石内部破坏的可能性通常很小，因而在岩体受力后，有意义的是确定滑动沿哪一条结构面首先开始，它是由试件内部结构面组合的几何形状和 $\beta$ 角、应力分布、剪切强度以及各向异性等因素所决定。

## 4.6　碎块岩体的破坏

碎块岩体是指岩体内节理、裂隙、层理、片理等结构面比较发达以及裂缝张开相对比较显著的岩体。它广泛存在于自然岩体中，统称其为节理岩体。这种岩体的变形远比完整岩石大，永久变形非常明显。在碎块岩体上施加荷载，可使碎块岩体内部发生岩块位移、转动甚至使岩块开裂，最后在岩体内部形成破坏面或者形成破坏带，从而使岩体变形、强度降低直至破坏。根据岩体破坏现象的观测，破坏面或破坏带产生的位置有三种类型：第一种的破坏面(带)是沿节理面破坏；第二种是在完整岩石(岩块)内破坏；第三种即同时沿节理面和完整岩块内破坏。上述第一种破坏是最常见的岩体破坏；第二种破坏极为少见，而往往是岩体内产生岩块破坏的同时，必然产生节理的破坏；第三种是较为常见的破坏现象。本小节主要介绍第一种和第三种碎块体破坏性状。

### 4.6.1　沿节理面产生的破坏

沿节理面产生的破坏现象可从碎块岩体破坏试验来研究。假定在二维条件下，当岩体受到 $\sigma_1$ 和 $\sigma_3$ 的主应力作用时，岩体节理破坏产生三种破坏形式(图 4-27)：一种破坏形式是剪切沿着一个很好的与两组节理都相交一个角度的锯齿状斜面而破坏(图 4-27(a))，这个斜面称为剪坏面。在这个破坏面上，大部分的岩块面之间产生剪切位移，少数情况下，会有个别的岩块发生转动。第二种破坏形式是在岩体中发生一条狭窄的破坏带，称为剪坏带(图 4-27(b))。在该带内有一行岩块发生转动，此狭窄破坏带的宽度一般为一个岩块转动后的尺寸。在少数情况下，当剪坏带内有两个岩块砌叠成列地发生转动的，则设 $n_r=2$，$n_r$ 称为列上岩块转动的数目。这时，剪坏带宽度由转动的岩块行数所控制。最后一种破坏形式是岩体内有一条较宽的破坏带，在此破坏带内，经常发生数个岩块砌叠成列地排列，并有时扭结在一起而整列转动，因而将这种破坏带称为扭结带或扭坏带(图 4-27(c)),在此带内,每列参加转动的岩块数目入 $n_r>2$。为了进一步研究上述三种破坏形式,我们介绍勒单尼(Ladanyi)和阿坎伯尔特(Archambault)的方程。当岩体受到外荷载而发生破坏时,破坏面设为剪切破坏,破坏面的几何形状是由多组节理组合而成,如图 4-28 所示。破坏面为两组节理组合而成齿状形态。如果岩块为正方体,则破坏面组合成规则的锯齿状。为了研究锯齿状破坏而在受到剪切作用下的力学性能,勒单尼和阿坎伯尔特将其模拟成力学模型(图 4-28)。通过试验,认为锯齿状面受力后可发生上盘与下盘相对位移。此时,不仅会产生水平向位移增量 $\Delta x$,而且还会产生垂直向位移增量 $\Delta y$,从而发生扩容现象。同时,当锯齿受力后,由于荷载过大,可使部分锯齿被剪断。在图 4-28中,$\Delta A$ 为被剪断的面积。按照力学平衡和功能原理,可得出岩体沿锯齿状而受剪破坏的强度方程,其峰值抗剪强度为:

$$\tau_f=\frac{\sigma(1-a_s)(V'-\tan\phi_j)+a_sS_R}{1-(1-a_s)V'\tan\phi_j} \tag{4-60}$$

式中 $a_s$——剪断齿端的面积与试件的剪切面积之比,可按下式求得:

$$a_s=\frac{\sum\Delta A}{A} \tag{4-61}$$

$S_R$——岩块的抗剪强度;

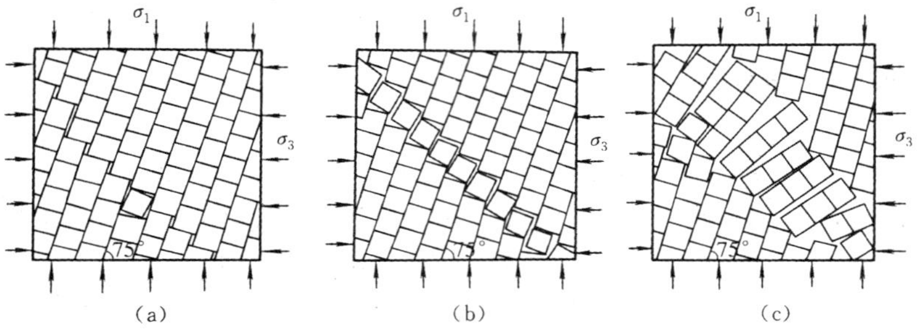


图 4-27 碎块岩体沿节理面破坏形式

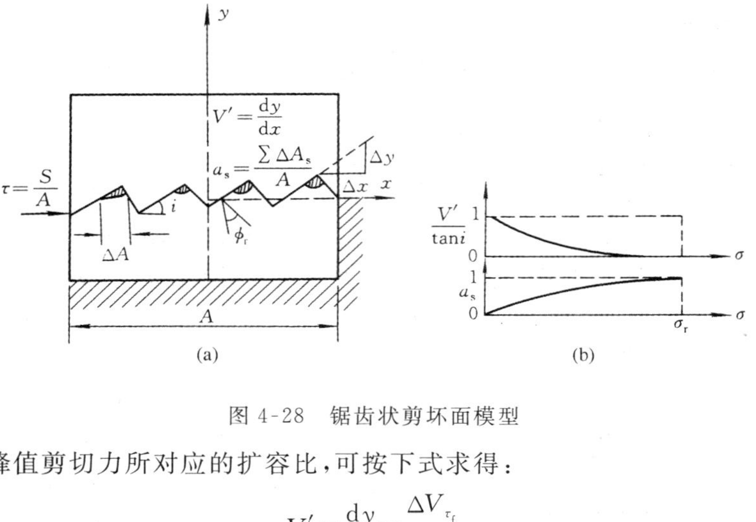


图 4-28 锯齿状剪坏面模型

$V'$——峰值剪切力所对应的扩容比,可按下式求得:

$$V'=\frac{dy}{dx}=\frac{\Delta V_{\tau_f}}{\Delta u_{\tau_f}} \tag{4-62}$$

其中，$\Delta V_{\tau_f}$，$\Delta U_{\tau_f}$ 分别为峰值剪应力所对应的垂直位移增量和水平位移增量。

当 $a_s=0$，$V'=\tan i$ 时，式(4-60)为

$$\tau_f=\sigma\tan(\phi_j+i) \tag{4-63}$$

式(4-63)仅适用于较低的正应力的状态。

当 $a_s=1$，$V'=0$ 时，式(4-60)可写为

$$S_R=\tau_f=c_j+\sigma\tan\phi_r \tag{4-64}$$

式中，$\phi_r$ 为岩石的残余内摩擦角。

此情况适用于高正应力的状态，岩体试件的破坏形态表现为全部剪切面上的凸齿被剪断。此时，$\sigma>\sigma_T$，$\sigma_T$ 为推动压力，它等于岩块的单轴抗压强度 $q_u$（图 4-29）。

当剪切面上正应力 $\sigma$ 小于推动压力 $\sigma_T$ 时，勒单尼根据 $V'$ 与 $\sigma$ 以及 $a_s$ 与 $\sigma$ 的关系曲线（图 4-27(b)），建议用下式求解 $a_s$，$V'$ 及 $S_R$：

$$a_s=1-\left(1-\frac{\sigma}{\sigma_T}\right)^{K_1} \tag{4-65}$$

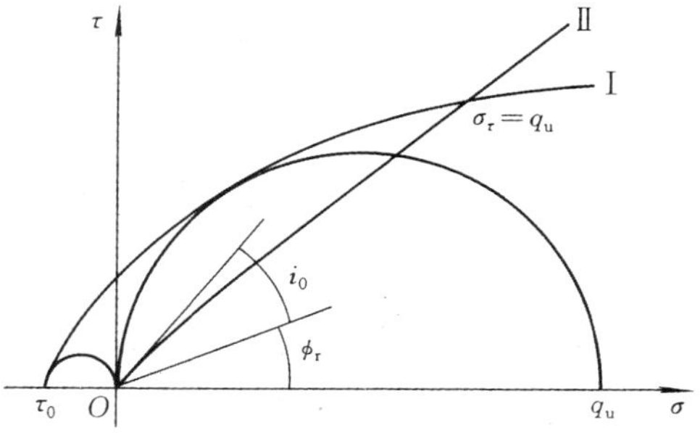


Ⅰ—岩石的包络线；Ⅱ—节理的峰值抗剪强度

图 4-29　节理峰值抗剪强度线

$$V'=\left(1-\frac{\sigma}{\sigma_T}\right)^{K_2}\tan i \tag{4-66}$$

$$S_R=q_u\frac{\sqrt{1+n}}{n}\left(1+n\frac{\sigma}{q_u}\right)^{\frac{1}{2}} \tag{4-67}$$

式中，$n$ 为岩块的抗压强度与抗拉强度之比。

在剪坏面上，$K_1$ 和 $K_2$ 的数值取值为 $K_1=15$，$K_2=4$。这时，从 $\sigma=0$ 处 $a_s$ 为 0，增至 $\sigma=\sigma_T$ 时 $a_s$ 为 1。而 $V'$ 值则从 $\sigma=0$ 时为 $\tan i$ 降到当 $\sigma=\sigma_T$ 时为 0，推动压力 $\sigma_T$ 为一个正应力，其值接近于岩块的单轴抗压强度 $q_u$，即 $\sigma_T=q_u$。在剪坏带或扭坏带内，即当每转动的岩块数目 $n_r=2\sim5$ 时，则从试验得到：

$$K_1=\left(\frac{2}{n_r}\right)^3\tan i \tag{4-68}$$

$$K_2=5\quad(2\leqslant n_r\leqslant5) \tag{4-69}$$

三种破坏类型的 $K$ 值如表 4-4 所示。

表 4-4　碎块体不同破坏形式的力学参数

| 破坏类型 | $n_r$ | $K_1$ | $K_2$ |
|---|---|---|---|
| 剪坏面 | 0 | 1.5 | 4 |
| 剪坏带 | 2 | $\tan i_0$ | 5 |
| 扭坏带 | 3 | $(2/3)^3\tan i_0$ | 5 |

[**例 4-1**] 应用勒单尼理论,求图 4-30 中扭坏带的抗剪强度。设剪坏带内每列有 2～4 个岩块转动,扭坏带与 $\sigma_1$ 方向的交角 $\psi=35°$,侧压力 $\sigma_3=1.35\text{MPa}$,破坏时,$\sigma_1=11.5\text{MPa}$。并从试验中求得如下参数:$\phi_j=39°,30°,27°,q_u=25.4\text{MPa},n=9$。

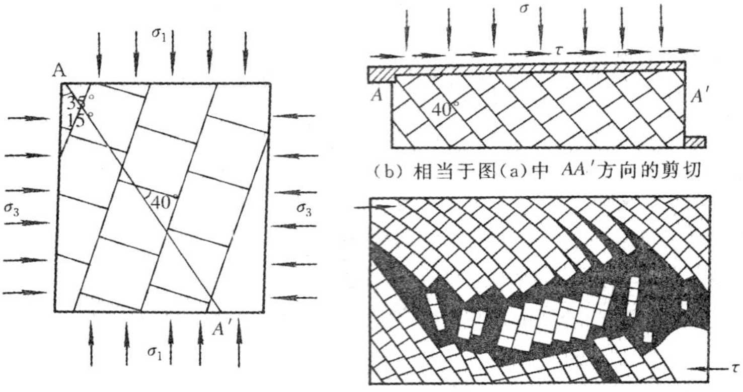


(a) 节理方向和扭坏带 AA′方向

(b) 相当于图(a)中 AA′方向的剪切

(c) 扭坏带模拟试验的素描

图 4-30 扭坏带的力学模型

**解**:(1) 求剪切面 $AA'$ 上的 $\tau$ 和 $\sigma$。

作用于剪切面 $AA'$ 上的剪应力 $\tau$ 和正应力 $\sigma$ 为

$$\tau=(\sigma_1-\sigma_3)\sin35°\cos35°=4.77\text{MPa}$$

$$\sigma=\sigma_3+(\sigma_1+\sigma_3)\sin^2 35°=4.69\text{MPa}$$

(2) 求岩体的峰值强度 $\tau_f$。

可以将图 4-30(a)的模型用图 4-30(b)来代替。$AA'$ 的扭坏带平行剪应力 $\tau$ 的方向,这样可利用式(4-60)来求峰值抗剪强度 $\tau_f$:

$$i_0=40°,n_r=3,K_2=5$$

$$\sigma=4.69\text{MPa},\sigma_T=q_u=25.4\text{MPa}$$

$$K_1=\left(\frac{2}{n_r}\right)^3\tan i=0.248,\quad a_s=1-\left(1-\frac{\sigma}{\sigma_T}\right)^{K_1}=0.057$$

$$V'=\left(1-\frac{\sigma}{\sigma_T}\right)^{K_2}\tan i_0=0.261$$

代入式(4-60)得碎块体峰值抗剪强度:$\phi_j=39°$ 时,$\tau_f=7.10\text{MPa}$;$\phi_j=30°$ 时,$\tau_f=5.29\text{MPa}$;$\phi_j=27°$ 时,$\tau_f=4.82\text{MPa}$。

如果将上列数值与 $\tau=4.77\text{MPa}$ 作比较,可见,该模型当 $\phi_j=27°$ 时(即小摩擦角时),$\tau_f=4.82\text{MPa}$,此值接近 $\tau$ 值。这个小摩擦角 $\phi_j$ 处于扭坏带内的临界值。

### 4.6.2 岩块-节理破坏

如图 4-31 为一个两组节理相组合成的岩块-节理岩体模型。当岩体受到外荷载后,岩体内不产生转动,而楔体沿 $mn$ 而产生剪切破坏,并移动了一个距离。如果令岩块的抗剪强度 $\tau$ 为常数,楔体沿 $mn$ 面移动了单位距离,则内外做功相等:

$$H\sin i=\sigma_v b\cos i+\frac{a\tau}{\cos i} \tag{4-70}$$

求 $H$ 的最小值：

$$\frac{\mathrm{d}H}{\mathrm{d}i}=\sigma_v b(-\csc^2 i)+a\tau[\sec i\csc^2 i(\tan i-\cot i)]$$

令

$$\frac{\mathrm{d}H}{\mathrm{d}i}=0$$

$$\tan^2 i=1+\frac{\sigma_v b}{a\tau}$$

$$H=2\sqrt{a\tau(\sigma_v b+a\tau)} \tag{4-71}$$

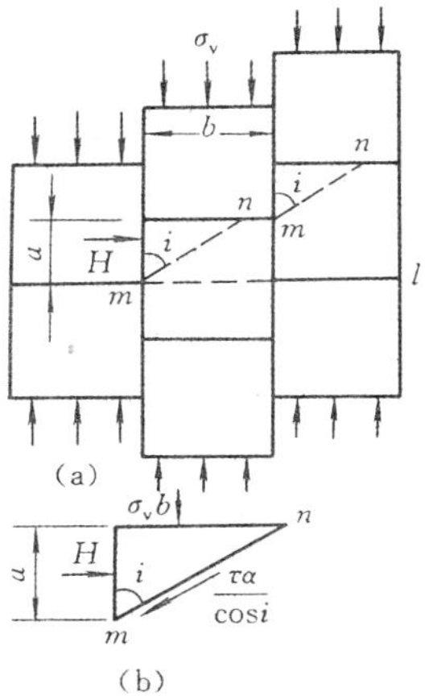


图 4-31　岩块-节理模型的剪切破坏

如果块体破坏沿着 $ml$ 方向，则应力 $\sigma_v$ 不作铅垂方向的功，但在 $ml$ 面上要作摩擦功。于是

$$H=2\sigma_v b\tan\phi+b\tau=b(2\sigma_v\tan\phi+\tau) \tag{4-72}$$

式中，$\tan\phi$ 为节理面的摩擦系数。

因此，岩体的扩容性现象将发生于如下条件：

$$4\sqrt{a\tau(\sigma_v b+a\tau)}<b(2\sigma_v\tan\phi+\tau) \tag{4-73}$$

应当指出，式(4-73)没有考虑 $H$ 和 $\sigma_v$ 对于破坏面法向应力的影响，这是因为假设了岩石的抗剪强度 $\tau$ 为常数。实际上，$\tau$ 值与破坏面的法向应力的大小有关。

# 4.7　岩体的应力-应变分析

## 4.7.1　岩体的应力-应变曲线

### 4.7.1.1　岩石与岩体的应力-应变曲线的差别

当在现场进行岩体力学试验，或者将在现场取样运至室内，进行较大型的岩体试件的力学试验，其所得的岩体的应力-应变曲线与岩石的应力-应变曲线有较大的差别。由于岩体中存在着节理，当岩体受到压缩荷载时，就会产生节理的闭合或节理中充填物的变形，这些变形中有部分是可恢复的，但有些不可恢复。而岩石材料则不具备此特征，或所产生的不可恢复的变形量要小得多。如图 4-32 所示岩石与岩体的应力-应变曲线，曲线 a 明显地表示了岩石压缩变形是处在弹性和弹塑性状态。一般来说，岩石受到压缩荷载后，开始时是弹性变形，而后因荷载的增大，增加了一部分塑性变形，通常该塑性变形量比较小，故可认为岩石材料的破坏属脆性破坏。曲线 b 表示了岩体的应力-应变曲线，它可分为三种不同的变形特性阶段：第Ⅰ阶段，曲线向上凹，开始的曲率较大，这是由于节理闭合和充填物的变形所造成的，在这种情况下，岩体不属于“线弹性”；第Ⅱ阶段，$\sigma$-$\varepsilon$ 成直线关系，属于线弹性阶段，如果

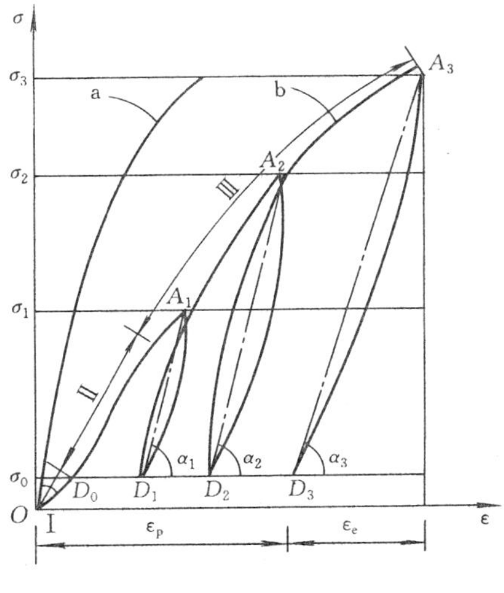


a—岩石；b—岩体

图 4-32　岩石与岩体 $\sigma$-$\varepsilon$ 曲线对比示意图

反复加卸载,即作荷载循环施加,它的变形大部分是可逆的,但也有一小部分是不可逆的,主要表现为充填物的变形;第Ⅲ阶段,$\sigma$-$\varepsilon$ 成下凹形的曲线关系,它表示岩石开始塑性变形或开始破裂,并伴有结构面剪切滑移变形。在此段曲线内,横向应变速率常常变大,岩石的体积也从压缩转变为增大,若继续加荷至峰值应力 $A_3$ 点,岩体就会导致破坏。通常,第Ⅱ阶段与第Ⅲ阶段之间的过渡点处的应力为比例极限。从整条 $\sigma$-$\varepsilon$ 曲线上看,曲线开始由上凹向下凹转变,成"S"形。例如,在 $A_1$ 点进行卸荷,将 $\sigma_1$ 减至 $\sigma_0$,则岩体变形不回复到 $D_0$ 点,仅能到达 $D_1$ 点。再加荷使 $\sigma_2 > \sigma_1$,而后又卸荷,得到曲线 $D_1A_2D_2$,则 $D_0D_1$ 和 $D_0D_2$ 为不可恢复的变形值。$A_1D_1$ 与 $A_2D_2$ 有时是互相平行,它可以作几次的加荷—卸荷循环,而求得一个平均角 $\alpha$ 值。

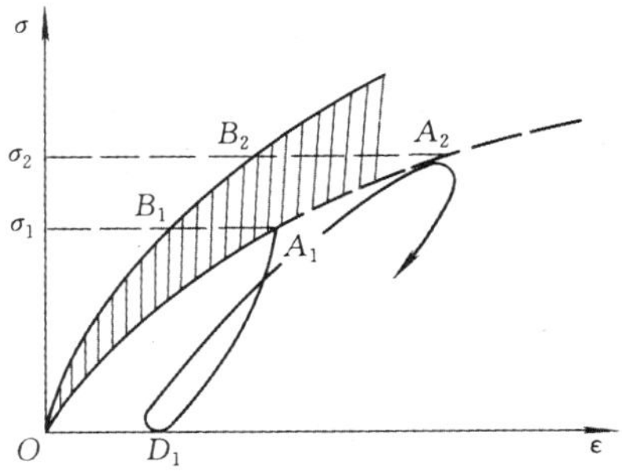

图 4-33 快慢加载的 $\sigma$-$\varepsilon$ 曲线

岩体加荷的速度对 $\sigma$-$\varepsilon$ 曲线有较大的影响。用缓慢加荷法可获得 $OA_1A_2$ 曲线,而用快速加荷法可获得 $OB_1B_2$ 曲线(图 4-33)。$OA_1A_2$ 或 $OB_1B_2$ 被称为"功曲线",这与岩石的内部变形能有关。在 $OA_1A_2$ 和 $OB_1B_2$ 之间的阴影面积称为内部变形能。测此两曲线的差别是由于瞬时加载速率的变化所引起,不是岩体的蠕变。

#### 4.7.1.2 岩体变形曲线的类型

由于岩体受荷后其力学性能的变化,所以岩体变形曲线的形式也不同。因此,按照变形曲线的形态,可将节理闭合阶段之后的岩体变形曲线划分四种类型(图 4-34)。图 4-34(a)表示岩体与岩石一样具有弹性性能;图 4-34(b)表示节理面上一点的力学性能,它反映了岩体内部破裂,也可能局部发生剪坏;图 4-34(c)表示离开变形直线的部分为内部塑性变形的结果。有时,节理面上破裂不是一个点,而是两个点,如图 4-34(d)所示,该曲线是变质岩(千枚岩、石英岩)的变形曲线。该曲线上有两个已经达到的极限点:$A$ 是千枚岩相(细晶质)中之一点;而 $B$ 是粗晶质的石英岩相的较高极限点。在此曲线内,可由曲线的曲率和曲线的方向而辨别出这一特征。

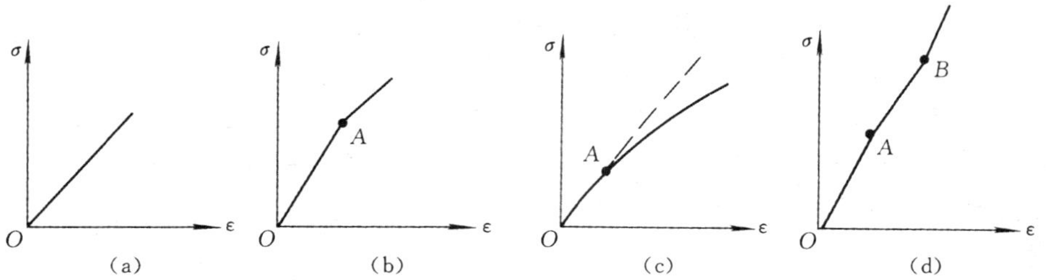

图 4-34 岩体变形曲线类型

### 4.7.2 岩体的变形模量

岩体的变形模量是反映岩体变形特征的一个重要的力学参数。计算变形模量的方法大致有如下几种方法:按室内试验所得的应力-应变曲线求得、按岩体变形机理、力学"等价"模型计算以及按现场岩体力学试验求得。下面分别介绍前三种求算岩体变形模量的方法,最后一种方法,可按《工程岩体试验方法标准》中的相关要求计算,在本节中不再赘述。

#### 4.7.2.1　按应力-应变曲线求变形模量

从图 4-32 可看出，由于岩体试件中，结构面的变形占有一定的比例，致使不可恢复的变形 $\varepsilon_P$ 明显，因而通常采用变形模量 $E_0$ 表征岩体变形特征。变形模量 $E_0$ 可按下式确定：

$$E_0=\frac{\sigma}{\varepsilon_e+\varepsilon_P} \tag{4-74}$$

式中，$\varepsilon_e$ 和 $\varepsilon_P$ 分别为岩体弹性变形和岩体不可恢复的变形。

岩体的弹性模量为

$$E=\frac{\sigma}{\varepsilon_e} \tag{4-75}$$

岩体的弹性模量 $E$ 大于变形模量 $E_0$ 这种情况，在岩石块的变形特性中也是如此。由于岩体中结构面的存在，一般来说，岩体的 $E_0$ 比岩石块的 $E_0$ 更小。

#### 4.7.2.2　按现场岩体变形机理求变形模量

由于岩体中存在节理，使岩体的现场变形模量和泊松比与岩块有很大的差别。节理的相对两个面由于凹凸不平，往往只有一部分相接触。当岩体受到荷载时，节理接触面积的弹性压缩和剪切位移增加了岩体的变形。沃多尔夫等提出如下的模型：岩体被节理切割成近似于立方块，并使得一些地方节理的接触面较分散，而在另一些地方，节理面则脱开。所以，每处接触面的面积与整个岩块相比是很小的。

若在岩体中取一个立方岩块及一条节理，当岩块受到平均应力 $\sigma$ 后，岩体的变形 $\delta$ 可由两个部分所组成：一是岩块的变形 $\delta_1$，二是节理的变形 $\delta_2$。当岩块边长为 $d$，弹性模量为 $E$，且作用在岩体上的平均应力为 $\sigma$ 时，则岩块的变形为

$$\delta_1=\frac{d\sigma}{E} \tag{4-76}$$

而按式(4-9)可求得结构面的变形为

$$\delta_2=\frac{1.8\sigma d^2}{nhE} \tag{4-77}$$

岩体的变形应该是岩石的变形与结构面的变形之和：

$$\delta=\delta_1+\delta_2=\frac{\sigma d}{E}+\frac{1.8\sigma d^2}{nhE} \tag{4-78}$$

如果用岩体的有效变形模量 $E_{eff}$ 表示，则由上述公式可得：

$$\delta=\frac{\sigma d}{E_{eff}}$$

$$\frac{\sigma d}{E_{eff}}=\frac{\sigma d}{E}+\frac{1.8\sigma d^2}{nhE}$$

$$E_{eff}=\frac{E}{1+1.8\dfrac{d}{nh}} \tag{4-79}$$

这样，如果 $E$ 和 $d/nh$ 已知，就可求出岩体的有效变形模量 $E_{eff}$。但是，工程实际中，$nh$ 是

很难测定的,往往将 $nh$ 值作为一个评价参数。由于 $E_{eff}$ 值可由现场岩体变形试验求得,而 $E$ 值可由室内的岩石试验确定,$d$ 值是节理的间距或者表示岩体试件的边长,可在地质测绘中加以确定,那么,$nh$ 值就可按式(4-78)求得。

#### 4.7.2.3 按"等价"的连续岩体模型求变形模量

在自然界中,经常会出现仅具有一组结构面的岩体。最为典型的是沉积岩的层理面,假如没有其他的结构面发育,就形成了单一结构面。这些岩体中有时还发育着结构面规模不是很大,其延伸长度也相对较小,若该类结构面对岩体的力学性质影响不大,可以忽略其对岩体的影响,以便采用力学"等价"法计算岩体的变形模量。

设岩体内存在单独一组有规律的结构面(图 4-35),此不连续体可采用"等价"的连续岩体来计算其变形模量。

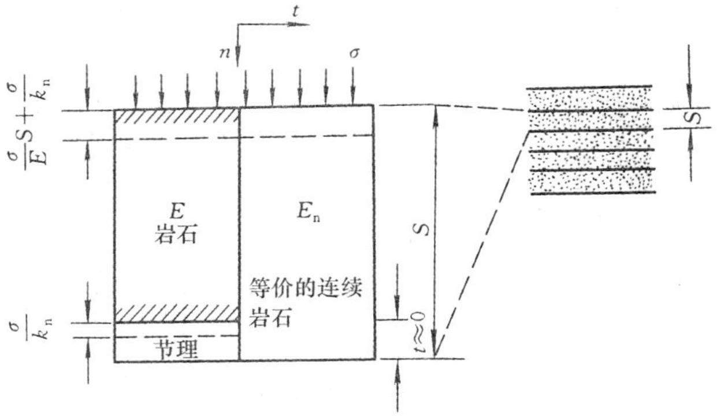


图 4-35 用"等价"连续介质模型代替规则节理岩体图

现设岩石本身是各向同性的线弹性体,其弹性模量为 $E$。结构面相互平行,其间距为 $S$。采用 $n$-$t$ 坐标系,设垂直节理的方向为 $n$ 轴,平行于节理的方向为 $t$ 轴。沿 $t$ 轴方向作用有法向应力 $\sigma$,令结构面的"法向刚度系数"(即节理法向应力—法向位移曲线的斜率)为 $k_n$。又令"等价"连续岩体的变形模量为 $E_n$,其法向变形为 $\sigma S/E_n$,则此岩体的变形量等于岩块变形 $\sigma S/E$ 与节理变形 $\sigma/k_n$ 之和。由此得出下列方程:

$$\frac{\sigma S}{E_n}=\frac{\sigma S}{E}+\frac{\sigma}{k_n}$$

$$\frac{1}{E_n}=\frac{1}{E}+\frac{1}{k_n S} \tag{4-80}$$

式(4-80)可以算出"等价"连续岩体的 $E_n$。其方法是:对于每一个试样或每一个试验场地,先确定每组节理的平均间距;而后根据测得的岩体 $E_n$ 值以及完整岩块的 $E$ 值,用式(4-80)计算 $k_n$ 值;再用这个 $k_n$ 值计算任意间距"等价"连续岩体的 $E_n$。

## 4.8 岩体力学性能的现场测试

岩体中有节理、断层、层理等结构面,这些往往又决定了岩体的力学性能。室内的岩样试验,由于体积小,另外也脱离了现场岩体的地质力学特性,因而不能充分地反映岩体力学性能。而岩体的野外现场试验较为全面地反映岩体力学性能的全貌,这是室内岩石试验所不及的。下面介绍几种岩体的变形性能和强度特性的现场试验。

## 4.8.1　岩体的变形试验

岩体的野外现场试验，虽然在仪器设备及操作过程中所耗费的时间、人力、物力等方面都比室内试验大得多，但对自然条件下的岩体所施加的应力大小、方向及其与节理的相对位置等都比较符合实际，这是室内试验所不能代替的。岩体现场变形试验有静力法及动力法两种。所谓静力法，是指岩体现场变形试验是以静力荷载进行加荷，如千斤顶，岩体的变形是由静力荷载而引起的。而动力法是以动力荷载施加于岩体上，如地震法，岩体的变形是由动力荷载引起的。从许多的试验成果来看，静力法所求得的岩体变形模量 $E_{静}$ 与动力法所求得的 $E_{动}$ 是有差别的。由于动力法作用力为冲击力，作用时间短，基于完全弹性体的基础上求 $E_{动}$，因而对于坚硬的、节理小的完整岩体，两者的差别不是很大，在 1～3 倍之间，而对于风化剧烈或节理化岩体，则两者相差可达数十倍。由于动力法所用设备方便轻巧，便于野外工作，试验速度快，因而很多场合求岩体的变形模量采用动力法，找出动力法的 $E_{动}$ 与静力法的 $E_{静}$ 的相互关系，然后用动力法测出现场岩体的 $E_{静}$。动力法的现场测定在第 3 章中已作介绍，这里介绍静力法求现场岩体的变形模量。

常用的静力法有千斤顶法荷载试验（或承压板板法）、径向荷载试验和狭缝压力枕荷载试验法等。通常求算岩体的弹性模量 $E_e$ 及变形模量 $E_d$ 采用千斤顶法。求岩石的弹性抗力系数采用径向荷载试验法。

### 4.8.1.1　千斤顶法荷载试验

千斤顶法荷载试验是用千斤顶加荷于垫板上，使荷载传到岩体中，故也称千斤顶法。一般在洞内或坑道内进行，如果地表上有反力装置的条件，也可在地表上进行。

千斤顶法荷载试验的设备装置（图 4-36）主要由四部分组成：垫板（承压板）；加荷装置（千斤顶或压力枕）；传力装置（传力支柱、传力柱垫板）；变形量测装置（测微计）。垫板分刚性和柔性两种，形状一般为方形或圆形，面积一般为 0.25～1.20m²。加荷装置，一般用千斤顶，加荷为 500～3000kN。但近年来，因千斤顶笨重，出力小，因而当需要进行大面积的高压试验时，采用压力枕进行试验可获得较好的成果。

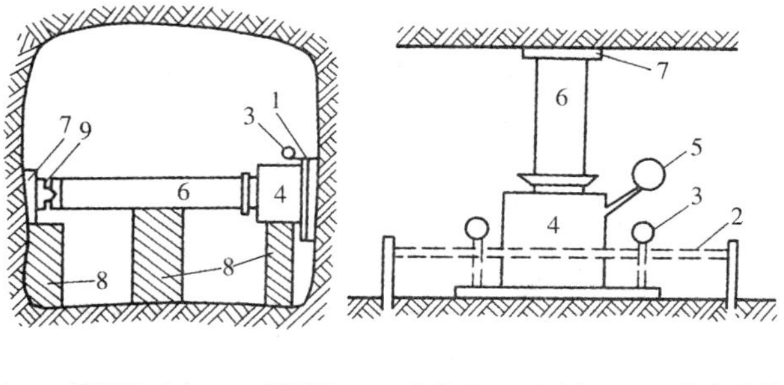


1—垫板；2—测微计支架；3—测微计；4—千斤顶；5—压力表；6—传力支柱；7—传力柱垫板；8—支墩；9—球形支座

图 4-36　千斤顶加压装置

常用加荷方法有小循环法和大循环法两种，前者又分为多次循环和单循环法，它们的特点可在图 4-37 中看出。采用哪种方法，主要由建筑物受荷情况来确定。小循环法在各级压力反复作用下所得的总变形值，要比通常压力作用下所得的变形值大一些，有人把这点称为反复荷载的畸变现象。

岩体的变形可在垫板下面测定，也可在通过垫板中心的轴线上距垫板一定距离处量测（图 4-38）。

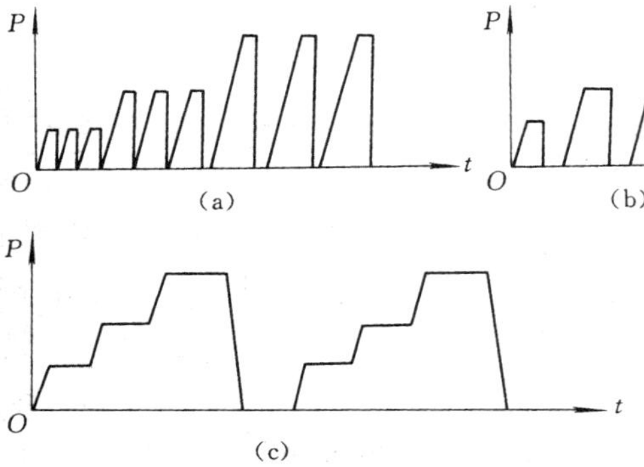


$P$—压力;$t$—时间

图 4-37 岩体现场变形试验加荷过程示意图

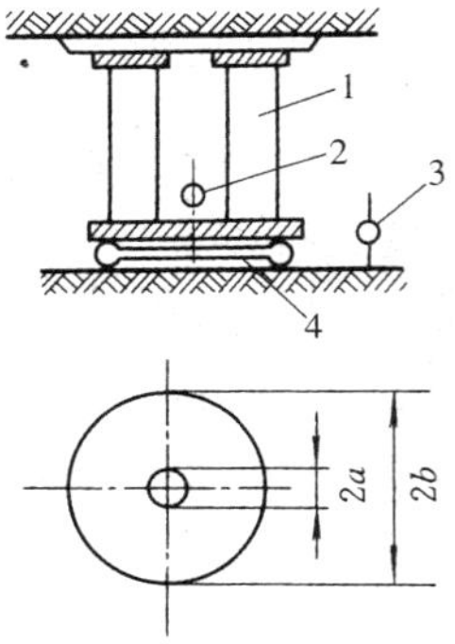


1—传力柱;2—中心测表;3—外测表;
4—带中心孔的压力枕

图 4-38 带中心孔垫板的变形试验装置

设岩体为一个弹性半无限空间,则岩体表面的垂直向位移可用布辛涅斯克方程求得。当岩体表面受到中心荷载 $P$ 作用,而半径 $r$ 的垫板为柔性垫板时,在岩体表面上柔性垫板的中点处垂直位移 $S_0$ 为

$$S_0=\frac{2P(1-\mu^2)}{r\pi E_0} \tag{4-81}$$

式中 $\mu$——岩体的泊松比;

$E_0$——岩体的变形模量。

无论圆形刚性垫板还是圆形或矩形柔性垫板,其平均垂直位移 $S_0'$ 均可按下式计算:

$$S_0'=\frac{mP(1-\mu^2)}{\sqrt{A}E_0} \tag{4-82}$$

式中 $A$——受荷表面的面积;

$m$——与垫板的形状、刚度以及荷载分布有关的系数,可按表 4-5、表 4-6 取值。

若按表 4-6 取 $m$ 值代入式(4-82),还可得到不同刚度圆形板在中心处的垂直位移。

**表 4-5　　均布荷载柔性板 $m$ 值**

| 圆　形 | 具有各种边长的矩形 | | | | | | |
|---|---|---|---|---|---|---|---|
| | 1∶1 | 1∶1.5 | 1∶2 | 1∶3 | 1∶5 | 1∶10 | 1∶100 |
| 0.96 | 0.95 | 0.94 | 0.92 | 0.88 | 0.82 | 0.71 | 0.37 |

**表 4-6　　不同刚度圆形板 $m$ 值**

| 位　移 | 荷载类型 | | |
|---|---|---|---|
| | 刚性铸模板 | 均布荷载柔性板 | 刚性球面板 |
| 中心值 | 0.89 | 1.13 | 1.33 |
| 平均值 | 0.89 | 0.96 | 1.00 |

对于刚性矩形垫板,在垫板下岩面的垂直位移为

$$S_0'=\frac{P(1-\mu^2)}{ab\pi E_0}\left[a\ln\left(\frac{b+\sqrt{a^2+b^2}}{a}\right)+b\ln\left(\frac{a+\sqrt{a^2+b^2}}{b}\right)\right] \tag{4-83}$$

式中,$a$,$b$ 为垫板的边长。

当用中心带孔的圆形柔性垫板(中心有孔的压力枕)做荷载试验(图 4-38)时,垫板中心处的垂直位移为

$$S_0=\frac{2P(1-\mu^2)}{(a+b)\pi E_0} \tag{4-84}$$

式中　$b$——圆形垫板的半径;

　　$a$——圆形垫板内中心孔的半径。

### 4.8.1.2　径向荷载试验

径向荷载试验是先在岩体中开挖一个圆筒形洞室,然后在这个洞室的某一段长度上施加垂直于岩体表面的均匀压力。压力可以用水压施加,称为水压法;也可用压力枕加压,称径向压力枕试验或奥地利荷载试验。如图 4-39 所示,试验由一个钢铸的圆筒支承着四周设置的压力枕,并使压力枕同步对其四周岩体施加荷载,使洞中一定长度范围内(一般为 2m)的岩体产生径向压缩变形。施加的荷载要保持其变形在弹性范围内。径向位移的测定,不是在混凝土和岩面衬砌的接触面上,而是在岩体内部,大约在 15cm 的深处量测。按弹性厚壁圆筒计算模式(图 4-40)可得到岩体内任一点的位移为

$$u=\frac{1+\mu}{E_0}\times\frac{r_B^2}{r}\times p \tag{4-85}$$

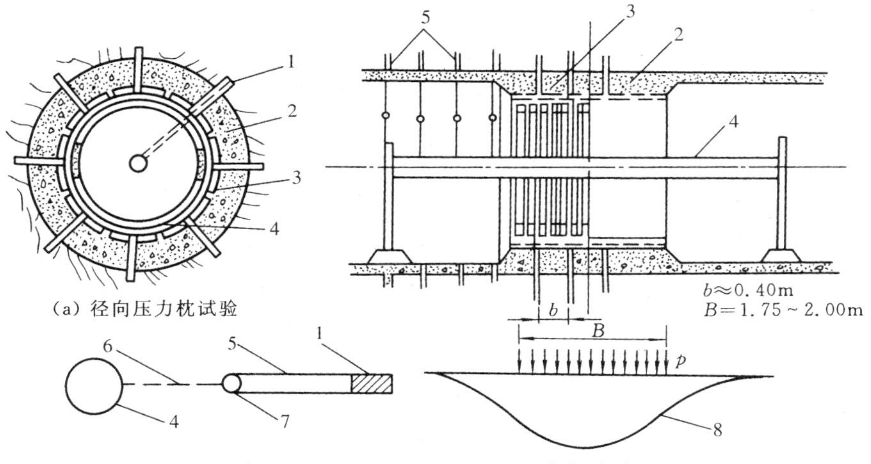


(a) 径向压力枕试验

(b) 径向量测装置细部　　(c) 荷载-位移曲线

1—锚固点;2—混凝土衬砌;3—压力枕;4—钢筒;5—钢测杆;6—钢丝;7—测表;8—岩石弹性位移

图 4-39　径向荷载试验装置

当混凝土圈有分布裂缝时,作用于岩体表面上的应力 $p=p_a$,则由式(4-85)得:

$$E_0=\frac{1+\mu}{u}\frac{r_B^2}{r}p_a \tag{4-86}$$

设 $u_0$ 为岩体洞壁面的位移,当 $u=u_0$ 时可得:

$$E_0=\frac{1+\mu}{u_0}r_B p_a \tag{4-87}$$

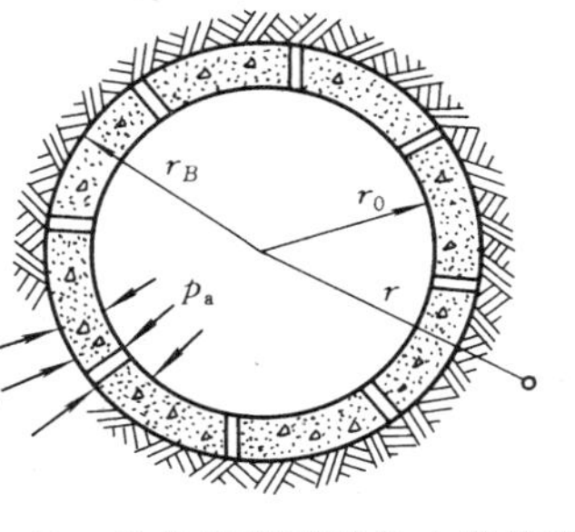


图 4-40　径向载荷试验的力学模型

设 $K$ 为岩体的弹性抗力系数，则：

$$u_0=\frac{p_a}{K} \tag{4-88}$$

根据式(4-87)和式(4-88)可得：

$$\frac{p_a}{K}=\frac{1+\mu}{E_0}r_B p_a$$

$$K=\frac{E_0}{(1+\mu)r_B} \tag{4-89}$$

岩体的弹性抗力系数 $K$ 随洞半径而变化，半径越大，$K$ 值越小，即 $K$ 与半径成反比。为使用方便，通常采用 $r_B=100\text{cm}$ 时的抗力系数 $K_0$，即

$$\frac{K}{K_0}=\frac{100}{r_B}$$

$$K_0=\frac{Kr_B}{100}=\frac{pr_B}{100u_0} \tag{4-90}$$

弹性抗力系数 $K$ 对于有内压力的隧洞衬砌是有意义的。因为围岩岩体具有一定的弹性，它被迫压缩以后，就会产生一定的弹性抗力 $p$。岩体的弹性抗力系数 $K$ 越大，则它能产生的弹性抗力 $p$ 也越大，这个弹性抗力 $p$ 对衬砌的稳定是有利的。假如岩体很软弱，没有弹性抗力，衬砌在过大的内压力作用下会自由膨胀，则衬砌很快便会破裂。岩体的这个弹性抗力实际上是分担了一部分内压力，使衬砌所受的内压力减少，从而起到保护衬砌的作用。充分利用岩体的弹性抗力，就可以大幅减小衬砌的厚度，降低工程造价。

#### 4.8.1.3 狭缝压力枕荷载试验

本试验是将岩体切割成槽，把压力枕埋于槽内，并用水泥砂浆浇筑，使压力枕的两个面皆能很好地与槽的两侧岩面接触(图 4-41)。当压力枕施加荷载于岩面之后，施加的荷载大小可由压力表测定，而岩面的平均位移 $V_s$ 可从水泵(或油泵)打入压力枕中的水量(或油量)推算出来，即

$$V_s=\frac{fW}{2F} \tag{4-91}$$

式中 $W$——贮水筒下降的水位；

$f$——贮水筒的截面积；

$F$——压力枕表面积。

变形模量 $E_0$ 为

$$E_0=\frac{0.5P(1-\mu^2)}{aV_s} \tag{4-92}$$

式中 $P$——压力枕作用于岩面的总荷载；

$a$——圆形加载表面的半径。

如图 4-42 所示，若在垂直岩壁上刻槽进行狭缝压力枕荷载试验，则岩体变形模量 $E_0$ 可按布辛涅斯克弹性理论求解。

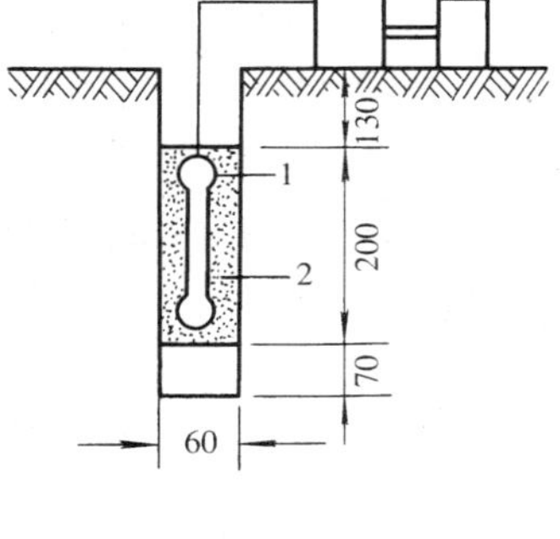


1—水力压力枕；2—水泥砂浆；
3—贮水圆筒；4—水泵

图 4-41 用水力压力枕做狭缝试验

当已知所测得的位移时，变形模量 $E_0$ 为

$$E_0=\frac{lp(1+\mu)}{4u_R}\left[1+\frac{3-\mu}{1+\mu}+\frac{2(\rho^2-1)}{\rho^2+1}\right] \tag{4-93}$$

式中 $p$——压力枕施加的单位压力(MPa)；

$l$——直槽宽度(近似以压力枕宽度代替)(cm)；

$u_R$——测点的位移(cm)。

$\rho$——计算参数，按下式求得：

$$\rho=\frac{2y+\sqrt{4y^2+l^2}}{l} \tag{4-94}$$

其中，$y$ 为直槽的水平中心轴($x$ 轴)到测点之间的距离(cm)。

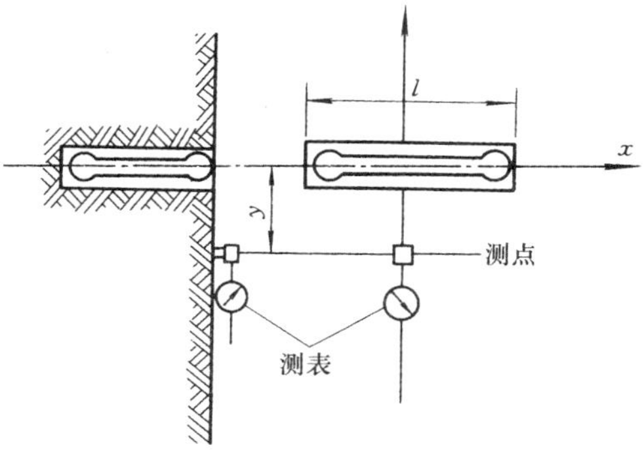

图 4-42 狭缝压力枕试验

## 4.8.2 现场岩体直剪试验

在节理岩体中，结构面的强度远小于岩块本身的强度，故在外力作用下，岩体的破坏主要是沿结构面发生剪切位移而引起的。从边坡的失稳及工程事故都可证实这一点。因此，近年来国内外都加强了沿岩体中的软弱结构面的现场抗剪强度试验。

### 4.8.2.1 双千斤顶法

现场岩体的直剪试验一般采用双千斤顶(或压力枕)法(图 4-43)。在该方法中，可以按施加的推力与剪切面之间夹角的大小采用不同的加荷方法。图4-43显示该剪切试验沿 $\alpha$ 倾角施加倾斜推力。有时也可采用 $\alpha=0$ 的水平推力试验方法。

双千斤顶法试验中，一组试验不少于 5 块试件。首先利用下列公式求出试件剪切面在不同垂直力 $P$ 和推力 $T$ 作用下的正应力 $\sigma$ 和极限剪应力 $\tau$：

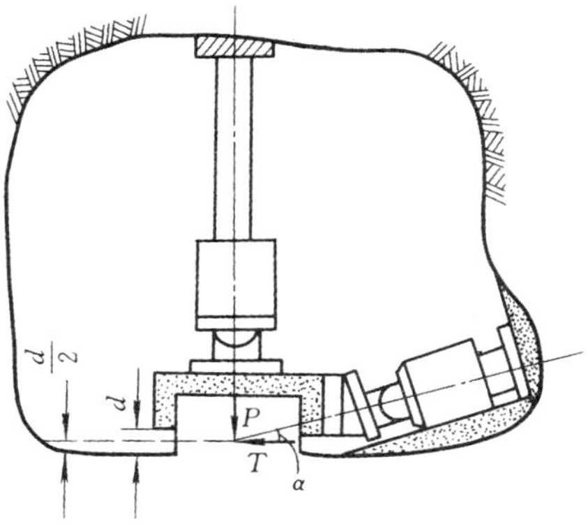

图 4-43 剪切实验装置

$$\sigma=\frac{P+T\sin\alpha}{F}$$

$$\tau=\frac{T\cos\alpha}{F} \tag{4-95}$$

式中 $\sigma$——试件剪切面上的正应力(MPa)；

$\tau$——试件剪切面上的剪应力(MPa)；

$P$——垂直总荷载(N)；

$T$——横向总荷载(N)；

$F$——试件剪切面面积($mm^2$)；

$\alpha$——横向推力与结构面的夹角(通常取 $\alpha=15°$)(°)。

当剪切面上存在裂隙、节理等滑面时，抗剪面积将分成剪断破坏与滑动破坏两部分，而把剪断破坏部分当作有效抗剪面积 $F_a$，滑动破坏时的滑动面积为 $F_b$，则

$$\left.\begin{aligned} F &= F_a + F_b \\ \sigma &= \frac{P + T\sin\alpha}{F} \\ \tau &= \frac{T\cos\alpha}{F_a} \end{aligned}\right\} \tag{4-96}$$

如果 $\alpha = 0°$,则式(4-96)的横向推力 $T$ 为水平向,这时有

$$\left.\begin{aligned} \sigma &= \frac{P}{F} \\ \tau &= \frac{T}{F} \end{aligned}\right\} \tag{4-97}$$

若剪切面为一倾斜面,且剪切面与推力方向成 $\alpha$ 夹角,而与推力成 90°方向为 $\beta$ 倾角时(图 4-44),则正应力与剪应力可由下式计算:

$$\left.\begin{aligned} \sigma &= \frac{\cos\beta(P\cos\alpha + T\sin\alpha)}{F} \\ \tau &= \sqrt{\tau_1^2 + \tau_2^2} \end{aligned}\right\} \tag{4-98}$$

式中 $\alpha$——水平推力方向的假倾角(°);

$\beta$——垂直于推力方向的假倾角(°);

$\tau_1, \tau_2$——分别为平行于水平推力方向和垂直于推力方向的剪应力分量(MPa),可按下式求得:

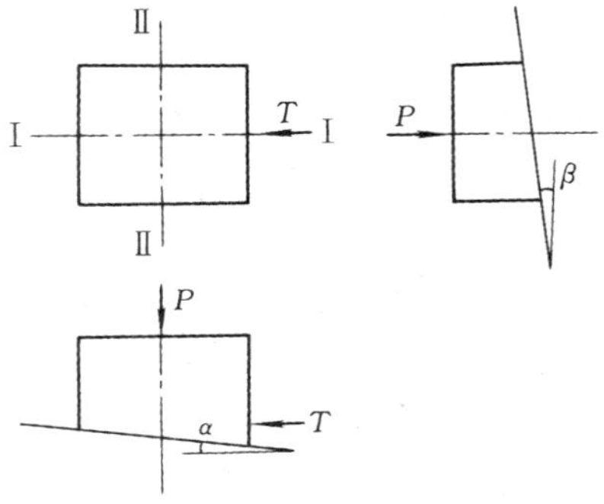

图 4-44 节理为倾斜面时的剪切试验模型

$$\left.\begin{aligned} \tau_1 &= \frac{(T\cos\alpha - P\sin\alpha)}{F} \\ \tau_2 &= \frac{\sin\beta(P\cos\alpha + T\sin\alpha)}{F} \end{aligned}\right\} \tag{4-99}$$

由于剪切时设备的重量、试件的重量及设备中滚轴的滚动摩擦的影响等,因此,在试验时应考虑下列两点:

(1) 施加于试件剪切面上的压力应包括千斤顶施加的荷重、设备和试件的质量;

(2) 在计算剪应力时,应扣除由于垂直压力而产生的滚轴滚动摩擦力。

#### 4.8.2.2 单千斤顶法

单千斤顶法是在现场岩体无法施加垂直应力的情况下采用的。在山坡上或平洞内的预定剪切面上,挖成各主应力方向与固定剪切面成不同倾角(通常采用 $\alpha = 15° \sim 35°$)的剪切面的试件(图 4-45)。然后用千斤顶或压力枕逐级施加横向推力,一直到试件破坏,以求得不同正应力和剪应力的抗剪断强度。若剪切面为倾斜时,可采用如图 4-46 的布置方法,则由

$$\sigma = \frac{T\sin\alpha}{F_x},\quad \tau = \frac{T\cos\alpha}{F_x},\quad F_x = \frac{F_h}{\sin\alpha},\quad \sigma_1 = \frac{T}{F_h}$$

得

$$\left.\begin{aligned} \sigma &= \frac{\sigma_1(1 - \cos2\alpha)}{2} \\ \tau &= \frac{\sigma_1 \sin2\alpha}{2} \end{aligned}\right\} \tag{4-100}$$

式中　$\sigma_1$——破坏时的应力(MPa)；

$\alpha$——剪切面与水平面的夹角(°)。

分别进行不同的 $\alpha$ 角剪切试验，将式(4-100)中的两式合并，可得莫尔应力圆方程：

$$\left(\sigma-\frac{\sigma_1}{2}\right)^2+\tau^2=\left(\frac{\sigma_1}{2}\right)^2 \tag{4-101}$$

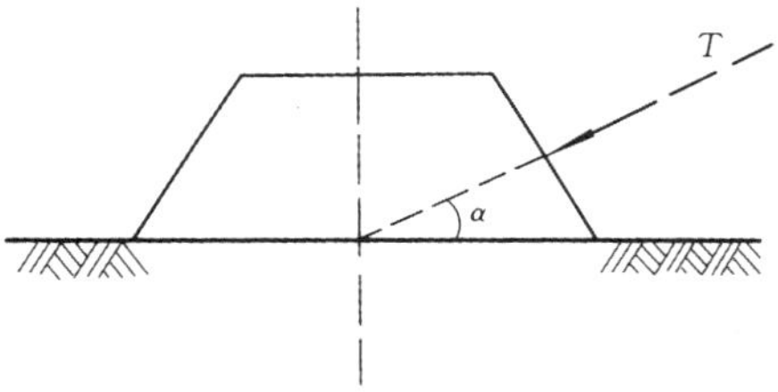


图 4-45　单千斤顶抗剪强度试验

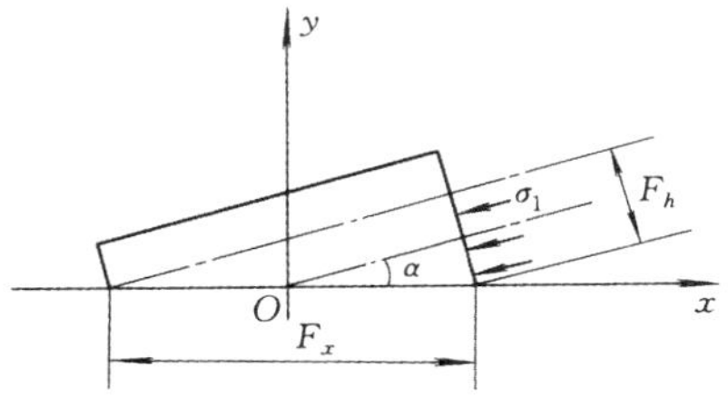


图 4-46　变角度抗剪强度试验

### 4.8.3　现场岩体三轴强度试验

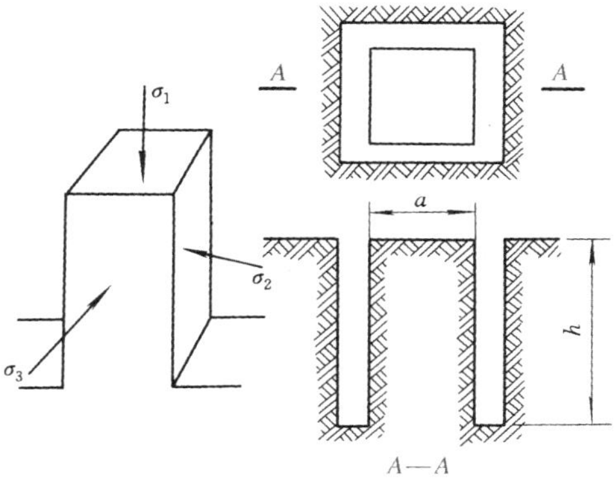


图 4-47　现场岩体三轴试验的力学模型

在一个随机性节理的岩体中，破坏面位置的预定是有困难的，也是与工程实际状况不相符合的。用现场岩体的三轴试验可以量测岩体的抗剪强度和破坏面的位置及形态，这时，破坏面将会沿着最弱的面破坏，它真实地反映了岩体的破坏状态。这个破坏面可能沿着已有的节理面产生，也可能通过完整岩石本身破坏。破坏面的形态可以是沿着一个平直节理面，也可以由两组或三组不同的节理方向组合而成锯齿状破坏面。现场岩体的三轴试验(图 4-47)的试件一般为立方柱体，它是在试洞底板或洞壁的试验位置上，经过仔细刻凿和整平而成，使此立方柱体试件五面脱离原地岩体，而仅有一面与岩体相连。试件受压面积的大小是根据施加压力作用的压力枕尺寸而定；其长度(或高度)一般取 $h>2a$。目前，现场岩体的三轴试验试件也有采用矩形截面的，其大小可达 2.80m×1.40m×2.80m，试件的基底与岩体相连的面积为 2.80m×1.40m。

试件备好后，把压力枕埋置在刻槽内，以便施加侧压力 $\sigma_2$ 和 $\sigma_3$，而 $\sigma_1$ 是通过垂直千斤顶或压力枕施加的。在试验过程中测量和记录试件位移，从而测定应力-位移关系曲线，以此确定应力的比例极限值、屈服极限值和破坏极限值。

不同应力状态下，现场三轴试验成果的计算分述如下。

1. 三轴应力在 $\sigma_1>\sigma_2>\sigma_3$ 状态下的强度计算

在 $\sigma_1>\sigma_2>\sigma_3$ 的应力状态下，某一平面法线方向余弦为 $L,M,N$，则法向应力和剪应力为

$$\sigma_n=\sigma_1L^2+\sigma_2M^2+\sigma_3N^2 \tag{4-102}$$

$$\tau_n^2=\sigma_1L^2+\sigma_2M^2+\sigma_3N^2-\sigma_n^2 \tag{4-103}$$

$$L^2+M^2+N^2=1 \tag{4-104}$$

由式(4-102)—式(4-104)可得：

$$\left(\sigma_n-\frac{\sigma_2+\sigma_3}{2}\right)^2+\tau_n^2=(\sigma_1-\sigma_2)(\sigma_1-\sigma_3)L^2+\frac{1}{4}(\sigma_2-\sigma_3)^2 \tag{4-105}$$

$$\left(\sigma_n-\frac{\sigma_1+\sigma_3}{2}\right)^2+\tau_n^2=(\sigma_2-\sigma_3)(\sigma_2-\sigma_1)M^2+\frac{1}{4}(\sigma_3-\sigma_1)^2 \tag{4-106}$$

$$\left(\sigma_n-\frac{\sigma_1+\sigma_2}{2}\right)^2+\tau_n^2=(\sigma_3-\sigma_1)(\sigma_3-\sigma_2)N^2+\frac{1}{4}(\sigma_1-\sigma_2)^2 \tag{4-107}$$

式中，$L$，$M$，$N$ 是未知数，分别令 $L=0$，$M=0$，$N=0$，则在平面坐标内表示为三个应力圆，见图4-48。

在三轴（$\sigma_1>\sigma_2>\sigma_3$）状态下，若令式(4-105)—式(4-107)的 $L=\frac{1}{3}$，$M=\frac{1}{3}$，$N=\frac{1}{3}$，则得八面体正应力和剪应力：

$$\left.\begin{aligned}\sigma_n&=\frac{\sigma_1+\sigma_2+\sigma_3}{3}\\ \tau_n&=\frac{1}{3}\sqrt{(\sigma_1-\sigma_2)^2+(\sigma_2-\sigma_3)^2+(\sigma_3-\sigma_1)^2}\end{aligned}\right\} \tag{4-108}$$

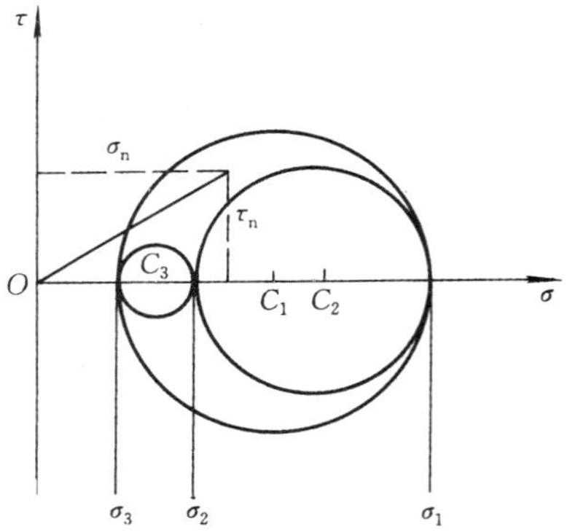


图 4-48 三向莫尔应力圆

2. 三轴应力在 $\sigma_1>\sigma_2=\sigma_3$ 状态下的强度计算

由于侧压力 $\sigma_2=\sigma_3$，可简化为平面问题。任意一点的法向应力和剪应力、应力圆的表示方法见图 4-49，而最大和最小主应力的计算等在第 2 章中已经作了介绍，在此不做复述。

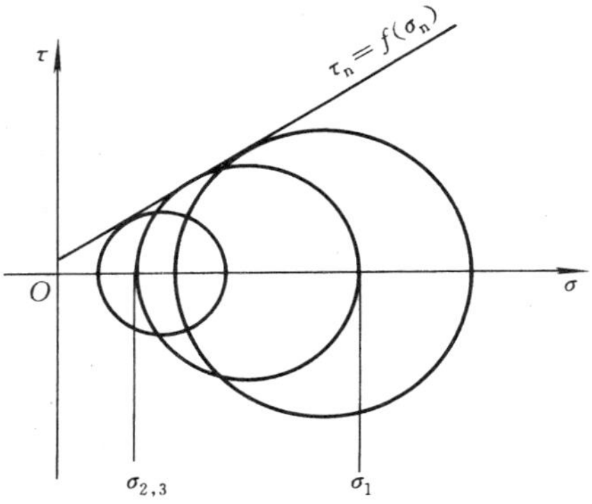


图 4-49 二向莫尔应力圆

## 思考题及习题

1. 描述结构面的各个参数及其所表达的含义。
2. 阐述结构面法向弹性变形的假设条件和计算方法。
3. 阐述结构面法向变形的三个分量。
4. 阐述结构面剪切位移的类型及其特征。
5. 阐述结构面强度表达式及其与莫尔应力圆的几何关系。
6. 简述结构面的面摩擦效应。

7. 简述帕顿的结构面抗剪强度公式及其应用条件。

8. 简述勒单尼的结构面抗剪强度公式及其应用条件。

9. 简述巴顿的结构面抗剪强度公式及其应用条件。

10. 阐述结构面与主应力面的夹角对极限最大主应力的影响。

11. 阐述带有单一结构面岩体的力学效应。

12. 阐述孔隙水压力对单一结构面岩体强度的影响。

13. 阐述岩体的变形曲线及其变形参数的确定方法。

14. 如图 4-50 所示，有一层状岩体，在其上作层理闭合实验，已知岩石材料的弹性模量 $E=1.0\times10^4$ MPa，岩石单轴抗压强度 $R_c=24$MPa，层理壁面的抗压强度为 $R_c$ 的一半。在边长为 0.5m 的立方体上施加压缩荷载 $\sigma=2.0$MPa，测出压板的位移值为 0.4mm。试求两壁弹性接触面的 $n$，$h$，以及接触面上的应力值(要求 $n$ 尽可能地大，并能满足接触面上的强度要求)。

15. 如图 4-51 所示为带有天然节理的试件，节理面与最大主应力面的夹角 $\beta=40°$，节理的基本内摩擦角 $\phi_b=36°$，节理的粗糙度为 4 级，节理面壁的抗压强度为 50MPa。试问：在多大的 $\sigma_1$ 作用下试件会破坏？

16. 一个与岩心轴线成 45°角锯开的节理，经多级三轴试验后得到表 4-7 所列数据。试确定各级极限荷载作用下节理面上的正应力 $\sigma$ 与剪应力 $\tau$ 值以及节理摩擦角 $\phi_j$。

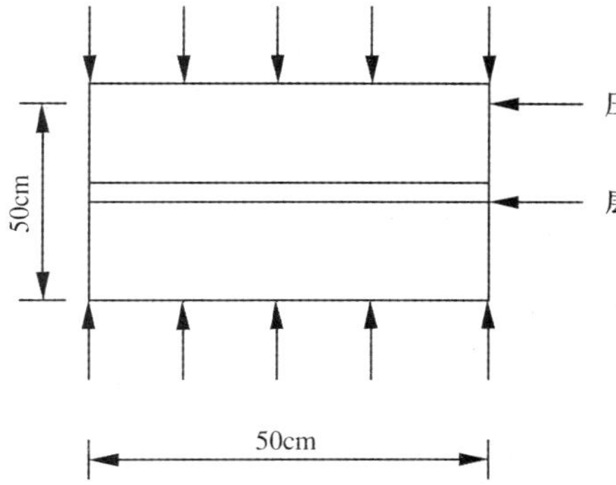


图 4-50　题 14 图

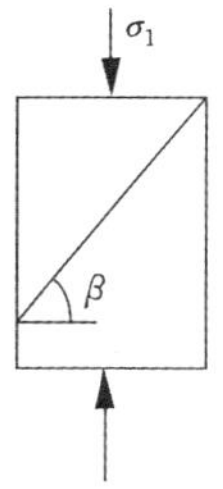


图 4-51　题 15 图

表 4-7　　三轴强度试验数据　　单位：MPa

| 序　号 | 1 | 2 | 3 | 4 |
|---|---|---|---|---|
| $\sigma_3$ | 0.10 | 0.30 | 0.50 | 1.00 |
| $\sigma_1$ | 0.54 | 1.63 | 2.72 | 5.45 |

17. 若在题 16 的岩体中有一逆断层与水平线夹角为 25°，如图 4-52 所示，试问：在埋深 2000m 的深处，能承受的最大水平应力是多少？(重度 $\gamma=27\text{kN/m}^3$)

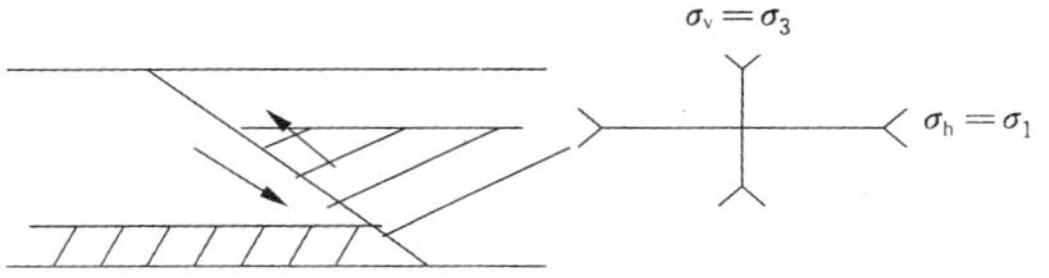


图 4-52　题 17 图

18. 如图 4-53 所示，正断层与水平面的夹角为 65°。当在 600m 深处水压力达到 10MPa 时，断层产生滑动，若该处岩层重度为 27kN/m³，断层面 $c_j=1.0\text{MPa}$，$\phi_j=35°$，问该正断层滑动之前水平应力是多大？

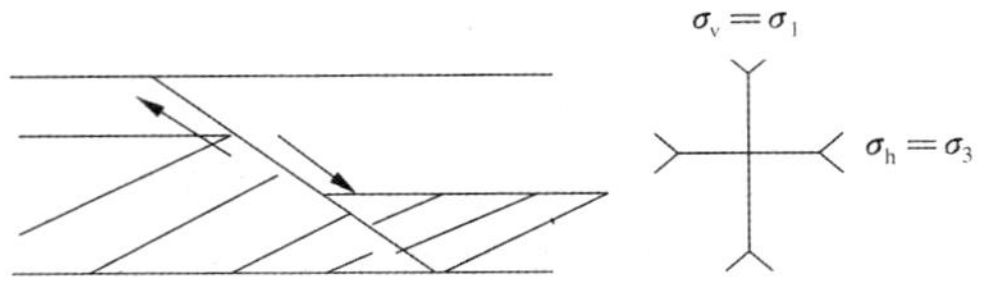


图 4-53　题 18 图

19. 已知试件的尺寸为 40cm×40cm×40cm，作用在规则齿状结构面试件上的应力 $\sigma_n=10\text{MPa}$，结构面 $\phi_j=27°$，面壁岩石材料强度参数 $c=5.0\text{MPa}$，$\phi=27°$，起伏角 $i=15°$，试根据帕顿提出的结构面强度公式求解结构面的极限剪应力。

20. 一带有单一结构面的试件，已知岩石的强度参数 $c=2.0\text{MPa}$，$\phi=30°$，结构面的强度参数 $c_j=0.02\text{MPa}$，$\phi_j=30°$，结构面倾角 $\beta=40°$。试求：

(1) 当 $\sigma_3=4.0\text{MPa}$，施加 $\sigma_1$ 至破坏，请问产生何种性质的破坏？其破坏角为多大？并画出极限应力圆与强度线的关系图。

(2) 当 $\sigma_3=4.0\text{MPa}$，$\sigma_1=15.0\text{MPa}$ 时，在多大的孔隙水压力作用下试件才能破坏？

# 第5章 工程岩体分类

## 5.1 概述

在前面几章介绍了岩石的基本物理力学性能、岩体的基本力学性能等方面的内容，同时，也了解了获得岩石(块)和岩体各种物理力学性能参数的测定方法。因此，对岩石和岩体(包括结构面)的力学特性有一个相对比较完整的认识。但是，对于一个具体的岩体工程来说，由于岩体的复杂性，更全面地认识岩体还会遇到很多问题。例如，在工程地质资料的基础上，哪些岩石或岩体必须进行室内外试验？对于由地质调查所得的数据，如何评价岩体对于所建工程的影响？岩体的总体质量达到何种状态？结合工程特征，应该从哪几方面综合评价岩体的稳定性？对于岩石工程而言，由于影响岩体质量及其稳定性的因素很多，即使是同一个岩体，由于工程规模大小、工程类型以及工程用途的不同，对岩体也会有不同的要求，评价该岩体对工程的主要影响因素也不尽相同。因此，长期以来，国内外不少专家学者以工程类比为基本思想，建立了一个评价体系，采用定性和定量两个方面的指标来评价岩体的工程性质和岩体的工程质量，并根据其工程类型及使用目的，对岩体进行分类，从宏观上综合评价岩体的质量，这就是所谓的工程岩体分类的方法。这一方法也已成为岩体力学中最基本的研究课题之一，并大量应用于相关的岩体工程之中。

岩体分类从早期的较为简单的岩石分类，发展到多参数的分类，从定性的分类到定量、半定量的分类，经过了一个发展过程。最早采用岩石的单轴抗压强度值作为岩石质量好坏的分级指标。随着人们对岩体认识的不断深入，在评价工程岩体的质量时，又加入了结构面对岩体的影响，并考虑了地质赋存条件，如地下水和地应力等对岩体质量的影响，使得评价岩体质量好坏的体系更加全面、完善。此外，分类的方法也从定性地描述岩石质量的优劣，到定量地采用一些物理力学指标，计算一个综合值，以确定岩体的质量好坏。一些研究相对比较深入的岩体分类方法，还与岩体的自稳时间、岩体和结构面的力学参数等建立了相关关系。因此，使得岩体分类的方法能在许多岩体工程中广泛地应用。

目前，分类方法中比较有代表性的有：岩石饱和单轴抗压强度分类，它是将岩石饱和单轴抗压强度值，从坚硬到极软分成若干等级评价岩石质量的好坏；岩石质量指标 *RQD* 分类是根据修正的岩心采取率 *RQD*，来评价岩体中结构面的发育程度及岩体的完整性；巴顿(Barton)的 *Q* 分类是适用于隧道工程的岩体分类，根据统计的结果将 *Q* 值与隧道自稳的跨度建立了联系，并给出了相关的参考值；我国《工程岩体分级标准》同时采用了定量和定性的两套分级体系，相互校核，相互修正，使得分类更加合理。目前国内外各种分类不下几十种，每种分类都有各自的优点和相应的适用条件，大都提出按照不同的工程提出相应的分类，如地下工程的围岩分类、边坡工程岩体分类、水利工程的岩体分类等。各国的岩体分类的方法研究日趋成熟，已为大中型岩体工程设计和施工所采用。

## 5.2 工程岩体分类的目的与原则

### 5.2.1 工程岩体分类的目的

根据地质勘探和少量的岩体力学试验的结果，确定一个区分岩体质量好坏的规律，据此将工程岩体分成若干个等级,对工程岩体的质量进行评价,确定其对工程岩体稳定性的影响程度,为工程设计、施工提供必要的参数。

工程岩体分类的目的,是从工程的实际需求出发,对工程建筑物基础或围岩的岩体进行分类,并根据其好坏,进行相应的试验,求得工程岩体稳定性评价必不可少的计算指标和参数,以便于合理地设计相关的工程,并在整个施工阶段采取合适的施工方法和相应的工程措施,达到经济、合理、安全地完成工程建设项目的目的。同时,工程岩体分类也为岩石工程建设的勘察、设计、施工和编制定额提供必要的基本依据。目前根据工程岩体分类用途的不同,可以将其笼统地分成通用性的分类和专业性的分类两种。通用性的分类对于工程具有较少的针对性,是具有原则性和大致的分类,是供各学科领域及国民经济各部门笼统使用的分类。专业性的分类是专为某种工程建设编制的分类,所涉及的面窄一些,考虑的影响因素少一些,但更深入、细致一些。供各种工程使用的工程岩体分类,从某种意义上讲,都是范围大小不等的专用分类。工程项目的不同,分类的要求也不同,考虑分类的侧重点也不同。例如,水利水电工程须着重考虑蓄水后库水位的影响,而对于修建在地下的大型工程来讲,须考虑地应力对岩体稳定性的影响。总之,工程岩体分类是为一定的具体工程服务的,是为某种目的编制的,它的分类内容和分类要求要为分类目的服务。

### 5.2.2 工程岩体分类的原则

进行工程岩体分类,一般应考虑以下几个方面:

(1) 工程岩体的分类应该与所涉及的工程性质,即工程运营的目的密切地联系在一起,需考虑分类是适用于某一类工程、某种工业部门的通用分类,还是为一些大型工程专门分类。

(2) 分类应该尽可能采用定量的参数,以便于在应用过程中减少人为因素的影响,并能用于技术计算和制订定额上。

(3) 分类的级数应合适,不宜太多或太少,一般分为四至六级。

(4) 工程岩体分类方法与步骤应简单明了,分类的参数在工程现场容易获取,参数所赋予的数字便于记忆,便于应用。

(5) 由于工程建设的对象和运营的目的不同,因此分级中所采用的参数也有所不同。各个参数应有明确的物理意义,并且还应该是独立的影响因素。一般来说,在工程岩体分类中考虑影响岩体稳定性的主要因素有:岩体的性质,尤其是结构面发育程度和岩块的工程质量;岩石的风化程度;水的影响;岩体的各种物理力学参数;地应力以及工程规模和施工方式等。

目前,在国际上,工程岩体分类的一个明显趋势是利用通过各种技术手段获取的“综合特征值”来反映岩体的工程特性,以此作为工程岩体分类的基本定量指标;并力求与工程地质勘察和岩体(石)测试试验结果相结合,用一些简捷的方法,能够快速地判断岩体工程质量的好坏。本章所介绍的一些工程岩体分类方法,大多应用“综合特征值”。“综合特征值”一般是由影响岩体稳定性的多项指标综合计算而定的。

### 5.2.3 工程岩体分类的独立因素分析

如上所述,进行工程岩体分类首先要确定影响岩体工程性质的主要因素,尤其是独立的影响因素。从工程观点来看,起主导和控制作用的影响岩体工程性质的因素,有以下几个方面。

1. 岩石的质量

岩石的质量，是反映岩石物理力学性质的主要依据，也是工程岩体分类的基础。从工程实践来看，岩石质量主要表现在岩石的强度和变形性质方面。根据室内岩块试验，可以获得岩石的抗压、抗拉、抗剪和弹性参数及其他指标。从国内外岩体分类的情况来看，目前大都采用室内单轴抗压强度值作为分类指标之一。另外，可以采用现场点荷载试验获得点荷载强度指数，根据经验换算关系确定岩石的单轴抗压强度值。

2. 岩体的完整性

岩石的单轴抗压强度值只能从一个方面反映岩体的工程性质好坏，但是它并不是决定性的参数。岩体工程质量在很大程度上取决于由于各种地质因素和各种地质条件影响而形成的各种软弱结构面和其间的充填物质，以及它们自身的空间分布特征。

目前，在岩体分类中能够反映岩体完整程度的主要参数有以下两个：

(1) 结构面分布特征的统计结果。包括节理组数、节理间距、节理体积裂隙率($J_v$)，以及节理的粗糙状况及其充填物的状况，都是工程岩体分类应用的重要参数。

(2) 岩体弹性波(主要为纵波)波速。利用弹性波纵波速度能综合反映岩体中结构面发育的程度，以此评价岩体的完整性。因此，弹性波波速往往是工程岩体分类中的一个重要参数。

当工程处于地表，如边坡、大坝、建筑工程等，则必须考虑由于风化作用对岩体的影响。在工程岩体分类中，往往只是采用定性的方法考虑风化作用的影响，缺乏有效的定量评价方法。岩体的风化作用并非是独立的因素，它对岩体质量的影响，也可以通过岩石的单轴抗压强度和声波波速综合反映。

3. 水

水对岩体质量的影响，主要表现为两个方面：一是使岩石及结构面充填物的物理力学性质恶化；二是沿岩体结构面形成渗透，影响岩体的稳定性。就水对工程岩体质量的影响而言，尚缺乏有效的定量评价方法，一般是半定性与半定量相结合的方法。

4. 地应力

对工程岩体分类来说，地应力是一个独立因素。地应力对于部分工程，尤其是地下工程的稳定性影响非常大，因此是一个不能忽略的重要的因素。但由于地应力的测量工作量大，评价方法相对比较复杂，很难非常正确地获得地应力值，所以对工程的影响也很难采用定量的方法给出相应的评价。在一般的工程岩体分类中，此因素考虑较少。

5. 某些综合因素

在工程岩体分类中，一是应用隧洞的自稳时间或塌落量，二是应用巷道顶面的下沉位移量，来反映工程的稳定性。它们综合反映了岩石质量、岩体完整性、水和地应力，因而称为综合因素。在有的岩体分类中，也把它们作为岩体分类以后的岩体稳定性评价指标。

综上所述，目前在工程岩体分类中，作为评价工程岩体质量的独立因素，通常采用岩石质量、岩体完整性和地质赋存条件等三项，其中，地质赋存条件包括地下水和地应力。此外，一些工程岩体分类还考虑结构面产状对工程稳定性的影响。

## 5.3 工程岩体代表性分类简介

对于工程岩体分类从早期的单指标到多指标的方法，从定性的分类到现代常用的综合指标定量的分类方法，都经过了一定的工程应用后形成了具有一定代表性的分类方法，本节着重介绍这些具有代表性的分类方法。

### 5.3.1 按岩石的单轴抗压强度分类

用岩块的单轴抗压强度进行分类,是最早使用的相对比较简单的分类方法。例如,我国早期的按岩石强度分类以及岩石坚固系数(普氏系数)分类。由于它没有考虑岩体中的其他因素,尤其是软弱结构面的影响,目前已很少将其作为单独岩体分类的方法。但由于岩石的单轴抗压强度成为绝大多数岩石工程所必须进行的岩石试验,因此,目前许多综合分类方法中将其作为一个基本的参数指标。

#### 5.3.1.1 按岩石单轴抗压强度分类

早年,我国工程界按岩石单轴抗压强度将其分为四类,具体见表 5-1。

**表 5-1　　岩石单轴抗压强度分类表**

| 类　　别 | 岩石单轴抗压强度 $R_c$ /MPa | 岩石类别 |
|---|---|---|
| Ⅰ | 250～160 | 特坚岩 |
| Ⅱ | 160～100 | 坚岩 |
| Ⅲ | 100～40 | 次坚岩 |
| Ⅳ | <40 | 软岩 |

#### 5.3.1.2 按点荷载强度指标分类

由于岩石点荷载试验可在现场测定,试验不受试件尺寸与形状的约束,试验方法简便,所以用点荷载强度指标分类得到重视。此分类由伦敦地质学会与费兰克林(Franklin)等人提出,见图 5-1。

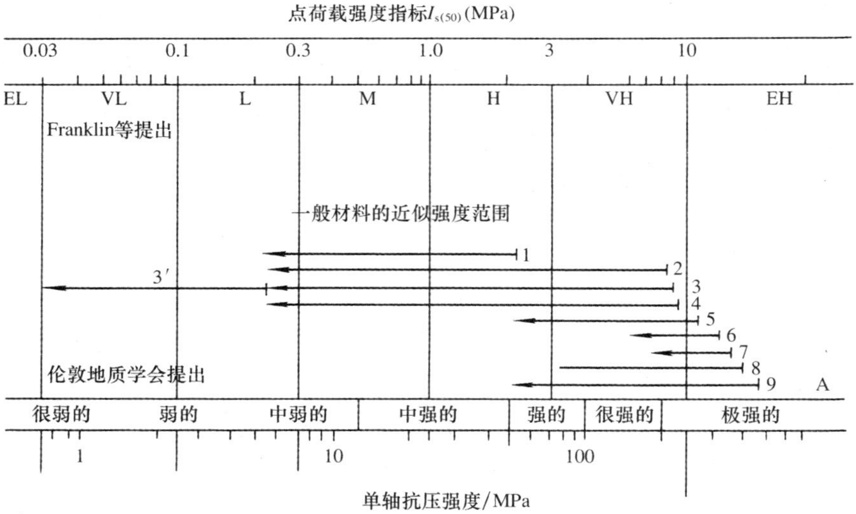


1—煤;2—石灰岩;3—泥岩;3′—硬黏土;4—砂岩;5—混凝土;6—白云岩;7—石英岩;8—火山岩;9—花岗岩

图 5-1　点荷载强度指标分类

### 5.3.2　按巷道岩石稳定性分类

#### 5.3.2.1　斯梯尼分类

斯梯尼(Stini)于 1950 年根据巷道岩石的稳定性进行分类，如表 5-2 所示。他将岩石分为九类，分类中还对不同岩石的级别与作用于岩石的载荷和巷道的稳定性现象等做出了有关的说明。

**表 5-2　斯梯尼分类**

| 分　类 | 岩石荷载 $H_p$ /m | 说　明 |
|---|---|---|
| 稳　定 | 0.05 | 很少松脱 |
| 接近稳定 | 0.05～1.0 | 随时间增长有少量岩石从松动岩石中脱落 |
| 轻度破碎 | 1.0～2.0 | 随时间增长而发生松脱 |
| 中度破碎 | 2.0～4.0 | 暂时稳定，个把月后破碎 |
| 破　碎 | 4.0～10 | 瞬时稳定，然后很快塌落 |
| 非常破碎 | 10～15 | 开挖时松脱，并有局部冒顶 |
| 轻度挤入 | 15～25 | 压力大 |
| 中度挤入 | 25～40 | 压力大 |
| 大量挤入 | 40～60 | 压力很大 |

注：$H_p = H_{p(5m)}(0.5+0.1L)$，$H_{p(5m)}$ 表示巷道宽度为 5m 的荷载，$L$ 为巷道宽度。

#### 5.3.2.2　苏联巴库地铁分类

苏联巴库地下铁道建设中根据岩石抗压强度、工程地质条件和开挖时岩体稳定破坏现象，将岩体分成四类稳定性并提出了施工的相应措施，见表 5-3。

**表 5-3　按岩层稳定性分类**

| 稳定性 | 岩　石 | 单向抗压强度 /MPa | 工程地质条件 | 稳定破坏现象 | 建议措施 |
|---|---|---|---|---|---|
| 稳定 | 砾岩<br>石灰岩<br>砂岩 | 40～60 | 裂隙水较少或没有，岩层干燥或含水，水是无压的 | 可能有少量的坍塌 | 用爆破开挖 |
| 较稳定 | 石灰岩<br>砂岩 | 20～40 | 裂隙水较多的岩层，含水，水是有压的 | 离层、下绕塌落 $10m^3$ 以内的塌方 | 坑道前面开挖，盾构开挖 |
|  | 黏土<br>亚黏土 | 8.0～10 | 裂隙很少或没有 |  |  |
| 不充分稳定 | 黏土<br>亚黏土 | 6.0～8.0 | 层状岩层，有裂隙，团粒结构，稍湿润 | 塌落 $10m^3$ 左右的塌方，黏土的塑性膨胀 | 小进度(<0.5m)盾构开挖，加强坑道全面支护，加快开挖速度，向盾后压注速凝砂浆 |
|  | 垆姆砂砂 | 6.0 | 有黏土、砂夹层的岩层 |  |  |
| 不稳定 | 垆姆砂砂 | 3.0～6.0 | 含饱和水的流动的岩层，水是有压的 | 涌水、流砂、地面下沉、岩体变形 | 利用人工降水，压缩空气，冻结法与灌浆配合给水法等组合的盾构开挖 |

### 5.3.3 按岩体完整性分类

#### 5.3.3.1 按岩石质量指标分类

岩石质量指标(Rock Quality Designation,RQD)是由迪尔(Deere)于1963年提出,后来由他本人和其他工程技术人员将其完善成一种岩体的分类方法。

*RQD* 是以修正的岩心采取率来确定的。岩心采取率是指采取岩心的总长度与钻孔在岩层中的长度之比。而 *RQD* 是选用坚固完整的、其长度等于或大于10cm的岩心累计长度与钻孔在岩层中的长度之比,并用百分数表示,即

$$RQD=\frac{\sum_{i=1}^{n} L_i}{L}\times 100\% \qquad (5\text{-}1)$$

式中 $L_i$——单节岩心≥10cm的长度;

$L$——钻孔在岩层中的总长度。

例如,某钻孔在岩层中的长度为250cm,其中岩心采取总长度为200cm,而大于10cm的岩心累计长度为157cm(图5-2),则

$$岩心采取率=\frac{200}{250}\times 100\%=80\%$$

$$RQD=\frac{157}{250}\times 100\%=63\%$$

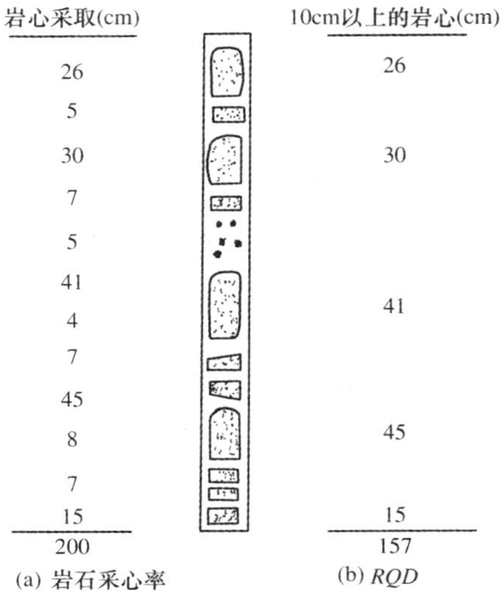


图5-2 *RQD* 和岩心采取率实例

工程实践证明,岩体中结构面的发育会直接影响钻孔取心的长度,因此,*RQD* 是一种真实反映岩体中结构面发育程度的指标。如表5-4所示,根据 *RQD* 值,可以描述岩石质量的好坏。

**表5-4　按 *RQD* 进行的工程岩体分类**

| 等　级 | *RQD* | 工程分级 |
|---|---|---|
| Ⅰ | 90%～100% | 极好的 |
| Ⅱ | 75%～90% | 好的 |
| Ⅲ | 50%～75% | 中等的 |
| Ⅳ | 25%～50% | 差的 |
| Ⅴ | 0～25% | 极差的 |

岩石的 *RQD* 与岩体完整性关系密切,*RQD* 与体积节理数 $J_v$ 之间存在下列统计关系:

$$RQD=115-3.3J_v \quad (\%) \qquad (5\text{-}2)$$

对于 $J_v \leqslant 4.5$ 的岩体,其 $RQD=100\%$。

#### 5.3.3.2 按弹性波(纵波)速度分类

由第3章可知,弹性波在岩体中的传播,与其在完整岩石中的传播有很明显的不同,岩体

中结构面的存在使得弹性波波速明显下降，而且会使其传播的能量产生不同程度的耗散，所以，弹性波波速的变化能够非常直观地反映岩体的结构特性和完整性。

中国科学院地质所根据弹性波传播特性对岩体结构进行分类，如表 5-5 所示。

**表 5-5　　各类结构岩体中的弹性波传播特性**

| 弹性波指标＼类别 | | 块状结构 | 层状结构 | 碎裂结构 | 散体结构 |
|---|---|---|---|---|---|
| 波速 $v_P/(m \cdot s^{-1})$ | 范　围 | 4000～5000 | 3000～4000 | 2000～3500 | ＜2000 |
| | 采用值 | 4500 | 3500 | 2750 | 1500 |
| | 最小值 | 3500 | 2500 | 1500 | 500 |
| 岩体与岩块波速比 $v_{Pm}/v_{Pr}$ | 范　围 | ＞0.8 | 0.5～0.8 | 0.3～0.6 | ＜0.4 |
| | 采用值 | 0.8 | 0.65 | 0.45 | 0.3 |
| | 最小值 | 0.6 | 0.5 | 0.3 | — |
| 可接收距离/m | 范　围 | 5～10 | 3～5 | 1～3 | ＜1 |
| | 最小值 | 3 | 2 | 1 | — |

日本池田和彦经过近 10 年时间，对日本的大约 70 座铁路隧道进行了地质、施工以及声波测试结果的调查，于 1969 年提出了日本铁路隧道围岩强度分类方法。他首先将岩质分成 A，B，C，D，E，F 六类，再根据弹性波在岩体中的速度，将围岩强度分为七类，参见表 5-6。

**表 5-6　　日本铁路隧道围岩强度分类**

| 围岩强度分类 | 各类岩质的波速/$(km \cdot s^{-1})$ | | | | | | 良好程度 | 备　注 |
|---|---|---|---|---|---|---|---|---|
| | A | B | C | D | E | F | | |
| 1 | ＞5.0 | | ＞4.8 | ＞4.2 | | | 好 | 1. 开挖面又涌水时，分类降一级；<br>2. 膨胀性岩石(蛇纹岩、变质安山岩、石墨片岩、凝灰岩、温泉余土)的弹性波速值要考虑这种情况：其速度值小于 4.0km/s，泊松比大于 0.3；<br>3. 对风化岩层泊松比小于 0.3 时，分类要提高一级到二级 |
| 2 | 5.0～4.0 | | 4.8～4.2 | 4.2～3.6 | | | 好 | |
| 3 | 4.6～4.0 | 4.8～4.2 | 4.4～3.8 | 3.8～3.2 | ＞2.6 | | 中等 | |
| 4 | 4.2～3.0 | 4.4～3.8 | 4.0～3.4 | 3.4～2.8 | 2.6～2.0 | | 中等 | |
| 5 | 3.8～3.2 | 4.0～3.4 | 3.6～3.0 | 3.0～2.4 | 2.2～1.6 | 1.8～1.2 | 差 | |
| 6 | ＜3.4 | ＜3.6 | ＜3.2 | ＜2.6 | ＜1.8 | 1.4～0.8 | 差 | |
| 7 | | | | | ＜1.4 | ＜1.0 | 差 | |

## 5.3.4　按岩体综合指标分类

以上分类都是依据一种独立因素进行评价并加以分类。但要全面正确地评价复杂岩体的质量好坏，较好的办法是结合岩体的特征和结构面的相关规律，考虑多种因素对其质量的影响，采用两种或两种以上的参数进行综合分类。

### 5.3.4.1　费兰克林(Franklin)岩石工程分类

费兰克林等综合考虑岩块强度(点荷载强度指标)与岩体结构面间距(代表岩体完整性)，提出双因素分类方法，见图 5-3，他将岩体坚固性分为非常高(EH)、很高(VH)、高(H)、中等(M)、低(L)、很低(VL)六类，以评价岩体的质量。

### 5.3.4.2　岩体的岩土力学分类

岩体的岩土力学分类是由毕昂斯基(Bieniawski)在 1974 年提出的，它给出了一个总的岩

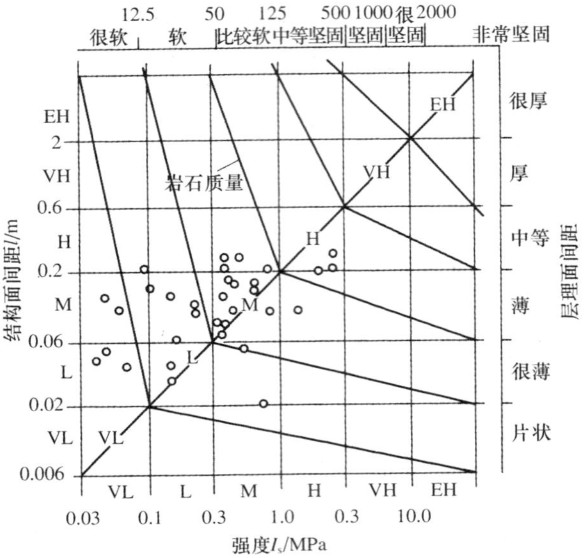


图 5-3　费兰克林的岩石工程分类

体评分值(*RMR*)作为衡量岩体工程质量好坏的“综合特征值”。该值随着岩体质量值从 0 到 100 之间变化,值越大表明岩体质量越好。岩体的 *RMR* 值取决于 5 个通用参数和 1 个修正参数。5 个通用参数分别为岩石抗压强度($R_1$)、岩石质量指标 *RQD*($R_2$)、节理间距($R_3$)、节理状态($R_4$)和地下水状态($R_5$),按其各自的状态赋予一定的评分值;而修正参数 $R_6$ 则考虑了节理分布方向对工程的影响。将上述各个参数的岩体评分值相加起来得到岩体的 *RMR* 值:

$$RMR = R_1 + R_2 + R_3 + R_4 + R_5 + R_6 \tag{5-3}$$

式中,各参数按以下方法取值。

(1) $R_1$ 是与岩石强度有关的参数,可以对标准试件进行单轴压缩强度试验来确定。为了便于分类,也可以对原状岩心试样进行点荷载试验,根据点荷载指标来确定 $R_1$ 值。岩石强度与岩体评分值 $R_1$ 的对应关系见表 5-7。

**表 5-7　　由岩石单轴抗压强度所确定的岩体评分值 $R_1$**

| 点荷载指标 /MPa | 单轴抗压强度 /MPa | 评分值 |
|---|---|---|
| >10 | >250 | 15 |
| 4～10 | 100～250 | 12 |
| 2～4 | 50～100 | 7 |
| 1～2 | 25～50 | 4 |
| 不采用 | 5～25 | 2 |
| 不采用 | 1～5 | 1 |
| 不采用 | <1 | 0 |

(2) $R_2$ 是与岩石质量指标 *RQD* 有关的参数,$R_2$ 的取值见表 5-8。

表 5-8　　由岩石质量指标 *RQD* 所确定的岩体评分值 $R_2$

| *RQD* | 90%～100% | 75%～90% | 50%～75% | 25%～50% | <25% |
|---|---|---|---|---|---|
| 评分值 | 20 | 17 | 13 | 8 | 3 |

(3) $R_3$ 是与结构面的间距有关的参数，其可以由现场露头统计测定。一般岩体中发育有多组结构面，对应于岩体评分值 $R_3$ 的结构面间距，通常采用对工程稳定性起最为关键作用的那一组结构面的间距确定。对应于结构面间距的岩体评分值 $R_3$ 按表 5-9 取值。

表 5-9　　最具影响的结构面组间距所确定的岩体评分值 $R_3$

| 节理间距/m | >2 | 0.6～2 | 0.2～0.6 | 0.06～0.2 | <0.06 |
|---|---|---|---|---|---|
| 评分值 | 20 | 15 | 10 | 8 | 5 |

(4) $R_4$ 是与结构面面壁的几何状态有关的参数，其对工程稳定的主要影响因素包括结构面的粗糙度、张开度、结构面中的充填物状态以及节理延伸长度。同样，对多组结构面而言，要以最光滑、最软弱的一组结构面为准。结构面面壁的几何状态所确定的岩体评分值 $R_4$ 参见表 5-10。

表 5-10　　由结构面面壁的几何状态所确定的岩体评分值 $R_4$

| 说　　明 | 评分值 |
|---|---|
| 尺寸有限的很粗糙的表面，未风化岩壁 | 30 |
| 略微粗糙的表面，张开度小于 1mm，轻微风化岩壁 | 25 |
| 略微粗糙的表面，张开度小于 1mm，风化岩壁 | 20 |
| 光滑表面，由断层泥充填厚度小于 5mm；张开度 1～5mm，节理延伸超过数米 | 10 |
| 由厚度大于 5mm 的断层泥充填的张开节理；张开度大于 5mm 的节理，节理延伸超过数米 | 0 |

(5) $R_5$ 是考虑地下水对岩体质量的影响。由于地下水会严重地影响岩体的力学特性，所以岩土力学分类法也引入了地下水对岩体质量影响的参数 $R_5$。考虑到在进行岩体分类评价时，往往岩体工程的施工尚未进行，所以考虑地下水状态的评分值 $R_5$ 可以由勘探平洞或导洞中的地下水流入量、结构面中的水压力或者地下水总的状态(由钻孔记录或岩心记录确定)来确定。地下水状态与 $R_5$ 值的对应关系见表 5-11。

表 5-11　　由岩体中地下水状态所确定的岩体评分值 $R_5$

| 每 10m 洞长的流入量 ($L \cdot min^{-1}$) | 节理水压力与最大主应力的比值 | 总的状态 | 评分值 |
|---|---|---|---|
| 无 | 0 | 完全干的 | 15 |
| <10 | <0.1 | 潮湿的 | 10 |
| 10～25 | 0.1～0.2 | 湿的 | 7 |
| 25～125 | 0.2～0.5 | 滴水的 | 4 |
| >125 | >0.5 | 流水的 | 0 |

(6) $R_6$是与工程岩体中所发育的结构面空间方位有关的参数。结构面的空间分布特征将在很大程度上影响工程岩体的稳定性。所以,毕昂斯基提出了表 5-12 来考虑结构面空间分布方向对工程是否有利,以对前 5 个评分值之和加以修正。修正值采用扣除分值的形式。由于结构面的倾向和倾角对于隧洞、岩基和边坡的影响是不同的,因此对应于不同的工程,其参数的修正值也不同。

**表 5-12　　结构面方向对 *RMR* 的修正值 $R_6$**

| 结构面方向对工程的影响 | 对隧洞评分值的修正 | 对地基评分值的修正 | 对边坡评分值的修正 |
|---|---|---|---|
| 很有利 | 0 | 0 | 0 |
| 有利 | −2 | −2 | −5 |
| 较好 | −5 | −7 | −25 |
| 不利 | −10 | −15 | −50 |
| 很不利 | −12 | −25 | −60 |

岩土力学分类根据以上 6 个参数之和所求得的 *RMR* 值,将岩体的质量好坏划分为“很好的”一直到“很差的”五类岩体。岩体的类别与 *RMR* 值之间的关系,参见表 5-13。

**表 5-13　　岩体的岩土力学分类**

| 类　　别 | 岩体的描述 | 岩体评分值 *RMR* |
|---|---|---|
| Ⅰ | 很好的岩石 | 81～100 |
| Ⅱ | 好的岩石 | 61～80 |
| Ⅲ | 一般的岩石 | 41～60 |
| Ⅳ | 较差的岩石 | 21～40 |
| Ⅴ | 很差的岩石 | <21 |

本分类还给出了岩体稳定性(隧洞岩体自稳时间)以及对应的岩体 $c$,$\phi$ 的建议值(表 5-14),供工程技术人员参考。

**表 5-14　　岩土力学分类与岩体自稳时间一览表**

| 岩体分类级别 | Ⅰ | Ⅱ | Ⅲ | Ⅳ | Ⅴ |
|---|---|---|---|---|---|
| 平均自稳时间 | 15m 跨,20 年 | 10m 跨,1 年 | 5m 跨,1 周 | 2.5m 跨,10h | 1m 跨,30min |
| 岩体的内聚力 $c$/kPa | >400 | 300～400 | 200～300 | 100～200 | <100 |
| 岩体的摩擦角 $\phi$ | >45° | 35°～45° | 25°～35° | 15°～25° | <15° |

由于岩土力学分类不仅考虑了岩石的抗压强度,而且还比较全面地考虑了结构面(组)和地下水对工程稳定的影响,对隧洞与采矿等工程较为实用,因此,本分类在欧美等国得到了较为广泛的应用。

#### 5.3.4.3　巴顿隧道工程 *Q* 分类

巴顿总结了 200 多个隧道工程建设中的岩体稳定性规律,于 1974 年提出了著名的隧道工程 *Q* 分类。该分类根据影响隧道工程岩体稳定性因素,采用了 6 个参数,即岩体的质量指标 *RQD*、节理的组数系数 $J_n$、节理的粗糙度系数 $J_r$、节理的蚀变系数 $J_a$、地下水的影响系数 $J_w$、

地应力影响系数 *SRF*。在经过统计分析后，归纳了各参数对隧道工程岩体质量影响的规律，提出了一个描述工程岩体质量好坏的 *Q* 值，以此评价岩体工程的稳定性。*Q* 值可按以下公式计算：

$$Q=\frac{RQD}{J_n}\times\frac{J_r}{J_a}\times\frac{J_w}{SRF} \tag{5-4}$$

*Q* 值是一个从 0.001 到 1000 的一个参数。6 个参数根据各自的地质条件可分别按表 5-15 选取。其中，*RQD* 直接按所求得的值选取。

表 5-15　　**$Q$ 分类中的参数表**

| A | 结构面的组数系数 | $J_n$ |
|---|---|---|
| | 块状的 | 0.5 |
| | 一组的 | 2.0 |
| | 二组的 | 4.0 |
| | 三组的 | 9.0 |
| | 四组和四组以上的 | 15.0 |
| | 被压碎的岩石 | 20.0 |
| | 非连通的节理 | 4.0 |
| | 粗糙，波状的 | 3.0 |
| | 光滑，波状的 | 2.0 |
| | 粗糙，平整的 | 1.5 |
| | 光滑，平整的 | 1.0 |
| | 带擦痕，平整的 | 0.5 |
| | "被充填的"结构面 | 1.0 |
| | 如果节理平均间距超过 3m 时加上 1.0 | |
| C | 充填物和结构面岩壁的蚀变系数 | $J_a$ |
| a | 根本未充填的结构面 | |
| | 闭合的 | 0.75 |
| | 仅仅改变颜色；没有蚀变的 | 1.0 |
| | 粉砂或砂质覆盖的 | 3.0 |
| | 黏土覆盖的 | 4.0 |
| b | 充填的结构面 | |
| | 砂或压碎岩石充填 | 4.0 |
| | 厚＜5mm 的坚硬黏土充填 | 6.0 |
| | 厚＜5mm 的松软黏土充填 | 8.0 |
| | 厚＜5mm 的膨胀性黏土充填 | 12.0 |
| | 厚＞5mm 的坚硬黏土充填 | 10.0 |
| | 厚＞5mm 的松软黏土充填 | 15.0 |
| | 厚＞5mm 的膨胀性黏土充填 | 20.0 |
| D | 地下水的影响系数 | $J_w$ |
| | 干燥的 | 1.0 |
| | 中等水量流入 | 0.66 |
| | 未充填的结构面中大量水流入 | 0.5 |
| | 充填结构面中大量水流入，充填物被冲出 | 0.33 |
| | 高压的断续性水流 | 0.2～0.1 |
| | 高压的连续性水流 | 0.1～0.05 |
| E | 地应力影响系数 | *SRF* |
| | 具有黏土充填的结构面的松散岩石 | 10.0 |
| | 具有张开的结构面的松散岩石 | 5.0 |
| | 具有黏土充填的结构面，在浅部的（深度＜50m）岩石 | 2.5 |
| | 在中等应力下具有紧闭的，无充填的结构面的岩石 | 1.0 |

巴顿也确定出对应于岩爆强度、挤出作用和膨胀作用等条件的 $SRF$ 值。

巴顿根据 $Q$ 值将岩体的质量分成 9 个类别，如表 5-16 所示。

表 5-16　$Q$ 值与岩体质量之间的关系

| $Q$ | 对于隧道工程的岩体质量 |
|---|---|
| <0.01 | 特坏 |
| 0.01～0.1 | 极坏 |
| 0.1～1.0 | 很坏 |
| 1.0～4.0 | 坏 |
| 4.0～10.0 | 尚好 |
| 10.0～40.0 | 好 |
| 40.0～100.0 | 很好 |
| 100.0～400.0 | 极好 |
| >400.0 | 特好 |

巴顿根据大量实际工程建设的经验，提出了没有支护条件下隧道最大安全跨度($D$)与岩体分类 $Q$ 值之间的联系：

$$D=2.1Q^{0.387} \tag{5-5}$$

这个经验公式将工程岩体的质量 $Q$ 值与岩体的稳定性联系在一起。$Q$ 分类在地下工程的建设中具有实用性，对隧道的施工和设计有一定的指导作用。

# 5.4　我国工程岩体分级标准

我国也较早开展了有关工程岩体分类的研究，提出了适合我国地质条件的工程岩体分级方法，于 1994 年颁布了《工程岩体分级标准》(GB 50218—94)。2014 年又对实施近 20 年的标准作了修订，颁布了《工程岩体分级标准》(GB/T 50218—2014)。该标准是一个通用性的国家标准，适用于各种类型岩体工程的岩体分级。

## 5.4.1　工程岩体分级的基本方法

### 5.4.1.1　确定岩体基本质量分级因素

《工程岩体分级标准》采用了岩石的坚硬程度和岩体完整程度作为评定岩体基本质量指标的两个分级因素。而在对这两个因素进行确定时，则同时采用了定性划分、定量指标两种方法，以便两种方法确定的分级因素可以相互对比和校核，从而提高其准确性和可靠性。

1. 定量确定岩体基本质量分级因素

1) 岩石坚硬程度定量指标的确定和划分

采用岩石饱和单轴抗压强度值($R_w$)，定量地确定岩石的坚硬程度。当没有条件取得 $R_w$ 时，亦可采用实测的岩石点荷载强度指数($I_{s(50)}$)按式(2-23)进行换算。

根据 $R_w$ 划分的岩石坚硬程度的对应关系见表 5-17。

**表 5-17** **$R_w$ 与岩石坚硬程度的对应关系**

| $R_w$/MPa | >60 | 60～30 | 30～15 | 15～5 | ≤5 |
|---|---|---|---|---|---|
| | 硬质岩 | | 软质岩 | | |
| 坚硬程度 | 坚硬岩 | 较坚硬岩 | 较软岩 | 软岩 | 极软岩 |

2）岩体完整程度定量指标的确定和划分

岩体完整性指数($K_v$)可用弹性波测试方法确定：

$$K_v=\frac{v_{Pm}^2}{v_{Pr}^2} \tag{5-6}$$

式中 $v_{Pm}$——岩体弹性纵波速度(km/s)；

$v_{Pr}$——与岩体相同岩性的岩石弹性纵波速度(km/s)。

当缺乏现场弹性波测试条件时，可选择有代表性露头或开挖面进行节理裂隙统计，根据统计结果计算岩体体积节理数($J_v$)来评价岩体的完整性。体积裂隙数可按下式计算：

$$J_v=S_1+S_2+S_3+\cdots+S_n+S_0 \tag{5-7}$$

式中 $S_1,\cdots,S_n$——统计点中第 1 组到第 $n$ 组节理沿法线每米长的条数；

$S_0$——每立方米岩体中，长度大于 1m 的非成组节理条数。

$J_v$ 与 $K_v$ 相互对照关系见表 5-18，$K_v$ 与岩体完整程度的对应关系见表 5-19。

**表 5-18** **$J_v$ 与 $K_v$ 关系对照表**

| $J_v$/(条·米$^{-3}$) | <3 | 3～10 | 10～20 | 20～35 | ≥35 |
|---|---|---|---|---|---|
| $K_v$ | >0.75 | 0.75～0.55 | 0.55～0.35 | 0.35～0.15 | ≤0.15 |

**表 5-19** **$K_v$ 与岩体完整程度的对应关系**

| $K_v$ | >0.75 | 0.75～0.55 | 0.55～0.35 | 0.35～0.15 | ≤0.15 |
|---|---|---|---|---|---|
| 完整程度 | 完整 | 较完整 | 较破碎 | 破碎 | 极破碎 |

2. 定性确定岩体基本质量分级因素

定性方法确定岩石坚硬程度和岩体完整程度，需要在勘察过程中，对这两个分级因素的一些要素进行认真观察和记录。这些资料由于获取方法直观，简单易行，有经验的工程人员易于对此进行鉴定和划分。

1）岩石坚硬程度的定性划分

岩石坚硬程度的定性划分主要依据锤击难易程度、回弹程度、手触感觉和吸水反应等进行。具体描述参见表 5-20。

表 5-20　　岩石坚硬程度的定性划分

| 名称 | | 定性鉴定 | 代表性岩石 |
|---|---|---|---|
| 硬质岩 | 坚硬岩 | 锤击声清脆，有回弹，震手，难击碎；<br>浸水后，大多无吸水反应 | 未风化—微风化的：<br>花岗岩、正长岩、闪长岩、辉绿岩、玄武岩、安山岩、片麻岩、石英片岩、硅质板岩、石英岩、硅质胶结的板岩、石英砂岩、硅质石灰岩等 |
| | 较坚硬岩 | 锤击声较清脆，有轻微回弹，稍震手，较难击碎；<br>浸水后，有轻微吸水反应 | 1. 中等(弱)风化的坚硬岩；<br>2. 未风化—微风化的：熔结凝灰岩、大理岩、板岩、白云岩、石灰岩、钙质胶结的砂岩等 |
| 软质岩 | 较软岩 | 锤击声不清脆，无回弹，较易击碎；<br>浸水后，指甲可刻出印痕 | 1. 强风化的坚硬岩；<br>2. 中等(弱)风化的较坚硬岩；<br>3. 未风化—微风化的：凝灰岩、千枚岩、砂质泥岩、泥灰岩、泥质砂岩、粉砂岩、页岩等 |
| | 软岩 | 锤击声哑，无回弹，有凹痕，易击碎；<br>浸水后，手可掰开 | 1. 强风化的坚硬岩；<br>2. 中等(弱)风化—强风化的较坚硬岩；<br>3. 中等(弱)风化的较软岩；<br>4. 未风化的泥岩、泥质页岩、绿泥石片岩、绢云母片岩等 |
| | 极软岩 | 锤击声哑，无回弹，有较深凹痕，手可捏碎；<br>浸水后，可捏成团 | 1. 全风化的各种岩石；<br>2. 强风化的软岩；<br>3. 各种半成岩 |

岩石坚硬程度的定性划分中风化程度的划分，可参见表 5-21。

表 5-21　　岩石风化程度的划分

| 名称 | 风化特征 |
|---|---|
| 未风化 | 岩石结构构造未变，岩质新鲜 |
| 微风化 | 岩石结构构造、矿物成分和色泽基本未变，部分裂隙面有铁锰质渲染或略有变化 |
| 中等(弱)风化 | 岩石结构构造部分破坏、矿物成分和色泽较明显变化，裂隙面风化较剧烈 |
| 强风化 | 岩石结构构造大部分破坏、矿物成分和色泽明显变化，长石、云母和铁镁矿物已风化蚀变 |
| 全风化 | 岩石结构构造完全破坏，已崩解和分解成松散土状或砂状，矿物全部变色，光泽消失，除石英颗粒外的矿物大部分风化蚀变为次生矿物 |

2) 岩体完整程度的定性划分

岩体完整程度的定性划分主要依据结构面发育程度、主要结构面的结合程度和主要结构面类型进行。具体描述参见表 5-22、表 5-23。

表 5-22　　　　岩体完整程度的定性划分

| 完整程度 | 结构面发育程度 | | 主要结构面的结合程度 | 主要结构面类型 | 相应结构类型 |
|---|---|---|---|---|---|
| | 组　数 | 平均间距/m | | | |
| 完　整 | 1～2 | >1.0 | 结合好或结合一般 | 节理、裂隙、层面 | 整体状或巨厚层状结构 |
| 较完整 | 1～2 | >1.0 | 结合差 | 节理、裂隙、层面 | 块状或厚层状结构 |
| | 2～3 | 1.0～0.4 | 结合好或结合一般 | | 块状结构 |
| 较破碎 | 2～3 | 1.0～0.4 | 结合差 | 节理、裂隙、劈理、层面、小断层 | 裂隙块状或中厚层状结构 |
| | ≥3 | 0.4～0.2 | 结合好 | | 镶嵌碎裂结构 |
| | | | 结合一般 | | 薄层状结构 |
| 破　碎 | ≥3 | 0.4～0.2 | 结合差 | 各种类型结构面 | 裂隙块状结构 |
| | | ≤0.2 | 结合一般或结合差 | | 碎裂状结构 |
| 极破碎 | 无　序 | | 结合很差 | | 散体状结构 |

表 5-23　　　　结构面结合程度的划分

| 结合程度 | 结构面特征 |
|---|---|
| 结合好 | 张开度小于 1mm，为硅质、铁质或钙质胶结，或结构面粗糙，无充填物；<br>张开度 1～3mm，为硅质或铁质胶结；<br>张开度大于 3mm，结构面粗糙，为硅质胶结 |
| 结合一般 | 张开度小于 1mm，结构面平直，钙泥质胶结或无充填物；<br>张开度小于 1～3mm，为钙质胶结；<br>张开度大于 3mm，结构面粗糙，为铁质或钙质胶结 |
| 结合差 | 张开度 1～3mm，结构面平直，为泥质胶结或钙泥质胶结；<br>张开度大于 3mm，多为泥质或岩屑充填 |
| 结合很差 | 泥质充填或泥夹岩屑充填，充填物厚度大于起伏差 |

### 5.4.1.2　岩体基本质量分级

在定量确定岩体的两个分级因素之后，可按公式计算岩体基本质量指标（$BQ$）值，并以值的大小确定岩体基本质量级别；同时按岩体基本质量的定性特征确定岩体基本质量级别。当两者确定的级别不一致时，应通过对定性划分和定量指标的综合分析，确定其级别。当两者的级别划分相差达 1 级及以上时，应进一步补充测试。

1. 岩体基本质量指标（$BQ$）的计算式

$$BQ=100+3R_c+250K_v \tag{5-8}$$

式中　$BQ$——岩体基本质量指标；

$R_c$——岩石饱和单轴抗压强度值（MPa）；

$K_v$——岩体完整性指数值。

式(5-8)在使用时，应遵守下列限制条件：

(1) 当 $R_c>90K_v+30$ 时，应以 $R_c=90K_v+30$ 和 $K_v$ 值代入公式计算 $BQ$ 值；

(2) 当 $K_v>0.04R_c+0.4$ 时，应以 $K_v=0.04R_c+0.4$ 和 $R_c$ 值代入公式计算 $BQ$ 值。

2. 岩体基本质量级别的确定

根据岩体基本质量指标 $BQ$ 值和岩体基本质量的定性特征，按表 5-24 确定岩体基本质量级别。

表 5-24　　岩体基本质量分级

| 基本质量级别 | 岩体基本质量的定性特征 | 岩体基本质量指标($BQ$) |
|---|---|---|
| Ⅰ | 坚硬岩，岩体完整 | >550 |
| Ⅱ | 坚硬岩，岩体较完整；<br>较坚硬岩，岩体完整 | 550～451 |
| Ⅲ | 坚硬岩，岩体较破碎；<br>较坚硬岩，岩体较完整；<br>较软岩，岩体完整 | 450～351 |
| Ⅳ | 坚硬岩，岩体破碎；<br>较坚硬岩，岩体较破碎—破碎；<br>较软岩，岩体较完整—较破碎；<br>软岩，岩体完整—较完整 | 350～251 |
| Ⅴ | 较软岩，岩体破碎；<br>软岩，岩体较破碎—破碎；<br>全部极软岩及全部极破碎岩 | ≤250 |

#### 5.4.1.3　工程岩体级别的确定

对工程岩体进行详细定级时，应结合不同类型工程的特点，根据地下水状态、初始应力状态、工程轴线或工程走向线的方位与主要结构面产状的组合关系等因素，修正岩体基本质量指标 $BQ$ 值，并以修正后的工程岩体质量指标[$BQ$]值，按表 5-24 确定岩体级别。对于地基工程，其 $BQ$ 值不需要进行修正。

1. 地下工程岩体级别的确定

地下工程岩体质量指标[$BQ$]值可按式(5-9)计算。其修正系数 $K_1$，$K_2$，$K_3$ 值，可分别按表 5-25—表 5-27 确定。

$$[BQ]=BQ-100(K_1+K_2+K_3) \tag{5-9}$$

式中　[$BQ$]——岩体基本质量指标修正值；

$K_1$——地下工程地下水影响修正系数；

$K_2$——地下工程主要结构面产状影响修正系数；

$K_3$——地下工程初始应力状态影响修正系数。

表 5-25　　地下工程地下水影响修正系数 $K_1$

| 地下水出水情况 | $BQ$ | | | | |
|---|---|---|---|---|---|
| | >550 | 550～451 | 450～351 | 350～251 | ≤250 |
| 潮湿或点滴状出水，<br>$p\leqslant 0.1$ 或 $Q\leqslant 25$ | 0 | 0 | 0～0.1 | 0.2～0.3 | 0.4～0.6 |
| 淋雨状或线流状出水，<br>$0.1<p\leqslant 0.5$ 或 $25<Q\leqslant 125$ | 0～0.1 | 0.1～0.2 | 0.2～0.3 | 0.4～0.6 | 0.7～0.9 |
| 涌流状出水，<br>$p>0.5$ 或 $Q>125$ | 0.1～0.2 | 0.2～0.3 | 0.4～0.6 | 0.7～0.9 | 1.0 |

注：① $p$ 为地下工程围岩裂隙水压(MPa)；

② $Q$ 为每 10m 洞长出水量(L/(min·10m))。

表 5-26　　地下工程主要结构面产状影响修正系数 $K_2$

| 结构面产状及其与洞轴线的组合关系 | 结构面走向与洞轴线夹角＜30°<br>结构面倾角 30°～75° | 结构面走向与洞轴线夹角＞60°<br>结构面倾角＞75° | 其他组合 |
|---|---|---|---|
| $K_2$ | 0.4～0.6 | 0～0.2 | 0.2～0.4 |

表 5-27　　地下工程初始应力状态影响修正系数 $K_3$

| 围岩强度应力比 $\left(\frac{R_c}{\sigma_{max}}\right)$ \ BQ | ＞550 | 550～451 | 450～351 | 350～251 | ≤250 |
|---|---|---|---|---|---|
| ＜4 | 1.0 | 1.0 | 1.0～1.5 | 1.0～1.5 | 1.0 |
| 4～7 | 0.5 | 0.5 | 0.5 | 0.5～1.0 | 0.5～1.0 |

2. 边坡工程岩体级别的确定

在进行岩体边坡工程详细定级时，应根据控制边坡稳定性的主要结构面类型与延伸性、边坡内地下水发育程度以及结构面产状与坡面间关系等影响因素，对岩体基本质量指标 $BQ$ 值进行修正。边坡工程岩体质量指标[BQ]，可按下式计算：

$$[BQ]=BQ-100(K_4+\lambda K_5) \tag{5-10}$$

$$K_5=F_1\times F_2\times F_3 \tag{5-11}$$

式中　$\lambda$——边坡工程主要结构面类型与延伸性修正系数；

$K_4$——边坡工程地下水影响修正系数；

$K_5$——边坡工程主要结构面产状影响修正系数；

$F_1$——反映主要结构面倾向与边坡倾向间关系影响的系数；

$F_2$——反映主要结构面倾角影响的系数；

$F_3$——反映边坡倾角与主要结构面倾角间关系影响的系数。

式中的修正系数 $\lambda$、$K_4$ 和 $K_5$ 按表 5-28—表 5-30 确定。对高度大于 60m 或特殊边坡工程岩体，还应根据坡高影响，结合工程进行专门论证，以综合确定岩体级别。

表 5-28　　边坡工程主要结构面类型与延伸性修正系数 $\lambda$

| 结构面类型与延伸性 | 修正系数 $\lambda$ |
|---|---|
| 断层、夹泥层 | 1.0 |
| 层面、贯通性较好的节理和裂隙 | 0.9～0.8 |
| 断续节理和裂隙 | 0.7～0.6 |

表 5-29　　边坡工程地下水影响修正系数 $K_4$

| 边坡地下水发育程度 | BQ | | | | |
|---|---|---|---|---|---|
| | >550 | 550～451 | 450～351 | 350～251 | ≤250 |
| 潮湿或点滴状出水，$p_w<0.2H$ | 0 | 0 | 0～0.1 | 0.2～0.3 | 0.4～0.6 |
| 线流状出水，$0.2H<p_w\leq 0.5H$ | 0～0.1 | 0.1～0.2 | 0.2～0.3 | 0.4～0.6 | 0.7～0.9 |
| 涌流状出水，$p_w>0.5H$ | 0.1～0.2 | 0.2～0.3 | 0.4～0.6 | 0.7～0.9 | 1.0 |

注：① $p_w$ 为边坡坡内潜水或承压水头(m)；
② $H$ 为边坡高度(m)。

表 5-30　　边坡工程主要结构面产状影响修正

| 序号 | 条件与修正系数 | 影响程度划分 | | | | |
|---|---|---|---|---|---|---|
| | | 轻微 | 较小 | 中等 | 显著 | 很显著 |
| 1 | 结构面倾向与边坡坡面倾向间的夹角/(°) | >30 | 30～20 | 20～10 | 10～5 | ≤5 |
| | $F_1$ | 0.15 | 0.40 | 0.70 | 0.85 | 1.0 |
| 2 | 结构面倾角/(°) | <20 | 20～30 | 30～35 | 35～45 | ≥45 |
| | $F_2$ | 0.15 | 0.40 | 0.70 | 0.85 | 1.0 |
| 3 | 结构面倾角与边坡坡面倾角之差/(°) | >10 | 10～0 | 0 | 0～−10 | ≤−10 |
| | $F_3$ | 0 | 0.2 | 0.8 | 2.0 | 2.5 |

注：表中负值表示结构面倾角小于坡面倾角，在坡面出露。

## 5.4.2 工程岩体分级标准的应用

### 5.4.2.1 岩体物理力学参数的选用

岩体基本质量级别确定以后，可按表 5-31 选用岩体的物理力学参数。岩体结构面抗剪断峰值强度参数，可根据其两侧岩石的坚硬程度和结构面结合程度，按表 5-32 选用。

对于地基工程，各级别岩体基岩承载力基本值 $f_0$，可按表 5-33 选用。

表 5-31　　岩体物理力学参数

| 岩体基本质量级别 | 重力密度 $\gamma$ /(kN·m$^{-3}$) | 抗剪断峰值强度 | | 变形模量 $E_0$ /GPa | 泊松比 $\mu$ |
|---|---|---|---|---|---|
| | | 内摩擦角 $\phi$ /(°) | 内聚力 $c$ /MPa | | |
| Ⅰ | >26.5 | >60 | >2.1 | >33 | <0.2 |
| Ⅱ | | 60～50 | 2.1～1.5 | 33～16 | 0.2～0.25 |
| Ⅲ | 26.5～24.5 | 50～39 | 1.5～0.7 | 16～6 | 0.25～0.3 |
| Ⅳ | 24.5～22.5 | 39～27 | 0.7～0.2 | 6～1.3 | 0.3～0.35 |
| Ⅴ | <22.5 | <27 | <0.2 | <1.3 | >0.35 |

表 5-32　　岩体结构面抗剪断峰值强度参数

| 序　号 | 两侧岩石的坚硬程度及结构面的结合程度 | 内摩擦角 $\phi$ /(°) | 黏聚力 $c$ /MPa |
|---|---|---|---|
| 1 | 坚硬岩，结合好 | >37 | >0.22 |
| 2 | 坚硬—较坚硬岩，结合一般；<br>较软岩，结合好 | 37～29 | 0.22～0.12 |
| 3 | 坚硬—较坚硬岩，结合差；<br>较软岩—软岩，结合一般 | 29～19 | 0.12～0.08 |
| 4 | 较坚硬—较软岩，结合差—结合很差；<br>软岩，结合差；<br>软质岩的泥化面 | 19～13 | 0.08～0.05 |
| 5 | 较坚硬岩及全部软质岩，结合很差；<br>软质岩泥化层本身 | <13 | <0.05 |

表 5-33　　基岩承载力基本值 $f_0$

| 岩体级别 | Ⅰ | Ⅱ | Ⅲ | Ⅳ | Ⅴ |
|---|---|---|---|---|---|
| $f_0$/MPa | >7.0 | 7.0～4.0 | 4.0～2.0 | 2.0～0.5 | ≤0.5 |

#### 5.4.2.2　工程岩体自稳能力的确定

对跨度不大于 20m 的地下工程岩体，以及对高度不大于 60m 的边坡工程岩体，可分别按表 5-34、表 5-35 确定其自稳能力。当实际自稳能力与表中相应级别的自稳能力不相符时，应对岩体级别作相应调整。

表 5-34　　地下工程岩体自稳能力

| 岩体级别 | 自稳能力 |
|---|---|
| Ⅰ | 跨度≤20m，可长期稳定，偶有掉块，无塌方 |
| Ⅱ | 跨度<10m，可长期稳定，偶有掉块；<br>跨度 10～20m，可基本稳定，局部可发生掉块或小塌方 |
| Ⅲ | 跨度<5m，可基本稳定；<br>跨度 5～10m，可稳定数月，可发生局部块体位移及小至中塌方；<br>跨度 10～20m，可稳定数日至 1 个月，可发生小至中塌方； |
| Ⅳ | 跨度≤5m，可稳定数日至 1 个月<br>跨度>5m，一般无自稳能力，数日至数月内可发生松动变形、小塌方，进而发展为中、大塌方。埋深小时，以拱部松动破坏为主；埋深大时，有明显塑性流动变形和挤压破坏； |
| Ⅴ | 无自稳能力 |

注：① 小塌方：塌方高度小于 3m，或塌方体积小于 $30m^3$。
② 中塌方：塌方高度 3～6m，或塌方体积在 30～$100m^3$。
③ 大塌方：塌方高度大于 6m，或塌方体积大于 $100m^3$。

表 5-35　边坡工程岩体自稳能力

| 岩体级别 | 自稳能力 |
|---|---|
| Ⅰ | 高度≤60m,可长期稳定,偶有掉块 |
| Ⅱ | 高度<30m,可长期稳定,偶有掉块;<br>高度 30～60m,可基本稳定,局部可发生楔形体破坏 |
| Ⅲ | 高度<15m,可基本稳定,局部可发生楔形体破坏;<br>高度 15～30m,可稳定数月,可发生由结构面及局部岩体组成的平面或楔形体破坏,或由反倾结构面引起的倾倒破坏 |
| Ⅳ | 高度<8m,可稳定数月,局部可发生楔形体破坏;<br>高度 8～15m,可稳定数日至 1 个月,可发生由不连续面及岩体组成的平面或楔形体破坏,或由反倾结构面引起的倾倒破坏 |
| Ⅴ | 不稳定 |

## 思考题及习题

1. 简述工程岩体分类的目的和意义。
2. 工程岩体分类有哪些原则?
3. 简述工程岩体分类的基本方法。
4. 简述 *RQD* 岩石质量指标的定义及评价方法。
5. 巴顿的 *Q* 分类采用了哪些参数? 各代表了何种含义?
6.《工程岩体分级标准》如何确定岩体基本质量的分级因素?
7.《工程岩体分级标准》如何进行岩体基本质量分级?
8.《工程岩体分级标准》如何对地下工程和边坡工程岩体基本质量指标进行修正?

9. 某洞室轴线走向为南北向,其中某工程段岩体实测纵波波速为 3 800m/s,主要软弱结构面的产状为倾向 NE68°、倾角 59°,岩石单轴饱和抗压强度 $R_c = 72$MPa,岩块纵波速度为 4 500m/s,垂直洞室轴线方向的最大初始应力为 12MPa,洞室地下水呈淋雨状出水,水量为 8L/(min·m)。试确定该工程段工程岩体级别。

# 第 6 章　岩体的初始应力状态

## 6.1　概述

岩体的初始应力，是指岩体在天然状态下所存在的内在应力，在地质学中，通常又称为地应力。

岩体的初始应力主要是由岩体的自重和地质构造运动所引起的。岩体的地质构造应力是与岩体的特性（例如岩体中的裂隙发育密度与方向，岩体的弹性、塑性、黏性等）有关，也与正在发生过程中的地质构造运动以及与历次构造运动所形成的各种地质构造现象（例如断层、褶皱等）有关。此外，影响岩体初始应力状态的因素还有地形、地质构造形态、水、温度等，但这些因素大都是次要的，只是在特定的情况下才需考虑。对于岩体工程来说，主要考虑自重应力和构造应力，二者叠加起来构成岩体的初始应力场。

地面和地下工程的稳定状态与岩体的初始应力状态密切相关。岩体的初始应力状态是在没有进行任何地面或地下工程时，在岩体中各个位置及各个方向所存在的应力的空间分布状态，它是不取决于人类开挖活动的自然应力场。

在岩体中进行开挖以后，改变了岩体的初始应力状态，使岩体中的应力重新分布，引起岩体变形，甚至破坏。在高地应力地区，开挖后常会出现岩爆、洞壁剥离、钻孔缩径等地质灾害。对于地下洞室工程来讲，把与洞室本身稳定有关的周围岩体称为围岩。洞室的开挖引起围岩的应力重分布和变形，这不仅会影响洞室本身的稳定状态，而且为了维持围岩的稳定，需施作一定的支护结构或衬砌。合理地设计支护结构，确定经济合理的衬砌尺寸，是与岩体的初始应力状态紧密相关的。所以，研究岩体的初始应力状态，就是为了正确地确定开挖过程中岩体的应力变化，合理地设计岩体工程的支护结构和措施，使之达到安全和长期稳定的要求。

## 6.2　岩体初始应力场及其影响因素

### 6.2.1　岩体自重应力场

设岩体为半无限均质体，地面为水平面，距地表深度 $H$ 处，有一单元体，其上作用的应力为 $\sigma_z$，$\sigma_y$，$\sigma_x$，形成岩体单元的自重应力状态（图 6-1）。垂直应力 $\sigma_z$ 为单元体上覆岩体的重量，即

$$\sigma_z = \gamma H \tag{6-1}$$

式中　$\gamma$——上覆岩体的重度（$kN/m^3$）；

$H$——岩体单元的深度（m）。

若岩体由多层不同重度的岩层组成（图 6-2），则

$$\sigma_z = \sum_{i=1}^{n} \gamma_i h_i \tag{6-2}$$

式中 $\gamma_i$——第 $i$ 层岩体的重度($kN/m^3$);

$h_i$——第 $i$ 层岩体的厚度(m)。

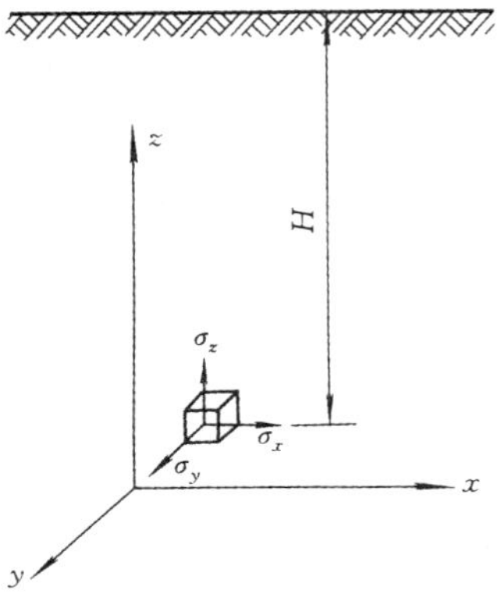


图 6-1 岩体单元自重应力状态

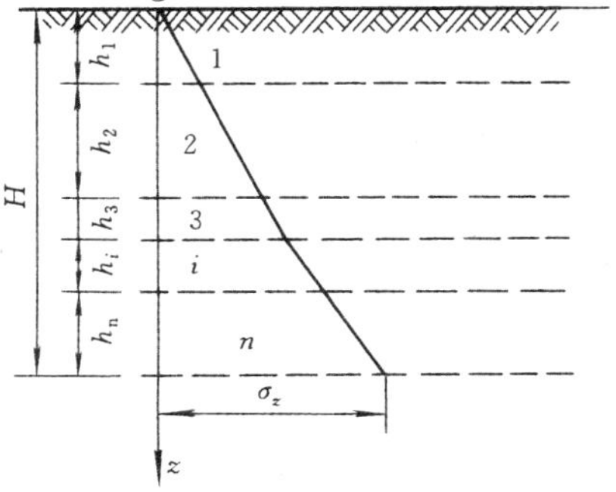


图 6-2 多层岩体自重应力计算

若把岩体视为均匀、连续且各向同性的弹性体,由于岩体单元在各个方向都受到与其相邻岩体的约束,不可能产生横向变形,即 $\varepsilon_x=\varepsilon_y=0$,由广义虎克定律

$$\left.\begin{aligned}\varepsilon_x&=\frac{1}{E}[\sigma_x-\mu(\sigma_y+\sigma_z)]=0\\\varepsilon_y&=\frac{1}{E}[\sigma_y-\mu(\sigma_z+\sigma_x)]=0\end{aligned}\right\}\tag{6-3}$$

联立方程后解得

$$\sigma_x=\sigma_y=\frac{\mu}{1-\mu}\sigma_z\tag{6-4}$$

令 $\lambda=\dfrac{\mu}{1-\mu}$,$\lambda$ 称为侧压力系数,数值上等于某点的水平应力与该点垂直应力的比值。一般岩石的泊松比 $\mu$ 在 0.2~0.3 范围间,因此 $\lambda$ 在 0.25~0.43 范围间,即水平应力 $\sigma_x$,$\sigma_y$ 为垂直应力 $\sigma_z$ 的 25%~43%。

岩体的自重应力随着深度呈线性增长,在一定的深度范围内,岩体基本上处于弹性状态。但当埋深较大时,岩体的自重应力就会超过岩体的弹性限度,岩体将处于潜塑状态或塑性状态。所谓潜塑状态,是指在初始应力状态下岩体处于弹性状态,但开挖卸荷后即处于塑性状态。由弹性状态转变为塑性状态的深度,对不同岩体而言是不一样的,砂岩约为 500m,花岗岩约为 2500m,而黏土质软岩可能在地表下不深处表现为塑性变形特性。

岩体处于潜塑状态或塑性状态时,其泊松比 $\mu$ 约为 0.5,则侧压力系数 $\lambda$ 约为 1,表明岩体所受的垂直自重应力和水平应力相等,即处于静水压力状态。这种现象首先由瑞士地质学家海姆(A. Heim)1878 年在研究阿尔卑斯山深大隧道地质问题时发现的,称为海姆假说。海姆认为,岩体长期受重力作用产生塑性变形,甚至在深度不大时也会发展成各向应力相等的潜塑状态。

### 6.2.2 岩体构造应力场

地壳中的各种地质构造,如褶皱、断层、构造节理等,是在地质构造运动作用下形成的。在各个不同的地质年代里，都有不同的地质构造运动发生。在同一个地区，一个构造运动结束之后，或者在构造运动发生的过程中，可能又有新的构造运动发生，使得新构造应力场与老构造应力场叠加，形成复杂的复合构造应力场。地质构造运动包括水平运动（造山运动）和垂直运动（造陆运动）两种形式。通常，水平方向的构造运动如板块移动、碰撞对岩体构造应力的形成起控制作用，即构造应力以水平应力为主。

目前，岩体的构造应力尚无法用数学力学的方法进行分析计算，而只能采用现场应力测量的方法求得。但是，构造应力场的方向可以根据地质力学的方法加以判断。因为各种形态不同的地质构造是各地质历史时期构造运动的产物。地质构造的遗迹，例如断层、褶曲等保留在岩体中，它的走向与其形成时的应力有密切的联系。根据地质构造和岩石强度理论，一般认为自重应力是主应力之一，另一主应力与断裂构造体系正交。对于正断层，自重应力为最大主应力，即 $\sigma_1=\gamma H$，最小主应力 $\sigma_3$ 则与断层走向正交；对于逆断层，自重应力为最小主应力，而最大主应力与断层走向正交；对于平移断层，自重应力是中主应力，$\sigma_1$ 与断层走向成 30°～45°的夹角，且 $\sigma_1$ 与 $\sigma_3$ 均为水平方向。其他如岩脉和褶皱，均可推断构造应力的方向（图 6-3）。

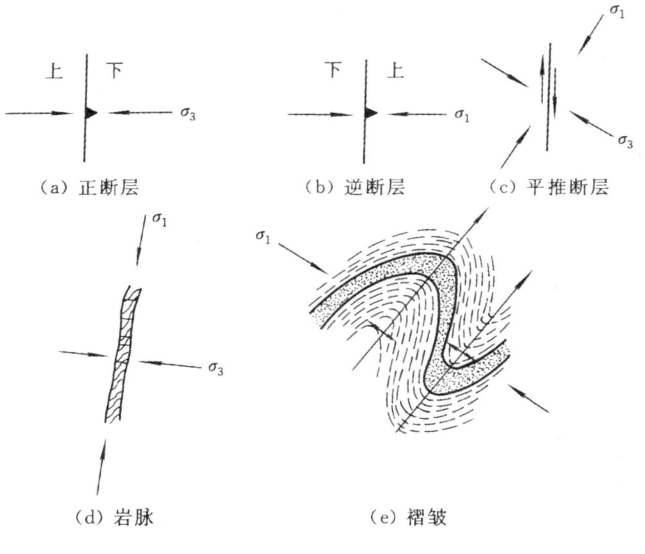


图 6-3　由地质特征推断的主应力方向（以上均为平面图）

地壳垂直运动引起地面抬升，使地壳表面岩体经受剥蚀，可使岩体初始应力场发生变化。如图 6-4 所示，剥蚀前埋深 $Z_0$ 的一岩体单元，其侧压力系数为 $\lambda_0$，当上覆岩体剥蚀了 $\Delta Z$ 后，自重应力 $\sigma_z$ 减小了 $\gamma\Delta Z$，水平应力 $\sigma_h$ 按弹性卸载考虑则减少了 $\frac{\mu}{1-\mu}\gamma\Delta Z$，则剥蚀后岩体单元的侧压力系数 $\lambda$ 为

$$\lambda=\frac{\sigma_{\mathrm{h}}}{\sigma_z}=\frac{\lambda_0\gamma Z_0-\frac{\mu}{1-\mu}\gamma\Delta Z}{\gamma Z_0-\gamma\Delta Z}=\lambda_0+\left(\lambda_0-\frac{\mu}{1-\mu}\right)\frac{\Delta Z}{Z_0-\Delta Z}\tag{6-5}$$

一般 $\lambda_0>\frac{\mu}{1-\mu}$，由式(6-5)可见，当上覆岩体被剥蚀后，侧压力系数 $\lambda$ 增大，这是造成浅部岩体单元水平应力大于垂直应力的原因之一。

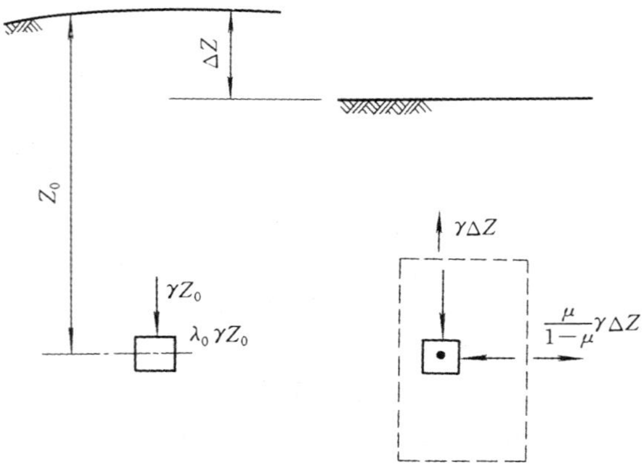


图 6-4　地层剥蚀后岩体单元侧压力系数的变化

### 6.2.3　影响岩体初始应力状态的因素

岩体初始应力状态主要受自重应力和地质构造影响,除此之外,还受地形、地质构造形态、岩体力学性质、水、温度等因素的影响。

1. 地形

图 6-5(a)为地表水平情况下初始应力分布,其一主应力水平分布,另一主应力垂直分布。图 6-5(b)为斜坡沟谷地形初始应力分布,在斜坡坡面附近,最大主应力方向与斜坡坡面大致平行;在沟谷底部应力集中,最大主应力方向近于水平分布。因此有山峰处岩体初始应力低,而沟谷处岩体初始应力高的现象。

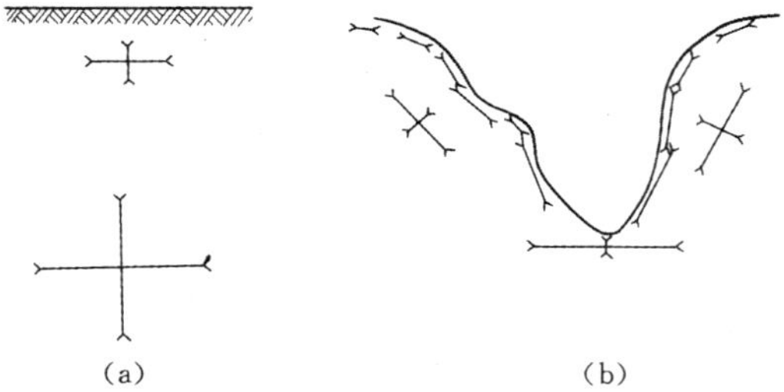

(a)　　　　　　(b)

图 6-5　地形对岩体初始应力的影响

2. 地质构造形态

如图 6-6(a)所示为背斜褶曲,其两翼自重应力大,而中部自重应力低,显示承载拱的受力特点。可以推测,对于向斜褶曲,其两翼较褶曲中部自重应力低。如图 6-6(b)所示为断层组合对自重应力的影响,由于断层两侧的岩块形成了应力传递,使上大下小的楔体 A 产生了卸荷作用,使得自重应力降低;而下大上小的楔体 B 产生了加荷作用,致使自重应力升高。

3. 岩体力学性质

坚硬而完整的岩体内可以积聚大量应变能而产生较高的初始地应力,而软弱或破碎岩体内积聚的应变能很小,只有很低的初始地应力。耶格(J. C. Jaeger)曾提出初始地应力大小与岩体抗压强度成正比。根据实测初始应力资料,弹性模量为 50GPa 以上的岩体中,最大主应力 $\sigma_1$ 一般为 10～30MPa,而弹性模量为 10GPa 以下的岩体中初始应力很少超过 10MPa。

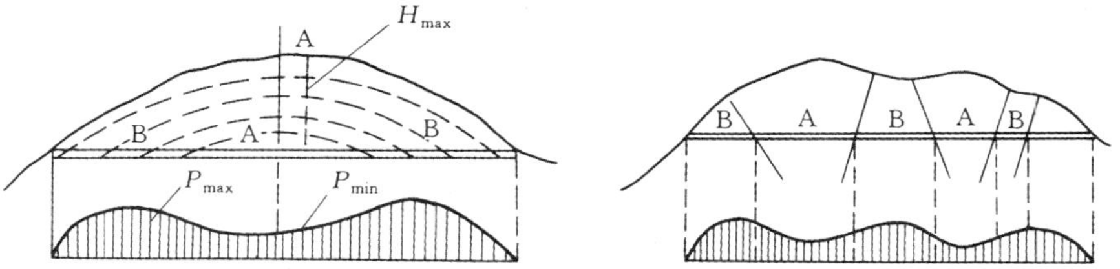


图 6-6　地质构造形态对岩体初始应力的影响

4. 水

存在于岩体裂隙或孔隙中的水，静止时呈现静水压力，流动时产生动水压力。静水压力起到减轻岩体重量的浮力作用，岩体中地下水位的升降，可引起岩体重量的减少或增加，从而减少或增加岩体的自重应力。动水压力是指地下水在水头差的作用下，沿岩体的裂隙或孔隙流动时，给予周围岩块表面动水摩擦力和流向应力。

另外，水可软化岩体，使岩体强度降低，可使岩体中的初始地应力有所降低。

5. 温度

岩浆侵入使岩体受热膨胀，周围岩体限制受热岩体的膨胀，从而在岩体中增加热应力。此外，随着岩体埋深的增加，地温逐渐上升，地温升高也会使岩体内部初始应力增加。一般地温梯度 $\alpha=3℃/100m$，岩体的体膨胀系数 $\beta$ 约为 $10^{-5}$，一般岩体的弹性模量 $E=10^4$ MPa，则地温梯度引起的温度应力 $\sigma^T$ 约为

$$\sigma^T=\alpha\beta EZ=0.03\times10^{-5}\times10^4 Z=0.003Z\quad \text{MPa} \tag{6-6}$$

式中，$Z$ 为研究点深度(m)。

岩体的温度应力是压缩应力，并随深度增加。温度应力为自重应力的 1/9 左右，且呈静水压力状态。

## 6.3　岩体初始应力场的分布规律

通过理论研究、地质调查和大量的地应力测量资料的分析研究，已初步认识到地壳浅部岩体初始应力场分布的一些基本规律。

1. 岩体初始应力场是时间和空间的函数

岩体初始应力在绝大部分地区是以水平应力为主的三向不等压应力场。三个主应力的大小和方向是随着空间和时间而变化的，因而它是个非稳定的应力场。初始应力在空间上的变化，从小范围来看，其变化是很明显的；但就某个地区整体而言，初始应力的变化是不大的。如我国的华北地区，初始应力场的主导方向为北西到近于东西的主压应力。

在某些地震活动活跃的地区，初始应力的大小和方向随时间的变化是很明显的。在地震前，处于应力积累阶段，应力值不断升高，而地震时使集中的应力得到释放，应力值突然大幅度下降。主应力方向在地震发生时会发生明显改变，在震后一段时间又会恢复到震前的状态。

2. 实测垂直应力基本等于上覆岩层的重量

对全世界实测垂直应力 $\sigma_v$ 的统计资料分析表明，在深度为 25～2700m 的范围内，$\sigma_v$ 呈线性增长，大致相当于按岩体平均重度 27kN/m³ 计算出来的自重应力。但在某些地区的测量结果有一定幅度的偏差，这些偏差除有一部分可能归结于测量误差外，板块移动、岩浆侵入、扩

容、不均匀膨胀等也都可引起垂直应力的异常。图 6-7 是霍克(E. Hoek)和布朗(E. T. Brown)总结出的世界各国实测垂直应力 $\sigma_v$ 随深度 $H$ 变化的规律。

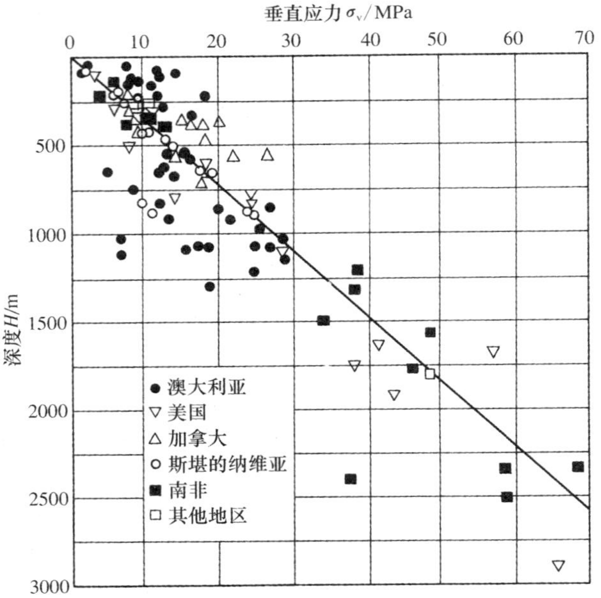


图 6-7 世界各国垂直应力 $\sigma_v$ 随深度 $H$ 的变化规律图

3. 水平应力普遍大于垂直应力

实测资料表明,在几乎所有地区均有两个主应力位于水平或接近水平的平面内,其与水平面的夹角一般不大于 30°。最大水平主应力 $\sigma_{h,max}$ 普遍大于垂直应力 $\sigma_v$,两者之间的比值一般为 0.5~5.5,在很多情况下比值大于 2。最大水平主应力与最小水平主应力的算术平均值 $\sigma_{h,av}$ 与 $\sigma_v$ 的比值一般为 0.5~5.0,大多数为 0.8~1.5。这说明在地壳浅部岩体平均水平应力普通大于垂直应力,垂直应力在多数情况下为最小主应力,在少数情况下为中间主应力,只在个别情况下为最大主应力。这是由于构造应力主要以水平应力为主。表 6-1 为世界上一些国家水平主应力与垂直主应力比值统计。

**表 6-1　　世界部分国家水平主应力与垂直主应力比值统计表**

| 国家名称 | $\sigma_{h,max}/\sigma_v$ | $\sigma_{h,av}/\sigma_v$ | | | |
|---|---|---|---|---|---|
| | | <0.8 | 0.8~1.2 | >1.2 | 合计 |
| 中　国 | 2.09 | 32% | 40% | 28% | 100% |
| 澳大利亚 | 2.95 | 0 | 22% | 78% | 100% |
| 加拿大 | 2.56 | 0 | 0 | 100% | 100% |
| 美　国 | 3.29 | 18% | 41% | 41% | 100% |
| 挪　威 | 3.56 | 17% | 17% | 66% | 100% |
| 瑞　典 | 4.99 | 0 | 0 | 100% | 100% |
| 南　非 | 2.50 | 41% | 24% | 35% | 100% |
| 苏　联 | 4.30 | 51% | 29% | 20% | 100% |
| 其他地区 | 1.96 | 37.5% | 37.5% | 25% | 100% |

4. 平均水平应力与垂直应力的比值随深度增加而减小

图 6-8 为世界部分国家取得的实测结果。该图表明，在深度不大的情况下，$\sigma_{h,av}/\sigma_v$ 的值相当分散。随着深度增加，该值的变化范围逐步缩小，并趋近于 1，这说明在地壳深部有可能出现静水压力状态。

霍克和布朗根据图 6-8 所示结果回归出以下公式

$$\frac{100}{H}+0.3\leqslant\frac{\sigma_{h,av}}{\sigma_v}\leqslant\frac{1500}{H}+0.5 \tag{6-7}$$

式中，$H$ 为深度，单位为 m。

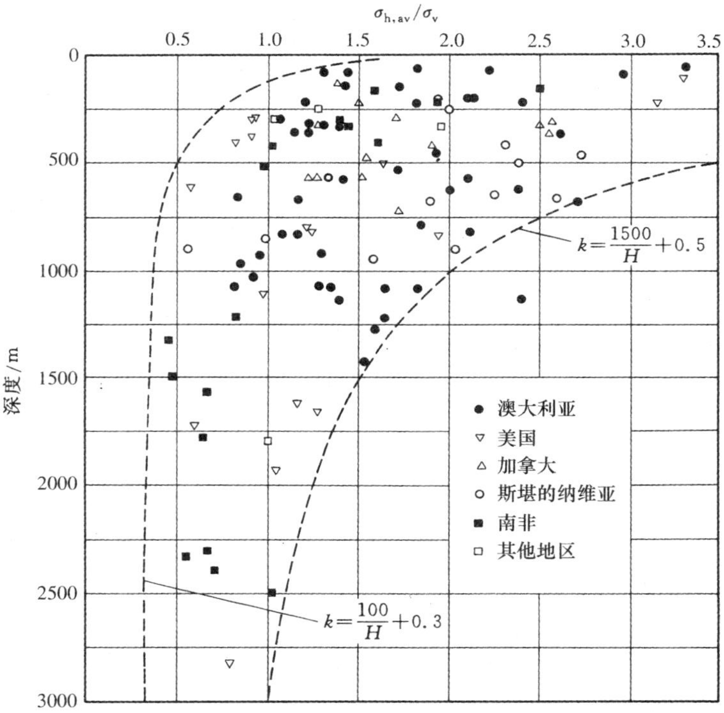


图 6-8　世界部分国家平均水平应力与垂直应力的比值随深度的变化规律

5. 水平主应力随深度呈线性增长关系

通过研究南部非洲、美国、日本、冰岛及加拿大等地区的初始应力测量结果，可以看出，尽管随着地质环境的变化其结果有所差异，但揭示出地壳内水平应力随深度增加呈线性关系增大是普遍规律。斯特凡松(O. Stephansson)等根据实测结果给出了芬诺斯堪的亚古陆最大水平主应力 $\sigma_{h,max}$ 和最小水平主应力 $\sigma_{h,min}$ 随深度 $H$(单位：m)变化的线性方程：

$$\sigma_{h,max}=6.7+0.0444H \tag{6-8}$$

$$\sigma_{h,min}=0.8+0.0329H \tag{6-9}$$

6. 两个水平主应力一般相差较大

一般地，最小水平主应力 $\sigma_{h,min}$ 与最大水平主应力 $\sigma_{h,max}$ 的比值相差较大，显示出很强的方向性，其比值通常为 0.2～0.8，多数情况为 0.4～0.8，见表 6-2。

表 6-2　　世界部分国家和地区两个水平主应力比值统计表

| 实测地点 | 统计数目 | $\sigma_{h,min}/\sigma_{h,max}$ | | | | |
|---|---|---|---|---|---|---|
| | | 1.0～0.75 | 0.75～0.50 | 0.50～0.25 | 0.25～0 | 合计 |
| 斯堪的纳维亚等 | 51 | 14% | 67% | 13% | 6% | 100% |
| 北　美 | 222 | 22% | 46% | 23% | 9% | 100% |
| 中　国 | 25 | 12% | 56% | 24% | 8% | 100% |
| 中国华北地区 | 18 | 6% | 61% | 22% | 11% | 100% |

## 6.4　岩体初始应力的测量方法

测量岩体应力的目的是了解岩体中存在的应力大小和方向,从而为分析岩体工程的受力状态以及为支护及岩体加固提供依据,同时也可用来预报岩体失稳破坏和岩爆的发生。岩体应力测量可以分为岩体初始地应力测量和地下工程应力分布测量,前者是为了测定岩体初始地应力场,后者则是为了测定岩体开挖后引起的应力重分布状况。从岩体应力现场测量技术来讲,这两者并无原则区别。

为了进行初始地应力测量,通常需要预先开挖一些洞室以便人和设备进入测点。然而,只要洞室一开挖,洞室周围岩体中的应力状态就受到了扰动。一类方法是在洞室表面进行应力测量,然后在计算原始应力状态时,再把洞室开挖引起的扰动作用考虑进去,由于在通常情况下紧靠洞室表面岩体都会受到不同程度的破坏,使它们与未受扰动的岩体的物理力学性质有很大不同;同时洞室开挖对原始应力场的扰动也是十分复杂的,不可能进行精确的分析和计算。所以这类方法得出的初始应力状态往往是不准确的,甚至是完全错误的。另一类方法是从洞室表面向岩体中打小孔,直至初始应力区。地应力测量是在小孔中进行的,由于小孔对初始应力状态的扰动是可以忽略不计的,这就保证了测量是在初始应力区中进行。目前,普遍采用的应力解除法和水压致裂法均属此类方法。

近半个世纪以来,随着地应力测量工作的不断开展,各种测量方法和测量仪器也不断发展起来。目前各种主要测量方法有数十种之多,而测量仪器则有数百种之多。根据测量原理的不同,可将岩体初始应力测量方法分为应力恢复法、应力解除法、应变恢复法、应变解除法、水压致裂法、声发射法、X 射线法、重力法等共八类;也可将岩体初始应力测量方法分为直接测量法和间接测量法两大类。

直接测量法是由测量仪器直接测量和记录各种应力量,并由这些应力量和初始应力的相互关系,通过计算获得初始应力。在计算过程中不涉及不同物理量的换算,不需要知道岩体的物理力学性质和应力-应变关系。水压致裂法、声发射法均属直接测量法。其中,水压致裂法在目前的应用中最为广泛。

间接测量法是借助某些传感元件或介质,测量和记录岩体中某些与初始应力有关的间接物理量的变化,如变形或应变、密度、渗透性、吸水性、电阻和电容、弹性波波速的变化等,然后通过已知公式计算岩体的初始应力。因此,间接测量法必须首先确定岩体的某些物理力学性质及所测物理量和初始应力的相互关系。应力解除法、应变恢复法、应变解除法、X 射线法、重力法等均属间接测量法。其中,应力解除法是目前国内外普遍采用和较为成熟的岩体初始应力测量方法。

以下主要介绍水压致裂法、应力解除法(包括孔底应变法、孔壁应变法和孔径变形法)和声发散法等初始应力测量方法;另外简要介绍应力恢复法(扁千斤顶法),其是在洞室或其他开挖体表面附近的岩体中进行,测量的是一种受开挖扰动的二次应力场。

### 6.4.1　水压致裂法

水压致裂法在 20 世纪 50 年代被广泛应用于油田生产,通过在钻井中制造人工的裂隙来提高石油的产量。哈伯特(M. K. Hubbert)和威利斯(D. G. Willis)在实践中发现了水压致裂裂隙和岩体初始应力之间的关系。这一发现又被费尔赫斯特(C. Fairhurst)和海姆森(B. C. Haimson)用于岩体初始应力的测量。

水压致裂法是通过液压泵向钻孔内拟定测量深度处加液压将孔壁压裂,测定压裂过程中的各特征点压力及开裂方位,以此计算测点附近岩体中初始应力大小和方向。图 6-9 为水压致裂法测量系统示意图。

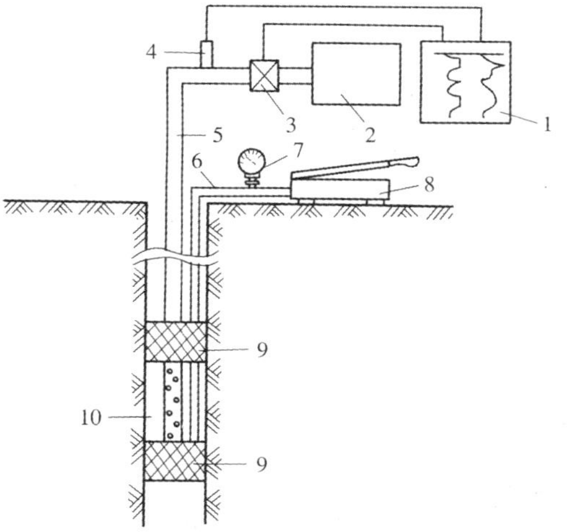


1—记录仪;2—高压泵;3—流量计;4—压力计;5—高压钢管;6—高压胶管;7—压力表;8—泵;9—封隔器;10—压裂段

图 6-9　水压致裂法测量系统示意图

#### 6.4.1.1　测试步骤

(1) 打钻孔到准备测量应力的部位,并将钻孔中待加压段用封隔器密封起来,钻孔直径与所选用的封隔器的直径相一致,封隔器的直径有 38mm、51mm、76mm、91mm、110mm、130mm 等几种。封隔器是两个膨胀橡胶塞,可用液体,也可用气体进行充压。橡胶塞之间的封堵段长度为 0.5～1.0m。

(2) 向两个封隔器的隔离段注射高压水,不断加大水压,至孔壁出现开裂,获得初始开裂压力 $P_i$。

(3) 停止增压,关闭高压泵,压力迅速下降,裂隙停止扩展,并趋于闭合,当压力降到使裂隙处于临界闭合状态时的平衡压力,此时的应力称为关闭压力,记为 $P_s$;最后卸压,使裂隙完全闭合。

(3)重新向密封段注射高压水,使裂隙重新打开并记下裂隙重开时的压力 $P_r$ 和随后的恒定关闭压力 $P_s$。这种卸压—重新加压的过程重复 2～3 次,以提高测试数据的准确性。

上述步骤(2)、步骤(3)记录压力—时间关系和流量—时间关系,见图 6-10。

(4) 将封隔器完全卸压,连同加压管等全部设备从钻孔中取出。

(5) 测量水压致裂裂隙和钻孔试验段天然节理、裂隙的位置、方向和大小。测量可以采用井下摄像、井下电视、钻孔扫描、井下光学望远镜或印模器等。一般情况下,水压致裂裂隙为一组径向相对的纵向裂隙,很容易辨认出来。

#### 6.4.1.2　应力计算

从弹性力学理论可知,如图 6-11 所示,当一个位于无限体中的钻孔受到无穷远处二维应力场($\sigma_1$,$\sigma_2$)的作用时,离开钻孔端部一定距离的部位处于平面应变状态。在这些部位,钻孔周边的应力为

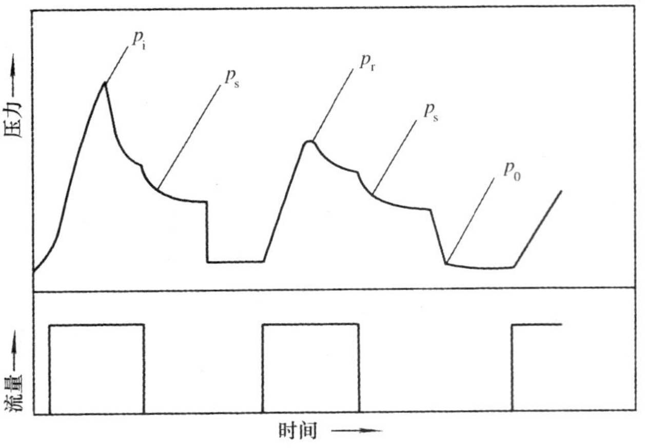


图 6-10　水压致裂法试验压力—时间、流量—时间曲线图

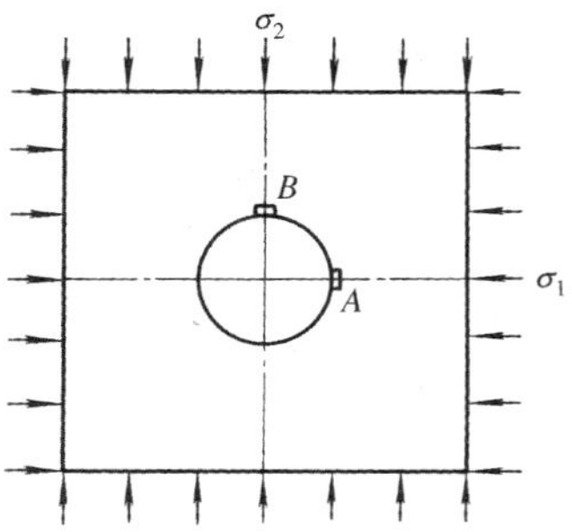


图 6-11　钻孔周边应力

$$\sigma_\theta = \sigma_1 + \sigma_2 - 2(\sigma_1 - \sigma_2)\cos 2\theta \tag{6-10}$$

$$\sigma_r = 0 \tag{6-11}$$

式中　$\sigma_\theta$,$\sigma_r$——钻孔周边的切向应力和径向应力;

$\theta$——周边一点与 $\sigma_1$ 轴的夹角。

由式(6-10)可知,当 $\theta=0°$时,$\sigma_\theta$ 取得极小值,即

$$\sigma_\theta = 3\sigma_2 - \sigma_1 \tag{6-12}$$

由图 6-11 所示,当水压超过 $3\sigma_2-\sigma_1$ 与岩石抗拉强度 $\sigma_t$ 之和后,在 $\theta=0°$处,也即 $\sigma_1$ 所在方位将发生孔壁开裂。钻孔壁发生初始开裂时的水压为 $P_i$,即

$$P_i = 3\sigma_2 - \sigma_1 + \sigma_t \tag{6-13}$$

继续向封隔段注入高压水使裂隙进一步扩展,当裂隙深度达到 3 倍钻孔直径时,此处已接近岩体初始应力状态,停止加压,保持压力恒定,该恒定压力即为 $P_s$,则由图 6-11 可见,$P_s$ 应和初始应力 $\sigma_2$ 相平衡,即

$$P_s = \sigma_2 \tag{6-14}$$

由式(6-13)和式(6-14),只要测出封隔段岩石抗拉强度 $\sigma_t$,即可由 $P_i$ 和 $P_s$,求出 $\sigma_1$ 和 $\sigma_2$。

在初始裂隙产生后,将水压卸除,使裂隙闭合,然后再重新向封隔段加压,使裂隙重新打开,裂隙重开的压力即为 $P_r$,封隔段处岩体静止裂隙水压力为 $P_0$,则有

$$P_r = 3\sigma_2 - \sigma_1 - P_0 \tag{6-15}$$

由式(6-14)和式(6-15)求 $\sigma_1$ 和 $\sigma_2$ 就无须知道岩石的抗拉强度。因此,由水压致裂法测量岩体初始应力可不涉及岩体的物理力学性质,而可由测量和记录的压力值来求得。

#### 6.4.1.3　应用

水压致裂法是一种测量岩体深部应力的新方法,目前测深已达 5000m 以上。这种方法不需要套取岩心,也不需要精密的电子仪器;测试方法简单;孔壁受力范围广,避免了地质条件不均匀的影响。但测试精度不高,仅可用于区域内应力场的估算。

水压致裂测量结果只能确定垂直于钻孔平面内的最大主应力和最小主应力的大小和方

向，所以从原理上讲，它是一种二维应力测量方法。若要确定测点的三维应力状态，必须打设互不平行的交汇于一点的三个钻孔，这相当困难。一般情况下，假定钻孔方向为一个主应力方向，例如将钻孔打在垂直方向，并认为垂直应力是一个主应力，其大小等于单位面积上覆岩层的重量，则由单孔水压致裂结果也就可以确定三维应力场。

水压致裂法认为初始开裂发生在钻孔壁切向应力最小的部位，亦即平行于最大主应力的方向，这是基于岩石为连续、均质和各向同性的假设。如果孔壁本来就有天然节理裂隙存在，那么初始裂痕很可能发生在这些部位，而并非切向应力最小的部位，因而，水压致裂法较为适用于完整和较完整的脆性岩体中。

## 6.4.2　应力解除法

地下岩体在初始应力作用下已产生了变形。设地下岩体内有一边长为 $x,y,z$ 的单元体，若将它与原岩体分离，相当于解除单元体上的外力，则单元体的尺寸分别增大到 $x+\Delta x$，$y+\Delta y$，$z+\Delta z$，或者说恢复到受初始应力前的尺寸，则恢复应变分别为 $\varepsilon_x=\frac{\Delta x}{x}$，$\varepsilon_y=\frac{\Delta y}{y}$，$\varepsilon_z=\frac{\Delta z}{z}$。如果通过测试得到 $\varepsilon_x$，$\varepsilon_y$ 和 $\varepsilon_z$，又已知岩体的弹性模量 $E$ 和泊松比 $\mu$，根据虎克定律可算出解除前的初始应力。应力解除法也需假设岩体是均质、连续、完全弹性体。

应力解除法的具体方法有很多种，若按测试深度的不同，可分为表面应力解除法、浅孔应力解除法和深孔应力解除法三种；若按测试变形或应变的方法不同，则主要可分为孔底应变法、孔壁应变法和孔径变形法三种。

以下介绍孔底应变法、孔壁应变法和孔径变形法这三种应力解除法。

### 6.4.2.1　孔底应变法

孔底应变法是先在围岩中钻孔，在孔底平面上粘贴应变传感器，然后用套钻使孔底岩心与母岩分开，进行卸载，观测卸载前后的应变，间接求出岩体中的应力。

孔底应变传感器主体是一个橡胶质的圆柱体，其端部粘贴着三支电阻应变片，相互间隔 45°，组成一个直角应变花。橡胶圆柱外面有一个硬塑料制的外壳，应变片的导线通过插头连接到应变测量仪器上。其结构见图 6-12。

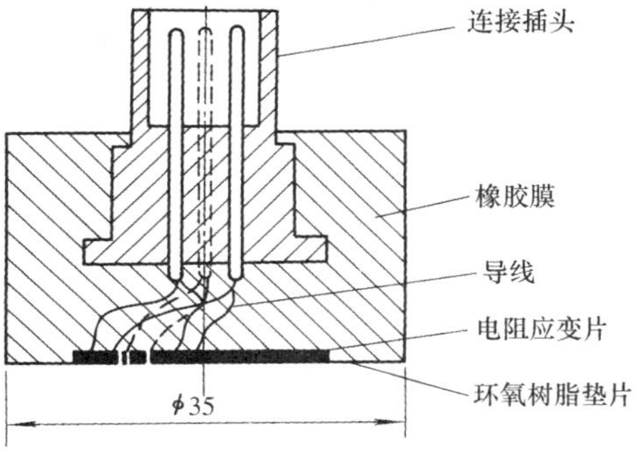


图 6-12　孔底应变传感器

测试步骤如下(图 6-13)：

(1) 用 $\phi$76mm 金刚石空心钻头钻孔至预定深度，取出岩心。

(2) 钻杆上改装磨平钻头将孔底磨平、打光，冲洗钻孔，用热风吹干，再用丙酮擦洗孔底。

(3) 将环氧树脂黏结剂涂到孔底和应变传感器探头上，用安装器将传感器粘贴在孔底。经过 20h 等黏结剂固化后，测取初始应变读数，拆除安装工具。

(4) 再用 $\phi$76mm 空心金刚石套孔钻头钻进，钻进深度不小于解除岩心直径的 0.8 倍，并取出岩心。

(5) 测量解除以后的应变值，对解除后带有应变传感器的岩心试件进行围压试验。

利用孔底应变法求岩体应力须经两个步骤：①由孔底应变计算出孔底平面应力；②利用孔底应

力与岩体应力之间的关系计算出岩体应力分量。由于孔底应力集中的影响，计算出的应力值要高于岩体中的实际应力值，所以要根据实验研究和有限元分析对孔底应力加以校正。

单一钻孔孔底应变法，只有在钻孔轴线与岩体的一个主应力方向平行的情况下，才能测得另外两个主应力的大小和方向。若要测量三维状态下岩体中任意一点的应力状态，至少要用空间方位不同并交于一点的三个钻孔，分别进行孔底应变测量，三个钻孔可以相互斜交，也可以相互正交。

孔底应变法是一种比较可靠的应力测量方法，适用于完整和较完整岩体初始应力的测量。其采取岩心较短，适应性强，但在用三个钻孔测一点的应力状态时，孔底很难处在一个共面上，而影响测量结果。

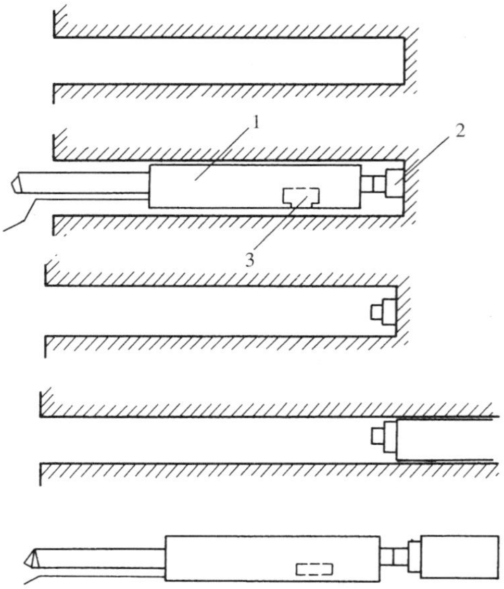


1—安装器；2—探头；3—温度补偿器

图 6-13　孔底应变法示意图

#### 6.4.2.2　孔壁应变法

孔壁应变法是在钻孔壁上安装三向应变计或空心包体应变计，通过测量应力解除前后的应变，来推算岩体应力，利用单一钻孔可获得一点的空间应力分量。

三向应变计由 $\phi$36mm 橡胶栓、电阻应变花、电镀插针、楔子等组成，见图 6-14。楔子在橡胶栓内移动可使三个悬臂张开，将应变花贴到孔壁上。

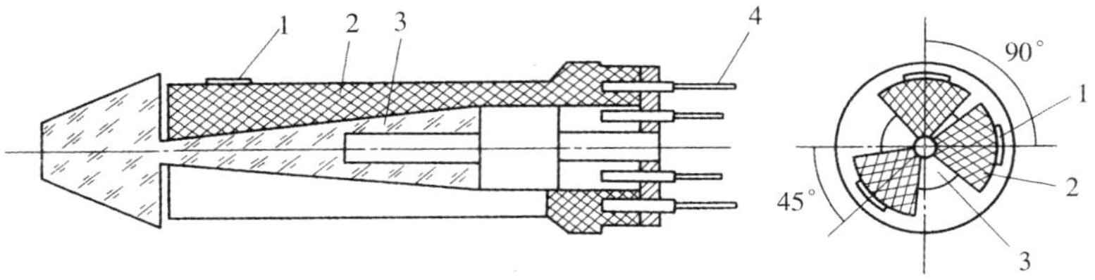


1—电阻应变片；2—橡胶栓；3—楔子；4—电镀插针

图 6-14　三向应变计

三向应变计中应变花直接黏贴在孔壁上，若孔壁有裂隙和缺陷，很难保证应变花的胶结质量，且防水问题也很难解决。而空心包体应变计可以解决应变花胶结质量和防水问题。空心包体应变计的主体是一个用环氧树脂制成的壁厚 3mm 的空心圆筒，在其中间部位，沿同一圆周等角度(120°)嵌埋三组电阻应变花，每组应变花由三支应变片组成，相互间隔 45°，如图 6-15 所示。使用时将其内腔注满胶结剂，安装到位后胶结剂通过径向小孔流入应变计和孔壁之间的环状槽内，将应变计与孔壁牢固胶结在一起。另外，胶结剂还能流入周围岩体中的裂隙和缺陷，使岩体变得完整，可以得到完整的岩心试件。空心包体应变计已在应力解除法初始应力测量中得到广泛应用。

具体测试步骤如下(图 6-16)：

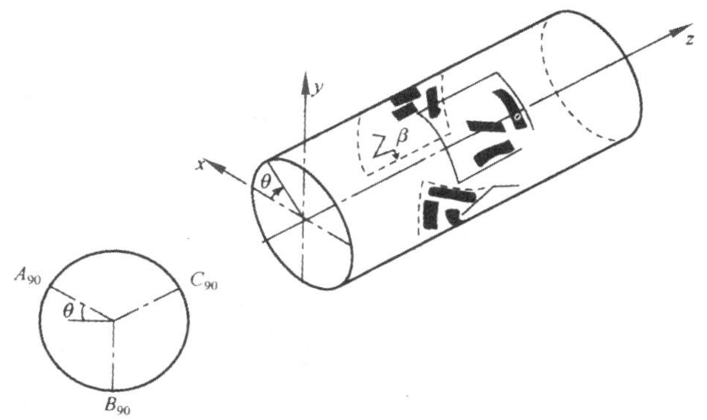


图 6-15　空心包体应变计示意图

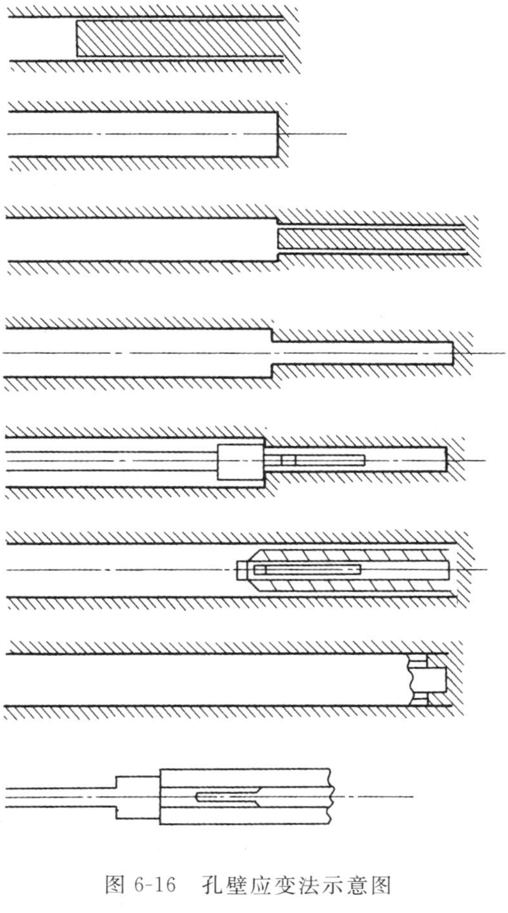

图 6-16　孔壁应变法示意图

(1) 用 $\phi$90mm 金刚石空心钻头钻一个大孔，至预定深度，再用磨平钻头将孔底磨平。

(2) 用 $\phi$36mm 金刚石钻头在大孔中心钻一个 450mm 长的小孔；清洗孔壁并吹干，在小孔中部涂上适量的黏结剂。

(3) 将三向应变计装到安装器上，送入小孔中，用推楔杆推动楔子使应变计的三个悬臂张开，将应变花贴到孔壁上；待黏结剂固化后，测取初读数，取出安装器，用封孔栓堵塞小孔。

(4) 用 $\phi$90 空心套钻进行应力解除，解除深度应使应变花位置至孔底深度不小于解除岩心直径的 2 倍。取出岩心，拔出封孔栓。

(5) 测量应力解除后的应变值，对解除后带有应变传感器的岩心试件进行围压试验。

孔壁应力解除过程中的测量工作，是进行应力测量的关键。应力解除过程可用应变过程曲线来表示，见图 6-17。它反映了随着解除深度增加，测得应力释放及孔壁应力集中影响的复杂变化过程，是判断量测成功与否和检验测量数据可靠性的重要依据。图 6-17 上曲线 1 为沿孔壁环向且近于岩体最大主应力方向的解除应变，曲线 2 为沿孔壁环向但近于岩体小主应力方向的解除应变，曲线 3 为沿钻孔轴向的解除应变。

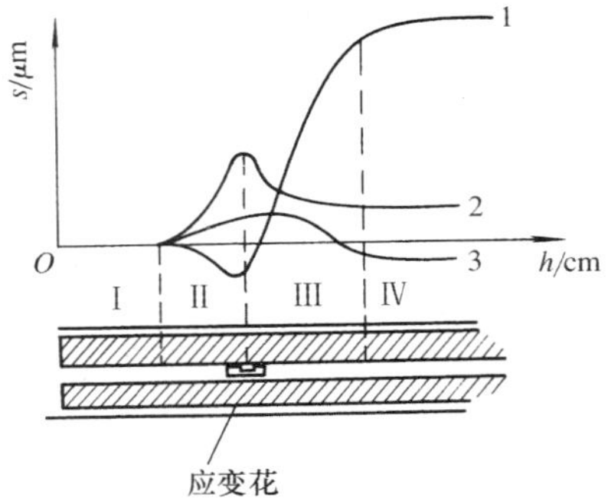

图 6-17　解除过程曲线示意图

采用孔壁应变法时，只需打一个钻孔就可以测出一点的应力状态，测试工作量小，精度高。研究得知，为避免应力集中的影响，解除深度不应小于 450mm。这种方法适用于完整和较完整岩体初始应力的测量。

#### 6.4.2.3　孔径变形法

孔径变形法是在岩体小钻孔中埋入变形计，测量应力解除前后的孔径变化量，来确定岩体应力的方法。

孔径变形法所用的变形计有电阻式、电感式和钢弦式等多种，以前者居多。图 6-18 为 $\phi$36—Ⅱ型钢环式孔径变形计，钢环装在钢环架上，每个环与一个触头接触，各触头互成 45°，其间距 1cm。全部零件组装成一体，使用前需进行标定。当钻孔孔径发生变形时，孔壁压迫触头，触头挤压钢环，使粘贴其上的应变片读值发生变化，由此换算出孔壁变形大小，并转而获得岩体初始应力。

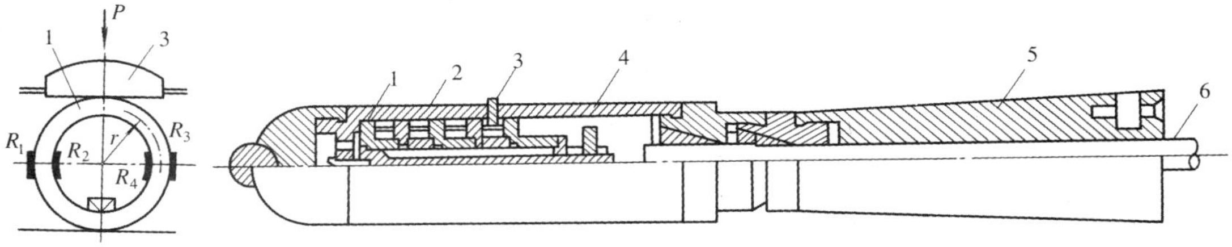

1—弹性钢环；2—钢环架；3—触头；4—外壳；5—定位器；6—电缆

图 6-18　钢环式孔径变形计

测试步骤基本上与孔壁应变法相同。先钻 $\phi$127mm 的大孔，后钻 $\phi$36mm 的同心小孔。用安装杆将变形计送入孔中，适当调整触头的压缩量(钢环上有初始应变)，然后接上应变片电缆并与应变仪连接，再用 $\phi$127mm 钻头套钻；边解除应力，边读取应变，直到全部解除完毕。对解除后带有孔径变形计的岩心试件进行围压试验。

为了确定岩体的空间应力状态，至少要用汇交于一点的三个钻孔，分别进行孔径变形法的应力解除。

孔径变形法的测试元件具有零点稳定性好，直线性、重复性和防水性也好，适应性强，操作简便。孔径变形法适用于完整和较完整岩体初始应力的测量。

### 6.4.3　声发射法

材料在受到外荷载作用时，其内部贮存的应变能快速释放产生弹性波，从而发出声响，称为声发射。1950 年，德国人凯泽(J. Kaiser)发现多晶金属的应力从其历史最高水平释放后，再重新加载，当应力未达到先前最大应力值时，很少有声发射产生，而当应力达到和超过历史最高水平后，则大量产生声发射，这一现象称为凯泽效应。从很少产生声发射到大量产生声发射的转折点称为凯泽点，该点对应的应力即为材料先前受到的最大应力。后来国外许多学者证实了在岩石压缩试验中也存在凯泽效应，许多岩石如花岗岩、大理岩、石英岩、砂岩、安山岩、辉长岩、闪长岩、片麻岩、辉绿岩、灰岩、砾岩等具有显著的凯泽效应。

凯泽效应为测量岩体初始应力提供了一个途径，即从原岩中采取岩石试样，通过对加工的不同方向的岩石试件进行加载声发射试验，测定凯泽点，即可找出每个试件以前所受的最大应力，并进而求出取样点的初始三维应力状态。

具体测试步骤如下：

1. 试件制备

从现场钻孔提取岩石试样，试样在原环境状态下的方向必须确定。将试样加工成圆柱体试件，径高比为 1∶2～1∶3。为了确定测点三维应力状态，必须在该点的岩样中沿六个不同方向制备试件，假如该点局部坐标系为 $Oxyz$，则三个方向选为坐标轴方向，另三个方向选为 $Oxy$，$Oyz$，$Oxz$ 平面内的轴角平分线方向。为了获得测试数据的统计规律，每个方向的试件为 15～25 块。

为了消除由于试件端部与压力试验机上、下压头之间摩擦所产生的噪声和试件端部应力集中，试件两端浇铸由环氧树脂或其他复合材料制成的端帽。

2. 声发射测试

将试件放在单轴压缩试验机上加压，并同时监测加压过程中从试件中产生的声发射现象。图 6-19 是一组典型的监测系统框图。在该系统中，两个压电换能器(声发射接收探头)固定在试件上、下部，用以将岩石试件在受压过程中产生的弹性波转换成电信号。该信号经放大、鉴别之后送入定区检测单元，定区检测是检测二个探头之间特定区域里的声发射信号，区域外的信号被认为是噪声而不被接收。定区检测单元输出的信号送入计数控制单元，计数控制单元将规定的采样时间间隔内的声发射模拟量和数字量(事件数和振铃数)分别送到记录仪或显示器绘图、显示或打印。

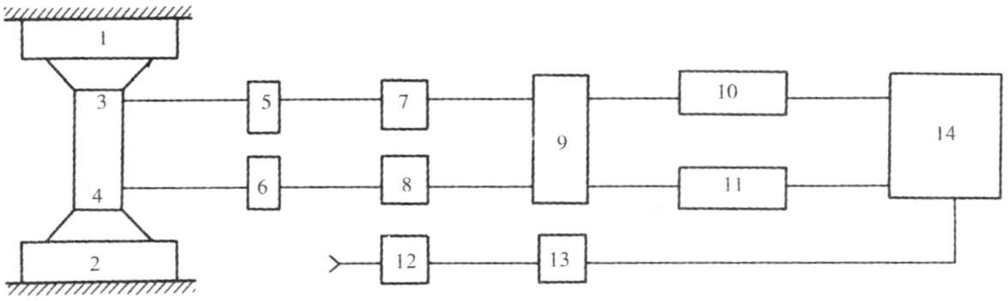


1,2—上、下压头;3,4—换能器;5,6—前量放大器;7,8—输入鉴别单元;9—定区检测单元;
10,11—计数控制单元;12—压机油路压力传感器;13—压力电信导转换仪器;14—三笔函数记录仪

图 6-19　声发射监测系统框图

凯泽效应一般发生在加载的初期，故加载系统应选用小吨位的应力控制系统，并保持加载

速率恒定,尽可能避免用人工控制加载速率。在加载初期,人工操作很难保证加载速率恒定,在声发射事件速率曲线上可能出现多个峰值,难于判定真正的凯泽点。

3. 计算地应力

由声发射监测所获得的应力—声发射事件数(速率)曲线(图 6-20),即可确定每次试验的凯泽点,并进而确定该试件轴线方向先前受到的最大应力值。15～25 个试件获得一个方向的统计结果,六个方向的应力值即可确定取样点的历史最大三维应力大小和方向。

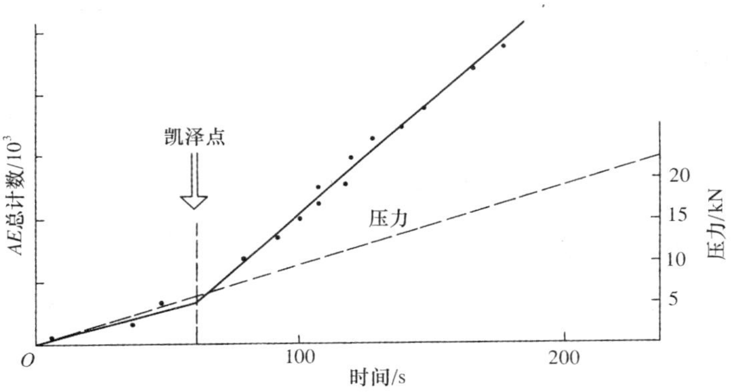


图 6-20　压力-声发射事件试验曲线图

根据凯泽效应的定义,用声发射法测得的是取样点的先存最大应力,而非现今地应力。有人提出了“视凯泽效应”的概念,认为声发射可获得两个凯泽点,一个对应于引起岩石饱和残余应变的应力,它与现今应力场一致,比历史最高应力值低,称为视凯泽点;在视凯泽点之后,还可获得另一个真正的凯泽点,它对应于历史最高应力。

由于声发射与弹性波传播有关,所以高强度的脆性岩体有较明显的声发射凯泽效应,而多孔隙低强度及塑性岩体的凯泽效应不明显,所以不能用声发射法测定比较软弱岩体中的应力。

## 6.4.4　应力恢复法

应力恢复法又称扁千斤顶法或压力枕法,是用来直接测定洞室或其他开挖体表面附近岩体中应力大小的一种测量方法。由于岩体表面受开挖导致的应力重分布的影响,应力恢复法实际所测得的是岩体的二次应力,而非初始应力。

如图 6-21 所示,当洞室某侧墙上的表层围岩应力的主应力 $\sigma_1$、$\sigma_2$ 的方向各为垂直与水平方向时,就可用应力恢复法测得 $\sigma_1$ 的大小。在侧墙上沿测点 $O$,在水平方向(垂直所测的应力方向)开一个解除槽,则在槽上下附近围岩的应力得到部分解除,应力状态重新分布。在槽的中垂线 $OA$ 上的应力状态,根据穆斯海里什维里理论,可把槽看作一条缝,得到

$$\sigma_{1x}=2\sigma_1\frac{\rho^4-4\rho^2-1}{(\rho^2+1)^3}+\sigma_2 \tag{6-16}$$

$$\sigma_{1y}=\sigma_1\frac{\rho^6-3\rho^4+3\rho^2-1}{(\rho^2+1)^3} \tag{6-17}$$

式中　$\sigma_{1x}$,$\sigma_{1y}$——$OA$ 线上某点 $B$ 的应力分量;

$\rho$——$B$ 点离槽中心 $O$ 的距离的倒数。

当在槽中埋设压力枕,并由压力枕对槽加压,若施加压力为 $p$,则在 $OA$ 线上 $B$ 点产生的

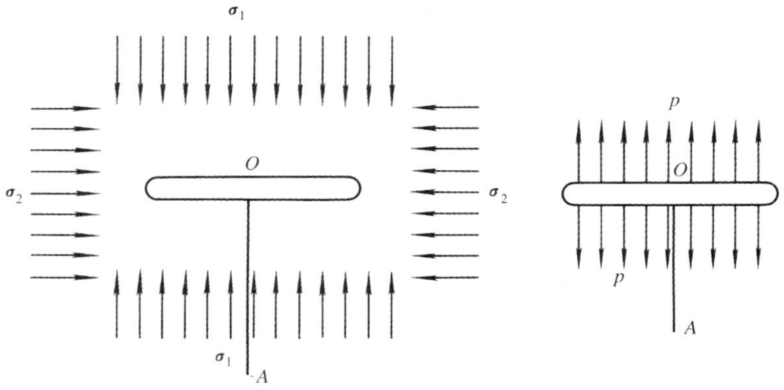


图 6-21　应力恢复法原理图

应力分量为

$$\sigma_{2x}=-2p\frac{\rho^4-4\rho^2-1}{(\rho^2+1)^3} \tag{6-18}$$

$$\sigma_{2y}=2p\frac{3\rho^4+1}{(\rho^2+1)^3} \tag{6-19}$$

当压力枕所施加的力 $p=\sigma_1$ 时，这时 $B$ 点的总应力分量为

$$\sigma_x=\sigma_{1x}+\sigma_{2x}=\sigma_2 \tag{6-20}$$

$$\sigma_y=\sigma_{1y}+\sigma_{2y}=\sigma_1 \tag{6-21}$$

可见，当压力枕所施加的力 $p$ 等于 $\sigma_1$ 时，则岩体中的应力状态已完全恢复。

具体测试步骤如下(图 6-22)：

(1) 在选定的试验点上，沿解除槽的中垂线上安装好测量元件。测量元件可以是千分表、钢弦应变计或电阻应变片等，若开槽长度为 $B$，则应变计中心一般距槽 $B/3$，槽的方向与预定所需测定的应力方向垂直。槽的尺寸根据所使用的压力枕大小而定。槽的深度要求大于 $B/2$。

(2) 记录应变计的初始读数。

(3) 开凿解除槽。岩体产生变形并记录应变计上的读数。

(4) 在开挖好的解除槽中埋设压力枕，并用水泥砂浆充填空隙。

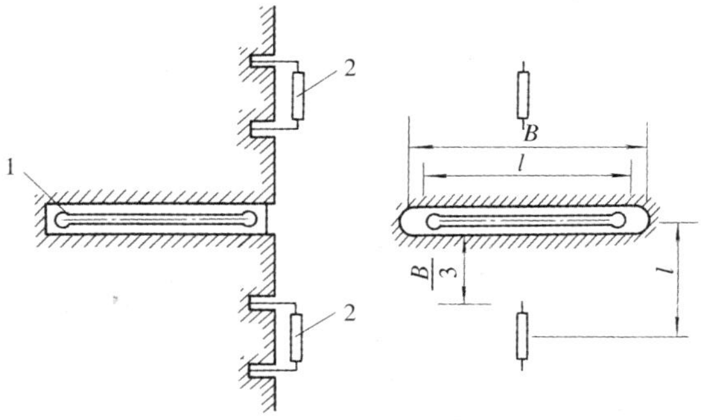


1—压力枕；2—应变计

图 6-22　应力恢复法布置示意图

(5) 待充填水泥浆达到一定强度以后，即将压力枕连接油泵，通过压力枕对岩体施压。随着压力枕所施加的力 $p$ 的增加，岩体变形逐步恢复。逐点记录压力 $p$ 与恢复变形(应变)的关系。

(6) 当假设岩体为理想弹性体时，则当应变计恢复到初始读数时，此时压力枕对岩体所施加的压力 $p$ 即为所求岩体的主应力。

若岩体为弹塑性体,则可由试验中得到的应力-应变曲线确定岩体应力。如图 6-23 所示,$ODE$ 为压力枕加荷曲线,图中 $D$ 点对应的 $\varepsilon_{oe}$ 为可恢复的弹性应变;继续加压到 $E$ 点,可得全应变 $\varepsilon_1$;由压力枕逐步卸荷,得卸荷曲线 $EF$,并得知 $\varepsilon_1=GF+FO=\varepsilon_{1e}+\varepsilon_{1p}$。这样,就可以求得产生全应变 $\varepsilon_1$ 所相应的弹性应变 $\varepsilon_{1e}$ 与残余塑性应变 $\varepsilon_{1p}$。为了求得产生 $\varepsilon_{0e}$ 相应的全应变量,可以作一条水平线 $KN$ 与压力枕的 $OE$ 和 $EF$ 线相交,并使 $MN=\varepsilon_{0e}$,则此时 $KM$ 就为残余塑性应变 $\varepsilon_{0p}$,相应的全应变量 $\varepsilon_0=\varepsilon_{0e}+\varepsilon_{0p}=KM+MN$。由 $\varepsilon_0$ 值就可在 $OE$ 线上求得 $C$ 点,并求得与 $C$ 点相应的 $p$ 值,此即所求的 $\sigma_1$ 值。

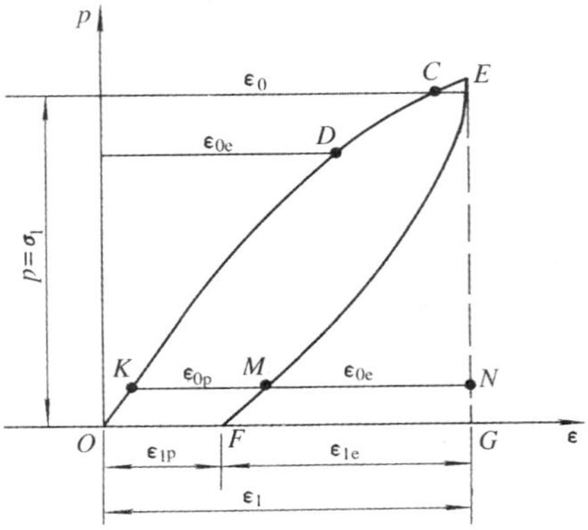


图 6-23 应力-应变曲线求岩体应力

## 6.5 高地应力地区主要岩体力学问题

### 6.5.1 研究高地应力问题的必要性

(1) 研究初始地应力是研究岩体力学不可缺少的一部分。岩体力学与其他力学学科最根本的区别在于岩体中具有初始地应力。所有岩体力学现象都与地应力的大小有关,因此,研究高地应力问题本身就是岩体力学的基本任务之一。

(2) 岩体的本构关系、破坏准则以及岩体中应力传播规律都随地应力大小的变化而变化。例如,在低地应力和低偏压情况下,岩体的脆断特性表现明显,受节理面制约而表现的各向异性和非连续性也很明显,岩体破坏时,峰值强度与残余强度之间相差较大。在高地应力条件下,岩体的脆性表现不太明显,而塑性表现明显,节理面的存在所引起的各向异性也会明显减弱,表现出连续介质的特性,而且会呈现出高地应力的特殊现象,有必要进行深入研究。

(3) 我国中西部山区多处高地应力区,随着中西部的开发,尤其是水电系统的工程建设,已不断遇到高地应力现象及问题,给岩体工程的稳定性提出了前所未有的挑战。由于缺乏研究,对于高地应力地区出现的岩体力学问题缺乏有力的对策和措施,工程建设的发展需要研究高地应力问题。

### 6.5.2 高地应力现象和判别准则

1. 高地应力现象

(1) 岩心饼化现象。在中等强度以下的岩体中进行勘探时,常可见到岩心饼化现象。饼化岩心中间厚(0.5~3cm),四周薄,断口新鲜。饼的厚度随岩心直径和地应力的增大而增大。饼化程度越高,说明岩体变形越厉害,越易产生岩爆。美国奥伯特(L. Obert)和史蒂芬森(D. E. Stephenson )1965 年用实验验证的方法同样获得了饼状岩心,由此认定饼状岩心是高地应力产物。从岩石破裂成因来分析,岩心饼化是剪胀破裂产物。除此以外,还能发现钻孔缩径现象。

(2) 岩爆。在岩性坚硬完整或较完整的高地应力地区开挖隧洞或探洞的过程中时有岩爆发生。岩爆是岩石被挤压到弹性限度,岩体内积聚的能量突然释放所造成的一种岩石破坏现象。

(3) 探洞和地下隧洞的洞壁产生剥离。在中等强度以下的岩体中开挖探洞或隧洞，高地应力状况不会像岩爆那样剧烈，洞壁岩体产生剥离现象，有时裂缝一直延伸到岩体浅层内部，锤击时有破哑声。在软质岩体中洞体则产生较大的变形，位移显著，持续时间长，洞径明显缩小。

(4) 岩质基坑底部隆起、剥离以及回弹错动现象。在坚硬岩体表面开挖基坑或槽，在开挖过程中会产生坑底突然隆起、断裂，并伴有响声；或在基坑底部产生隆起剥离。在岩体中，如有软弱夹层，则会在基坑斜坡上出现回弹错动现象(图 6-24)。

(5) 野外原位测试测得的岩体物理力学指标比实验室岩块试验结果高。由于高地应力的存在，致使岩体的声波速度、弹性模量等参数增高，结果比实验室无应力状态岩块测得的参数高。野外原位变形测试曲线的形状也会变化，表现为在 $\sigma$ 轴上有截距(图 6-25)。

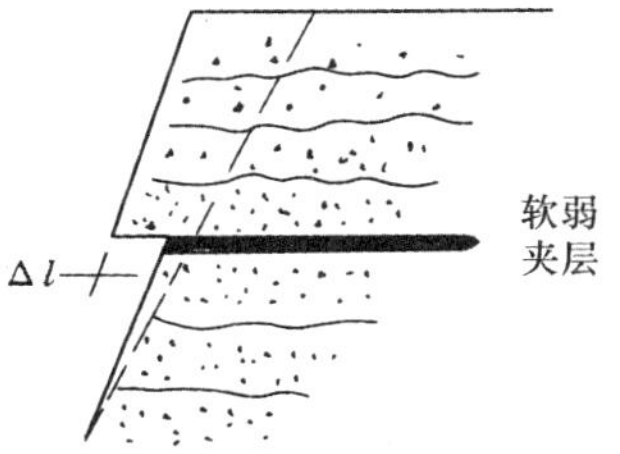


图 6-24　基坑边坡回弹错动

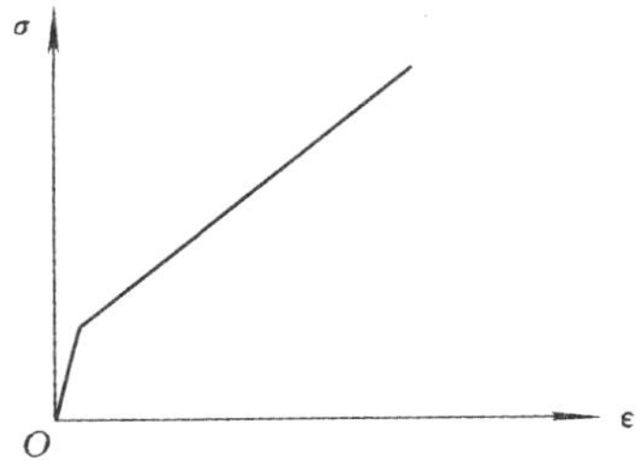


图 6-25　高地应力条件下岩体变形曲线

2. 高地应力判别准则

目前国内外还尚未形成完善和统一的判别准则。早期对高地应力的判别是根据地应力测值的大小，如最大地应力大于 20MPa 为高地应力，大于 30MPa 或 40MPa 为极高地应力；后来在工程实践中发现高地应力现象的发生不仅跟地应力大小有关，也跟岩体的力学性质有关。若岩体坚硬，弹性模量高，则岩体弹性储能强，容易积聚地应力，开挖后当岩体中应力在其弹性应力范围内，围岩是稳定的，而超过其弹性极限，则围岩很容易产生脆性破坏；若岩体软弱，弹性模量低，其弹性储能低，积聚的地应力不高，但开挖后围岩可能会产生大变形等问题。故一定的地应力值，对于不同的岩性，影响其稳定性的程度是不一样的。为此，工程实践中提出采用岩石饱和单轴抗压 $\sigma_c$ 与垂直洞轴线方向的最大地应力 $\sigma_{max}$ 的比值(称为围岩强度比)，作为评价高地应力现象发生的条件，进而评价地应力对工程岩体稳定性影响的指标。表 6-3 列出了国内外一些以围岩强度比为指标的地应力分级标准。表 6-4 为《工程岩体分级标准》(GB/T 50218—2014)中有关高地应力和极高地应力岩体在开挖中出现的主要现象。

**表 6-3　　以围岩强度比为指标的地应力分级标准**

| 应力情况 | 极高地应力 | 高地应力 | 一般地应力 |
|---|---|---|---|
| 法国隧道协会和日本仲野分级方法 | <2 | 2～4 | >4 |
| 日本新奥法指南(1996 年) | <4 | 4～6 | >6 |
| 《工程岩体分级标准》(GB/T 50218—2014) | <4 | 4～7 | >7 |

表 6-4　　高和极高地应力岩体在开挖中出现的主要现象

| 应力情况 | 主要现象 | $\sigma_c/\sigma_{max}$ |
|---|---|---|
| 极高地应力 | 硬质岩：岩心常有饼化现象；开挖过程中时有岩爆发生，有岩块弹出，洞壁岩体发生剥离，新生裂缝多，围岩易失稳；基坑有剥离现象，成形性差。<br>软质岩：开挖工程中洞壁岩体有剥离，位移极为显著，甚至发生大位移，持续时间长，不易成洞；基坑发生显著隆起或剥离，不易成形 | <4 |
| 高地应力 | 硬质岩：岩心时有饼化现象；开挖过程中偶有岩爆发生，洞壁岩体有剥离和掉块现象，新生裂缝较多；基坑时有剥离现象，成形性一般尚好。<br>软质岩：开挖工程中洞壁岩体位移显著，持续时间较长，围岩易失稳；基坑有隆起现象，成形性较差 | 4～7 |

### 6.5.3　岩爆及其防治措施

围岩处于高应力场条件下所产生的岩片(块)飞射抛撒的现象叫岩爆。岩体内开挖地下厂房、隧道、矿山地下巷道、采场等地下工程，引起挖空区围岩应力重新分布和集中，当应力集中到一定程度后也有可能产生岩爆。在地下工程开挖过程中，岩爆是围岩各种失稳现象中反应最强烈的一种，是地下施工的一大地质灾害。由于它的突发性，在地下工程中对施工人员和施工设备威胁最严重。如果处理不当，就会给施工安全、岩体及建筑物的稳定带来很多问题，甚至会造成重大工程事故。

据不完全统计，从 1949 年到 1997 年，我国 33 个重要煤矿发生了 2000 多起煤爆和岩爆，发生地点一般在 200～1000m 深处，且发生部位往往地质构造复杂、煤层突然变化或水平煤层突然弯曲变成陡倾。在一些严重的岩爆发生区，曾有数以吨计的岩块、岩片和岩板抛出。我国水电工程的一些地下洞室中也曾发生过岩爆，地点大多在高地应力地带的结晶岩和灰岩中，或位于河谷近地表处。另外，在高地应力区开挖隧道，如果岩层比较完整、坚硬时，也常发生岩爆现象。

#### 6.5.3.1　岩爆类型和规模

岩爆的特征可从多个角度去描述，目前主要是根据现场调查所得到的岩爆特征，考虑岩爆危害方式、危害程度以及对其防治对策等因素，将其分为破裂松脱型、爆裂弹射型、爆炸抛射型三种类型。

(1) 破裂松脱型。围岩成块状、板状、鳞片状，爆裂声响微弱，弹射距离很小，岩壁上形成破裂坑，破裂坑的深度主要受围岩应力和强度控制。

(2) 爆裂弹射型。岩片弹射及岩粉喷射，爆裂声响如同枪声，弹射岩片体积一般不超过 $0.33m^3$，直径 5～10cm。洞室开凿后，一般出现片状岩石弹射、崩落或成笋皮状的薄片剥落，岩片的弹射距离一般为 2～5m。岩块多为中间厚，周边薄的菱形岩片。

(3) 爆炸抛射型。岩爆发生时巨石抛射，其声响如同炮弹爆炸，抛射岩块的体积数立方米到数十立方米，抛射距离几米到十几米。

岩爆的规模基本上可以分为三类，即小规模岩爆、中等规模岩爆和大规模岩爆。小规模岩爆是指在岩壁浅层部分(厚度小于 25cm)岩石发生破坏，破坏区域仍然是弹性的，掉落岩块的质量通常在 1t 以下。中等规模岩爆指岩壁形成厚度 0.25～0.75m 环状松弛区域的破坏，但空洞本身仍然是稳定的；大规模岩爆指超过 0.75m 以上的岩体显著突出，很大的岩块弹射出来，这种情况采用一般的支护是不能防止的。

#### 6.5.3.2　岩爆产生的条件

（1）地下工程开挖、洞室空间的形成是诱发岩爆的几何条件。产生岩爆的原因很多，其中主要原因是由于在岩体中开挖洞室，改变了岩体赋存的空间环境，最直观的结果是为岩体产生岩爆提供了释放能量的空间条件。

（2）围岩应力重分布和集中将导致围岩积累大量弹性变形能，这是诱发岩爆的动力条件。地下开挖岩体或其他机械扰动改变了岩体的初始应力场，引起挖空区周围的岩体应力重新分布和应力集中，围岩应力有时会达到岩块的单轴抗压强度，甚至会超过它几倍。

（3）岩体承受极限应力产生初始破裂后，剩余弹性变形能的集中释放量将决定岩爆的弹射程度。从岩性和结构特征分析岩体的变形和破坏方式，最终要看岩体在宏观大破裂之前还储存有多少剩余弹性变形能。当岩体由初期逐渐积累弹性变形能，到伴随岩体变形和微破裂开始产生、发展，使岩体储存弹性变形能的方式转入边积累边消耗，再过渡到岩体破裂程度加大，导致积累弹性变形能条件完全消失，弹性变形能全部消耗掉。至此，围岩出现局部或大范围解体，无弹射现象，仅属于静态下的脆性破坏。该类岩石矿物颗粒致密度低、坚硬程度比较弱、微裂隙发育程度较高。当岩石矿物结构致密度、坚硬度较高，且在微裂隙不发育的情况下，岩体在变形破坏过程中所储存的弹性变形能不仅能满足岩体变形和破裂所消耗的能量，满足变形破坏过程中发生热能、声能的要求，而且还有足够的剩余能量转换为动能，使逐渐被剥离的岩块（片）瞬间脱离母岩弹射出去。这是岩体产生岩爆弹射极为重要的一个条件。

（4）岩爆通过何种方式出现，这取决于围岩的岩性、岩体结构特征、弹性变形能的积累和释放时间的长短。当岩体自身的条件相同，围岩应力集中速度越快，积累弹性变形能越多，瞬间释放的弹性变形能也越多，岩体产生岩爆程度就越强烈。

#### 6.5.3.3　岩爆判据

目前国内外还没有关于岩爆预测预报公认的、成熟的理论和方法。国内外学者根据试验和理论分析探讨了一些岩爆判据，主要有弹性能量指数、最大主应力强度理论、岩石冲击能指标、刚度理论、能量释放率理论和超剪切应力理论等。以下主要介绍弹性能量指数和最大主应力强度理论。

1. 弹性能量指数

弹性能量指数又称岩爆倾向指数，其通过对岩石试样进行单轴压缩加载和卸载试验确定。如图 6-26 所示，取应力为岩石强度的 80%～90%时记录的应力-应变曲线，弹性能量指数 $W_{ET}$ 为用图形积分法得到的弹性变形储能 $E(e)$ 与塑性变形耗能 $E(p)$ 之比，即

$$W_{ET}=\frac{E(e)}{E(p)} \tag{6-22}$$

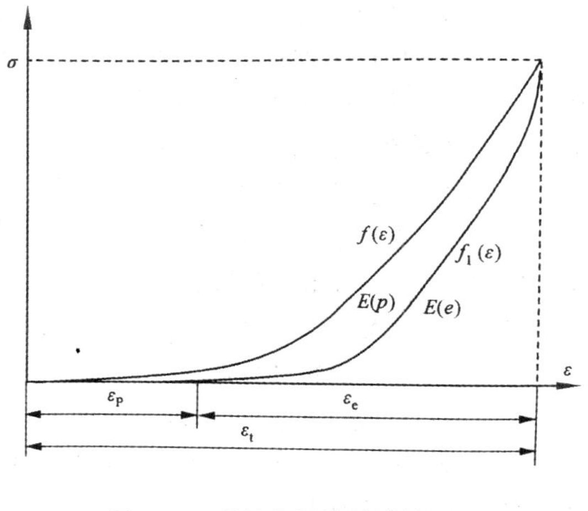

图 6-26　弹性能量指数计算图

辛格（S. P. Singh）根据加拿大萨底伯里地区硬岩试样试验结果，建议岩爆判据为

$$\left.\begin{array}{ll} W_{ET}\geqslant 15 & 强岩爆 \\ 10\leqslant W_{ET}<15 & 中等岩爆 \\ W_{ET}<10 & 弱岩爆 \end{array}\right\} \tag{6-23}$$

2. 最大主应力强度理论

国内外很多岩爆现场探测表明，岩爆呈中心对称在洞室(巷道)两侧或顶底板两处同时发生，即岩爆发生在洞室开挖后最大切向应力(最大主应力)$\sigma_\theta$处。因此，很多学者根据最大切向应力$\sigma_\theta$与岩石单轴抗压强度$\sigma_c$之间的关系提出岩爆判据，其中，有代表性的是鲁森斯(B. F. Russenes)提出的岩爆判据：

$$\left.\begin{array}{ll} \sigma_\theta/\sigma_c\geqslant 0.55 & 强岩爆 \\ 0.30\leqslant\sigma_\theta/\sigma_c<0.55 & 中等岩爆 \\ 0.20\leqslant\sigma_\theta/\sigma_c<0.30 & 弱岩爆 \\ \sigma_\theta/\sigma_c<0.20 & 无岩爆 \end{array}\right\} \tag{6-24}$$

#### 6.5.3.4 岩爆的防治

通过大量的工程实践及经验的积累，目前已有许多行之有效的治理岩爆的措施，归纳起来有围岩加固措施、改善围岩应力条件和施工安全措施等。

1. 围岩加固措施

该方法是指对已开挖洞室周边的加固以及对掌子面前方的超前加固，如喷射混凝土、小导管(或管棚)超前支护等，这些措施一是可以改善掌子面本身以及1～2倍洞室直径范围内围岩的应力状态；二是具有防护作用，可防止弹射、塌落等。

2. 改善围岩应力条件

可从设计与施工的角度采用下述几种办法：

(1) 在选择隧道及其他地下结构物的位置时应使其长轴方向与最大主应力方向平行，这样可以减少洞室周边围岩的切向应力。

(2) 在设计时选择合理的开挖断面形状，以改善围岩的应力状态。

(3) 在施工过程中，爆破开挖采用短进尺、多循环，也可以改善围岩应力状态，这一点已被大量的实践所证实。

(4) 应力解除法，即在围岩内部造成一个破碎带，形成一个低弹性区，从而使掌子面及洞室周边应力降低，使高应力转移到围岩深部。为达到这一目的，可以打超前钻孔或在超前钻孔中进行松动爆破，这种防治岩爆的方法也称为超应力解除法。

(5) 喷水或注水。喷水可使岩体软化，刚度减小，变形增大，岩体中积蓄的能量可缓缓释放出来，从而减少因高地应力引起的破坏现象。如在掌子面和洞壁喷撒水，一定程度上可以降低表层围岩的强度；采用超前钻孔向岩体高压均匀注水，除超前钻孔可以提前释放弹性应变能外，高压注水的楔劈作用可以软化、降低岩体的强度，而且高压注水可产生新的张裂隙并使原有裂隙继续扩展，从而可降低岩体储存弹性应变能的能力。

3. 施工安全措施

施工安全措施主要是躲避及清除浮石两种。岩爆一般在爆破后1h左右比较激烈，以后则逐渐趋于缓和；爆破多数发生在1～2倍洞室直径的范围以内，所以躲避也是一种行之有效的方法。每次爆破循环之后，施工人员躲避在安全处，待激烈的岩爆平息之后再进行施工。在拱顶部位由于岩爆所产生的松动石块必须清除，以保证施工的安全。对于破裂松脱型岩爆，弹射危害不大，可采用清除浮石的方法来保证施工安全。

## 思考题及习题

1. 何谓岩体初始应力？岩体初始应力主要是由什么引起的？

2. 影响初始应力场的因素有哪些？

3. 何谓潜塑状态和海姆假说？

4. 如何通过地质构造的形态特征判断构造应力场的方向？

5. 地壳浅部岩体初始应力的分布有哪些基本规律？

6. 直接和间接测量岩体初始应力的方法有哪些？各自的原理、测量步骤是什么？

7. 高地应力现象有哪些？工程实践上的判别准则是什么？

8. 岩爆的类型和发生条件是什么？工程上如何防治岩爆问题？

9. 设某花岗岩埋深 1000m，其上覆盖地层的平均重度 $\gamma=26\text{kN/m}^3$，花岗岩处于弹性状态，泊松比 $\mu=0.25$。求该花岗岩在自重作用下的初始垂直应力和水平应力。

10. 已知 5000m 深处某岩体侧压力系数 $\lambda=0.80$，泊松比 $\mu=0.25$。在岩体被剥蚀掉 2000m 后侧压力系数为多少？

# 第 7 章　岩体力学在洞室工程中的应用

## 7.1　概述

地下洞室是岩石工程中建造最多的地下构造物，如公路和铁路隧道、地下厂房等。如何解决在建造地下洞室时所遇到的各种岩体力学问题，包括岩体的二次应力分布、围岩压力的计算、节理等不连续面对围岩二次应力状态和围岩压力的影响以及开挖洞室后围岩的稳定性评价等问题，将直接影响地下洞室的施工、设计工作。本章就岩体的二次应力分布、围岩压力理论和计算方法，以及国内外广泛应用的新奥法等作一系统地介绍。

在掌握了岩石和结构面的力学性质、岩体的初始应力状态后，如何分析人工开挖后地下洞室的二次应力状态是本章的重点问题之一。本小节主要介绍有关岩体二次应力的基本概念。

由于人工开挖使岩体中应力状态发生了变化的这部分岩体称作围岩。围岩范围在理论上应该是一个相对比较大的区域。但在实际工程中，它的大小与岩体的自身特性和地应力的状态有关，是一个有限的范围。围岩的二次应力状态就是指开挖后岩体在无支护条件下，经应力调整后达到新的平衡的应力状态。顾名思义，若将初始应力看作是一次应力状态，那么二次应力状态也就不难理解了。可见，分析围岩的二次应力状态，必须掌握两个条件：一是岩体自身的力学性质包括它的变形特性和强度特性；二是岩体的初始应力状态。由大量的工程实践中所观察到的结果和应用弹塑性理论分析可知，围岩的二次应力状态其分布的主要特征可分为以下两种：

第一种，围岩的二次应力呈弹性分布。岩体经人工开挖之后，洞壁的部分应力被释放，使洞室周围的岩体进行应力重新调整。由于岩体自身强度比较高或者作用于岩体的初始应力比较低，使得洞室周边调整平衡后的应力状态都比岩体的强度低，处在弹性应力的范围内。因此，这样的围岩二次应力状态被称作弹性分布。这种类型的洞室，从理论上说，可保持长期的自身稳定，不必进行支护。

第二种，围岩的二次应力状态呈弹塑性分布。与上述的弹性分布不同，由于作用于岩体的初始应力比较高或者岩体自身的强度比较低，洞室开挖后，洞周的部分岩体出现了明显的应力集中现象，且其应力超出了岩体的屈服应力，使这部分岩体进入了塑性状态；随着与洞壁的距离增大，围岩应力集中的现象逐渐减弱，同时由于最小主应力也将随之增大，进而提高了岩体的强度，并促使岩体中的应力小于岩体的屈服应力，进而其应力状态转化为弹性状态。因此，这种弹塑性应力并存的状态被称为岩体弹塑性分布的二次应力状态。处在弹塑性分布的二次应力状态中的洞室，必须进行支护，否则洞周的岩体将产生失稳，影响洞室的正常使用。

分析上述两种不同分布的应力状态，主要采用弹塑性理论的方法。然而，当利用弹塑性理论分析岩体洞室的二次应力状态，必将遇到有关岩体介质的假设条件问题。众所周知，岩体中存在着许多规模不等的不连续面，对于这些结构面通常的处理方法是，除了规模较大的断层以及软弱夹层以外，将这些结构面的分布近似地认为是随机的，它对岩体的影响从整体上分析并不是很大。因此，在进行二次应力分布时，大都仍将岩体看成是均质的、各向同性体，从而满足弹塑性力学中对介质的基本假设条件。然而，对于特殊的局部岩体不连续面，由于其规模大、产状不利或强度极低等原因，应该将其作为特殊的问题，采用专门的方法（如节理岩体的剪裂区计算等）评价其围岩的稳定性。

## 7.2　深埋圆形洞室弹性分布的二次应力状态

在地下洞室工程中常用的几何形体有圆形、椭圆形和矩形等，本小节主要介绍深埋圆形洞室弹性分布的二次应力状态。

### 7.2.1　$\lambda=1$ 时深埋圆形洞室的二次应力状态

#### 7.2.1.1　基本假设

在深埋岩体中，开挖一圆形洞室，可利用弹性力学理论分析该洞室弹性分布的二次应力状态。对于岩体这一介质而言，除了要满足弹性力学中的基本假设条件以外，就侧压力系数 $\lambda=1$ 的条件下，深埋圆形洞室的二次应力分析，还必须作一些补充的假设条件：

(1) 计算单元为一无自重的单元体，不计由于洞室开挖而产生的重力变化，并将岩体的自重作为作用在无穷远处的初始应力状态；

(2) 岩体的初始应力状态在不作特殊说明的情况下，仅考虑岩体的自重应力；且侧压力系数按弹性力学中 $\lambda=\mu/(1-\mu)$ 计算，本小节 $\lambda=1$。

(3) 为了便于分析，其计算模式先按平面应力问题进行，即为无限大的板中，开挖一圆形洞室作为计算模型，分析开挖后岩体的二次应力状态（图 7-1）。而后将平面应力问题计算结果转换为平面应变问题。

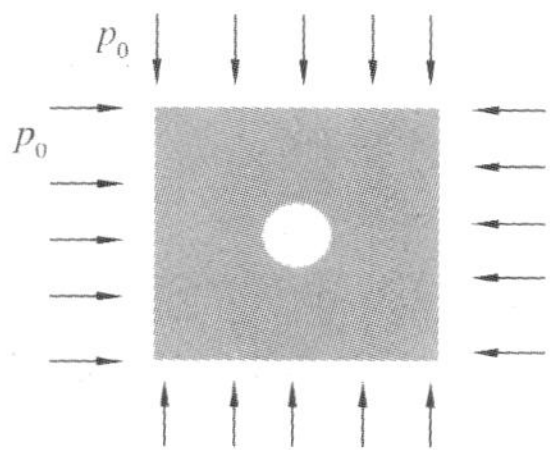


图 7-1　深埋圆形洞室二次应力状态计算模式

#### 7.2.1.2　岩体内的应力和位移

由于是圆形洞室，且作用在岩体上的荷载也是均匀的，因此，可采用极坐标的方法表示岩体内的应力状态。通过坐标转换，其表达式如下：

$$\left.\begin{aligned}\sigma_\theta&=\frac{\sigma_x+\sigma_y}{2}+\frac{\sigma_x-\sigma_y}{2}\cos2\theta\\ \sigma_r&=\frac{\sigma_x+\sigma_y}{2}-\frac{\sigma_x-\sigma_y}{2}\cos2\theta\\ \tau_{r\theta}&=\frac{\sigma_x-\sigma_y}{2}\sin2\theta\end{aligned}\right\}\tag{7-1}$$

式中　$\sigma_\theta$，$\sigma_r$——分别为极坐标下的切向应力和径向应力；

$\tau_{r\theta}$——剪应力。

在 $\lambda=1$ 的条件下，岩体表示为受等压的应力条件。这时依据计算模式，作用在无穷远处的初始应力都为 $p_0$，且岩体中任意一点的应力状态为 $\sigma_x=\sigma_y=\sigma_\theta=\sigma_r=p_0$；$\tau_{r\theta}=0$。

#### 7.2.1.3　基本方程

根据计算模式可知，深埋圆形洞室不仅其结构对称，而且 $\lambda=1$，使得荷载也对称，因此，根据其受力和位移的特征，在离洞室中心轴为 $r$ 的距离处，取一单元体，该微元体的厚度为 d$r$、宽度为 $r$d$\theta$，如图 7-2(a)所示。根据微单元体的受力状态，分析岩体开挖半径为 $r_a$ 的圆形洞室后，单元体应力的变化、应力与应变以及应变与位移之间的关系，建立单元体的静力平衡方程，再利用微单元体向洞内的位移状态建立几何方程，并通过广义虎克定律，建立应力与应变关系的物理方程，求解用应变(或应力)表示的微分方程；在求得该微分方程的通解之后，再利用洞室开挖后应力的边界条件确定其积分常数，求出最终的位移、应力、应变的表示式。

1. 静力平衡方程

根据图 7-2 所示的受力状态，利用对径向轴的投影(径向方向投影)，取得静力平衡方程如下：

$$\sum F_r = 0$$

$$(\sigma_r + d\sigma_r)(dr + r)d\theta - \sigma_r r d\theta - 2\sigma_\theta \sin\frac{d\theta}{2}dr = 0 \tag{a}$$

在式(a)中，忽略高阶无穷小量，又令 $\sin(d\theta/2) \approx d\theta/2$，则式(a)整理后，可写成：

$$\sigma_r dr - \sigma_\theta dr + r d\sigma_r = 0 \tag{b}$$

或写成微分方程的表现形式：

$$\sigma_\theta = \sigma_r + r\frac{d\sigma_r}{dr} \tag{7-2}$$

2. 几何方程

几何方程是表示单元体变形之后，位移与应变之间的关系。依据本题的受力条件，要计算该单元体的应变，需采用与单元体相同的厚度为 $dr$ 的微圆环，如图 7-2(b)所示(图中仅画出了微圆环的其中一段)。当在深埋岩体中开挖一圆形洞室，由于在 $p_0$ 的等压状态作用下，微圆环只能向内产生径向位移 $u$，而微圆环的切向位移为零。那么，开挖后的微圆环到洞室中心轴距离，即微圆环的半径变为 $r-u$。同时，由于微元体产生径向位移 $u$，将改变微圆环的周长，而产生切向应变，其周长的改变量为 $2\pi r - 2\pi(r-u) = 2\pi u$。由此可得岩体的径向应变 $\varepsilon_r$ 和切向应变 $\varepsilon_\theta$ 如下：

$$\left.\begin{aligned} \varepsilon_\theta &= \frac{2\pi u}{2\pi r} = \frac{u}{r} \\ \varepsilon_r &= \frac{du}{dr} \end{aligned}\right\} \tag{7-3}$$

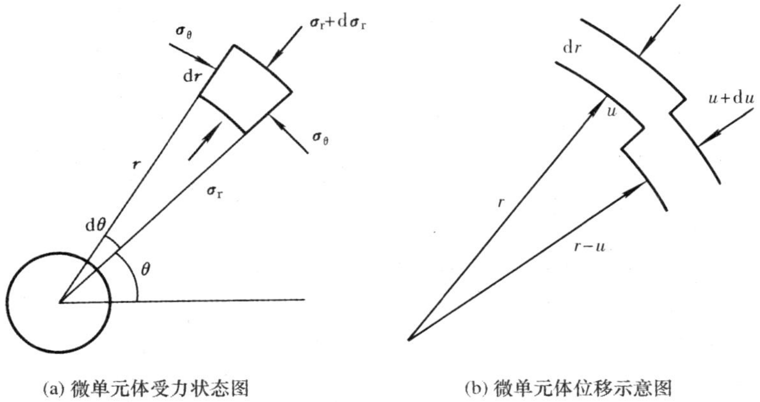


(a) 微单元体受力状态图　　(b) 微单元体位移示意图

图 7-2　微单元体的受力状态和位移示意图

3. 物理方程

物理方程是根据物体的应力-应变之间的关系建立起来的方程。在弹性力学中，常用广义虎克定律表示两者之间的联系，其表达式为(平面应力问题)：

$$\left.\begin{aligned}\varepsilon_\theta&=\frac{1}{E}(\sigma_\theta-\mu\sigma_r)\\ \varepsilon_r&=\frac{1}{E}(\sigma_r-\mu\sigma_\theta)\end{aligned}\right\}\tag{7-4}$$

或者将应力表示为应变的函数：

$$\left.\begin{aligned}\sigma_\theta&=\frac{E}{1-\mu^2}(\varepsilon_\theta+\mu\varepsilon_r)\\ \sigma_r&=\frac{E}{1-\mu^2}(\varepsilon_r+\mu\varepsilon_\theta)\end{aligned}\right\}\tag{7-5}$$

#### 7.2.1.4　位移、应力、应变的求解

有了三个基本方程，就可以求解微分方程。这里采用位移法，即将应力全部用位移表示，求解微分方程位移解，然后通过位移推导出应力和应变的表达式。用位移表示的应力公式为

$$\left.\begin{aligned}\sigma_\theta&=\frac{E}{1-\mu^2}\left(\frac{u}{r}+\mu\frac{\mathrm{d}u}{\mathrm{d}r}\right)\\ \sigma_r&=\frac{E}{1-\mu^2}\left(\frac{\mathrm{d}u}{\mathrm{d}r}+\mu\frac{u}{r}\right)\end{aligned}\right\}\tag{7-6}$$

对式(7-2)，利用微分的求导法则可简化成下式：

$$\sigma_\theta=\sigma_r+r\frac{\mathrm{d}\sigma_r}{\mathrm{d}r}=\frac{\mathrm{d}(r\sigma_r)}{\mathrm{d}r}\tag{7-7}$$

将用位移表示的应力公式(7-6)代入式(7-7)，得：

$$\frac{E}{1-\mu^2}\left(\frac{u}{r}+\mu\frac{\mathrm{d}u}{\mathrm{d}r}\right)=\frac{E}{1-\mu^2}\left(\frac{\mathrm{d}u}{\mathrm{d}r}+\mu\frac{\mathrm{d}u}{\mathrm{d}r}+r\frac{\mathrm{d}^2u}{\mathrm{d}r^2}\right)\tag{7-8}$$

整理后得：

$$r^2\frac{\mathrm{d}^2u}{\mathrm{d}r^2}+r\frac{\mathrm{d}u}{\mathrm{d}r}-u=0\tag{7-9}$$

式(7-9)为欧拉方程。求解欧拉方程通常设置一个中间变量，来简化微分方程。设 $t=\ln r$，则式(7-9)可简化成：

$$\frac{\mathrm{d}^2u}{\mathrm{d}t^2}-u=0\tag{7-10}$$

求得其通解为

$$u=C_1\mathrm{e}^t+C_2\mathrm{e}^{-t}\tag{7-11}$$

将其还原为原来的变量为

$$u=C_1r+C_2\frac{1}{r}\tag{7-12}$$

式(7-12)为深埋圆形洞室在 $\lambda=1$ 的条件下所得的位移解。式中有两个积分常数,可利用计算模式中相关的边界条件求得。根据深埋圆形洞室计算的假设条件和开挖后的特征,当开挖半径为 $r_a$ 时,其边界条件如下:

当 $r=r_a$ 时,$\sigma_r=0$(洞壁的径向应力为零);

当 $r\to\infty$ 时,$\sigma_r=p_0$(由于 $\lambda=1$,则无穷远处的径向应力与岩体的初始应力 $p_0$ 相等)。

由于边界条件是用应力表示,因此,应利用位移表示的应力公式求出积分常数。将位移解式(7-12)代入式(7-3)得:

$$\left.\begin{aligned}&\frac{du}{dr}=\frac{d\left(C_1r+C_2\dfrac{1}{r}\right)}{dr}=C_1-C_2\frac{1}{r^2}\\&\frac{u}{r}=C_1+C_2\frac{1}{r^2}\end{aligned}\right\}\tag{7-13}$$

将式(7-13)代入式(7-6)得:

$$\left.\begin{aligned}\sigma_r&=\frac{E}{1-\mu^2}\left[(1+\mu)C_1-(1-\mu)\frac{C_2}{r^2}\right]\\\sigma_\theta&=\frac{E}{1-\mu^2}\left[(1+\mu)C_1+(1-\mu)\frac{C_2}{r^2}\right]\end{aligned}\right\}\tag{7-14}$$

将边界条件代入式(7-14),求得积分常数:

$$\left.\begin{aligned}C_1&=\frac{1-\mu}{E}p_0\\C_2&=\frac{1+\mu}{E}p_0r_a^2\end{aligned}\right\}\tag{7-15}$$

将积分常数代入式(7-12)、式(7-13)和式(7-14),可得深埋圆形洞室的应力、应变和位移解:

$$\left.\begin{aligned}\sigma_r&=p_0\left(1-\frac{r_a^2}{r^2}\right)\\\sigma_\theta&=p_0\left(1+\frac{r_a^2}{r^2}\right)\\u&=\frac{p_0}{E}\left[(1-\mu)r+(1+\mu)\frac{r_a^2}{r}\right]\\\varepsilon_r&=\frac{p_0}{E}\left[(1-\mu)-(1+\mu)\frac{r_a^2}{r^2}\right]\\\varepsilon_\theta&=\frac{p_0}{E}\left[(1-\mu)+(1+\mu)\frac{r_a^2}{r^2}\right]\end{aligned}\right\}\tag{7-16}$$

式(7-16)为深埋圆形洞室侧压力系数 $\lambda=1$ 时,在无支护状态下,以平面应力为计算模式所求得的围岩的二次应力以及与其相对应的位移、应变公式。

地下洞室由于结构的限制不能产生轴线方向的应变,因而属平面应变问题。平面应力问题和平面应变问题的计算公式可以互相转换，只要将平面应力计算公式中的 $E$ 用 $E/(1-\mu^2)$，$\mu$ 用 $\mu/(1-\mu)$ 代替，则式(7-16)可变为

$$\left.\begin{aligned}
\sigma_r &= p_0\left(1-\frac{r_a^2}{r^2}\right)\\
\sigma_\theta &= p_0\left(1+\frac{r_a^2}{r^2}\right)\\
u &= \frac{(1+\mu)p_0}{E}\left[(1-2\mu)r+\frac{r_a^2}{r}\right]\\
\varepsilon_r &= \frac{(1+\mu)p_0}{E}\left[(1-2\mu)-\frac{r_a^2}{r^2}\right]\\
\varepsilon_\theta &= \frac{(1+\mu)p_0}{E}\left[(1-2\mu)+\frac{r_a^2}{r^2}\right]
\end{aligned}\right\}\tag{7-17}$$

式(7-17)即为平面应变状态下，$\lambda=1$ 时，圆形洞室的二次应力以及相对应的应变、位移计算公式。

#### 7.2.1.5　圆形洞室二次应力、应变和位移的分布特征

1. 洞周的径向和切向应力

由式(7-17)中的第一、第二式，可给出如图 7-3 所示的围岩中二次应力随距离 $r$ 的变化曲线，可以看到：切向应力 $\sigma_\theta$ 随着 $r$ 的增大而减小，径向应力 $\sigma_r$ 随 $r$ 的增大而增大。在任一距离，将两应力相加均得到 $\sigma_r+\sigma_\theta=2p_0$。这是在 $\lambda=1$ 的条件下，围岩的二次应力为弹性应力分布的一个比较特殊的结论。此外，由应力计算公式，可得以下的基本规律：

(1) 由于开挖而产生的围岩弹性二次应力状态，与岩体的弹性常数 $E$，$\mu$ 无关；

(2) 二次应力状态与径向夹角 $\theta$ 无关，其应力状态在一个圆环上是相等的；

(3) 若洞室开挖半径 $r_a$ 与径向距离 $r$ 的比值 $r_a/r$ 相同，则其二次应力状态也将相同；

(4) 洞周的二次应力状态与初始应力值 $p_0$ 的大小有关。

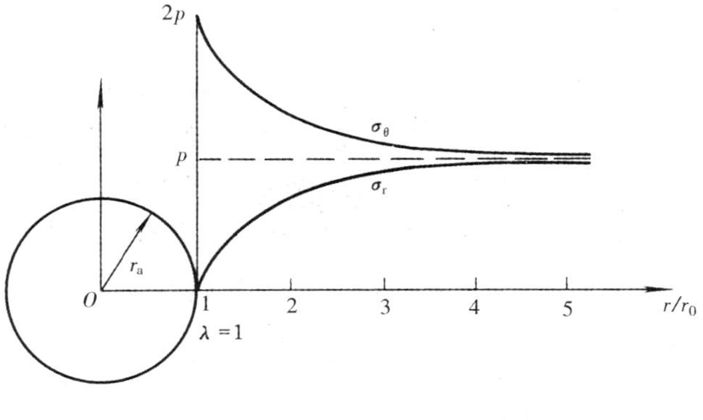


图 7-3　圆形洞室的二次应力分布

2. 洞周的径向位移

由式(7-17)中的第三式，径向位移 $u$ 的表达式由两部分组成：一部分与开挖洞室的半径 $r_a$ 有关，而另一部分则与 $r_a$ 无关。若令 $r_a=0$（其物理意义表示洞室尚未开挖），则洞周位移为

$$u_0=\frac{(1+\mu)p_0}{E}[(1-2\mu)r] \tag{7-18}$$

根据 $r_a=0$ 的物理意义可知,这部分位移($u_0$)是由于初始应力 $p_0$ 的作用下,在未开挖前已完成的位移。由于这部分位移早已在开挖前完成,因此,工程中并不关心这一位移的大小。而与工程直接有关的是开挖后所产生的位移 $\Delta u$,可由下式求得:

$$\Delta u=u-u_0=\frac{(1+\mu)p_0}{E}\cdot\frac{r_a^2}{r} \tag{7-19}$$

可见,在岩体中开挖了圆形洞室,在应力调整过程中,围岩所产生的位移增量 $\Delta u$,不仅取决于岩体的弹性常数 $E,\mu$,还与岩体的初始应力 $p_0$、洞室半径 $r_a$ 和分析点距洞轴线的距离 $r$ 有关。

3. 洞周的应变

由式(7-17)中的第四、五式,圆形洞室周边岩体的应变特性与位移特性很接近,也是由两部分组成,其中一部分为开挖前由于初始应力所产生的应变,公式中不包含 $r_a$ 这一项,它表示了在开挖前已经完成的应变,即

$$\varepsilon_{r0}=\varepsilon_{\theta0}=\frac{(1+\mu)(1-2\mu)p_0}{E} \tag{7-20}$$

$\varepsilon_{r0}$ 和 $\varepsilon_{\theta0}$ 相等,表明岩体在初始应力作用下,将始终产生体积压缩。另一部分由于洞室开挖而产生的应变为

$$\left.\begin{aligned}\Delta\varepsilon_r&=\varepsilon_r-\varepsilon_{r0}=-\frac{(1+\mu)p_0}{E}\frac{r_a^2}{r^2}\\ \Delta\varepsilon_\theta&=\varepsilon_\theta-\varepsilon_{\theta0}=\frac{(1+\mu)p_0}{E}\frac{r_a^2}{r^2}\end{aligned}\right\} \tag{7-21}$$

由式(7-21)可知,切向应变与径向应变的绝对值大小相等、符号相反,表明在 $\lambda=1$ 且二次应力为弹性分布的条件下,洞室开挖后岩体的体积不发生变化。

#### 7.2.1.6 洞壁稳定性评价

根据洞周的应力计算公式可知,当 $r=r_a$ 时,$\sigma_\theta=2p_0$,$\sigma_r=0$。显然,洞壁岩体的应力可看成单向压缩状态(对于平面问题而言)。在实际工程中,通常采用由试验所获得的岩石单轴抗压强度值与洞壁的应力状态作比较:当岩石单轴抗压强度值大于洞壁的应力,则岩体处在弹性应力范围,洞壁是稳定的;反之则洞壁为不稳定的。具体可用下式进行评价:

$$\sigma_\theta\leqslant[\sigma_c] \tag{7-22}$$

式中,$[\sigma_c]$为岩石允许单轴抗压强度。

### 7.2.2 $\lambda\neq1$ 时深埋圆形洞室的二次应力状态

当侧压力系数 $\lambda\neq1$ 时,深埋圆形洞室的二次应力计算,按弹性力学的分析方法,通常将其计算简图分解成两个较为简单的计算模式,分别求得其值后将两者叠加而得到最终的计算结果。其计算简图如图 7-4 所示。情况Ⅰ作用着 $p=(1+\lambda)p_0/2$ 的初始应力,并且垂直应力与水平应力相等;而情况Ⅱ作用着 $Q=(1-\lambda)p_0/2$ 的初始应力,水平与垂直方向应力的大小相

等,但垂直方向是压应力,而水平方向是拉应力。若将两种情况作用的外荷载相加,则可得垂直应力为 $p_0$,水平应力为 $\lambda p_0$。根据弹性力学的解,并将各自求得的应力叠加,可求得任意一点的应力状态为

$$\left.\begin{aligned}\sigma_r&=\frac{p_0}{2}\left[(1+\lambda)\left(1-\frac{r_a^2}{r^2}\right)-(1-\lambda)\left(1-4\frac{r_a^2}{r^2}+3\frac{r_a^4}{r^4}\right)\cos 2\theta\right]\\\sigma_\theta&=\frac{p_0}{2}\left[(1+\lambda)\left(1+\frac{r_a^2}{r^2}\right)+(1-\lambda)\left(1+3\frac{r_a^4}{r^4}\right)\cos 2\theta\right]\\\tau_{r\theta}&=-\frac{p_0}{2}\left[(1-\lambda)\left(1+2\frac{r_a^2}{r^2}-3\frac{r_a^4}{r^4}\right)\sin 2\theta\right]\end{aligned}\right\}\tag{7-23}$$

而由于开挖产生的位移计算公式为

$$\left.\begin{aligned}\Delta u&=\frac{(1+\mu)p_0}{2E}\frac{r_a^2}{r}\left\{(1+\lambda)-(1-\lambda)\left[4(1-\mu)-\frac{r_a^2}{r^2}\right]\cos 2\theta\right\}\\\Delta v&=\frac{(1+\mu)p_0}{2E}\frac{r_a^2}{r}\left\{(1-\lambda)\left[2(1-2\mu)+\frac{r_a^2}{r^2}\right]\sin 2\theta\right\}\end{aligned}\right\}\tag{7-24}$$

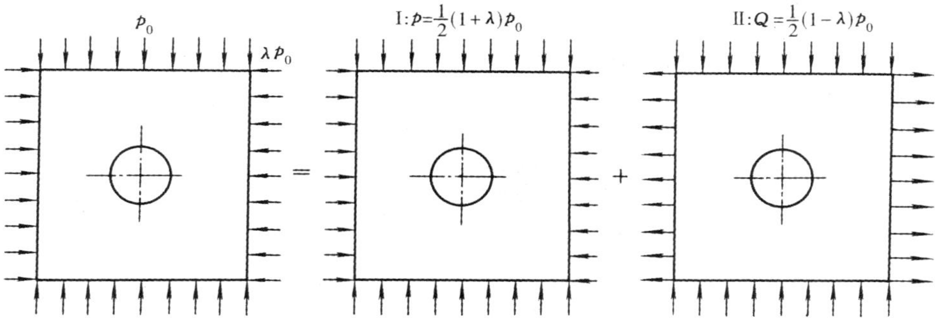


图 7-4　$\lambda\neq 1$ 时圆形洞室二次应力的计算简图

显然,上述的公式要比 $\lambda=1$ 时的计算公式复杂得多,洞周不仅作用着剪应力、切向应力和径向应力,同时还将产生切向位移和径向位移。

由于式(7-23)、式(7-24)相对比较复杂,且对于工程而言,一般比较关注洞壁的应力和位移状态,因此,这里着重讨论 $r=r_a$ 时(即洞壁处)的应力和位移特性。

首先,分析洞壁处应力特性。当 $r=r_a$ 时,式(7-23)简化为

$$\left.\begin{aligned}\sigma_\theta&=p_0[(1+2\cos 2\theta)+\lambda(1-2\cos 2\theta)]\\\sigma_r&=0\\\tau_{r\theta}&=0\end{aligned}\right\}\tag{7-25}$$

若设 $1+2\cos 2\theta=K_z$,$1-2\cos 2\theta=K_x$,则式(7-25)可改写成:

$$\left.\begin{aligned}\sigma_\theta&=p_0(K_z+\lambda K_x)=Kp_0\\\sigma_r&=0\\\tau_{r\theta}&=0\end{aligned}\right\}\tag{7-26}$$

式中　$K$——开挖后围岩总应力集中系数,$K=K_z+\lambda K_x$;

$K_z$，$K_x$——分别为垂直和水平应力集中系数。

由式(7-25)、式(7-26)可知，洞壁围岩的总应力集中系数 $K$ 是 $\theta$ 角和侧压力系数 $\lambda$ 的函数，将受到这二个因素的影响。图 7-5 表示了洞壁应力 $\sigma_\theta$ 的总应力集中系数 $K$，受 $\theta$ 角以及不同 $\lambda$ 变化的情况。图 7-5 采用了一种比较特殊的坐标，其坐标原点随 $\theta$ 角而变化，且设置在以 $r_a$ 为半径的圆周上，以 $\theta$ 角为射线与圆周相交，指向圆周外为正值，指向圆周内为负值。由图 7-5 可知，当 $\lambda=1$ 时，洞壁的应力值 $\sigma_\theta=2p_0$，由于此时的 $\sigma_\theta$ 与 $\theta$ 角无关，都为初始应力的两倍，即总应力集中系数 $K=2$。因此，总应力集中系数 $K$ 在图中表现为以半径为 $3r_a$ 的圆。当 $\lambda=0$ 时，其洞壁的应力分布为最不利状态。此时，洞顶($\theta=90°$)的切向应力 $\sigma_\theta=-p_0$，出现拉应力；而在洞的侧壁中腰($\theta=0°$)将承受最大的压应力 $\sigma_\theta=3p_0$。当 $\lambda=1/3$ 时，洞顶的应力为零。可见，$\lambda=1/3$ 是洞顶是否出现拉应力的临界值。若 $\lambda<1/3$，则洞顶将产生拉应力；若 $\lambda>1/3$，洞顶则表现为压应力。

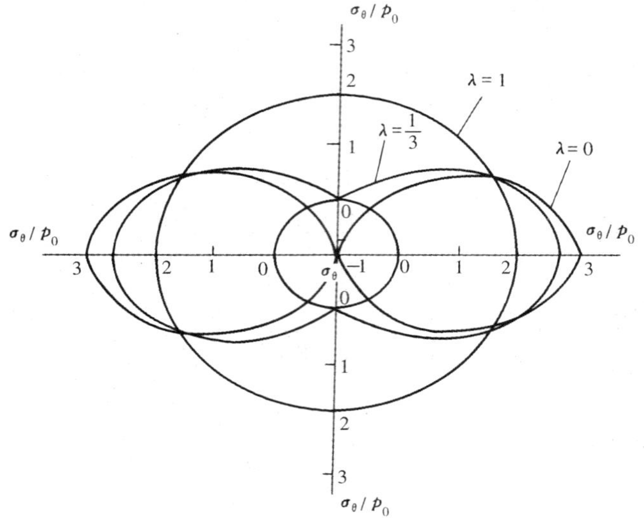


图 7-5 洞壁应力 $\sigma_\theta$ 总应力集中系数变化图

其次，分析洞壁处位移特性。当 $r=r_a$ 时，式(7-24)简化为

$$\left.\begin{aligned}\Delta u&=\frac{(1+\mu)p_0}{2E}r_a[(1+\lambda)-(1-\lambda)(3-4\mu)\cos2\theta]\\ \Delta v&=\frac{(1+\mu)p_0}{2E}r_a[(1-\lambda)(3-4\mu)\sin2\theta]\end{aligned}\right\}\tag{7-27}$$

由式(7-27)可知，影响洞壁位移的因素很多，有岩体的弹性常数 $E$ 和 $\mu$，初始应力状态 $p_0$，开挖洞室的半径 $r_a$，且由于 $\lambda\neq1$，位移也将受到径向夹角 $\theta$ 的影响。此外，从数值上看径向位移要比切向位移稍大些，因此径向位移对洞室的稳定性来说，仍起着主导作用。

### 7.2.3 深埋椭圆形洞室的二次应力状态

在实际工程中，为了取得更大的使用空间，或者使得开挖后洞周应力分布均匀，也有采用椭圆形状作为地下洞室的结构形式。本小节介绍开挖椭圆形洞室后所产生的二次应力状态。

#### 7.2.3.1 洞壁应力计算公式

图 7-6 是在单向应力 $p$ 作用时椭圆形洞室的计算简图。按此计算简图的求解结果，当 $r$

$=r_a$时，洞壁处应力为

$$\left.\begin{aligned}\sigma_\theta &= p\frac{(1+K)^2\sin^2(\theta+\beta)-\sin^2\beta-K^2\cos\beta}{\sin^2\theta+K^2\cos^2\theta}\\ \sigma_r &= 0;\quad \tau_{r\theta}=0\end{aligned}\right\}\tag{7-28}$$

式中 $K$——$y$ 轴上的半轴 $b$ 与 $x$ 轴上半轴 $a$ 的比值，即 $K=b/a$；

$\theta$——洞壁上任意一点 $M$ 到洞轴线的连线与 $x$ 轴的夹角；

$\beta$——单向外荷载的作用线与 $x$ 轴的夹角；

$p$——单向外荷载。

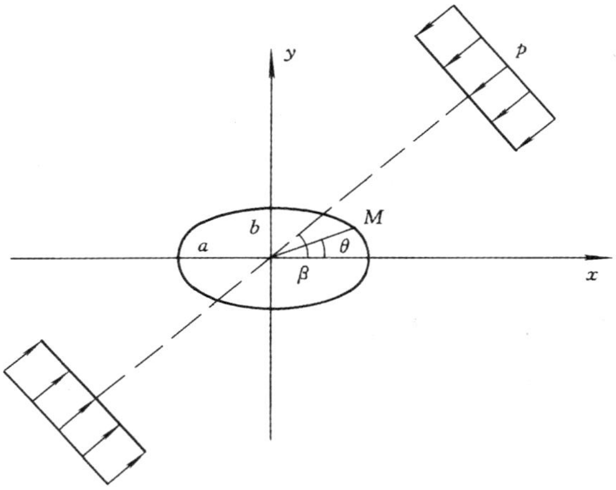


图 7-6 椭圆形的洞室单向受力计算简图

若将岩体所受的初始应力状态分解成 $\beta=0°(p=\lambda p_0)$和 $\beta=90°(p=p_0)$两种状态，按式(7-28)分别计算洞壁的应力，并将求得的结果叠加后，即可得椭圆形洞室在 $\lambda\neq1$ 的条件下，洞壁的二次应力计算公式：

$$\left.\begin{aligned}\sigma_\theta &= p_0\frac{(1+K)^2\cos^2\theta-1+\lambda[(1+K)^2\sin^2\theta-K^2]}{\sin^2\theta+K^2\cos^2\theta}\\ \sigma_r &= 0,\quad \tau_{r\theta}=0\end{aligned}\right\}\tag{7-29}$$

### 7.2.3.2 洞壁应力分布特征

洞壁的切向应力不仅与初始应力 $p_0$及 $\lambda$ 有关，而且还取决于洞壁上任意点到洞轴线连线与 $x$ 轴的夹角 $\theta$ 以及 $y$ 和 $x$ 轴半轴比值 $K$ 的大小。表 7-1 列出了几种特殊情况下，不同的 $\theta$ 和 $\lambda$ 组合情况下切向应力 $\sigma_\theta$的计算结果。

**表 7-1　椭圆形洞室洞壁应力 $\sigma_\theta$ 随 $\theta$ 和 $\lambda$ 的变化值**

| $\theta$ \ $\lambda$ | $\lambda=0$ | $\lambda=1$ | $\lambda$ |
|---|---|---|---|
| $\theta=0°$ | $(2+K)p_0/K$ | $2p_0/K$ | $[2+K(1-\lambda)]p_0/K$ |
| $\theta=45°$ | $(K^2+2K-1)p_0/(1+K^2)$ | $4Kp_0/(1+K^2)$ | $[K^2+2K-1+\lambda(1+2K-K^2)]p_0/(1+K^2)$ |
| $\theta=90°$ | $-p_0$ | $2Kp_0$ | $[\lambda(1+2K)-1]p_0$ |

由表 7-1 可知，当 $\lambda=0$ 时，椭圆形洞室的应力状态为最不利条件，侧壁中腰的 $\sigma_\theta(\theta=0°)$为最大压应力，而洞顶($\theta=90°$)为最大拉应力；且当 $\lambda<1/(1+2K)$时，洞顶将出现拉应力。此外，还应强调 $K$ 的定义，若设 $K$ 分别为 $b/a$ 和 $a/b$，则代入式(7-29)，此时洞壁的应力状态将

发生变化。以 $\lambda=1$ 为例，$\theta=0°$ 和 $\theta=90°$ 的洞壁的应力值 $\sigma_\theta$ 将旋转 90°，即 $K=b/a$ 时 $\theta=0°$ 处的 $\sigma_\theta$，与 $K=a/b$ 时 $\theta=90°$ 处的 $\sigma_\theta$ 相等。因此，在进行应力计算时，$K$ 值并不是指椭圆长短半轴的比值，而应该是 $y$ 轴上的半轴与 $x$ 轴上的半轴之比值。

#### 7.2.3.3 最佳椭圆截面尺寸(谐洞)

所谓洞室的最佳截面尺寸，通常应满足三个条件：第一，洞周的应力分布应该是均匀应力，在洞壁处应力相等，不随 $\theta$ 角的变化而变化；第二，洞周的应力应该都为压应力，在洞壁处不出现拉应力；第三，其洞壁的应力值应该是各种截面的二次应力状态中最小的。椭圆形洞室在一个特定的截面条件下，可满足上述三个条件，该洞室的截面成为最佳截面尺寸，也被称作为谐洞。若已知岩体的侧压力系数为 $\lambda$，并设 $K=b/a=1/\lambda$，代入式(7-29)，即得：

$$\sigma_\theta=p_0\frac{\lambda(\lambda^2\sin^2\theta+\cos^2\theta)+\lambda^2\sin^2\theta+\cos^2\theta}{\lambda^2\sin^2\theta+\cos^2\theta}=(1+\lambda)p_0 \tag{7-30}$$

从式(7-30)所得出的结果可知，其洞壁的切向应力 $\sigma_\theta$ 的值与 $\theta$ 角无关，洞周处在一个均匀的压应力状态，且洞壁的切向应力值要小于圆形洞室的洞壁切向应力值。因此，$K=1/\lambda$ 的椭圆形洞室为最佳截面。

### 7.2.4 深埋矩形洞室的二次应力状态

在早期的地下洞室建设中，有时采用矩形的结构形式。矩形洞室一般采用旋轮线代替 4 个直角，利用级数求解其应力状态。矩形洞室的计算模式类似于椭圆洞室的方式，其洞壁的应力为：

$$\left.\begin{aligned}&\sigma_\theta=(K_z+\lambda K_x)p_0\\&\sigma_r=0;\quad \tau_{r\theta}=0\end{aligned}\right\} \tag{7-31}$$

表 7-2 列出了洞壁不同 $\theta$ 角所对应的水平应力集中系数 $K_x$ 和垂直应力集中系数 $K_z$。表中 $a,b$ 分别为矩形洞室的宽度和高度。实际应用可查得相应的系数乘以水平初始应力和垂直初始应力，经叠加后即可求得各点的应力值。

表 7-2 矩形洞室洞壁应力集中系数

| $\theta$ | $a:b=5$ | | $a:b=3.2$ | | $a:b=1.8$ | | $a:b=1$ | |
|---|---|---|---|---|---|---|---|---|
| | $K_x$ | $K_z$ | $K_x$ | $K_z$ | $K_x$ | $K_z$ | $K_x$ | $K_z$ |
| 0° | −0.768 | 2.420 | −0.770 | 2.152 | −0.8336 | 2.0300 | −0.808 | 1.472 |
| 10° | — | — | −0.807 | 2.520 | −0.8354 | 2.1794 | | |
| 20° | −0.152 | 8.050 | −0.686 | 4.257 | −0.7573 | 2.6996 | | |
| 25° | 2.692 | 7.030 | — | 6.207 | −0.5989 | 5.2609 | | |
| 30° | 2.812 | 1.344 | 2.61 | 5.512 | −0.0413 | 3.7041 | | |
| 35° | — | — | 3.181 | — | 1.1599 | 3.8725 | −0.268 | 3.366 |
| 40° | 1.558 | −0.644 | 2.392 | −0.193 | 2.7628 | 2.7236 | 0.980 | 3.860 |
| 45° | | | | | 3.3517 | 0.8205 | 3.000 | 3.000 |

续表

| θ | a∶b=5 | | a∶b=3.2 | | a∶b=1.8 | | a∶b=1 | |
|---|---|---|---|---|---|---|---|---|
| | $K_x$ | $K_z$ | $K_x$ | $K_z$ | $K_x$ | $K_z$ | $K_x$ | $K_z$ |
| 50° | | | | | 2.9538 | −0.3248 | 3.860 | 0.980 |
| 55° | | | | | — | — | 3.366 | −0.268 |
| 60° | | | | | 1.9836 | −0.8751 | | |
| 65° | | | | | — | — | | |
| 70° | | | | | 1.4852 | −0.8674 | | |
| 80° | | | | | 1.2636 | −0.8197 | | |
| 90° | 1.192 | −0.940 | 1.342 | −0.980 | 1.1999 | −0.8011 | 1.472 | −0.808 |

图 7-7 是一计算的实例。从图形可知，矩形洞室角点上的应力远远大于其他部位的应力值。当 $\lambda=1$ 时，矩形洞室的周边均为正应力(图中实线)，而图中的虚线则是按 $\lambda=\mu/(1-\mu)$ 计算的结果，此时顶板将出现拉应力。

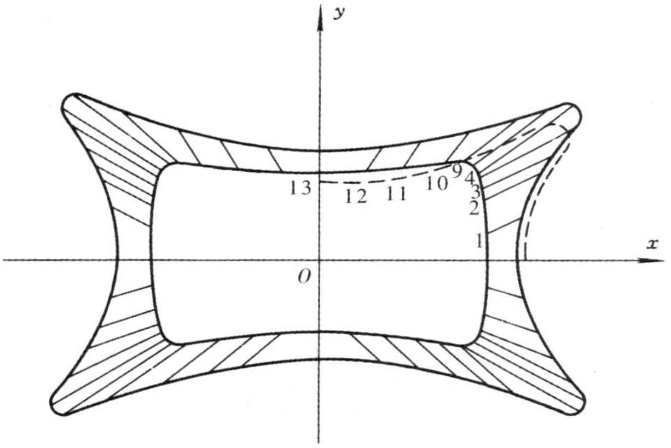


图 7-7　矩形洞室($a$∶$b$=1.8)周边应力分布图

## 7.3　深埋圆形洞室弹塑性分布的二次应力状态

岩体经开挖，破坏了原有岩体自身的应力平衡，促使岩体进行应力调整。经重新分布的应力往往由于初始应力的作用或者岩体强度的低下，会出现洞壁应力超出岩体屈服强度的现象，这时接近洞壁的部分岩体将进入塑性状态。随着距洞轴中心的距离 $r$ 的增大，径向应力增大，岩体的强度也将随之增大，二次应力逐渐向弹性应力状态过渡，此时，围岩的二次应力将出现弹、塑性并存的应力分布特点。

### 7.3.1　塑性区内的应力计算

本小节着重介绍圆形洞室 $\lambda=1$ 条件下的弹塑性分布的应力状态。由于圆形洞室是个轴对称问题，且其应力分布与 $\theta$ 角无关，而随距洞轴中心的距离 $r$ 的变化而变化。因此，弹塑性区呈圆环状,分析其应力分布比较简单。有关其他条件(包括 $\lambda \neq 1$ 以及各种洞截面形状)的应力分析,比较复杂,在此不作进一步讨论。

#### 7.3.1.1 塑性区内的应力计算公式

当洞壁的二次应力超出岩体的屈服应力,则洞壁岩体将产生塑性区。就岩石的力学特性而言,多数的岩石属脆性材料,其屈服应力的大小不太容易求得。因此,通常近似地采用莫尔-库仑直线型强度判据作为进入塑性状态的条件,即起塑(进入塑性状态)条件为

$$\sigma_1 = \xi\sigma_3 + \sigma_c \tag{7-32}$$

根据 $\lambda=1$ 时弹性应力分析结果可知,围岩中的切向应力 $\sigma_\theta$ 为最大主应力,而径向应力 $\sigma_r$ 为最小主应力。因此,岩体的起塑条件可改写成:

$$\sigma_\theta = \xi\sigma_r + \sigma_c \tag{7-33}$$

式中 $\xi = \dfrac{1+\sin\phi}{1-\sin\phi}$;

$\sigma_c = \dfrac{2c\cos\phi}{1-\sin\phi}$。

根据弹塑性力学原理,除了塑性区内的应力应满足起塑条件外,其静力平衡方程和几何方程都可保持不变。

静力平衡方程式为

$$\sigma_{\theta p} = \frac{d(r\sigma_{rp})}{dr} \tag{7-34}$$

为了与弹性区的应力有所区别,在表示应力符号的脚标中加上 $p$,以示为塑性区的应力。将岩体的起塑条件代入式(7-34),则得:

$$\left.\begin{aligned} \sigma_{\theta p} &= \frac{\sigma_{\theta p} - \sigma_c}{\xi} + \frac{r d\sigma_{\theta p}}{\xi dr} \\ \frac{d\sigma_{\theta p}}{dr} &- \frac{\xi - 1}{r}\sigma_{\theta p} = \frac{\sigma_c}{r} \end{aligned}\right\} \tag{7-35}$$

求解此微分方程:

$$\left.\begin{aligned} \sigma_{\theta p} &= e^{\int \frac{\xi-1}{r} dr}\left[\int e^{-\int \frac{\xi-1}{r} dr} \frac{\sigma_c}{r} dr + C\right] \\ &= r^{\xi-1}\left[\frac{\sigma_c r^{-\xi+1}}{-\xi+1} + C\right] = \frac{\sigma_c}{-\xi+1} + Cr^{\xi-1} \\ \sigma_{rp} &= \frac{1}{\xi}\left[\frac{\xi\sigma_c}{-\xi+1} + Cr^{\xi-1}\right] \end{aligned}\right\} \tag{7-36}$$

利用边界条件,求出积分常数:

$$r = r_a \Rightarrow \sigma_{rp} = 0$$

$$C = \frac{\xi\sigma_c}{\xi-1}\left(\frac{1}{r_a}\right)^{\xi-1}$$

将积分常数代入式(7-36)，即可得塑性区内的应力计算公式：

$$\left.\begin{aligned}\sigma_{\theta p}&=\frac{\sigma_c}{\xi-1}\left[\xi\left(\frac{r}{r_a}\right)^{\xi-1}-1\right]\\ \sigma_{rp}&=\frac{\sigma_c}{\xi-1}\left[\left(\frac{r}{r_a}\right)^{\xi-1}-1\right]\end{aligned}\right\}\tag{7-37}$$

### 7.3.1.2　塑性区内的应力分布特征

塑性区内的应力分布特征如图 7-8 所示，可以归纳成以下几点：

(1) 切向塑性应力 $\sigma_{\theta p}$ 和径向塑性应力 $\sigma_{rp}$ 都随 $r$ 的增大而增大，这与弹性应力分布有很大不同。

(2) 根据塑性判据可知，在塑性区内任意一点的应力都应满足 $\sigma_{\theta p}=\xi\sigma_{rp}+\sigma_c$ 的强度条件。在图 7-8 中，若将纵坐标设定为正应力 $\sigma$，而左边的横坐标设定为剪应力 $\tau$，即将常用的 $\tau$-$\sigma$ 坐标逆时针旋转 90°。此时将距离为 $r$ 的任意一点应力状态平移到该坐标后，所形成的莫尔应力圆与强度线相切，表示了塑性区内任意一点应力状态都满足岩体的强度条件的这一特性。在进行塑性区内应力计算时，可利用该条件校核计算结果的正确性。

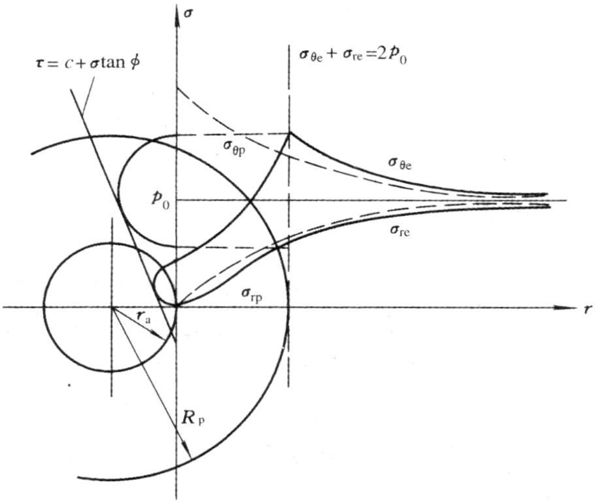


图 7-8　弹塑性应力分布图

## 7.3.2　塑性区半径的计算

由上述分析可知，随着 $r$ 的增大，径向应力 $\sigma_{rp}$ 也将随之增大。根据三向应力作用下岩体的强度特性可知，岩体的强度将随围压 $\sigma_{rp}$ 的增加而提高。此时岩体中的切向应力 $\sigma_{\theta p}$ 虽然也将随着 $r$ 的增大而增大，但其增加率小于岩体强度的增大，最终其应力状态将等于或小于岩体强度而过渡为弹性应力状态。因此，在岩体内必定存在着弹塑性应力的交界点，即该点的应力状态既满足塑性应力的条件，又满足弹性应力的条件，通常将此弹塑性分界点到洞轴线的距离称作为塑性圈半径 $R_p$。因此，当 $\lambda=1$ 时，塑性圈上的应力 $\sigma_{\theta p}$ 和 $\sigma_{rp}$ 也满足弹性分布的二次应力状态中的一个结论：任意一点的切向和径向应力之和等于 $2p_0$，即 $\sigma_{\theta p}+\sigma_{rp}=2p_0$。将式(7-37)代入 $\sigma_{\theta p}+\sigma_{rp}=2p_0$，并令 $r=R_p$，则可得

$$\frac{\sigma_c}{\xi-1}\left[\xi\left(\frac{R_p}{r_a}\right)^{\xi-1}-1\right]+\frac{\sigma_c}{\xi-1}\left[\left(\frac{R_p}{r_a}\right)^{\xi-1}-1\right]=2p_0 \tag{7-38}$$

简化后得塑性区半径 $R_p$ 的表达式为

$$R_p=r_a\left[\frac{2p_0(\xi-1)+2\sigma_c}{\sigma_c(\xi+1)}\right]^{\frac{1}{\xi-1}} \tag{7-39}$$

由式(7-39)可知,塑性圈半径不仅与岩体自身的强度有关,而且还受到初始应力 $p_0$、洞室半径 $r_a$ 的影响。

### 7.3.3 塑性圈半径处的应力计算

将塑性圈半径 $R_p$ 的表达式(7-39)代入塑性区内应力的计算式(7-37),即可求得塑性圈边界上的应力为

$$\left.\begin{aligned}\sigma_{rp}&=\frac{1}{\xi+1}(2p_0-\sigma_c)\\ \sigma_{\theta p}&=\frac{1}{\xi+1}(2\xi p_0+\sigma_c)\end{aligned}\right\} \tag{7-40}$$

式(7-40)是式(7-37)一个特定的值,由于它作用在塑性圈的边界上,因此,其大小将影响弹性区内的应力和位移分布。

### 7.3.4 塑性区的位移计算

由于塑性区内的应力与应变为非线性关系,因此不能采用线性的广义虎克定理表述塑性区内的应力-应变关系。这里采用平均应力与平均应变之间的关系乘以一表示两者所具有的非线性关系的塑性模数 $\psi$,并假设在塑性区内体积应变为零,可求得塑性区内的径向位移,这是近似计算塑性区位移常用的方法之一。

根据弹塑性力学可知,在三维状态下的平均应力 $\sigma$ 和平均应变 $\varepsilon$ 为

$$\left.\begin{aligned}\sigma&=\frac{1}{3}(\sigma_r+\sigma_\theta+\sigma_z)\\ \varepsilon&=\frac{1}{3}(\varepsilon_r+\varepsilon_\theta+\varepsilon_z)\end{aligned}\right\} \tag{7-41}$$

并利用广义虎克定理,将三式相加得:

$$\begin{aligned}\varepsilon_r+\varepsilon_\theta+\varepsilon_z&=\frac{1}{E}[\sigma_r-\mu(\sigma_\theta+\sigma_z)]+\frac{1}{E}[\sigma_\theta-\mu(\sigma_z+\sigma_r)]+\frac{1}{E}[\sigma_z-\mu(\sigma_r+\sigma_\theta)]\\ &=\frac{1-2\mu}{E}(\sigma_r+\sigma_\theta+\sigma_z)\end{aligned}$$

$$\varepsilon=\frac{1-2\mu}{E}\sigma \tag{7-42}$$

又

$$\varepsilon_r-\varepsilon=\frac{1}{E}[\sigma_r-\mu(\sigma_\theta+\sigma_z)]-\frac{1-2\mu}{E}\sigma=\frac{1+\mu}{E}(\sigma_r-\sigma) \tag{7-43}$$

同理可得：

$$\left.\begin{aligned}\varepsilon_r&=\frac{1+\mu}{E}(\sigma_r-\sigma)+\varepsilon\\\varepsilon_\theta&=\frac{1+\mu}{E}(\sigma_\theta-\sigma)+\varepsilon\\\varepsilon_z&=\frac{1+\mu}{E}(\sigma_z-\sigma)+\varepsilon\end{aligned}\right\}\tag{7-44}$$

塑性区内的应力-应变关系可在式(7-44)的基础上乘以塑性模数 $\psi$ 来表示。在弹性区中，$\psi=1$，并设塑性区中的平均变形模量为 $E_0$，泊松比为 $\mu_0$，剪切模量为 $G_0$，体积不变（$\varepsilon=0$）。由于 $\lambda=1$，且为轴对称问题，同时又可将其简化为平面应变问题。则由塑性区内平面应变的应力-应变关系可得：$\varepsilon_z=0$，$\sigma_z=\sigma$；又根据平均应力的表达式可得 $\sigma=(\sigma_r+\sigma_\theta)/2$，将式中分母融入塑性模数中，那么 $\sigma=(\sigma_r+\sigma_\theta)$。将式(7-44)乘上塑性模数 $\psi$，则平面应变时的应力和应变关系为

$$\left.\begin{aligned}\varepsilon_r&=\frac{\psi(1+\mu)}{E}(\sigma_r-\sigma_\theta)\\\varepsilon_\theta&=\frac{\psi(1+\mu)}{E}(\sigma_\theta-\sigma_r)\end{aligned}\right\}\tag{7-45}$$

在塑性状态下，单元体受力后的位移与应变（几何方程）仍然保持弹性状态下的关系，即

$$\varepsilon_r=\frac{\mathrm{d}u}{\mathrm{d}r},\quad \varepsilon_\theta=\frac{u}{r}$$

对上述的第二式求导：

$$\frac{\mathrm{d}\varepsilon_\theta}{\mathrm{d}r}=\frac{\mathrm{d}\left(\frac{u}{r}\right)}{r}=-\frac{2u}{r^2}=-\frac{2\varepsilon_\theta}{r}\tag{7-46}$$

式(7-46)为一可分离变量的微分方程，经积分后可求得带有积分常数的切向应变为

$$\varepsilon_\theta=\frac{C}{r^2}\tag{7-47}$$

将式(7-47)代入式(7-45)，并根据题意将公式中的弹性常数 $E$ 和 $\mu$ 改为塑性区的 $E_0$ 和 $\mu_0$，整理后即可得塑性模数为：

$$\psi=\frac{E_0C}{(1+\mu_0)(\sigma_\theta-\sigma_r)r^2}\tag{7-48}$$

再利用边界条件：$r=R_p$，$\psi=1$，按式(7-48)确定积分常数：

$$C=\frac{(1+\mu_0)}{E_0}R_p^2(\sigma_\theta-\sigma_r)_{r=R_p}\tag{7-49}$$

式中，$(\sigma_\theta-\sigma_r)_{r=R_p}$ 表示在塑性区边界上的 $\sigma_\theta-\sigma_r$ 值。

将式(7-49)代入式(7-48)，则塑性模数为

$$\psi=\frac{(\sigma_\theta-\sigma_r)_{r=R_p}}{(\sigma_\theta-\sigma_r)}\frac{R_p^2}{r^2}\tag{7-50}$$

由塑性区边界上的应力计算公式(7-40)可得：

$$(\sigma_\theta-\sigma_r)_{r=R_p}=\frac{1}{\xi+1}(2\xi p_0+\sigma_c)-\frac{1}{\xi+1}(2p_0-\sigma_c)$$

$$=\frac{2}{\xi+1}[(\xi-1)p_0+\sigma_c] \tag{7-51}$$

将式(7-51)代入式(7-50)，可求得塑性模数的计算公式：

$$\psi=\frac{p_0(\xi-1)+\sigma_c}{(\xi+1)(\sigma_\theta-\sigma_r)}\cdot\frac{2R_p^2}{r^2} \tag{7-52}$$

由径向位移的几何方程和塑性应力-应变关系式(7-45)可得：

$$u=r\varepsilon_\theta=r\frac{\psi(1+\mu_0)}{E_0}(\sigma_\theta-\sigma_r)$$

$$=\frac{p_0(\xi-1)+\sigma_c}{\xi+1}\cdot\frac{2R_p^2}{r}\cdot\frac{(1+\mu_0)}{E_0} \tag{7-53}$$

式(7-53)即为在塑性区内的径向位移表达式。由式(7-53)可知，径向位移与岩体的强度参数 $c$ 和 $\phi$、塑性区内的变形常数 $E_0$ 和 $\mu_0$、初始应力 $p_0$、塑性区半径 $R_p$ 以及任意一点的距离 $r$ 等因素有关。

### 7.3.5 弹性区的应力和位移计算

根据塑性区内的应力分布特征，随着离洞轴线距离 $r$ 的增大，两个方向的应力都在逐渐增大。由于径向应力的增大，提高了岩体的承载能力，使岩体内的应力逐渐向弹性状态过渡，当 $r=R_p$ 时，围岩的二次应力处在塑性应力与弹性应力相等的状态，而当 $r>R_p$ 后，围岩的应力处在弹性状态。此时，弹性区内的应力、位移可引用前节所讨论的弹性分布的状态进行计算。但是，由于塑性区的存在，使得在塑性区半径处作用着径向应力，而这径向应力必定会对弹性区内的应力、位移产生影响。因此，在讨论弹性区内的应力、位移问题时，必须考虑塑性区的存在对弹性区的影响。通常的做法是将其计算模式简化成开挖半径为 $R_p$ 的洞室，而将塑性区边界上的径向应力作为作用在洞壁上的外力，以此代替塑性区对弹性区的作用，初始应力仍然为作用在无穷远处的应力。因此，依据前述的微分方程，改变其边界条件如下：

$$\left.\begin{aligned}&r=R_p,\quad \sigma_{re}=\sigma_{rp}=\sigma_{R0}\\&r\to\infty,\quad \sigma_{re}=p_0\end{aligned}\right\} \tag{7-54}$$

将式(7-54)代入式(7-14)求得积分常数：

$$r=R_p,\quad \sigma_{re}=\sigma_{R0};\quad \sigma_{re}=\frac{E}{1-\mu^2}\left[(1+\mu)C_1-(1-\mu)\frac{C_2}{R_p^2}\right]=\sigma_{R0}$$

$$r\to\infty,\quad \sigma_{re}=p_0;\quad \sigma_{re}=\frac{E(1+\mu)C_1}{1-\mu^2}=p_0$$

$$\left.\begin{aligned}&C_1=\frac{1-\mu}{E}p_0\\&C_2=\frac{1+\mu}{E}(p_0-\sigma_{R0})R_p^2\end{aligned}\right\} \tag{7-55}$$

将所求得的积分常数代入原微分方程的通解，即可求得弹塑性分布状态下弹性区的应力、位移计算公式：

$$\left.\begin{aligned}\sigma_{re}&=p_0\left(1-\frac{R_p^2}{r^2}\right)+\sigma_{R0}\frac{R_p^2}{r^2}\\ \sigma_{\theta e}&=p_0\left(1+\frac{R_p^2}{r^2}\right)-\sigma_{R0}\frac{R_p^2}{r^2}\\ u&=\frac{p_0}{E}\left[(1-\mu)r+(1+\mu)\frac{R_p^2}{r}\right]-\frac{1+\mu}{E}\sigma_{R0}\frac{R_p^2}{r}\end{aligned}\right\}\tag{7-56}$$

同样，式(7-56)表示的是平面应力的计算公式，因此，其中的位移公式应转换成平面应变条件下的计算公式：

$$\left.\begin{aligned}\sigma_{re}&=p_0\left(1-\frac{R_p^2}{r^2}\right)+\sigma_{R0}\frac{R_p^2}{r^2}\\ \sigma_{\theta e}&=p_0\left(1+\frac{R_p^2}{r^2}\right)-\sigma_{R0}\frac{R_p^2}{r^2}\\ u&=\frac{p_0(1+\mu)}{E}\left[(1-2\mu)r+\frac{R_p^2}{r}\right]-\frac{1+\mu}{E}\sigma_{R0}\frac{R_p^2}{r}\end{aligned}\right\}\tag{7-57}$$

从上述公式可见，弹塑性分布状态下的弹性应力、位移表达式与无塑性圈的弹性分布表达式很接近，只是多了由于塑性区边界上径向应力 $\sigma_{R0}$ 作用所产生的附加项。因此，其应力、位移、应变的分布规律也大致相同。就位移而言，与前述相同，工程上只关心的是由于开挖所产生的位移增量，即

$$\Delta u=\frac{1+\mu}{E}(p_0-\sigma_{R0})\frac{R_p^2}{r}\tag{7-58}$$

式(7-58)要比无塑性区弹性分布二次应力状态的位移小，原因是塑性圈的存在限制了弹性区的变形。

### 7.3.6　深埋圆形洞室弹塑性分布二次应力状态小结

(1) 当开挖后，洞壁的切向应力 $\sigma_\theta=2p_0\geqslant\sigma_c$，洞周的围岩将产生塑性区。

(2) 在 $\lambda=1$ 的条件下，塑性区是一个圆环，塑性区内的应力 $\sigma_{\theta p}$，$\sigma_{rp}$ 都将随 $r$ 的增大而增大，且塑性区内的应力满足所假设的塑性条件：$\sigma_\theta=\sigma_r\xi+\sigma_c$。

(3) 当 $r>R_p$ 时，围岩中的应力将进入弹性状态。由于塑性区的存在，将限制弹性区内的应力、位移、应变的变化。因此，与无塑性区的弹性分布二次应力状态相比较，各计算式中增加了由于塑性区边界上的径向应力 $\sigma_{R0}$ 的作用所引起的增量。但是，其分布规律与纯弹性分布大致相同，仍可用 $\sigma_\theta+\sigma_r=2p_0$ 来校核计算结果的正确性。

## 7.4　节理岩体中深埋圆形洞室的剪裂区及应力分析

在以上几节中所讨论的围岩二次应力中，都是将岩体简化为连续、均质、各向同性的介质等条件为基础。而这些假设条件，在岩体中并不是在任何情况下都可以应用的。例如，当开挖的洞室处在层状岩体中，则与这些假设条件有着一定的差别。就岩体的强度而言，由于这些不

连续面的存在,往往会出现沿岩体中的层面产生剪切破坏。此时,可以认为岩体层面的剪切强度将控制着岩体的稳定性。根据这样一种常见的工程破坏现象,利用弹塑性力学原理与结构面力学效应相结合,可分析和计算产生节理岩体剪切滑移破坏的现象。

在层状岩体中开挖一个圆形洞室后,岩体的二次应力分布状态因层面的存在而发生变化,由于层面的剪切强度较低,出现沿结构面的剪切破坏,洞室周围的围岩将出现剪裂区。所谓剪裂区,是指节理岩体由于开挖而沿结构面产生剪切滑移破坏的区域。由于节理岩体的强度随节理的产状明显呈各向异性。因此,剪裂区并不像前两节所讨论的结果那样呈环状分布,而是在洞周呈类似猫耳状的分布形态。本节主要介绍剪裂区范围以及剪裂区内应力计算等内容。

### 7.4.1 剪裂区分析的基本假设条件

剪裂区的计算分析仍然采用围岩弹塑性力学的分析方法。由于要描述开挖后洞周岩体将沿节理面发生剪切滑移破坏而形成剪裂区,因此,在整个计算过程中,除了必须要满足以前所介绍的当 $\lambda=1$ 时圆形洞室二次应力计算的基本假设条件以外,还必须提出以下的假设条件:

(1) 岩体中仅具有单组节理,并不计节理间距所给予的影响。

(2) 剪裂区内的径向应力 $\sigma_r$ 与 $\lambda=1$ 条件下纯弹性分布的 $\sigma_r$ 近似相等,因此可按式(7-17)确定径向应力 $\sigma_r$。这一假设条件的成立,可从图 7-8 做出验证。由图 7-8 可知,塑性区内的 $\sigma_r$ 随 $r$ 的变化曲线与纯弹性应力分布曲线(图中的虚线)非常接近。

(3) 剪裂区内的切向应力受结构面的强度控制。借鉴深埋圆形洞室弹塑性分布的二次应力计算中塑性区内的应力满足莫尔-库仑强度条件,在剪裂区内,岩体的二次应力都满足结构面的强度条件。而剪裂区外的应力可由 $\lambda=1$ 时弹性分布的二次应力计算公式确定。

### 7.4.2 剪裂区内的应力计算

图 7-9 为剪裂区应力分析的计算简图。

图中各符号的含义如下:$\beta_0$ 为层状节理与 $x$ 轴的夹角。$\theta$ 为任意一点的单元体径向线与 $x$ 轴的夹角。$\beta$ 为节理与单元体径向线的夹角,即为单元体沿节理产生剪切滑移的破坏角。根据图中的几何关系可知,$\beta=\beta_0-\theta$。由于节理的存在,$\beta$ 的方向是单元体中强度最为薄弱的方向,即可能会沿此方向产生剪切滑移。$\sigma_\theta$,$\sigma_r$ 分别为作用在单元体上的切向应力和径向应力。由于 $\lambda=1$,因此,$\sigma_\theta$ 为最大主应力,而 $\sigma_r$ 为最小主应力。

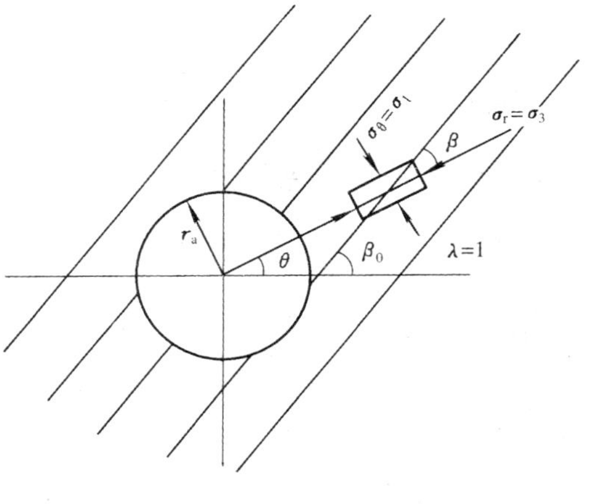


图 7-9 剪裂区应力计算简图

根据假设条件可知,剪裂区内的应力应满足结构面的强度条件。由于剪裂区将发生沿节理的剪切滑移破坏,因此,应力符号采用 $\sigma_{\theta p}$ 和 $\sigma_{rp}$,以便区别于弹性区内的应力。由前所述,剪裂区内的径向应力与弹性分布的二次应力相同,切向应力满足结构面的剪切强度,则其应力计算公式如下:

$$
\left.\begin{aligned}
&\sigma_{rp}=p_0\left(1-\frac{r_a^2}{r^2}\right)\\
&\sigma_{\theta p}=\frac{p_0\left(1-\dfrac{r_a^2}{r^2}\right)\cos(\beta-\phi_j)\sin\beta+c_j\cos\phi_j}{\sin(\beta-\phi_j)\cos\beta}\\
&\beta=\beta_0-\theta
\end{aligned}\right\} \tag{7-59}
$$

式(7-59)中,影响剪裂区内的应力 $\sigma_{\theta p}$ 和 $\sigma_{rp}$ 的因素很多,不仅与洞室岩体的初始应力 $p_0$、节理的剪切强度参数 $c_j$ 和 $\phi_j$ 值有关,而且还与开挖洞室的半径 $r_a$ 和任意一点距离 $r$ 的比值有关;更主要的还取决于单元体沿节理破坏的角度 $\beta$。而 $\beta$ 与 $\theta$ 相关。由于任意一点的单元体其 $\theta$ 角不同,故剪裂区内的应力将随 $\theta$ 发生变化,即使在相同的距离 $r$ 上,因 $\theta$ 角的不同其应力值也将不同。这与弹塑性分布时的应力特征有着很大的不同。当圆形洞室的二次应力小于节理面的强度,且岩体的二次应力为弹性分布时,洞周的应力仍可按弹性应力计算公式求解。

## 7.4.3 剪裂区范围的计算

如前所述,所谓的剪裂区是指岩体沿节理面产生剪切滑移破坏的区域。根据本计算方法的假设条件和剪裂区内应力的分布特性,剪裂区范围是指岩体中二次应力既满足 $\lambda=1$ 条件的弹性应力,又满足结构面剪切强度条件的应力点所围成的区域。由上一小节分析结果可知,剪裂区内的应力即使在相同的距离 $r$ 处,由于 $\theta$ 角的不同,其应力也不相同。可见剪裂区并非是个圆环,剪裂区半径的大小也将随 $\theta$ 角的变化而变化。为了形象、方便地说明剪裂区,仍将剪裂区边界至开挖洞室的中心点的距离称作为剪裂区半径,并用 $r_p$ 表示。根据剪裂区边界上的应力与弹性应力相等的条件,可求得剪裂区半径 $r_p$ 的表达式。

当 $r=r_p$ 时,$\sigma_{\theta p}=\sigma_{\theta e}$,$\sigma_{rp}=\sigma_{re}$,并设 $\alpha=r_a/r_p$,利用弹性应力的计算公式和剪裂区内应力计算公式可得:

$$
\sigma_{\theta e}=p_0\left(1+\frac{r_a^2}{r_p^2}\right)
$$

$$
\sigma_{\theta p}=\frac{p_0\left(1-\dfrac{r_a^2}{r_p^2}\right)\cos(\beta-\phi_j)\sin\beta+c_j\cos\phi_j}{\sin(\beta-\phi_j)\cos\beta}
$$

$$
\begin{aligned}
&\alpha^2 p_0[\cos\beta\sin(\beta-\phi_j)+\sin\beta\cos(\beta-\phi_j)]\\
&=p_0[\sin\beta\cos(\beta-\phi_j)-\cos\beta\sin(\beta-\phi_j)]+c_j\cos\phi_j
\end{aligned} \tag{7-60}
$$

对式(7-60)中的三角公式进行简化,引入如下三角和差化积公式可得:

$$
\sin A+\sin B=2\sin\frac{A+B}{2}\cos\frac{A-B}{2}
$$

$$
\sin A-\sin B=2\cos\frac{A+B}{2}\sin\frac{A-B}{2}
$$

$$
\left.\begin{aligned}
&\sin A=\sin\frac{A+B}{2}\cos\frac{A-B}{2}+\sin\frac{A-B}{2}\cos\frac{A+B}{2}\\
&\sin B=\sin\frac{A+B}{2}\cos\frac{A-B}{2}-\sin\frac{A-B}{2}\cos\frac{A+B}{2}
\end{aligned}\right\} \tag{7-61}
$$

将两式相比较,式中的 $A$ 和 $B$,分别为

$$A=2\beta-\phi_j,\quad B=\phi_j \tag{7-62}$$

将上述求得的结果代入式(7-60),简化成:

$$\alpha^2 p_0\sin(2\beta-\phi_j)=p_0\sin\phi_j+c_j\cos\phi_j$$

$$\alpha=\sqrt{\frac{p_0\sin\phi_j+c_j\cos\phi_j}{p_0\sin(2\beta-\phi_j)}}$$

$$\alpha=\frac{r_a}{r_p}$$

$$r_p=\frac{r_a}{\alpha}=r_a\sqrt{\frac{p_0\sin(2\beta-\phi_j)}{p_0\sin\phi_j+c_j\cos\phi_j}} \tag{7-63}$$

由式(7-63)可知,剪裂区半径 $r_p$ 的大小,在外界条件已确定的情况下,主要取决于 $\beta$ 角,即 $\beta_0$ 和 $\theta$ 以及洞室半径 $r_a$ 的影响。当开挖洞室后,$\alpha$ 的取值范围只能在 0 和 1 之间。当 $\alpha=1$,即 $r_a/r_p=1$,其含义为剪裂区的半径与洞室半径重合。

由深埋圆形洞室二次应力分布特性可知,只有当洞壁的切向应力大于岩体的单轴抗压强度时,洞周岩体会出现弹塑性应力分布状态。同样,对剪裂区的分析,从理论上说也存在着相同的问题,即将洞壁的切向应力与结构面的强度条件进行比较,以判别洞周是否存在着剪裂区。但是,由于结构面的剪切强度很低,往往只有岩石强度的百分之几到百分之十几,因此层状岩体只要考虑计算剪裂区,该剪裂区总是存在的。由此,对层状岩体剪裂区是否存在的判别可省略。

对于岩体工程来说,剪裂区的出现表示岩体将出现剪切滑移。因此,必须采取有效的加固措施。而剪裂区的最大半径和它所处的洞周位置是设计加固措施所必需的数据。由上述的分析可知,当 $\alpha=1$,即 $r_a/r_p=1$,为与洞壁相交的剪裂区与弹性区的分界点,根据此条件,求出相应的 $\theta$ 值。计算步骤如下:

$$\alpha=\frac{r_a}{r_p}=1$$

$$\sin(2\beta-\phi_j)=\frac{p_0\sin\phi_j+c_j\cos\phi_j}{p_0}$$

$$\theta=\beta_0-\beta \tag{7-64}$$

根据三角函数的多值性,通常可求得洞周所出现四个剪裂区。由式(7-63)可知,当公式右项根号内三角函数达到最大值,即可获得剪裂区的最大半径 $r_{maxp}$:

$$\sin(2\beta-\phi_j)=1$$

$$r_{maxp}=r_a\sqrt{\frac{p_0}{p_0\sin\phi_j+c_j\cos\phi_j}}$$

$$\theta_{max}=\beta_0-\beta_{max} \tag{7-65}$$

式中,$\beta_{max}$ 和 $\theta_{max}$ 分别为剪裂区最大半径所对应的 $\beta$ 和 $\theta$ 角。

以上是应用 $\lambda=1$ 时圆形洞室弹性应力的分析结果和节理面强度条件,分析层状节理岩体中可能出现的剪裂区、剪裂区大小、位置以及剪裂区内的应力分布特征。由上述的分析结果可知,这些计算仅在某些特定的条件下才会成立,并且是一个近似的计算结果。

# 7.5 围岩压力

## 7.5.1 围岩压力的基本概念

前几小节介绍的围岩二次应力状态，无论是洞壁的二次应力小于岩体强度的弹性状态，还是洞壁的二次应力超出岩体的强度呈弹塑性状态，都在无支护的前提下围岩的应力经自我调整达到新的平衡状态的基础上进行讨论的，这是一种比较理想的状态。在实际工程中，为了施工和运营过程中的安全，很少有不作支护就使用的洞室工程。因此，在进行支护设计时，作用在支护上的荷载是设计中必不可少的参数。这就引出了围岩压力这一概念。人们对于围岩压力的认识类似于对岩体的认识一样，也经历了一个逐渐发展、不断完善的过程。最初，人们将围岩压力看成是一个很简单的概念，认为支护是一种构筑物，而岩体的围岩压力则是荷载，二者是相互独立的系统。在这样一种理念下，围岩压力的概念表示为洞室开挖后岩体作用在支护上的压力(也被称作狭义的围岩压力)。随着人们对岩体认识的不断提高，尤其是在施工现场通过应力-应变的量测，积累了大量的分析成果，发现实际工程情况并非如此。实践告诉我们，岩体本身就是支护结构的一部分，它也将承担部分二次应力的作用。支护结构应该与岩体组成一个整体，两者成为一个系统，来共同承担由于洞室开挖而引起的二次应力作用。因此，对围岩压力的定义又可理解为围岩二次应力的全部作用(广义的围岩压力)。在这广义的围岩压力概念中，最具特色的是支护结构与围岩共同承担由于开挖而产生的二次应力。当洞室开挖后，岩体内的应力调整、向洞内位移的变化也说明了围岩与支护一起，发挥各自所具有的强度特性，共同抵抗岩体的变形，一同参与了应力重新调整的整个过程。因此，共同作用的围岩压力理论，促进了隧道工程建设，使其向更合理、更经济、更安全的方向发展。

## 7.5.2 水平洞室围岩的主要破坏形式

开挖洞室后围岩产生应力重分布，使得围岩部分区域应力增高。如果围岩的二次应力状态小于岩体的强度，则围岩只产生弹性变形或微小的塑性变形，岩体不发生破坏，也就是说，围岩自身作为支护结构能够承受地层压力的作用，这种状态称为洞室稳定状态。反之，当围岩的二次应力状态超过岩体的强度，则围岩产生较大的塑性变形或发生脆性破坏，这种状态称为洞室不稳定状态。这时，如果在无支护的情况下，围岩将不断的变形，并发生破碎塌落现象；在有支护的情况下，围岩将以一定的压力挤压支护结构，而支护结构承受围岩的压力，并使其达到平衡以保持稳定。由此可见，围岩处于稳定状态或不稳定状态，都是围岩应力和岩体强度之间矛盾表现的不同形式而已。

岩体被开挖后，破坏了原有的平衡状态，在地应力的作用下，开挖洞室产生破坏的基本形式有断裂破坏和剪切破坏。断裂破坏主要由拉应力所引起，且破坏前变形很小，所以表现出脆性破坏。剪切破坏主要由剪应力所引起，但同时在剪切破坏面上还有法向应力，且破坏前有较大的位移，故表现出塑性滑移破坏。

岩体发生何种破坏形式，从理论上分析，可通过莫尔强度包络线来判断。先由实验结果作出莫尔强度包络线(图 7-10)，然后根据岩体中的应力状态在图中绘出一个应力圆，若应力圆与直线 1—1 阴影部分相交，则岩体将出现由于拉应力作用而产生的断裂破坏；若应力圆与曲线 2—2 相交，则岩体出现剪切破坏；若应力圆处在曲线 2—2 以内，并不与它相交，则岩体不发生破坏。

由于天然岩体经历了长期构造运动的作用,发育有各种定向的和不定向的软弱结构面,而岩体的强度、变形和破坏又主要受这些软弱结构面所控制,所以研究围岩的变形和破坏,决不能离开各类岩体的具体情况。根据实际工程所出现的洞室破坏现象,水平洞室围岩破坏的形式可归纳为如下几种基本形态。

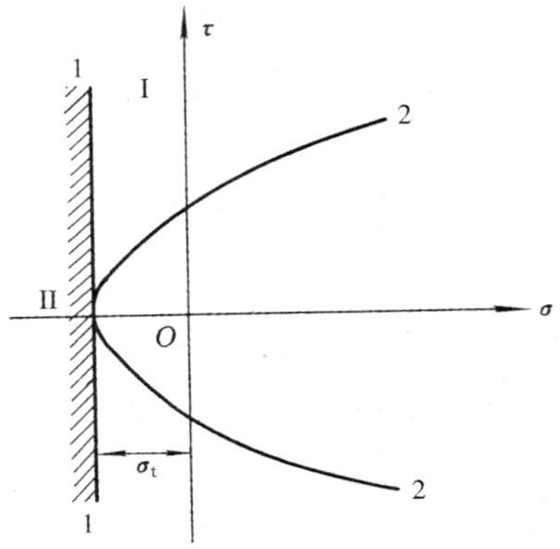


Ⅰ—剪切破坏区;Ⅱ—拉裂破坏区;$\sigma_t$—岩体抗拉强度

图 7-10　岩体破坏形式的判别

1. 洞室围岩整体稳定,但可能有局部岩块掉落现象

在坚硬且完整性较好的岩体中开挖洞室,由于岩体的强度较高,岩体成洞后的二次应力状态往往低于岩体强度。但是由于岩体中多组结构面的切割可能形成不利的组合,或在施工中,爆破作用致使岩体局部松动而产生岩块掉落的现象。这种掉块现象大都是由于岩体自重作用下局部的掉块,规模不会很大,一般不会造成洞室丧失稳定性。

2. 洞室围岩发生脆性断裂破坏

围岩的拉断破坏一般出现在洞室顶部,因顶部岩石容易出现拉应力。在松散、破碎和完整性很差的岩层中,可能由于顶部拉裂而发生严重冒顶现象,直至最后形成一个相应的拱形而暂时稳定下来(图 7-11)。在坚硬岩层中,如果层理、节理裂隙切割具有不利的组合,这将使洞室拱顶部分岩体破裂。例如,岩层产状平缓,岩层间距处在中厚层与薄层相间的状态;洞顶处形成叠板状(图 7-12(a))的薄层岩层,极易拉断塌落;岩层虽为中厚层,但夹有软弱薄层,且洞轴线与主构造线的走向接近平行或小角度的斜交,洞室顶部塌落成尖顶状或成倾斜状(图 7-12(b),(c))。

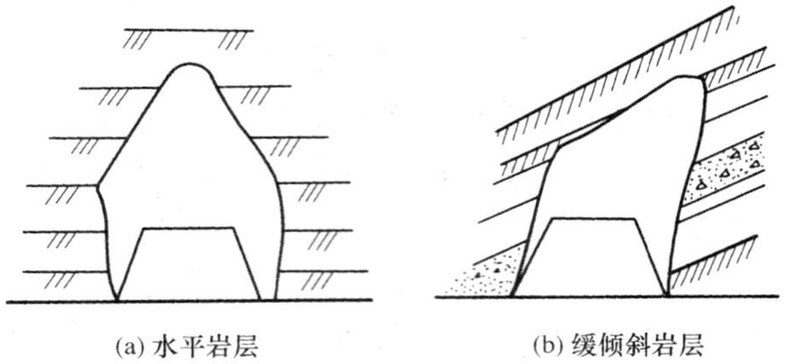

(a) 水平岩层　　(b) 缓倾斜岩层

图 7-11　松散岩层中的冒顶现象

洞室侧壁出现断裂破坏要比顶部少见,因为洞壁一般处于受压状态。在松散破碎岩层中,侧壁可能垮塌成斜面(图 7-11)。在坚硬岩层中,当岩层产状较平缓时,一般侧壁不易垮塌(图 7-12(a),(b));当岩层为急倾斜时,一般沿倾斜的上方容易垮塌(图 7-12(c));高边墙可能塌落的范围,取决于节理裂隙的空间分布特征、密度及充填胶结物等情况(图 7-12(d));当洞壁发育着竖向柱状节理时,由于岩体的变形易产生洞壁的断裂现象。

3. 围岩塑性剪切滑移破坏

现场观测和理论研究都证明,在较大的初始应力作用下,完整岩体中的洞室围岩往往会产生塑性剪切破坏。为了阐明塑性剪切破坏的形成机理,我们以圆形洞室侧压力系数 $\lambda=1$ 的情

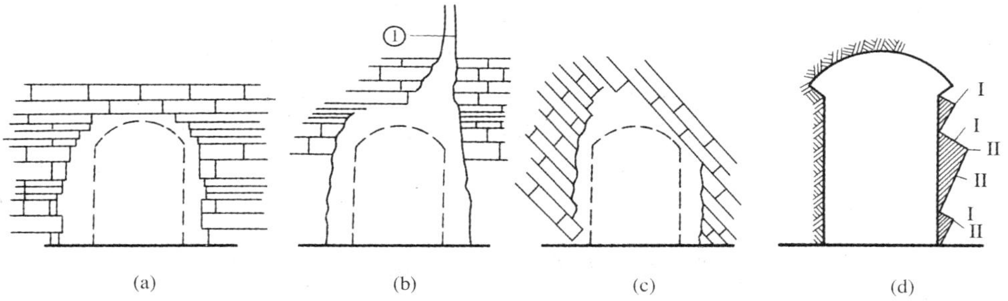


①—沿节理发育之溶槽，泥质充填；Ⅰ，Ⅱ—节理裂隙

图 7-12　坚硬岩层围岩崩塌情形

形为例加以说明。开挖洞室后围岩产生应力重分布，在洞壁附近，径向应力 $\sigma_r$ 降低，而切向应力 $\sigma_\theta$ 增高，如果岩体强度较低，则岩体中某点应力状态形成的莫尔应力圆与强度包络线相切，达到极限平衡状态，如图 7-13(c)所示。假定此时的岩体只能承受极限应力，随着切向应力 $\sigma_\theta$ 继续增大，高应力区向围岩深处发展，达到极限平衡的范围也随之增大，而形成一个极限应力区域。通常将这极限应力区称作围岩的塑性区。由图 7-13(b)可知，在塑性区域内某点的单元体上，与最大主应力成$(45°-\phi/2)$角度的方向上产生破裂面，即形成塑性滑移面。当改变破裂面与洞壁相交的起点 $\theta_0$，则洞周可形成无数条破裂面。由图 7-13(a)可知，相反方向延伸的两组与最大主应力迹线成$(45°-\phi/2)$的滑移线将形成向洞内滑动的最大块体。此时，可将这无数个块体所组成的圆环称作圆形洞室的塑性滑移区。

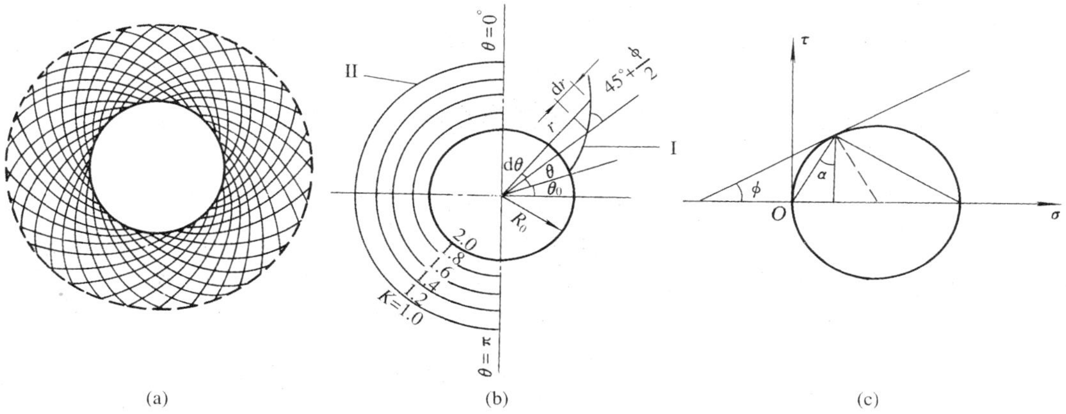


Ⅰ—滑移线；Ⅱ—主应力迹线；$\alpha=45°-\phi/2$；$K=\sigma_\theta/p_0$

图 7-13　塑性区的产生($\lambda=1$ 时)

为了求得滑移线的方程，考察图 7-13(b)。由图中可见，最大主应力 $\sigma_\theta$ 作用面与剪切破裂面的夹角为 $45°+\phi/2$。设圆形洞室边界上一点的极坐标为$(R_0,\theta_0)$（径向长度，切向角度），滑移线上任意一点 $M$ 的极坐标为$(r,\theta_0+\theta)$，根据 $M$ 点单元体的几何关系可得：

$$\mathrm{d}r=r\mathrm{d}\theta\tan\left(45°-\frac{\phi}{2}\right)$$

$$\frac{\mathrm{d}r}{r}=\tan\left(45°-\frac{\phi}{2}\right)\mathrm{d}\theta$$

$$\int_{R_0}^{r}\frac{\mathrm{d}r}{r}=\tan\left(45^\circ-\frac{\phi}{2}\right)\int_{\theta_0}^{\theta}\mathrm{d}\theta$$

$$\ln r-\ln R_0=(\theta-\theta_0)\tan\left(45^\circ-\frac{\phi}{2}\right)$$

$$r=R_0\mathrm{e}^{\left[(\theta-\theta_0)\tan\left(45^\circ-\frac{\phi}{2}\right)\right]} \tag{7-66}$$

由式(7-66)可见,这是一组对数螺旋线,它与另一组正交的对数螺旋线,最终将形成最大可能滑移块体,如图 7-13(a)所示。

### 7.5.3 围岩压力分类

根据产生围岩压力的不同机理,可将围岩压力分为如下四种:松动压力、形变压力、冲击压力和膨胀压力。

1. 松动压力

松动的岩体或者施工爆破所破坏的岩体等在自重的作用下,掉落在洞室上的压力称为松动压力。实际上,松动压力就是部分岩石的重量直接作用在支护结构上的压力,所以松动压力本质上应视作松动荷载。因此,洞顶上的压力特别大,而两侧稍小,底部一般没有。

产生松动压力的原因有地质因素和施工因素两方面。松动压力在各种地层中都可能出现。在松散、破碎和完整性很差的岩层中开挖洞室,如果不作支护,洞顶岩体可能会塌落最终形成拱形而稳定下来,如图 7-11 所示。拱形与支护结构之间岩石的重量就是作用在支护结构上的松动压力。在坚硬岩层中,如果层理、节理裂隙切割具有不利的组合,这将使部分岩体在自重作用下破裂形成松动压力(图 7-12)。

施工方法的不同对松动压力的发展也有决定性的影响。爆破是引起岩层松动的主要原因,松动区的大小受钻孔布置、炸药种类和装药量所控制。在破碎岩层中,松动压力的大小取决于临时支护的种类。洞室施工中采用临时木支撑,表现出明显的缺点。实际上,安装木支撑时就不可能与未受扰动的地层保持紧密的接触,而留下了岩体向洞内变形的空间;此外,木材本身容易变形,尤其当压力与木材纤维垂直时变形更大;同时,立柱压入地下会进一步造成木支撑的下沉。由此可见,临时木支撑可以使松动压力增大。采用喷射混凝土作为临时支护措施,则具有突出的优点,因为成洞后及时进行支护,将洞壁形成一个整体,能够约束围岩的变形,控制围岩进一步松动和破坏。除此之外,地下水的影响、空气中的潮气以及温度差作用等,都会促使松动压力的增加。

2. 形变压力

松动压力是以重力的形式作用在洞室支护上的压力,而形变压力则完全不同,重力并不是造成围岩压力的主要原因。岩体在重力和构造运动的作用下,由于洞室的开挖将产生围岩二次应力状态,这才是产生形变压力的真正原因。当岩体开挖后,围岩进行应力调整,并逐渐向洞内产生变形,当洞室增加了支护后,支护将限制岩体产生向内的变形而形成的压力。因此,所谓的形变压力是支护阻止了岩体的变形,岩体作用在支护上的力。依据不同的变形可将形变压力分成塑性形变压力和弹性形变压力两种类型。当二次应力状态超过岩体的极限强度时,洞室周围将产生塑性区,此时,洞室支护后阻止了岩体塑性区所产生的塑性变形,而形成了塑性形变压力;显然,如果地层最初处于弹性状态,成洞后的二次应力状态仍然保持弹性状态,那么围岩是稳定的,理论上洞室不需要支护结构,有时为了工程使用上的要求,许多洞室也会进行支护，此时支护也由于限制一定量的围岩弹性变形而产生弹性形变压力。因此，为了正确理解形变压力，必须克服过去将地层压力只作为荷载理解的传统观念，利用岩体自身抵抗变形的能力使得支护更趋合理。形变压力的分布情况，取决于侧压力系数 $\lambda$ 的大小。当 $\lambda=1$ 或围岩处于潜塑状态时，围岩压力主要表现为作用于四周的均布压力；当 $\lambda>1$ 时，这主要是由于构造应力所引起的，围岩压力主要来自于洞室的两侧；当 $\lambda<1$ 时，围岩压力主要来自洞室顶部至侧壁间。

3. 冲击压力

冲击地压一般是指由于岩体快速释放能量而作用在支护上的力。岩爆是地层压力中的一种特殊现象，是典型的冲击地压。当岩石内部积聚了很大的弹性应变能，一旦遇到机械的扰动，并出现了临空面，使得能量突然猛烈地释放出来，形成岩爆现象。随着巨大的响声，岩片以极快的速度向洞内飞散开来，飞出的岩片成透镜状或叶片状，其边缘像刀刃一样锐利。因此，岩爆就是岩体被挤压后所积聚的弹性能量突然释放所造成的破坏现象。岩爆的发生常常造成矿井或坑道的破坏，并严重威胁着工人的安全。

依据能量原理，受压试件中积聚在单位体积内的应变能为 $U=\sigma^2/(2E)$。由此可见，弹性应变能的大小和压应力的二次方成正比，而与弹性模量 $E$ 成反比。一般来说，在较深的地层中，由于作用着较高的初始应力，且岩体比较坚硬完整，如花岗岩、片麻岩、斑岩、闪长岩、辉绿岩、石灰岩、硬煤等，容易发生岩爆现象；但在比较软弱的岩石中，当弹性变形能还不太大时便使岩石产生流变，而不能储存很大的应变能，所以，软弱的岩石中较少发生岩爆现象。例如，某地下电站岩爆发生在花岗岩中，埋深 250m；又例如，某铁路隧道岩爆发生在较坚硬脆性的石灰岩中，埋深 1000m 左右。根据某些统计，大多数岩爆发生在工作面附近。因此，可以用风钻打一定数量的超前钻孔，使洞壁围岩应力部分释放，避免岩爆现象发生。

4. 膨胀压力

在黏土质页岩中，或凝灰岩之类的岩石中开挖洞室，无论在地层的深部或浅部，洞室四周的围岩往往产生很大的变形，围岩向洞内鼓胀，但不失其整体性，因而表现为顶板悬垂、两帮突出以及底板隆起，这就是膨胀现象。膨胀现象中最常见的是底鼓。例如，在泥质或煤质页岩中开挖的巷道，经常由于膨胀现象压坏支架，甚至使用各种方式加强的支架也发生破坏现象（图 7-14）。由于洞壁岩体的膨胀而产生的压力就是膨胀压力。

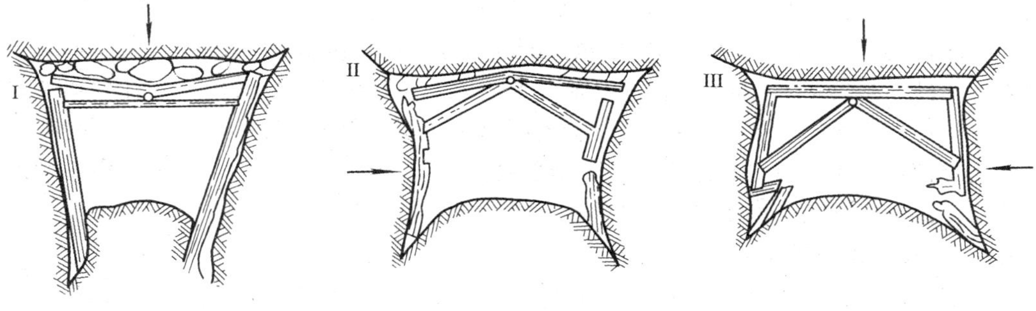


图 7-14　页岩地层中坑道的膨胀现象

关于膨胀压力产生的原因，目前认为主要是由于岩石本身的物理力学特性和地下水的影响造成的。实际资料表明，发生膨胀的岩石，绝大多数是含有黏土质矿物且具有较大塑性的岩土介质，这种岩石的骨料一般很细小（0.005mm 以下），呈鳞片状。在骨料之间满布相互贯通的毛细孔隙,因而具有很大的吸水能力。当吸水以后,由于鳞片间毛细管的弯液面作用,使鳞片间距离变化或者位置改变,结果宏观上表现为体积膨胀。开挖巷道产生应力重分布的影响,对岩石的原状结构有很大扰动,并且由于自由面的形成,改变了巷道附近地下水的运动规律,在压力差作用下,使地下水更容易向巷道空间渗透和运动。上述因素都加大了地下水对洞室的影响,因而巷道围岩就更容易造成膨胀现象。

因此,在这类具有明显塑性特征的岩体中开挖洞室时,应特别注意地下水造成的影响,做好排水措施。同时要做到:快速开挖,及时支撑,及时衬砌,使岩体性质及应力状态不致过多变化。如有超挖,及时回填块石及砂砾石,然后尽快浇灌衬砌,必要时设置仰拱。

关于冲击压力和膨胀压力,目前研究得还很不够,尚无法进行理论计算,故本章主要讨论围岩压力中的松动压力和塑性形变压力。

## 7.5.4 影响围岩压力的因素

通过以上关于围岩变形和破坏的分析可以看出,影响洞室稳定性及围岩压力的因素很多,归纳起来,可分为地质因素和工程因素两方面。地质因素系自然属性,反映洞室围岩稳定的内在联系;工程因素则是改变洞室围岩稳定状态的外部条件。合理地利用内在的和外部的因素,并采用正确的工程措施,有效地控制地质条件的变化和发展,避免和削弱不利的地质因素对工程的影响,可以最大限度地获得工程建设的经济性和安全性。

### 7.5.4.1 地质方面的因素

影响洞室稳定性及围岩压力的地质因素可归纳成以下几点:

(1) 岩体的完整性或破碎程度。其主要取决于岩体中结构面的发育程度。对于围岩压力来说,岩体的完整性要比岩体的坚硬程度重要得多。

(2) 各类结构面的特征,特别是软弱结构面的产状、分布特性和力学性质,包括结构面的充填情况、充填物的性质等,都将会直接影响围岩的失稳机理,进而形成大小不同的围岩压力及分布特性。

(3) 地下水的活动状况。水是影响岩体稳定性的一个极为重要的因素。地下水不仅可显著地降低岩体的强度,而且也降低岩石的强度。

(4) 岩体力学特性,包括岩体的岩性、坚硬程度、抵抗变形的能力等。在坚硬完整的岩层中,洞室围岩一般处于弹性状态,仅有弹性变形或不大的塑性变形,且变形在开挖过程中已经完成。因此,这种地层中很少出现塑性形变压力,此时支护的作用仅仅是为了防止局部围岩掉块和岩体的进一步风化,并满足运营的要求。裂隙发育、大小结构面众多及岩性软弱的岩层,围岩都会出现较大的塑性区,因而需要设置支护以保持洞室整体的稳定,这时支护结构上会出现较大的塑性形变压力或松动压力。岩石地层处于很大的初始应力而岩体处在潜塑状态时,支护结构上也会出现极大的塑性形变压力。

### 7.5.4.2 工程方面的因素

影响洞室稳定性及围岩压力的工程方面的主要因素有洞室的形状和尺寸、支护结构的形式和刚度、洞室的埋置深度及施工中的技术措施等。

1. 洞室的形状和尺寸

洞室的形状和洞室大小,包括洞室的平面、立体形式、高跨比、矢跨比及洞室幅宽尺寸等。由于洞室的形状与围岩二次应力分布有着密切关系,因而也将对围岩压力很大的影响。通常认为圆形或椭圆形洞室产生的围岩压力较小,而矩形或梯形则较大。因为对于矩形或梯形洞室，顶部容易出现拉应力，而在两边转角处又有较大的应力集中。但究竟何种洞形较好，应视地质情况而定。例如，如果初始应力状态为均匀的压力，圆形最好；若初始应力主要为自重应力，且来自顶部方向，高拱形较好；若初始应力由地质构造和自重应力组成，且主要来自水平方向的两侧时，宜采用平拱形或者椭圆形。此外，从弹性理论分析的结果说来，围岩应力与洞形有关，而与其几何尺寸无关，也就是说，只要洞室形状不变，跨度大小与围岩应力分布无关。但实际上，洞室形状不变，随着跨度增大围岩压力也会发生变化，而且影响还比较大。特别是大跨度洞室，由于这种形式的洞室开挖的临空面积相对较大，使得支护结构处在比较不利的受力状态，容易发生局部塌落和不对称地压。

2. 支护结构的形式和刚度

在不同的围岩压力下，支护具有不同的作用，例如，在松动压力作用下，支护主要是承受松动或塌落岩体的自重，起着承载结构的作用；在塑性形变压力下，支护主要用来限制围岩的变形，起着维持围岩稳定的作用。在通常情况下，一般的支护结构都同时具有上述两种作用。目前采用的支护有两种形式：一种称为外部支护，一种称为内衬支护（自承支护）。外部支护就是通常的衬砌，它承受松动或塌落岩体自重所产生的荷载，在密实回填的情况下，也能起到维持围岩稳定的作用。内衬支护或自承支护是通过化学或水泥灌浆、锚杆、喷混凝土等方式加固围岩，利用增强围岩的自承能力，从而增强围岩的稳定性。

支护形式、支护刚度和支护时间（开挖后围岩暴露时间的长短）对围岩压力都有一定的影响。洞室开挖后随着径向变形的产生，围岩应力产生重分布，同时，随着塑性区的扩大，围岩所要求的支护反力也随之减小。所以，采取喷混凝土支护或柔性支护结构能充分利用围岩的自承能力，使围岩压力减小。但是，支护的柔性不能太小，因为当塑性区扩展到一定程度出现塑性破裂，岩体的 $c$，$\phi$ 值相应地降低，引起围岩松动，这时，塑性形变压力就转化为松动压力，且可能达到很大的数值。还须指出，支护刚度不仅与材料和截面尺寸有关，而且还与支护的形式有关。实践表明，封闭型的支护结构比不封闭型的支护结构具有更大的刚度。对于可能出现底鼓现象的洞室，尤宜采用封闭型的支护结构。

3. 洞室的埋置深度或覆盖层厚度

洞室的埋置深度对围岩压力有着显著的影响。对于浅埋洞室，围岩压力随着深度的增加而增加，且水平向的初始应力较大，相对对洞室稳定性有一定的帮助；对于深埋洞室，由于埋深直接关系到侧压力系数的大小，特别是埋深很大时，还可能出现潜塑性状态，因此，埋置深度将影响围岩应力的大小。随着深埋岩体工程的不断建设，根据近年来工程中出现的问题以及研究的成果，认为在深埋岩体中出现了与传统完全不同的力学特性，这正在形成一个新的研究体系。

4. 施工中的技术措施

施工中的技术措施得当与否，对洞室的稳定性及围岩压力的大小都有很大的影响。例如，爆破造成围岩松动和不同程度的岩体破碎，洞室的开挖顺序和方法，支护的及时性（围岩暴露时间的长短），岩体超欠挖等情况，以及设计的洞形、幅宽尺寸改变的情况等，均对围岩压力有很大的影响。除上述影响因素外，还有一些其他的影响因素，例如，洞室的几何轴线与主构造线或软弱结构面的组合关系、相邻洞室的间距、时间因素等对围岩压力也有影响。

综上所述，有众多的因素影响围岩压力的大小，使得对围岩压力的分析有一定的难度。目前一些常用的围岩压力理论，常常忽略众多因素中一些影响较小的因素，有时甚至是一些相对比较重要因素，致使计算结果与实际工程相比较存在着一定的出入。因此，只有正确地掌握地质因素，并结合工程特征进行全面的分析，分清各因素的主次关系，才能够合理地分析围岩压力的大小及其分布规律。

# 7.6 围岩的松动压力计算

节理密集和非常破碎的岩体通常被认为是松散岩体。松散介质的力学性能可看成无黏结力的松散地层。因此，在该地层中开挖洞室后，围岩压力主要表现为松动压力。围岩压力的松散体理论是在长期观察地下洞室开挖后的破坏特性的基础上而建立的。浅埋的地下洞室，开挖后洞室顶部岩体往往会产生较大的沉降，有的岩体甚至会出现塌落、冒顶等现象。基于这样一种破坏形式，建立了以应力传递、上覆岩柱重量等计算围岩压力的方法。而在深埋的岩体中，开挖后往往会发生洞室顶部岩体的塌落，促使顶部岩体进行应力调整，最终形成一个自然平衡拱使得平衡拱上部的岩体保持了稳定，而作用在支护上的荷载即为平衡拱内的岩体自重。本节根据松散岩体的特殊性质介绍类似于上述基本思想的围岩松动压力的计算方法。

## 7.6.1 浅埋洞室围岩松动压力计算

### 7.6.1.1 岩柱法

岩柱法计算浅埋洞室松散岩体围岩压力的基本思想是，由于洞室的开挖，洞室顶部的松散岩体将产生很大的沉降甚至塌落，因此考虑从地面到洞室顶部的岩体自重，扣除塌落部分岩体所产生的摩擦阻力后，作用在洞室顶部的压力即为围岩松动压力。

1. 岩柱法的基本假设

(1) 松散岩体的内聚力 $c$ 为零。

(2) 松散岩体的计算模式如图 7-15 所示。产生松动压力的机理做以下解释：洞室开挖后上覆岩体向下位移，同时洞室两侧的岩体会出现两个破裂面，该破裂面与洞室侧壁的夹角为 $45°-\phi/2$，作用在洞室顶部的围岩压力为：洞顶岩体可能向下位移的最大块体的自重，并克服了两侧岩体的摩擦力后所剩余的压力。

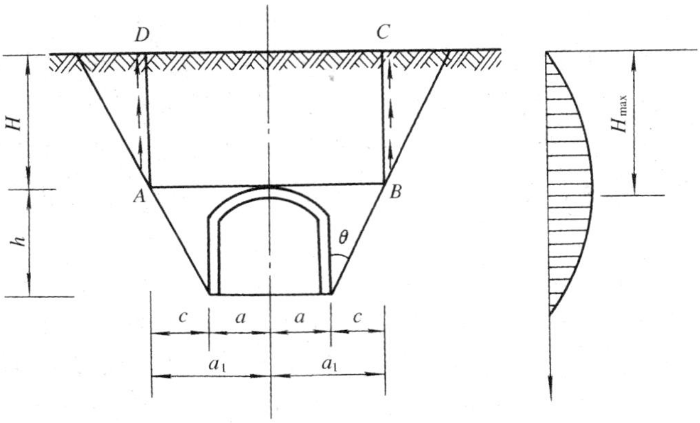


图 7-15 岩柱法确定围岩压力的计算简图

2. 岩柱法计算围岩压力公式

根据岩柱法计算浅埋松散岩体围岩压力的假设条件，应先确定岩体(图 7-15 中 $ABCD$)所产生的摩擦力和岩体的自重。从计算简图可得：洞顶可能产生向下位移的最大块体为 $ABCD$

所构成的岩体，而要克服的是 $AD$、$BC$ 两个面的摩阻力。由于摩擦力的大小与作用在岩体上的水平荷载成正比，因此，若在洞室上覆岩体中取一厚度为 $\mathrm{d}l$ 的微元条，洞室的埋深为 $l$，微元体宽度为 $2a_1$。设作用在微元条两端的力为正应力 $\sigma_n$ 和摩擦力 $\mathrm{d}T$。依据莫尔—库仑强度理论，当 $c=0$ 时，$\sigma_n$ 和 $\mathrm{d}T$ 可分别按下式求得：

$$\sigma_n=\gamma l\tan^2\left(45^\circ-\frac{\phi}{2}\right)$$

$$\mathrm{d}T=\sigma_n\tan\phi\,\mathrm{d}l$$

从地面到洞室顶部岩体中的总的摩擦力为

$$\begin{aligned}F&=2\int_0^H\mathrm{d}T=2\int_0^H\sigma_n\tan\phi\,\mathrm{d}l=2\int_0^H\gamma l\tan^2\left(45^\circ-\frac{\phi}{2}\right)\tan\phi\,\mathrm{d}l\\&=\gamma H^2\tan^2\left(45^\circ-\frac{\phi}{2}\right)\tan\phi\end{aligned}\tag{7-67}$$

从地面到洞室顶部最大可能向下位移的块体自重为

$$Q=2a_1\gamma H$$

式中，$H$ 为洞室埋深；$a_1$ 为最大块体的宽度，即为计算宽度，由图 7-15 中的几何关系可得：

$$a_1=a+h\tan\left(45^\circ-\frac{\phi}{2}\right)$$

式中，$h$ 为洞室高度。

根据岩柱法计算松动围岩压力的基本思路，作用在洞室顶部的围岩压力为

$$\begin{aligned}q&=\frac{Q-F}{2a_1}=\frac{2a_1\gamma H-\gamma H^2\tan^2\left(45^\circ-\frac{\phi}{2}\right)}{2a_1}\tan\phi\\&=\gamma H\left(1-\frac{HK}{2a_1}\right)\end{aligned}\tag{7-68}$$

其中
$$K=\tan^2\left(45^\circ-\frac{\phi}{2}\right)\tan\phi$$

作用在洞室侧向的围岩压力可根据莫尔-库仑强度公式求得。由于岩柱法中假设松散岩体的 $c=0$，故 $\sigma_c=2c\cos\phi/(1-\sin\phi)=0$，且作用在洞室顶部的围岩压力为最大主应力，而侧向围岩压力为最小主应力，因此，洞顶侧向围岩压力($e_1$)和洞底侧向围岩压力($e_2$)可按下式求得：

$$\left.\begin{aligned}e_1&=q\tan^2\left(45^\circ-\frac{\phi}{2}\right)\\e_2&=e_1+\gamma h\tan^2\left(45^\circ-\frac{\phi}{2}\right)\end{aligned}\right\}\tag{7-69}$$

3. 岩柱法计算围岩压力的特征

利用岩柱法计算围岩压力，概念明确，计算方便。但经分析发现，该公式具有一定的限制条件。由式(7-68)可知，围岩压力的计算公式是洞室埋深的二次函数。当令 $\mathrm{d}q/\mathrm{d}H=0$ 时，可

得 $H=a_1/K$,且 $d^2q/dH^2=-K/a_1<0$。根据极值判别原理,$q$ 随 $H$ 的变化存在着极大值,其值为 $H_{max}=a_1/K$。当埋深大于 $H_{max}$ 时,洞顶的围岩压力 $q$ 将减小。这与岩柱法计算围岩松动压力应该随深度的增加而增大的假设条件相矛盾。因此,在应用式(7-68)时,埋深要求限制在 $H_{max}=a_1/K$ 以内。另外,岩柱法计算围岩压力的公式中,$K$ 的大小有很大的影响。而 $K$ 在很大的程度上取决于松散岩体的内摩擦角 $\phi$。若令 $dK/dq=0$,则可得 $\phi=30°$。根据试算法可知,$\phi=30°$ 为极大值。当 $\phi<30°$ 时,随 $\phi$ 的增大,其 $K$ 值也将增大,此时的松动围岩压力 $q$ 值将减少,这是合理的,因为 $\phi$ 角代表了松散岩体的强度,岩体自身的强度增大,其围岩压力应该降低;当 $\phi>30°$ 时,$\phi$ 增大,则 $K$ 值减小,而此时的松动围岩压力 $q$ 值反而增大,这显然与假设条件和实际情况相悖。因此,应用岩柱法计算围岩压力,还应将 $\phi\leqslant30°$ 作为其应用的限制条件。

#### 7.6.1.2　太沙基围岩压力计算方法

太沙基(Terzaghi)围岩压力计算方法,是采用应力传递的思想计算浅埋松散岩体松动压力的方法。其计算简图与岩柱法相同(图 7-16)。在进行公式推导时,分析微单元体的应力受力状态,并利用静力平衡方程,得出松散岩体围岩压力的计算公式。

1. 太沙基围岩压力计算的基本假设

(1) 认为岩体是松散体,但存在着一定的黏结力,其强度服从莫尔-库仑强度理论,即

$$\tau=c+\sigma_n\tan\phi$$

(2) 洞室开挖后,所产生的洞室顶部的围岩压力机理与岩柱法相同;

(3) 计算简图如图 7-16 所示。

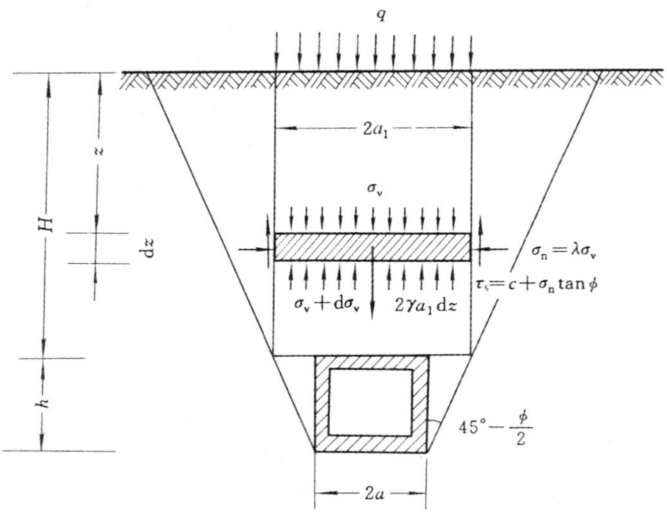


图 7-16　太沙基围岩压力计算简图

2. 太沙基围岩压力计算公式

根据计算简图 7-16 所示,在洞室的顶部岩体中取一微元体,并利用静力平衡方程,可得:

$$2a_1(\sigma_v+d\sigma_v)-2a_1\sigma_v+2\tau_s dz-2a_1\gamma dz=0 \tag{7-70}$$

式中　$\sigma_v$——作用在微元体上部的围岩压力;

$\tau_s$——作用在微元体两侧的剪应力。该剪应力可按莫尔-库仑强度公式求得,即

$$\tau_s=c+\sigma_n\tan\phi$$

$\sigma_n$——作用在微元体两侧的正应力，根据侧压力系数的概念，按 $\sigma_n=\lambda\sigma_v$ 确定；

$z$——微元体上覆岩体的厚度；

$dz$——所取微元体的厚度；

$H$——开挖洞室的埋深；

$h$——开挖洞室的高度；

$q$——作用在地面的荷载；

$\gamma$——岩体的重度。

将上述的各应力分量代入式(7-70)，整理得：

$$d\sigma_v=\frac{1}{a_1}(a_1\gamma-c-\lambda\sigma_v\tan\phi)dz$$

对上式凑微分，并改变表达式的形式，得：

$$\frac{d(a_1\gamma-c-\lambda\sigma_v\tan\phi)}{a_1\gamma-c-\lambda\sigma_v\tan\phi}=-\frac{\lambda\tan\phi}{a_1}dz$$

解上式微分方程得：

$$a_1\gamma-c-\lambda\sigma_v\tan\phi=Ce^{-\frac{\lambda\tan\phi}{a}z} \tag{7-71}$$

根据边界条件可知：$z=0$，$\sigma_v=q$，则其积分常数为

$$C=a_1\gamma-c-\lambda q\tan\phi$$

令 $z=H$，并将积分常数代入式(7-71)，得到作用在洞顶的围岩压力公式：

$$p_v=\sigma_v|_{z=H}=\frac{a_1\gamma-c}{\lambda\tan\phi}[1-e^{-\frac{\lambda\tan\phi}{a_1}H}]+qe^{-\frac{\lambda\tan\phi}{a_1}H} \tag{7-72}$$

作用在侧壁的围岩压力仍然假设为一梯形，其计算方法与岩柱法相同，梯形上部、下部的围岩压力可按下式计算：

$$\left.\begin{aligned}e_1&=p_v\tan^2\left(45°-\frac{\phi}{2}\right)\\e_2&=e_1+\gamma h\tan^2\left(45°-\frac{\phi}{2}\right)\end{aligned}\right\} \tag{7-73}$$

上述公式中 $\lambda$ 为岩体的侧压力系数，一般取 $\lambda=1$。

由式(7-72)可知，当 $H\to\infty$ 时，$p_v=(\gamma a_1-c)/(\lambda\tan\phi)$。在一般的情况下，当 $H>50$m 时，指数项的数值在 0.1% 左右，该项对围岩压力的影响已可忽略不计。

#### 7.6.1.3　浅埋山坡处洞室的松动围岩压力计算

当洞室处在图 7-17 所示的情况时，围岩压力将产生偏压。此时，计算围岩压力的方法常采取与岩柱法相同的原理。考虑岩柱两侧摩擦力的作用，作用在衬砌上的垂直压力等于岩柱 $ABB_0A_0$ 的重量减去两侧破裂面($AB$ 和 $B_0A_0$)上的摩擦力的剩余值。

岩柱右侧面上的摩擦力，可由岩柱侧面 $AB$ 和滑动面 $AC$ 所形成的岩体，在力的平衡条件下求得。设 $\theta$ 为岩柱右侧面的摩擦角，$\phi$ 为岩体的内摩擦角，$\beta$ 为滑动面与水平面的夹角，$\alpha$ 为地面的坡角。根据该计算简图上作用力的平衡条件，可作出力多边形。岩柱 $ABC$ 的重量 $R$ 为

$$R=\frac{\gamma}{2}H\,\overline{AD} \tag{a}$$

式中

$$\overline{AD}=\frac{\overline{CD}}{\tan\beta}=\frac{\overline{CE}}{\tan\alpha}$$

$$H=\overline{CD}-\overline{CE}=\overline{AD}(\tan\beta-\tan\alpha) \tag{b}$$

将式(a)代入式(b)得

$$R=\frac{\gamma H^2}{2}\ \frac{1}{\tan\beta-\tan\alpha} \tag{c}$$

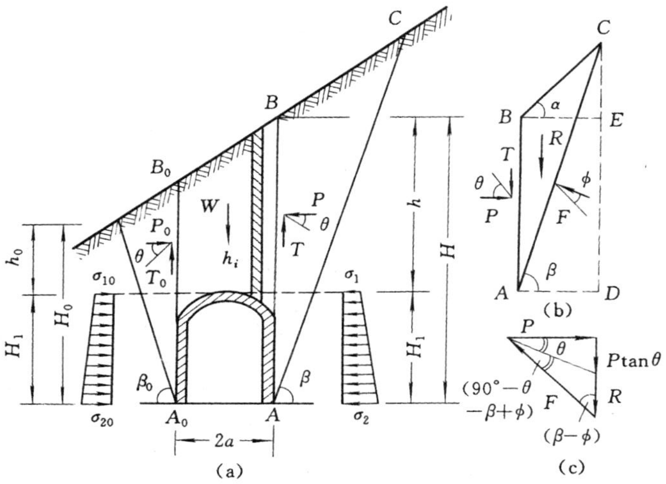


图 7-17　山坡处洞室围岩压力的计算简图

在力三角形中,根据正弦定律得:

$$\frac{\dfrac{P}{\cos\theta}}{\sin(\beta-\phi)}=\frac{R}{\sin(90°-\theta-\beta+\phi)}$$

$$P=\frac{R\sin(\beta-\phi)\cos\theta}{\sin(90°-\theta-\beta+\phi)} \tag{d}$$

将式(d)的分子和分母同乘以 $\cos(\beta-\phi)$,并将式(c)代入式(d),简化后可得下式:

$$P=\frac{\gamma H^2}{2}\cdot\frac{1}{\tan\beta-\tan\alpha}\cdot\frac{\tan\beta-\tan\phi}{1+\tan\beta(\tan\phi-\tan\theta)+\tan\phi\tan\theta}$$

$$=\frac{1}{2}\gamma H^2\lambda \tag{e}$$

在式(e)中,岩柱滑动面与水平面的夹角 $\beta$ 为未知的参数,它可根据求 $P$ 的极大值求得:

$$\frac{\mathrm{d}P}{\mathrm{d}\beta}=0$$

$$\frac{\mathrm{d}P}{\mathrm{d}\beta}=\frac{1}{2}\gamma H^2\sec^2\beta\{[1+\tan\beta(\tan\phi-\tan\theta)+\tan\phi\tan\theta](\tan\phi-\tan\alpha)$$
$$-(\tan\beta-\tan\phi)(\tan\beta-\tan\alpha)(\tan\phi-\tan\theta)\}=0$$

$$\tan\beta=\tan\phi+\sqrt{\frac{(1+\tan^2\phi)(\tan\phi-\tan\alpha)}{\tan\phi-\tan\theta}} \tag{f}$$

同理，可得 $A_0B_0$ 面上的 $P_0$，$\theta_0$，$\tan\beta_0$ 的表达式。衬砌上承受的总荷载 $Q$ 为

$$Q=W-P\tan\theta-P_0\tan\theta \tag{g}$$

将式(e)代入式(g)，并简化后得

$$Q=W\left(1-\frac{\gamma\tan\theta}{2}\cdot\frac{H^2\lambda+H_0^2\lambda_0}{W}\right) \tag{h}$$

衬砌上承受的荷载强度可表示为

$$q_i=\gamma h_i\left(1-\frac{\gamma\tan\theta}{2}\cdot\frac{H^2\lambda+H_0^2\lambda_0}{W}\right) \tag{7-74}$$

式中的参数按下式求得

$$\lambda=\frac{1}{\tan\beta-\tan\alpha}\cdot\frac{\tan\beta-\tan\phi}{1+\tan\beta(\tan\phi-\tan\theta)+\tan\phi\tan\theta}$$

$$\lambda_0=\frac{1}{\tan\beta_0-\tan\alpha}\cdot\frac{\tan\beta_0-\tan\phi}{1+\tan\beta_0(\tan\phi-\tan\theta)+\tan\phi\tan\theta}$$

$$\tan\beta=\tan\phi+\sqrt{\frac{(1+\tan^2\phi)(\tan\phi-\tan\alpha)}{\tan\phi-\tan\theta}}$$

$$\tan\beta_0=\tan\phi+\sqrt{\frac{(1+\tan^2\phi)(\tan\phi+\tan\alpha)}{\tan\phi-\tan\theta}}$$

式中　$\gamma$——岩体的重度；

$h_i$——计算点衬砌以上岩柱的高度；

$W$——每单位长度上，洞室顶部岩柱的总重量，$W=a\gamma(h+h_0)$；

$\lambda,\lambda_0$——侧压力系数；

$\beta,\beta_0$——滑动面与水平面之间的夹角；

$\alpha$——地表的坡面；

$\phi$——岩体的内摩擦角；

$\theta$——岩柱两侧的摩擦角，对于岩石，$\theta=(0.7\sim0.8)\phi$；对于土，$\theta=(0.3\sim0.5)\phi$；对于淤泥、流砂等松软土，$\theta=0$。

衬砌侧墙上的水平侧压力可按下式计算：

$$\left.\begin{aligned}&\sigma_1=\lambda h\gamma, &&\sigma_2=\gamma(h+H_1)\lambda\\&\sigma_{10}=\gamma h_0\lambda_0, &&\sigma_{20}=\gamma(h_0+H_{10})\lambda_0\end{aligned}\right\} \tag{7-75}$$

水平侧压力的分布图形为梯形(图 7-17)。

最后尚须指出，式(7-74)只适用于采用矿山法施工的隧洞。若隧洞采用明挖法施工，则

按式(7-74)计算所得的荷载值将比实际的偏小。这时,须采用不考虑岩柱摩擦力的方法来计算衬砌上的荷载。

### 7.6.2 深埋洞室围岩松动压力计算

在深埋洞室的松动围岩压力计算中,最常用的是普氏理论,这是由俄国学者普罗托奇雅阔诺夫(M. M. лротдвяконв)在1907年提出的。普氏经过长期观察发现,深埋洞室开挖之后,由于节理的切割,洞顶的岩体产生塌落,当塌落到一定的程度之后,上部岩体会形成一个自然平衡拱,而作用在洞顶的围岩松动压力是自然平衡拱内岩体的自重。根据这样一种机理确定深埋松散岩体的围岩压力。

#### 7.6.2.1 普氏理论的基本假设

普氏理论基于深埋岩体洞室顶部坍塌后形成自然平衡拱的机理,计算围岩的松动压力。基本假设如下:

(1) 岩体由于结构面的切割,开挖后形成松散岩体,但仍有一定的黏结力。

(2) 洞室开挖后,洞顶部分岩体塌落,最终上部岩体将形成一自然平衡拱,作用在洞顶的围岩压力仅为自然平衡拱内的岩体自重。

(3) 普氏理论计算围岩压力的计算简图如图7-18所示。在洞室的侧壁处,将产生两个破裂面,破裂面与侧壁的夹角 $\theta$ 为 $45°-\phi/2$,并在洞顶的水平面上与自然平衡拱相交,形成可能塌落的最大岩体。

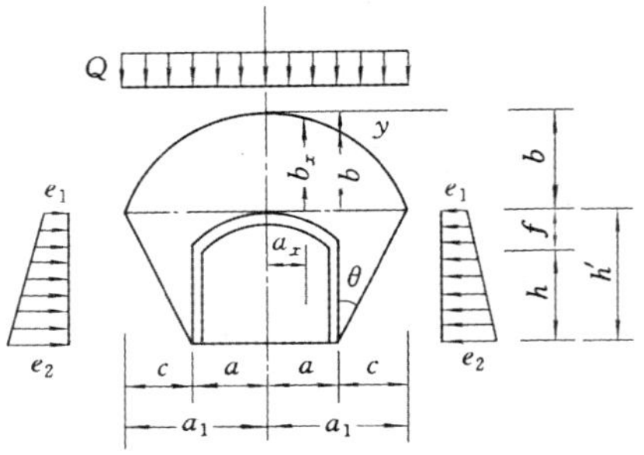

图 7-18 普氏理论的围岩压力计算简图

(4) 采用坚固系数 $f$ 表征岩体的强度。其物理意义为 $f=\tau/\sigma=c/\sigma+\tan\phi$,表示为一个综合的摩擦系数。实际应用中,普氏采用了一个经验计算公式,可方便地求得这坚固系数 $f$ 值,即 $f=R_c/10$。公式中的 $R_c$ 应取 MPa 的单位。$f$ 值是一个无量纲的经验系数,在实际工程中确定 $f$ 值时,还应根据岩体的完整性和地下水的状态加以适当地修正。

(5) 坍塌形成的自然平衡拱拱顶岩体只能承受压应力,不能承受拉应力。

#### 7.6.2.2 普氏理论的计算公式

1. 自然平衡拱拱轴线方程的确定

为了求得洞顶的围岩压力,首先必须确定自然平衡拱拱轴线方程的表达式,据此推算出开挖洞顶到拱轴线的距离,以此确定平衡拱内岩体的自重。先假设拱轴线是一条二次曲线,如图7-19所示。由于结构对称,可将右半拱轴线用作用在洞顶的水平力 $T$ 替代。此时,在拱轴线上任取一点 $M(x,y)$,根据假设拱轴线不能承受拉力的条件,则所有外力对 $M$ 点的弯矩为零,即

$$\sum M=0,\quad Ty-\frac{Qx^2}{2}=0 \qquad (7\text{-}76)$$

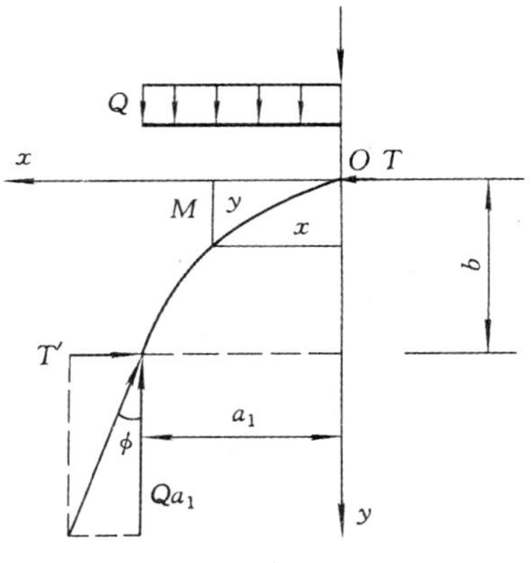

图 7-19 自然平衡拱拱轴线计算简图

式中 $Q$——自然平衡拱上部岩体的自重所产生的

均布荷载；

$T$——作用在自然平衡拱拱顶截面处的水平力；

$x,y$——任意一点 $M$ 的 $x,y$ 坐标。

上述方程中有两个未知数，还需建立另一个方程才能求得其解。由静力平衡方程可知，方程中的水平推力与作用在拱脚的水平推力数值相等、方向相反，即 $T=T'$。由于拱脚很容易产生水平位移，进而改变整个拱的内力分布，因此普氏认为拱脚的水平推力 $T'$ 必须满足 $T'\leqslant Qa_1f$，即作用在拱角处的水平推力必须要小于或者等于拱脚处垂直反力所产生的最大摩擦力，以保持拱脚的稳定。而后，普氏为了安全，又将这最大摩擦力降低了一半。将 $T'=Qa_1f/2$ 代入式(7-76)，简化后可得拱轴线方程：

$$y=\frac{x^2}{fa_1} \tag{7-77}$$

显然，拱轴线方程是一条抛物线。根据此公式可求得拱轴线上任意一点的高度。当 $x=a_1$，$y=b$ 时，可得：

$$b=\frac{a_1}{f} \tag{7-78}$$

式中　$b$——平衡拱的矢高，即为自然平衡拱的最大高度；

$a_1$——自然平衡拱的计算跨度，按计算简图中的几何关系，由下式求得：

$$a_1=a+h\tan\left(45°-\frac{\phi}{2}\right) \tag{7-79}$$

2. 围岩松动压力的计算

普氏按自然平衡拱的最大高度计算围岩松动压力：

$$q=\gamma b=\frac{\gamma a_1}{f} \tag{7-80}$$

普氏理论侧向的围岩压力计算与前述的岩柱法相同，可按下式求得：

$$\left.\begin{aligned} e_1&=\gamma b\tan^2\left(45°-\frac{\phi}{2}\right)\\ e_2&=\gamma(b+h)\tan^2\left(45°-\frac{\phi}{2}\right)\end{aligned}\right\} \tag{7-81}$$

普氏理论计算围岩压力的公式由于概念清晰，计算方便，成为 20 世纪五六十年代我国隧道建设中最常用的计算方法。但是在实际应用过程中，必须要注意以下两个问题：一是洞室的埋深。普氏理论要求，岩体经开挖后能够形成一个自然平衡拱，这是其计算的关键。有许多工程实例表明，若上覆岩体的厚度不大(一般认为洞室埋深小于 2～3 倍的 $b$ 值时)，洞顶无法形成自然平衡拱，岩体往往会产生冒顶的现象。因此，在应用普氏理论分析围岩松动压力时，应该注意所开挖的洞室必须具有一定的埋深。二是坚固系数 $f$ 值的确定。在实际应用中，除了按经验公式确定 $f$ 值以外，还必须根据施工现场岩体地下水的渗漏情况、岩体的完整性等，给予适当地修正，使坚固系数更全面地反映岩体的力学性能。因此，在 20 世纪五六十年代也有人将坚固系数作为岩体分类的一种方法，直接应用于某些规模较小的岩石隧道工程中，为设计提供参数。

### 7.6.3 塑性松动压力的计算

塑性松动压力的计算是以围岩二次应力弹塑性分析为基础,该计算方法考虑洞室开挖后,岩体形成塑性圈,由于塑性圈内的岩体相对比较破碎,往往会产生塌落的现象。而塑性松动压力就以塑性圈内岩体的自重作为作用在洞室顶部的松动压力。

1. 塑性松动压力计算的基本假设

塑性松动压力的计算方法通常被称作卡柯(Caquot)公式,其在整个计算过程中作了如下的假设:

(1) 当洞室开挖后,洞周的围岩二次应力呈弹塑性分布。在塑性圈充分发展后,塑性圈内的岩体自重为作用在支护上的围岩松动压力;

(2) 在 $\lambda=1$ 的情况下,取洞顶的单元体为计算单元,分析其受力条件,以此考虑洞室围岩压力的最不利状态;

(3) 在塑性圈边界上,岩体不作应力传递,即当 $r=R_p$ 时,$\sigma_{rp}=0$;

(4) 塑性圈内的岩体服从莫尔-库仑强度理论。

2. 塑性松动压力的计算

在洞室开挖后,洞壁周围的部分岩体产生塑性区。在塑性区内的洞顶部位取一单元体。单元体的受力情况如图 7-20 所示。根据静力平衡条件可得到以下方程:

$$\sum F_r = 0$$

$$(\sigma_r + d\sigma_r)(r + dr)d\theta - r\sigma_r d\theta - 2\sigma_\theta \sin\frac{d\theta}{2}dr + \gamma r d\theta dr = 0$$

略去上式中的高阶无穷小,并令 $\sin(d\theta/2)\approx d\theta/2$,整理后得:

$$r d\sigma_r + \sigma_r dr - \sigma_\theta dr + \gamma r dr = 0$$

$$\sigma_\theta - \sigma_r = r\frac{d\sigma_r}{dr} + \gamma r \tag{7-82}$$

式中,$\gamma$ 为塑性区内岩体重度。

根据假设条件,塑性区内的应力应满足莫尔-库仑强度理论。改变强度理论表达式:

$$\sin\phi = \frac{\sigma_\theta - \sigma_r}{\sigma_\theta + \sigma_r + 2c\cot\phi}$$

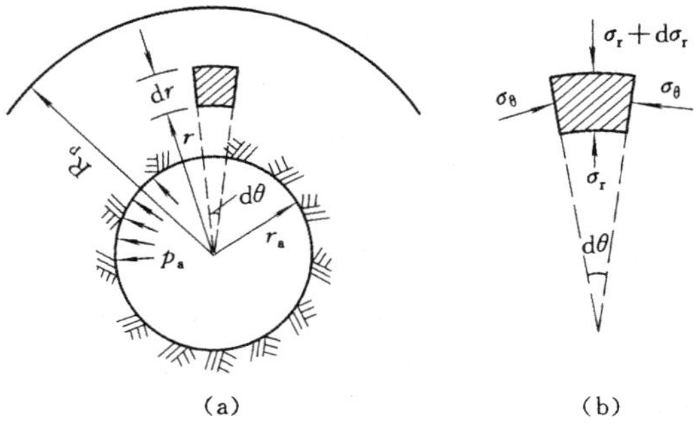


图 7-20 塑性松动压力的计算简图

$$(\sigma_r+c\cot\phi)\sin\phi+\sigma_r+c\cot\phi=\sigma_\theta+c\cot\phi-(\sigma_\theta+c\cot\phi)\sin\phi$$

$$\frac{\sigma_\theta+c\cot\phi}{\sigma_r+c\cot\phi}=\frac{1+\sin\phi}{1-\sin\phi}=\xi$$

$$\xi-1=\frac{\sigma_\theta-\sigma_r}{\sigma_r+c\cot\phi}$$

$$\sigma_\theta-\sigma_r=(\xi-1)(\sigma_r+c\cot\phi) \tag{7-83}$$

将式(7-83)代入式(7-82),并求解该微分方程:

$$\frac{\mathrm{d}(\sigma_r+c\cot\phi)}{\mathrm{d}r}-\frac{\xi-1}{r}(\sigma_r+c\cot\phi)=-\gamma$$

$$(\sigma_r+c\cot\phi)=\mathrm{e}^{\int\frac{\xi-1}{r}\mathrm{d}r}\left[\int\mathrm{e}^{-\int\frac{\xi-1}{r}\mathrm{d}r}(-\gamma)\mathrm{d}r+C\right]$$

$$=\frac{\gamma r}{\xi-2}+Cr^{\xi-1}$$

$$\sigma_r=\frac{\gamma r}{\xi-2}+Cr^{\xi-1}-c\cot\phi$$

由边界条件确定其积分常数:

$$r=R_p,\quad \sigma_{rp}=0$$

$$0=\frac{R_p\gamma}{\xi-2}+CR_p^{\xi-1}-c\cot\phi$$

$$C=\left(c\cot\phi-\frac{R_p\gamma}{\xi-2}\right)\left(\frac{1}{R_p}\right)^{\xi-1}=c\cot\phi\left(\frac{1}{R_p}\right)^{\xi-1}-\frac{\gamma}{\xi-2}\left(\frac{1}{R_p}\right)^{\xi-2}$$

代入原式可得岩体内任意一点塑性松动压力的计算公式:

$$\sigma_r=c\cot\phi\left[\left(\frac{r}{R_p}\right)^{\xi-1}-1\right]+\frac{r\gamma}{\xi-2}\left[1-\left(\frac{r}{R_p}\right)^{\xi-2}\right] \tag{7-84}$$

此时,令 $r=r_a$,代入式(7-84),即可得作用在支护上的塑性松动压力 $p_a$ 的表达式(卡柯公式):

$$p_a=c\cot\phi\left[\left(\frac{r_a}{R_p}\right)^{\xi-1}-1\right]+\frac{r_a\gamma}{\xi-2}\left[1-\left(\frac{r_a}{R_p}\right)^{\xi-2}\right] \tag{7-85}$$

由式(7-85)可知,当岩体中开挖一个以 $r_a$ 为半径的洞室后,塑性松动压力在很大程度上取决于塑性圈半径 $R_p$ 的大小。当 $R_p=r_a$ 时,其物理意义表示洞周无塑性圈产生,此时 $p_a=0$;而随着 $R_p$ 逐渐地增大,$p_a$ 也将随之增大。纵观公式推导的整个过程,卡柯公式是一个近似的计算公式,主要表现为以下两点:其一,在洞顶岩体中选取微单元体进行应力计算是偏于保守的;其二,假设在塑性圈边界上的应力为零的条件,也不尽合理。另外,在实际应用卡柯公式评价塑性松动压力时,塑性圈半径 $R_p$ 可按 7.3 节中式(7-39)计算。随着工程测试技术的不断提高,利用超声波在岩体中的传播特性求得塑性圈的半径,再利用式(7-85)计算塑性松动压力也是常用的方法,且更符合工程的实际情况,计算结果也更趋合理。

## 7.7 围岩的塑性形变压力计算

塑性形变压力是指洞室开挖后,洞周的部分围岩二次应力超出了岩体的自身强度,进入了塑性状态,围岩产生塑性形变,当洞室作了支护结构后,由于结构物阻止了围岩塑性变形的发展而产生了作用在支护结构上的力。在进行围岩二次应力弹塑性分布的分析时,建立了 $\lambda=1$ 时围岩弹塑性二次应力的计算公式,这一系列的计算公式是建立在以下假定条件下:开挖一圆形洞室后,洞周在无支护的情况下,塑性圈获得了充分发展,即塑性圈半径达到最大值。因此,在进行塑性形变压力计算时,仍可利用这一系列公式,但须根据塑性形变压力产生的机理,改变计算时的边界条件,以获得理论上的塑性形变压力的计算公式。

### 7.7.1 芬纳公式

芬纳(Fenner)公式利用弹性力学的方法,加入了一些限制条件,以此计算围岩的塑性形变压力。

1. 假定条件

(1) 满足 $\lambda=1$ 时圆形洞室二次应力为弹塑性分布的条件;

(2) 在塑性区边界上,围岩的黏结力为零,即 $r=R_p$,$c=0$;

(3) 在洞壁有支护作用,并假定支护对围岩的作用力为 $p_i$,根据作用力与反作用力相等的原理,该力即为所求的塑性形变压力;

(4) 计算简图如图 7-21 所示。

2. 计算公式

在弹塑性二次应力计算时,建立了满足静力平衡条件的微分方程为

$$\sigma_\theta-\sigma_r=r\frac{d\sigma_r}{dr} \tag{a}$$

在塑性松动压力的计算时,曾推导获得塑性圈内的应力应该满足下式:

$$\sigma_\theta-\sigma_r=(\xi-1)(c\cot\phi+\sigma_r) \tag{b}$$

联立式(a)、式(b),并求解该微分方程:

$$r\frac{d\sigma_r}{dr}=(\xi-1)(c\cot\phi+\sigma_r)$$

$$\frac{d(\sigma_r+c\cot\phi)}{c\cot\phi+\sigma_r}=(\xi-1)\frac{dr}{r}$$

$$\ln(\sigma_r+c\cot\phi)=(\xi-1)\ln r+\ln C$$

$$\sigma_r=Cr^{\xi-1}-c\cot\phi \tag{c}$$

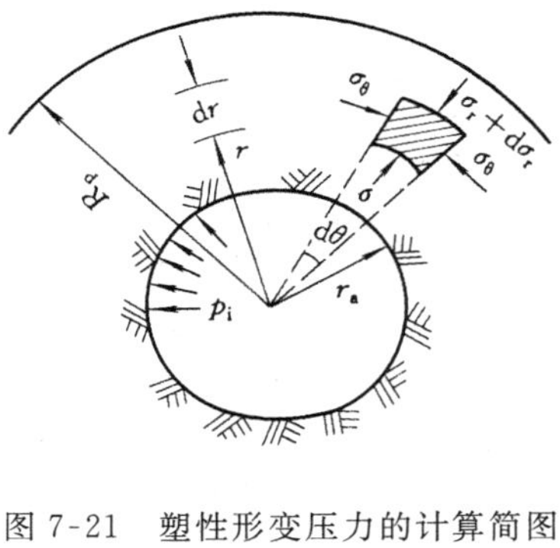

图 7-21 塑性形变压力的计算简图

再利用边界条件求解积分常数:

$$r=r_a\quad \sigma_r=p_i$$

$$C=(p_i+c\cot\phi)\left(\frac{1}{r_a}\right)^{\xi-1} \tag{d}$$

将积分常数代入式(c),并利用弹性应力的特征条件

以及芬纳公式的假设条件，即可推得计算塑性形变压力的芬纳公式。具体推导如下：

$$r=R_p,\quad \sigma_\theta+\sigma_r=2p_0；且\ c=0$$

$$\sigma_\theta=\xi\sigma_r+\frac{2c\cos\phi}{1-\sin\phi}=\xi\sigma_r$$

$$\sigma_\theta+\sigma_r=2p_0\Rightarrow\xi\sigma_r+\sigma_r=2p_0$$

$$(\xi+1)\sigma_r=2p_0；\quad \xi+1=\frac{1+\sin\phi}{1-\sin\phi}+1=\frac{2}{1-\sin\phi}$$

$$\sigma_\theta+\sigma_r=2p_0=\left(\frac{2}{1-\sin\phi}\right)\sigma_r$$

$$\sigma_r=p_0(1-\sin\phi)$$

$$\sigma_r=(p_i+c\cot\phi)\left(\frac{r}{r_a}\right)^{\xi-1}-c\cot\phi$$

$$p_i+c\cot\phi=[p_0(1-\sin\phi)+c\cot\phi]\left(\frac{r_a}{R_p}\right)^{\xi-1}$$

$$p_i=[p_0(1-\sin\phi)+c\cot\phi]\left(\frac{r_a}{R_p}\right)^{\xi-1}-c\cot\phi \tag{7-86}$$

式(7-86)即为计算塑性形变压力的芬纳公式。

3. 芬纳公式的特征

根据式(7-86)，芬纳公式主要的影响因素是：初始应力 $p_0$ 的大小、岩体的强度参数 $c$ 和 $\phi$ 以及塑性圈半径 $R_p$ 等。在计算围岩二次应力时，假定无支护结构，此时，塑性圈最大，塑性变形也达到最大。而作初砌支护后，由于支护阻止了围岩的部分塑性变形发生，此时所对应的塑性圈也将变小，而未产生的部分塑性形变能量则由支护承担。可见，塑性圈的大小与已经产生的塑性变形成正比，与产生的塑性形变压力成反比，也即塑性圈半径越小，则塑性形变压力越大。通常可采用现场实测的手段获得塑性圈半径值，这样能够比较合理地评价岩体的塑性形变压力。此外，芬纳公式是一个近似的计算公式，主要表现在假设塑性圈边界上的黏结力为零，这与实际的情况有一定的差别。

## 7.7.2　卡斯特纳尔公式

与芬纳计算塑性形变压力的思路相同，卡斯特纳尔(Kastner)在计算塑性形变压力时，同样利用弹塑性力学的方法，但未增加其他的附加假设条件。因此，该计算结果可以说是一个解析解，而不像芬纳公式那样是一种近似结果。卡斯特纳尔公式的推导，只要按前述的围岩二次应力弹塑性分布的结果，改变其边界条件，就可求得塑性形变压力的计算公式。

1. 假定条件

(1) 满足 $\lambda=1$ 时，圆形洞室二次应力弹塑性分布的假定条件；

(2) 在洞壁有支护作用，并假定支护对围岩的作用力为 $p_i$；

(3) 计算简图与芬纳公式的计算简图相同，见图7-21。

2. 计算公式

根据计算塑性形变压力的基本思想，可利用塑性区内的应力计算公式求解作用在支护上

的力。由式(7-36)可知,塑性圈内的应力计算公式为

$$\left.\begin{aligned}\sigma_{rp}&=\frac{1}{\xi}\left(Cr^{\xi-1}-\frac{\xi\sigma_c}{\xi-1}\right)\\ \sigma_{\theta p}&=Cr^{\xi-1}-\frac{\sigma_c}{\xi-1}\end{aligned}\right\}\tag{a}$$

根据弹塑性分布的情况及围岩压力的条件,可得边界条件,并求得积分常数:

$$r=r_a\text{ 时},\sigma_{rp}=p_i$$

$$C=\left(p_i\xi+\frac{\xi\sigma_c}{\xi-1}\right)\left(\frac{1}{r_a}\right)^{\xi-1}\tag{b}$$

代入式(a)中可得有支护作用的塑性区内的应力计算公式:

$$\left.\begin{aligned}\sigma_{rp}&=\left(p_i+\frac{\sigma_c}{\xi-1}\right)\left(\frac{r}{r_a}\right)^{\xi-1}-\frac{\sigma_c}{\xi-1}\\ \sigma_{\theta p}&=\xi\left(p_i+\frac{\sigma_c}{\xi-1}\right)\left(\frac{r}{r_a}\right)^{\xi-1}-\frac{\sigma_c}{\xi-1}\end{aligned}\right\}\tag{c}$$

上式中有三个未知数,故无法求出 $p_i$ 的具体表达式。采用与芬纳公式推导时相同的方法,塑性圈边界的应力既满足塑性状态下的应力,又满足弹性状态下的应力;而弹性状态下的应力,当 $\lambda=1$ 时,应满足公式 $\sigma_\theta+\sigma_r=2p_0$。根据上述条件,可求得塑性形变压力:

$$r=R_p,\quad \sigma_{re}=\sigma_{rp},\quad \sigma_{\theta e}=\sigma_{\theta p},\quad \sigma_{\theta p}+\sigma_{rp}=2p_0$$

$$(\xi+1)\left(p_i+\frac{\sigma_c}{\xi-1}\right)\left(\frac{R_p}{r_a}\right)^{\xi-1}-\frac{2\sigma_c}{\xi-1}=2p_0$$

$$\left(p_i+\frac{\sigma_c}{\xi-1}\right)=\left(\frac{1}{\xi+1}\right)\left(2p_0+\frac{2\sigma_c}{\xi-1}\right)\left(\frac{r_a}{R_p}\right)^{\xi-1}$$

$$p_i=\frac{1}{\xi^2-1}[2p_0(\xi-1)+2\sigma_c]\left(\frac{r_a}{R_p}\right)^{\xi-1}-\frac{\sigma_c}{\xi-1}\tag{7-87}$$

式(7-87)即为计算塑性形变压力的卡斯特耐尔公式。从公式中所含的参数而言,当洞室开挖后,塑性形变压力的大小不仅取决于塑性圈半径 $R_p$ 的大小,而且还取决于岩体初始应力状态 $p_0$ 和岩体的强度参数。塑性形变压力与塑性圈半径成反比,当塑性圈半径增大,则塑性形变压力将减小,其原因与芬纳公式相同。应该强调的是,同样只能利用实测的方法先确定塑性圈半径然后分析塑性形变压力。根据公式还能得出洞室塑性形变压力的一些特殊的结论:当塑性圈半径 $R_p$ 与洞室开挖半径 $r_a$ 相同时,将获得塑性形变压力的最大值,其物理意义为,在开挖后若不让围岩产生塑性变形,则必须提供最大的支护作用力;另外,当塑性形变压力 $p_i$ 为零时,可求得最大的塑性圈半径值,此时式(7-87)即兑变成无支护条件下二次应力弹塑性分布中的塑性圈半径计算公式。

## 7.8 新奥法简介

新奥法的全称是"新奥地利隧道施工法"(New Austrian Tunneling Method,NATM)。这

是由 20 世纪 60 年代奥地利著名的岩体力学专家拉布西维兹(L. V. Rabcewicz)等提出的，包括隧道的设计、施工方法、现场监测等一整套建设体系。新奥法的提出，使隧道建设进入了一个全新的阶段。新奥法运用了比较先进的岩体力学观点，分析了隧道开挖后，岩体与支护结构共同作用的机理，摒弃了传统的厚壁混凝土支护结构，采用闭合的环形支撑，并且利用现场监测的手段，通过对监测数据的研究，及时地分析原设计的合理性，并尽快做出调整，使隧道建设更趋合理、完善。本节根据有关资料，对新奥法的原理进行了归纳、总结。

新奥法先进的理念主要体现在对岩体的认识上，它提出二次应力的作用和结构面的切割是岩体失稳的主要因素；并认为洞室开挖后所产生的围岩压力是由岩体与支护结构共同承担，而且从某种意义上来说，岩体承担了围岩压力的主要部分。新奥法应用共同作用的理论作为隧道建设的指导思想，合理地利用了岩体作为支护结构的一部分，摒弃了过去将岩体作为对支护结构的荷载和采用厚衬砌的传统做法。可以说这两点是新奥法的精髓。

岩体的失稳是由于洞室的开挖，岩体失去了原有的平衡，围岩应力发生了调整，促使洞周的岩体松动而引起的。因此，早期对岩体进行加固是避免岩体松动、防止岩体进一步风化以及保持岩体整体稳定的有效手段。

新奥法认为：洞室开挖后产生的围岩压力是塑性形变压力和塑性松动压力组合而成。根据弹塑性理论分析，将围岩塑性形变压力与塑性松动压力叠加之后，其随径向位移变化的曲线，是一条两端高中间低的曲线，如图 7-22 所示。根据图示的曲线特征，即可分析支护刚度、支护时间对围岩压力的影响。在前节曾经介绍了塑性形变压力和塑性松动压力的特点，二者随塑性圈的增大前者将减小，而后者将增大。塑性圈半径 $R_p$ 的大小，从其变化特性而言，与径向位移和时间成正比关系。应力调整过程中，随着时间的增长，其径向位移将不断地产生，而径向位移的增长同时又促使塑性圈继续扩大，直至达到岩体新的应力平衡。因此，可以说在围岩的二次应力调整过程中，时间、岩体径向位移、塑性圈半径等三者之间的作用是相辅相存的，对围岩压力的影响也是相互关联的。

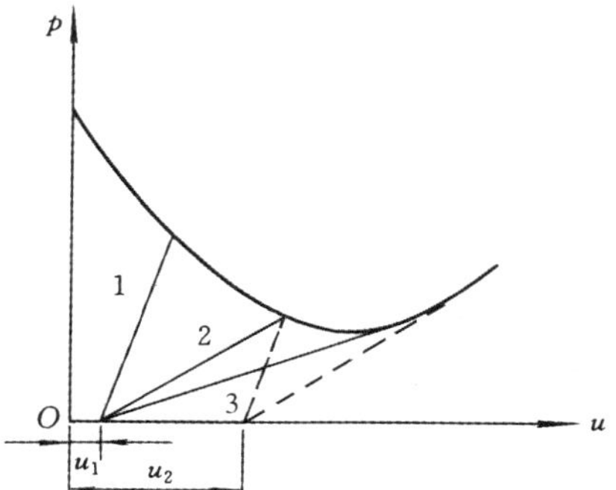

图 7-22　围岩压力与岩体位移之间的关系

在指明了上述特征的基础上，先分析不同的支护刚度对围岩压力的影响。图 7-22 中直线 1，2，3 的斜率表示三个大小不同的支护刚度，显然其刚度 1 最大，2 次之，3 最小。直线与围岩压力分布曲线相交，交点表示了各支护所承担的围岩压力值。直线 1，支护刚度很大，这时，作用在支护上的围岩压力也很大(图中表现为交点最高)。当支护结构与岩体产生少量的径向位移时，作用于支护上的围岩压力将沿压力的变化曲线发展，此时其压力有所减小，但围岩压力值仍然很大；直线 2，支护刚度较适中，当支护结构与岩体产生位移，围岩压力仍将逐渐减少，但支护结构所具有的承载能力能够抵抗这一围岩压力的变化，使岩体仍保持稳定；直线 3，支护刚度很小，当发生与前者相同的情况时，根据 $p$-$u$ 曲线可知，作用在支护上的围岩压力将随之增大，并超出了支护结构所能承受的荷载，随之又将产生新的变形，同时围岩压力又会增加，进而发生一系列的恶性循环，最终使岩体失稳。综合以上分析，显然直线 2 是最佳的情况。所设计的支护刚度不必很大，当支护完成后，能与岩体一起产生少量的位移，围岩释放掉部分能量，但支护又能控制岩体的位移，使支护足以保持岩体的平衡，保持岩体的稳定。这就是新奥法采用柔性支护的理论依据。

其次讨论有关支护时间的不同对岩体稳定性的影响。前面已强调要尽早进行支护,以防止岩体过分地松动和风化。从图 7-22 的曲线中能够获得其相应的理论依据。图 7-22 的横坐标也可看成是开挖后的时间坐标。在不同的时间进行支护,即使是相同的支护刚度,所得到的围岩压力也是不同的。若将 3 条不同支护刚度直线平移至 $u_2$ 点,则原先最合理的柔性支护(直线 2)也将与曲线交之于后半段而失去应有的作用。因此,考虑岩体开挖后结构面的切割和围岩的风化等作用,新奥法提出了早期支护的观点,以避免围岩失稳。

新奥法利用了岩体与支护共同承担应力调整过程中的所有作用,提出了柔性支护、早期支护的理念,这些都为隧道建设创建了一种比较先进的、合理的思想,从而使隧道建设比以前的施工方法更加经济,更加完善。

新奥法建议采用如图 7-23 所示的隧道截面形式。支护结构形成一个闭合环,以此承受围岩压力。支护结构所采用的基本形式是“喷射混凝土+金属网+锚杆+钢拱肋”的支护形式,通常被称为喷锚支护结构。采用这种支护形式的目的是消除传统支护与岩体不能紧密地贴在一起,从而使支护与岩体不能形成一个整体的弊端。此外,喷锚结构喷射混凝土的厚度一般为 20cm 左右,再加上金属网形成柔性支护,能够使支护与岩体产生一定量的位移,但仍能控制岩体的位移,使岩体保持稳定。如果围岩二次应力比较大,则可采用加大喷射混凝土的厚度和缩短各锚杆之间的间距等手段,甚至在洞内加设钢拱肋等方法,以确保支护有足够的支撑能力,以保持洞室的稳定性。新奥法在施工中,要求尽可能采用全断面开挖,以减少因分级开挖而引起对岩体的多次扰动。

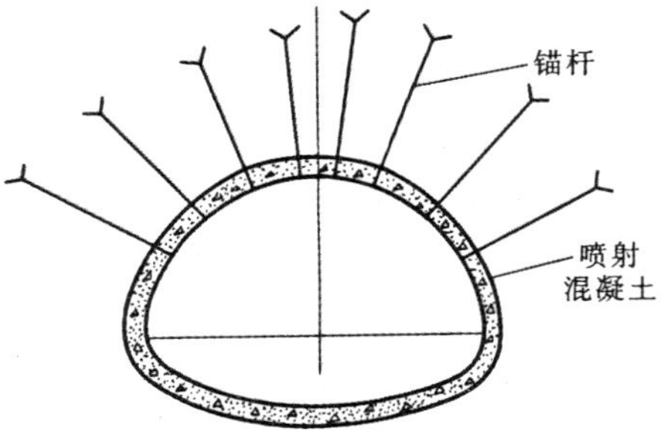


图 7-23　新奥法建议采用的隧道截面以及支护形式

在施工过程中,要求加强施工现场的监测,并以现场监测所得的数据作为反馈信息,进行补充设计。新奥法在整个施工过程中进行全面的现场监测,监测的主要内容通常是洞室内壁的收敛位移、支护与围岩交接面的压力、锚杆所受的应力以及洞周岩体的位移等。将监测所获得的数据绘制出相应的曲线(如收敛位移与时间的曲线),据此可分析岩体的稳定性。若发生问题及时进行补充设计,以确保洞室岩体的稳定。

新奥法能很好地利用岩体的力学特性,充分发挥岩体自身的承载能力,合理地设计支护结构,更完善、更经济地进行隧道建设。因此,获得了工程技术界的好评,现已广泛应用于岩石隧道建设之中。

## 思考题及习题

1. 何谓岩体的二次应力?分析二次应力时采用了哪些假定条件?
2. 何谓围岩压力?围岩压力有哪些影响因素?
3. 如何计算弹性状态下,围岩二次应力、位移和应变?它们有哪些规律?
4. 如何计算弹塑性状态下,圆形洞室围岩二次应力?它们有哪些规律?
5. 如何确定节理岩体的剪裂区范围、应力和剪裂区的半径?
6. 计算岩体的松动压力有几种方法?它们是如何计算岩体的松动压力?

7. 计算岩体的塑性形变压力有几种方法？它们是如何计算岩体的塑性形变压力？

8. 简述新奥法建设隧道的基本思想。

9. 地下 400m 处，掘进一圆形隧道。断面直径为 10m。覆盖岩层的重度 $\gamma=25\text{kN/m}^3$，$E=2.0\times10^4\text{MPa}$，$\mu=0.25$。若无构造应力作用，试求：

(1) 隧道顶点和侧壁中高的 $\sigma_\theta$ 和 $\sigma_r$；

(2) 绘出隧道顶板中线和侧壁中高的 $\sigma_\theta$-$r$，$\sigma_r$-$r$ 曲线。

10. 按上题条件，掘进一椭圆形断面隧道。断面长轴为 12m，短轴为 8m，试求：隧道顶部岩石的表面应力以及侧壁中高的表面应力。

11. 按第 9 题条件改为掘进一个 10m×10m 的方形断面隧道。试求隧道顶部中线、角隅处、侧壁中高处的表面应力，并说明各自的应力特征。

12. 有一裂隙具闭合性质，且施工能及时支撑。若岩体的抗剪强度 $\phi=40°$，$c=0.06\text{MPa}$，其他条件同第 9 题。用卡柯公式求解洞室的松动压力。

13. 在埋深为 500m 处开挖一个半径为 8m 的圆形洞室。设岩体重度 $\gamma=25\text{kN/m}^3$，其抗剪强度参数：$\phi=30°$，$c=0.3\text{MPa}$，试求：

(1) 若塑性松动圈外径 $R=10\text{m}$，用芬纳和卡斯特耐尔公式求解洞室的围岩压力，比较结果并说明理由。

(2) 若塑性松动圈外径 $R=10\text{m}$，用卡柯公式求松动压力。

14. 有一隧道高 12m，宽 10m，埋深 100m。岩体重度 $\gamma=25\text{kN/m}^3$，其抗剪强度指标：$\phi=30°$，$c=0.04\text{MPa}$，岩石单轴抗压强度 $R_c=50\text{MPa}$，试求：

(1) 用普氏及太沙基公式求隧道洞顶的围岩压力，比较结果并说明理由。

(2) 求隧道侧壁压力的大小。

# 第 8 章　岩体力学在边坡工程中的应用

## 8.1　概述

边坡按成因可分为自然边坡和人工边坡两类。自然的山坡和谷坡是自然边坡，此类边坡是在地壳隆起或下陷过程中逐渐形成的。在人类生产活动和工程建设中形成了大量的人工边坡，如露天矿开挖形成的采矿区边坡，铁路、公路建筑施工形成的路堤边坡，开挖路堑所形成的路堑边坡，水利水电建设中形成的高陡边坡等。人工边坡工程在国民经济建设中具有重要的意义。

边坡按组成物质可分为土质边坡和岩质边坡。土和岩石在物质构成上并无本质的差别，但两者在结构上完全不同，使得岩质边坡和土质边坡的力学性能很不相同，边坡破坏模式的差别也十分显著。

边坡在其形成及运营过程中，在诸如重力、工程作用力、水压力及地层作用等力场的作用下，坡体内应力分布发生变化，当组成边坡的岩土体强度不能适应此应力分布时，就要产生破坏，引发事故或灾害。岩体力学研究边坡的目的就是要研究边坡变形破坏的机理(包括应力分布及变形破坏特征)与稳定性，为边坡预测预报及整治提供岩体力学依据。

影响边坡稳定性的因素很多，主要有三大类：岩体自然因素、扰动因素及人为因素。

岩体自然因素包括岩性、结构、地应力及地形地貌。岩性是决定岩质边坡稳定性的基础。一般岩石越坚硬，又不存在产生块体滑移的几何边界条件，边坡稳定性就越高，反之边坡的稳定性越差。岩石结构和结构面的发育程度是边坡稳定性的控制因素。结构面往往是岩质边坡滑移面，而结构面的发育程度和组合关系是边坡滑移的几何边界条件，因此结构面越发育，边坡稳定性越差。地应力特别是水平地应力直接决定着边坡拉应力和剪应力的分布范围和大小。在水平应力大的地区开挖边坡时，拉应力和剪应力常常促使边坡变形破坏。边坡的地形地貌主要包括边坡的坡形、坡高和坡度，它们直接影响着边坡内应力分布，进而影响边坡的破坏类型和边坡的稳定性。

扰动因素包括水的作用、风化作用及地震。由于下雨或其他原因使得水渗入岩体，岩体的重量增加促使边坡的下滑力也随之增大，而被水软化的岩体抗剪强度，特别是结构面的抗剪强度将大幅下降，这些因素都将造成边坡的不稳定。风化作用促使岩体内裂隙增多，透水性增强，抗剪强度降低。地震是岩体边坡失稳的又一大扰动因素，地震波作用于边坡，在边坡表面常产生拉应力，从而加速边坡的破坏。

人为因素主要是指对边坡不合理的开挖、爆破和加载等，它们都能造成变形破坏甚至整体失稳。

典型的边坡如图 8-1 所示，边坡与坡顶面相交的部位称为坡肩，与坡底面相交的部位称为坡趾或坡脚，坡面与水平面的夹角称为坡面角或坡倾角，坡肩与坡脚间的高差为坡高。

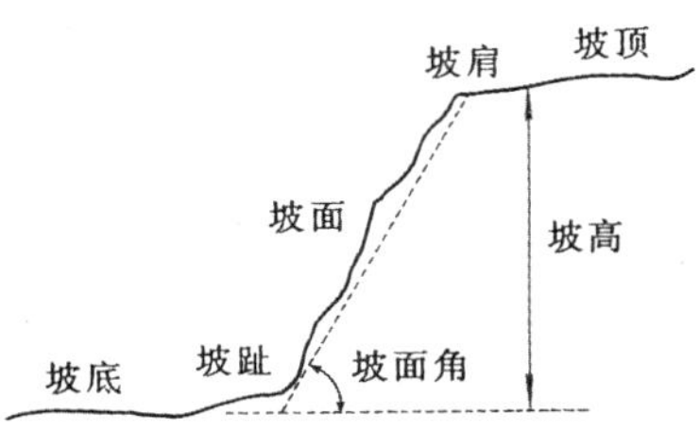


图 8-1　典型边坡示意图

## 8.2　边坡岩体中应力分布特征及其影响因素

在岩体中进行开挖形成人工边坡后，由于开挖卸荷，在近边坡面一定范围内的岩体中，发生应力重分布。边坡岩体为适应这种重分布应力状态，将发生变形或破坏。因此，研究边坡岩体应力重分布特征是进行稳定性分析的基础。

### 8.2.1　应力分布特征

在均质连续的岩体中开挖时，人工边坡内的应力分布可用有限元法及光弹性试验求解。图 8-2、图 8-3 为用弹性有限单元法计算结果给出的主应力及最大剪应力迹线图。由图可知，边坡内的应力分布有如下特征：

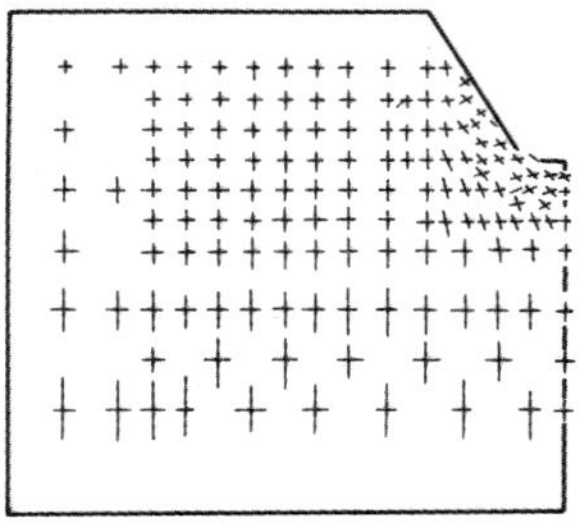

(a) 重力场条件

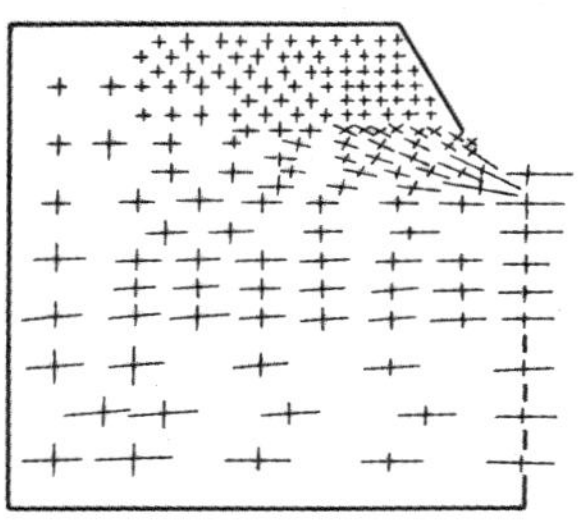

(b) 以水平应力为主的构造应力场条件

图 8-2　用弹性有限单元法解出的典型边坡主应力迹线图(据科茨，1970)

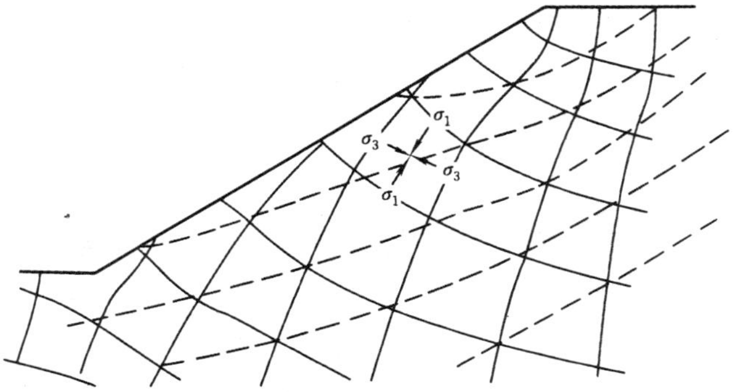


实线—主应力迹线；虚线—最大剪应力迹线

图 8-3　边坡中最大剪应力迹线与主应力迹线关系示意图

(1) 无论在什么样的天然应力场下，边坡面附近的主应力迹线均明显偏转，表现为最大主应力与坡面近于平行，最小主应力与坡面近于正交，向坡体内逐渐恢复初始应力状态(图 8-2)。

(2) 由于应力的重分布，在坡面附近产生应力集中带，不同部位其应力状态是不同的。在坡脚附近，平行坡面的切向应力显著升高，而垂直坡面的径向应力显著降低，由于应力差大，于是就形成了最大剪应力增高带，最易发生剪切破坏。在坡肩附近，在一定条件下坡面径向应力和坡顶切向应力可转化为拉应力，形成一拉应力带。边坡愈陡，则此带范围愈大，因此，坡肩附近最易拉裂破坏。

(3) 在坡面上各处的径向应力为零，因此坡面岩体仅处于平面应力状态，向坡内逐渐转为三维应力状态。

(4) 由于主应力偏转,坡体内的最大剪应力迹线也发生变化,由原来的直线变为凹向坡面的弧线(图 8-3)。

### 8.2.2 影响边坡应力分布的因素

1. 初始应力

表现在水平初始应力使坡体应力重分布作用加剧,即随水平初始应力增加,坡内拉应力范围加大(图 8-4)。

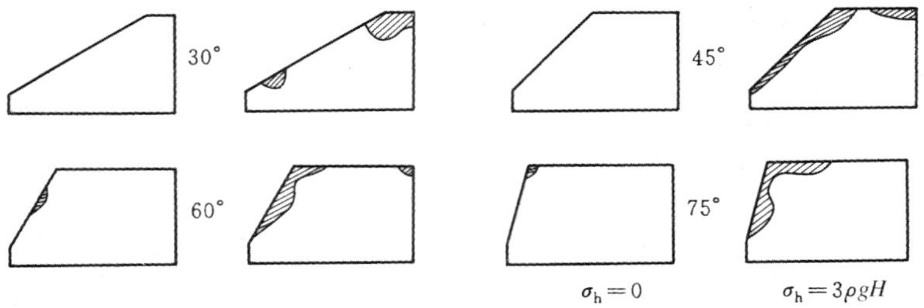


注:图中阴影面积表示拉力区;$\rho$,$g$,$H$ 分别为密度、重力加速度和坡高。

图 8-4 边坡拉力带分布情况及其与水平构造应力($\sigma_h$)、坡角($\beta$)关系示意图

(据斯特西,1970)

2. 坡形、坡高、坡角及坡底宽度等

坡形、坡高、坡角及坡底宽度等对边坡应力分布均有一定的影响。

坡高虽不改变坡体中应力等值线的形状,但随坡高增大,主应力量值也增大。

坡角大小直接影响边坡岩体应力分布大小。随坡角增大,边坡岩体中拉应力区范围增大(图 8-4),坡脚剪应力也增高。

坡底宽度对坡脚岩体应力有较大的影响。计算表明,当坡底宽度小于 0.6 倍坡高时,坡脚处最大剪应力随坡底宽度减小而急剧增高。当坡底宽度大于 0.8 倍坡高时,则最大剪应力保持常值。

另外,坡面形状对重分布应力也有明显的影响,研究表明,凹形坡的应力集中度减缓,如圆形和椭圆形矿坑边坡,坡脚处的最大剪应力仅为一般边坡的 1/2 左右。

3. 岩体性质及结构特征

研究表明,岩体的变形模量对边坡应力影响不大,而泊松比对边坡应力有明显影响(图 8-5)。这是由于泊松比的变化,可以使水平自重应力发生改变。结构面对边坡应力也有明显的影响。因为结构面的存在使坡体中应力发生不连续分布,并在结构面周边或端点形成应力集中带或阻滞应力的传递,这种情况在坚硬岩体边坡中尤为明显。

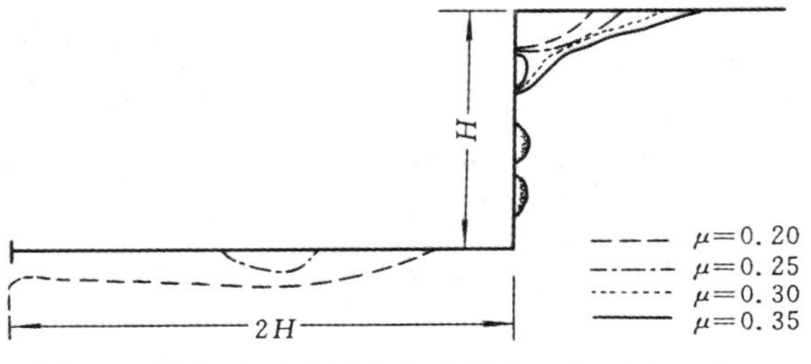


图 8-5 泊松比对边坡张应力分布区的影响示意图

# 8.3　边坡岩体的变形与破坏

岩体边坡的变形与破坏是边坡发展演化过程中两个不同的阶段，变形属量变阶段，而破坏则是质变阶段，它们形成一个累进性变形破坏过程。这一过程对自然边坡来说时间往往较长，而对人工边坡则可能较短暂。

## 8.3.1　边坡岩体的变形

边坡岩体变形根据其形成机理可分为卸荷回弹和蠕变两种类型。

1. 卸荷回弹

成坡前边坡岩体在初始应力作用下早已固结，在成坡过程中，由于荷重不断减少，边坡岩体在减荷方向(临空面)必然产生伸长变形，即卸荷回弹。天然应力越大，则向临空方向的回弹变形量也越大。如果这种变形超过了岩体的抗变形能力时，将会产生一系列的次生结构面，如边坡顶近于铅直的张裂隙(图 8-6(a))、坡体内与坡面近于平行的压致张裂隙(图 8-6(b))、坡底近于水平的缓倾角张裂隙(图 8-6(c))等。另外，由层状岩体组成的边坡，由于各层岩体性质的差异，变形的程度就不同，因而将会出现差异回弹破裂(差异变形引起的剪破裂)(图 8-6(d))等。这些变形多为局部变形，一般不会引起边坡岩体的整体失稳。

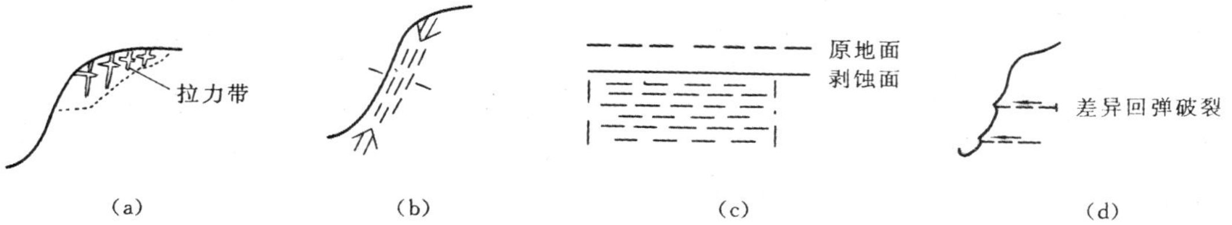


图 8-6　边坡卸荷回弹引起的次生结构面

2. 蠕变

边坡岩体在自重应力为主的坡体应力长期作用下，向临空方向缓慢而持续的变形，称为边坡蠕变。研究表明，蠕变的形成机制为岩土的粒间滑动(塑性变形)，或者沿岩石裂纹微错，或者由岩体中一系列裂隙扩展所致。蠕变是岩体在应力长期作用下，坡体内部产生的一种缓慢的调整性形变，是岩体趋于破坏的演变过程。坡体中由自重应力引起的剪应力与岩体长期抗剪强度相比很低时，坡体减速蠕变；当应力值接近或超过岩体长期抗剪强度时，坡体加速蠕变，直至破坏。

边坡坡体蠕变分为表层蠕变和深层蠕变两种。

1) 表层蠕变

边坡浅部岩体在重力的长期作用下，向临空方向缓慢变形构成一剪变带，其位移由坡面向坡体内部逐渐降低直至消失，这便是表层蠕变。典型的表层蠕变常见于破碎的岩质边坡和土质边坡中。

岩质边坡的表层蠕变可导致岩层末端的“挠曲现象”，其系岩层或层状结构面较发育的岩体，在重力长期作用下，沿结构面错动或局部破裂而成的屈曲现象，如图 8-7 所示。这种现象广泛分布于页岩、薄层砂

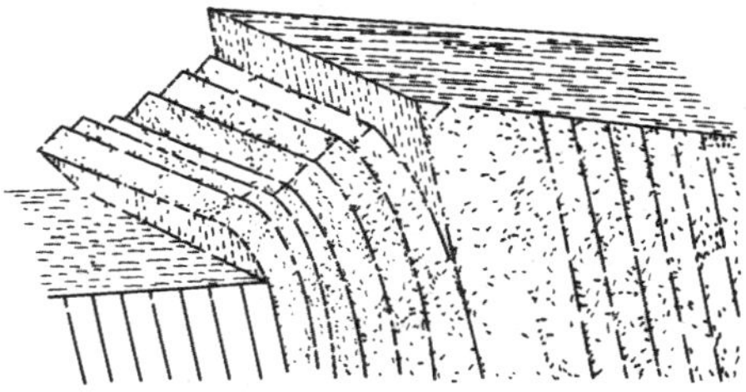

图 8-7　岩质边坡岩层“挠曲现象”

岩或石灰岩、片岩、石英岩,以及破碎的花岗岩体所构成的边坡中。软弱结构面愈密集,倾角愈陡,走向愈接近于坡面走向时,其发育更加显著,它使松动裂隙进一步张开,并向纵深发展,影响深度有时达数十米。

2) 深层蠕变

深层蠕变主要发育在坡体下部或坡体内部,按其形成机制特点,深层蠕变有软弱基座蠕变和坡体蠕变两类。

发生软弱基座蠕变的情况是,产状较缓且具有一定厚度的相对软弱岩层,在上覆重力作用下,致使该软弱岩层向临空方向蠕变,并引起上覆岩层的变形与解体。

坡体蠕变为坡体沿缓倾软弱结构面向临空方向产生缓慢的移动变形。它在卸荷裂隙较发育并有缓倾结构面的坡体中比较普遍。

### 8.3.2 边坡岩体的破坏

边坡变形发展到一定程度,将导致边坡的失稳破坏。岩质边坡的失稳情况,按其破坏方式,主要有崩塌、滑坡、岩块流动和岩层曲折等四种,其中前两种是最主要和最常见的。

1. 崩塌

崩塌是指块状岩体与岩坡分离,并向前翻滚而下。在崩塌过程中,岩体无明显滑移面,同时下落岩块未经阻挡而直接坠落于坡脚,或在坡面上滚落、滑移、碰撞,最后堆积于坡脚处,见图 8-8。其规模相差悬殊,大至山崩,小至块体坠落,均属崩塌。

岩质边坡的崩塌常发生于既高又陡的边坡前缘地段。产生崩塌的原因,从力学机理分析,可认为是岩体在重力与其他外力共同作用下,超过岩体强度而引起的破坏现象。所谓其他外力是指由于裂隙水的冻结而产生的楔开效应、裂隙水的静水压力、植物根须的膨胀压力以及地震、雷击等的动力荷载等,都会诱发岩质边坡产生崩塌现象,特别是地震引起的坡体晃动和大暴雨渗入使裂隙水压力剧增,可使被分割的岩体突然折断,向外倾倒崩塌。自然界的巨型山崩,总是与强烈地震或特大暴雨相伴生。图 8-7 中,当挠曲的岩层变形达到或超过一定的临界值时,岩层便会倾倒折断。

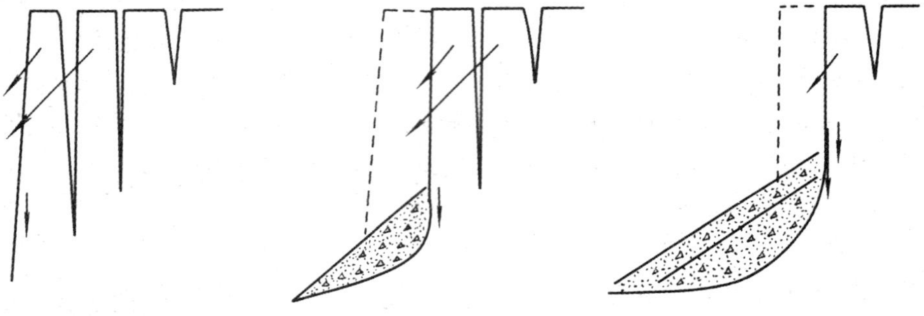

(a) 裂隙扩展　　(b) 崩落　　(c) 斜坡后退

图 8-8　崩塌过程示意图

2. 滑坡

滑坡是指岩体在重力作用下,沿坡内软弱结构面产生的整体向下滑动。与崩塌相比,滑坡通常以深层破坏形式出现,其滑动面往往深入坡体内部,甚至延伸到坡脚以下。其滑动速度虽比崩塌缓慢,但不同的滑坡其滑速可以相差很大,这主要取决于滑动面本身的物理、力学性质。

当滑动面通过塑性较强的岩土时，其滑速一般比较缓慢；当滑动面通过脆性岩石，或者滑动面本身具有一定的抗剪强度时，在滑动面贯通以前其可以承受较高的下滑力，但一旦滑动面贯通即将下滑时，其抗剪强度急剧下降，因此滑动往往是突发而迅速的。

根据滑动面的形状，滑坡形式可分为平面剪切滑动和旋转剪切滑动两种。

平面滑动的特点是块体沿着平面滑移。这种滑动往往发生在地质软弱面的走向平行于坡面、产状向坡外倾斜的地方。根据滑动面的空间几何组成，平面滑动有简单平面剪切滑动（图 8-9(a)、(b)）、阶梯式滑坡（图 8-9(c)）、多滑块滑动（图 8-9(d)、(e)）和三维楔体滑坡（图 8-9(f)）等几种破坏形式。

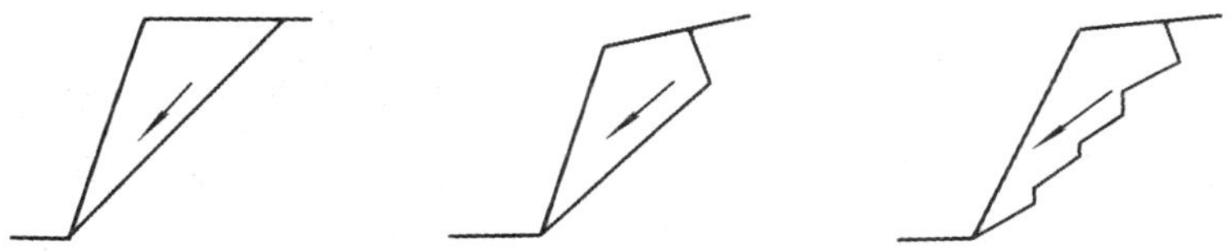

(a) 简单平面剪切，仅有一个滑面和一个滑块　(b) 带张裂缝的平面剪切　(c) 被横交节理连通的节理组上的阶梯式滑坡

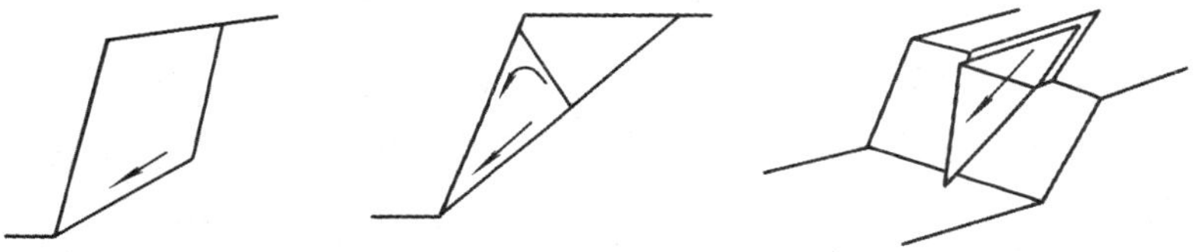

(d) 存在两个滑面的双滑面滑坡　(e) 两个滑块，上部滑块驱使下部滑块发生旋转，发展成所谓的倾倒破坏　(f) 该滑体的两个滑面走向与边坡走向斜交，形成一个三维楔体破坏

图 8-9　平面剪切滑动及其分类

旋转剪切滑动的滑面通常成弧形状，岩体沿此弧形滑面滑移（图 8-10）。在均质的岩体中，特别是均质泥岩或页岩中易产生近圆弧形滑面。当岩体风化严重、节理异常发育或已破碎，破坏也常常表现为圆弧状滑动。但在非均质岩坡中，滑面很少是圆弧的，因为它的形状受层面、节理裂隙的影响。

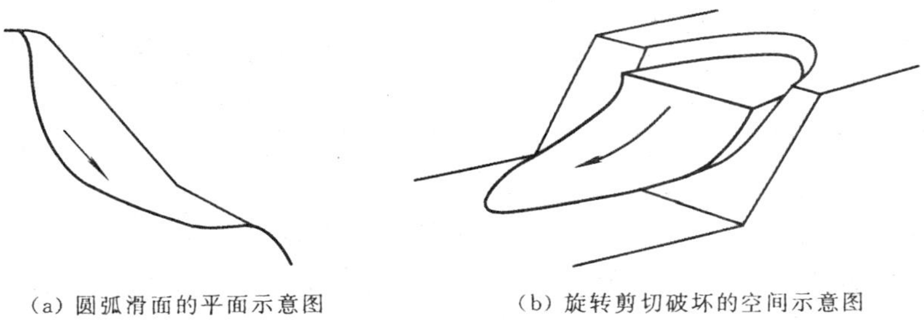

(a) 圆弧滑面的平面示意图　(b) 旋转剪切破坏的空间示意图

图 8-10　旋转剪切滑动示意图

3. *岩块流动*

岩块流动通常发生在均质的硬岩层中，这种破坏类似于脆性岩石在峰值强度点上破碎而使岩层全面崩塌的情形（图 8-11）。其成因首先是在岩层内部某一应力集中点上，岩石因高应力的作用而开始破裂，于是所增加的荷载传递给邻近的岩石，从而又使邻近岩石受到超过其强度的荷载作用，导致岩石的进一步破裂。这一过程不断进行，直至岩层出现全面破裂而崩塌，

岩块像流体一样沿坡面向下流动,形成岩块流动。可见,岩块流动的起因是岩石内部的脆性破坏。岩块流动不像一般的滑坡那样沿着软弱面剪切破坏,其没有明显的滑动扇形体,破坏面极不规则。

4. 岩层曲折

当岩层成层状沿坡面分布时,由于岩层本身的重力作用,或由于裂隙水的冰胀作用,增加了岩层之间的张拉应力,使坡面岩层曲折(图 8-12),导致岩层破坏,岩块沿坡向下崩落。

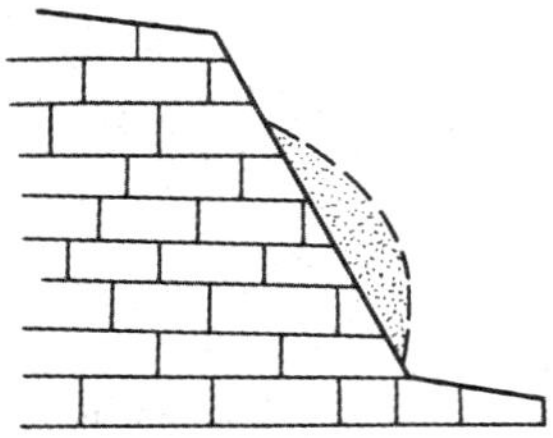

图 8-11　岩块流动

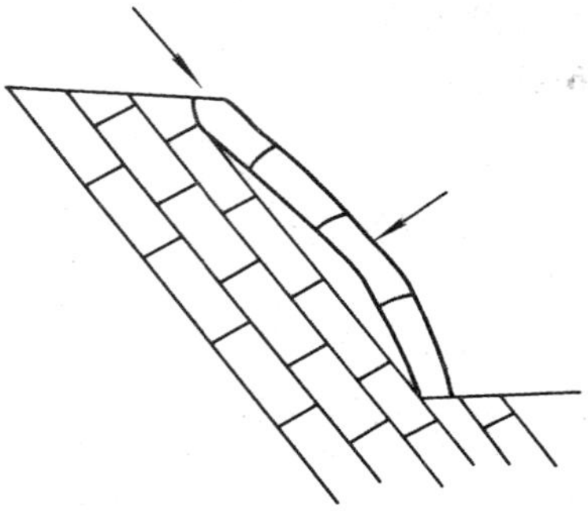

图 8-12　岩层曲折

以上关于边坡岩体的破坏模式,在同一坡体的发生、发展过程中,常常是相互联系和相互制约的。在一些高陡边坡发生破坏的过程中,常常先以前缘部分的崩塌为主,并伴随滑塌和浅层滑坡,而后随着时间推移,再逐渐演变为深层滑坡。

## 8.4　边坡稳定性分析

目前,用于边坡岩体稳定性分析的方法,主要有数学力学分析法(包括块体极限平衡法、弹性力学与弹塑性力学分析法和有限元法等)、工程类比法和图解法(赤平极射投影法、实体比例投影法、摩擦圆法等)、模型模拟试验法(包括相似材料模型试验、光弹试验和离心模型试验等)及原位观测法等,此外,还有破坏概率法、信息论方法及风险决策等新方法。这里主要介绍数学力学分析法中的块体极限平衡法。

块体极限平衡法是边坡岩体稳定性分析中最常用的方法。这种方法的滑动面是事先假定的。另外,还需假定滑动岩体为刚体,即忽略滑动体的变形对稳定性的影响。在以上假定条件下分析滑动面上抗滑力和下滑力的平衡关系,如果下滑力大于或等于抗滑力即认为滑动体将发生滑动。

这一方法的具体做法可概括如下:首先,确定滑动面的位置和形状。由于滑动面是假定的,故任何形状的面都可以充当,当然实际的滑动面将取决于结构面的分布、组合关系及其所具有的剪切强度。大量的实践证明,均质土坡和较大规模碎裂结构岩质边坡的破坏面都接近于圆弧形,岩体中存在软弱结构面时,边坡岩体常沿某个软弱结构面或某几个软弱结构面的组合面滑动,因此,根据具体情况假定的滑动面与实际情况是很接近的。其次,确定极限抗滑力和下滑力,并计算其稳定系数。所谓稳定系数即指可能滑动面上极限抗滑力与下滑力的比值。由于滑动面是预先假定的,因此就可能不止一个,这样就要分别试算出每个可能滑动面所对应的稳定系数,取其中最小者作为最危险滑动面。最后以安全系数为标准评价边坡的稳定性。

根据《建筑边坡工程技术规范》(GB 50330—2013),对永久性边坡和临时性边坡工程进行稳定性验算时，其稳定系数应不小于表 8-1 规定的安全系数的要求，否则应对边坡进行处理。永久性边坡是指设计使用年限超过 2 年的边坡，而临时性边坡是指设计使用年限不超过 2 年的边坡。边坡工程的安全等级是根据其损坏后可能造成的破坏后果(危及人的生命、造成经济损失、产生社会不良影响)的严重性、边坡类型和坡高等因素确定，具体见规范规定。

**表 8-1　　边坡安全系数**

| 边坡类型 \ 安全系数 \ 安全等级 | | 一级边坡 | 二级边坡 | 三级边坡 |
|---|---|---|---|---|
| 永久性边坡 | 一般工况 | 1.35 | 1.30 | 1.25 |
| | 地震工况 | 1.15 | 1.10 | 1.05 |
| 临时性边坡 | | 1.25 | 1.20 | 1.15 |

注：① 地震工况时，安全系数仅适用于塌滑区内无重要建(构)筑物的边坡；
② 对地质条件很复杂或破坏后果极严重的边坡工程，其安全系数应适当提高。

目前工程中用到的极限平衡稳定性分析方法有单一平面滑动法、折线滑动法、简布(Janbu)法、摩根斯坦-普赖斯(Morgenstern-Price)法、斯宾赛(Spencer)法、萨马(Sarma)法、三维楔形体法、简化毕肖普(Bishop)法等。每种分析方法有其假定条件及适用范围，具体应用中应根据边坡实际情况选用。一般地，单一平面滑动法适用于平面滑动破坏的边坡；简化毕肖普法适用于圆弧滑动破坏的边坡；简布法、摩根斯坦-普赖斯法和斯宾赛法适用于复合滑动破坏的边坡；折线滑动法适用于折线形滑动破坏的边坡，同时，简布法也可用于折线形滑动破坏的边坡；萨马法则可用于上述各种破坏模式下的岩质边坡；三维楔形体法适用于楔形四面体滑动破坏的边坡。

以下分别介绍岩质边坡中常用和具有代表性的单一平面滑动法、折线滑动法、萨马法、简布法和三维楔形体法。

### 8.4.1　单一平面滑动法

单一平面滑动法是对边坡上岩体沿单一软弱结构面产生平面滑动的分析方法，其力学模型如图 8-13 所示，坡顶水平，坡高为 $H$，坡角为 $i$，坡内具有倾角为 $\beta$ 的结构面 $AB$，滑体 $ABD$ 沿 $AB$ 面剪切滑动。已知岩体重度为 $\gamma$，$AB$ 结构面的内聚力为 $c_j$，内摩擦角 $\phi_j$。

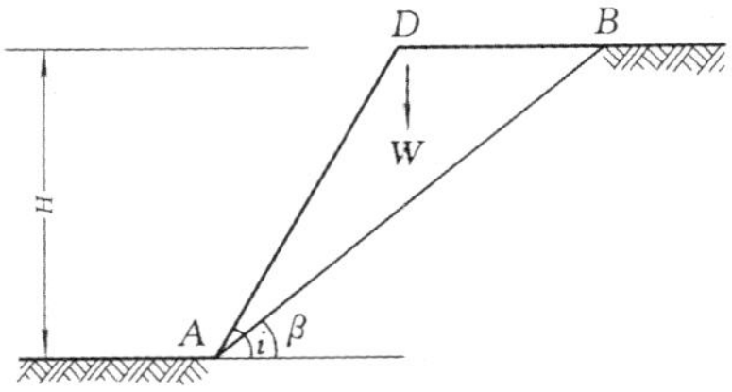


图 8-13　单一平面滑动稳定性计算

由图 8-13 的三角关系，滑体 $ABD$ 的重量 $W$ 为

$$W=\gamma S_{ABD}=\frac{\gamma H^2}{2}\frac{\sin(i-\beta)}{\sin i\sin\beta} \tag{8-1}$$

滑体 $ABD$ 在滑面 $AB$ 上的抗滑力 $R$ 和下滑力 $F$ 分别为

$$R=W\cos\beta\tan\phi_j+c_j\frac{H}{\sin\beta} \tag{8-2}$$

$$F=W\sin\beta \tag{8-3}$$

则稳定系数 $K$ 为

$$K=\frac{R}{F}=\frac{W\cos\beta\tan\phi_j+c_j\dfrac{H}{\sin\beta}}{W\sin\beta}$$

$$=\frac{W\sin 2\beta\tan\phi_j+2c_jH}{2W\sin^2\beta} \tag{8-4}$$

若 $c_j=0$,则由式(8-4),稳定系数 $K$ 变为以下简单公式

$$K=\frac{\tan\phi_j}{\tan\beta} \tag{8-5}$$

在实际的观测中,顺层滑动的滑体一般都不是 $ABD$ 楔体,由于边坡重力作用,往往在边坡的后缘出现较大的张拉裂隙,这样地表水将沿张拉裂隙渗入,流入滑动面,这时地下水将对滑动体产生静水压力,如图 8-14 所示。

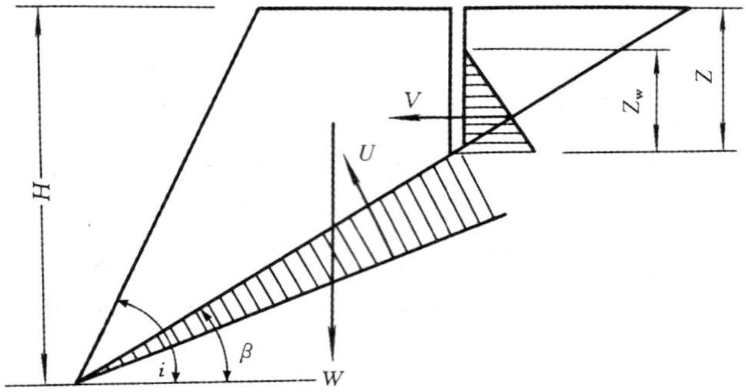


图 8-14 有直立充水张裂隙的单一平面滑动稳定性计算

假设条件:①滑动面及张裂隙的走向平行于坡面;②张裂隙是直立的,其中水位高度为 $Z_w$;③坡脚处渗水,滑动面上水压力呈三角形分布。

张裂隙中高度 $Z_w$ 的水柱对滑动块体产生的静水压力 $V$ 为

$$V=\frac{1}{2}\gamma_w Z_w^2 \tag{8-6}$$

式中,$\gamma_w$ 为水的重度。

垂直滑动面的静水压力 $U$ 为

$$U=\frac{\gamma_w Z_w(H_w-Z_w)}{2\sin\beta} \tag{8-7}$$

式中,$H_w$ 为水位与坡底之间的距离。

则抗滑力 $R$ 和下滑力 $F$ 分别为

$$R=(W\cos\beta-U-V\sin\beta)\tan\phi_j+c_j\frac{(H_w-Z_w)}{\sin\beta} \tag{8-8}$$

$$F=W\sin\beta+V\cos\beta \tag{8-9}$$

由此,边坡的稳定系数为

$$K=\frac{(W\cos\beta-U-V\sin\beta)\tan\phi_j+\dfrac{c_j(H_w-Z_w)}{\sin\beta}}{W\sin\beta+V\cos\beta} \tag{8-10}$$

此时，滑体重量 $W$ 不包括张裂隙背后的三角形部分，从图 8-14 中的三角关系，得

$$W=\frac{\gamma[H^2\sin(i-\beta)-Z^2\sin i\cos\beta]}{2\sin i\sin\beta} \tag{8-11}$$

式中，$Z$ 为张裂隙深度。

单一平面滑动法的主要特点是力学模型和计算公式简单，主要适用于均质砂性土、顺层岩质边坡以及沿基岩产生的平面破坏的稳定分析，但要求滑体作整体刚体运动，当滑体内产生剪切破坏时，边坡稳定性分析误差很大。

### 8.4.2　折线滑动法

折线滑动法也称为不平衡推力传递法，亦称传递系数法或剩余推力法，它是我国工程技术人员创造的一种实用滑坡稳定分析方法。由于该法计算简单，并且能够为滑坡治理提供设计推力，因此在水利部门、铁路部门得到了广泛应用，在国家规范和行业规范中都将其列为推荐的计算方法。当滑动面为折线形时，边坡稳定性分析可采用折线滑动法，如图 8-15 所示。

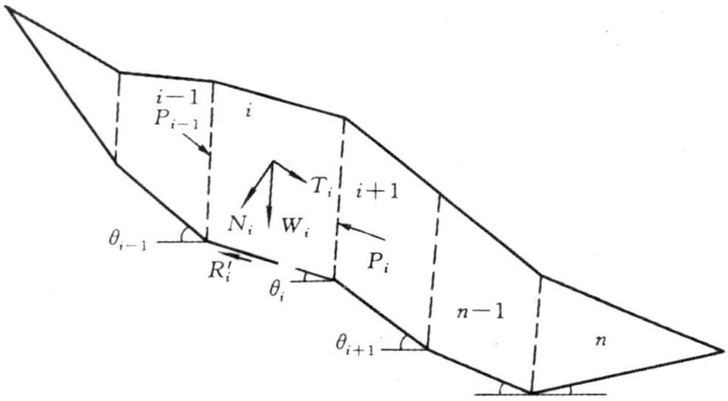


图 8-15　折线滑动法稳定系数计算

由图 8-15，第 $i$ 条块上作用力有：条块的重量 $W_i$；第 $i-1$ 条块的推力 $P_{i-1}$，其平行于第 $i-1$ 条块的底面；第 $i+1$ 条块的反力 $P_i$，其平行于第 $i$ 条块的底面；底面上抗剪力（抗滑力）$R_i'$；$T_i$，$N_i$ 分别为 $W_i$ 平行于底面和垂直于底面的两个分力。$c_i$ 为滑体分块滑动面上的黏聚力；$\phi_i$ 为滑面岩土的内摩擦角。

由第 $i$ 条块平行于底面方向力的平衡得

$$R_i'+P_i-P_{i-1}\cos(\theta_{i-1}-\theta_i)-T_i=0 \tag{8-12}$$

抗滑力 $R_i'$ 为

$$R_i'=c_il_i+[N_i+P_{i-1}\sin(\theta_{i-1}-\theta_i)]\tan\phi_i \tag{8-13}$$

将式(8-13)代入式(8-12)，并令

$$\psi_j=\cos(\theta_{i-1}-\theta_i)-\sin(\theta_{i-1}-\theta_i)\tan\phi_i \tag{8-14}$$

$$R_i=c_il_i+N_i\tan\phi_i \tag{8-15}$$

得到

$$P_i = P_{i-1}\psi_j + T_i - R_i \tag{8-16}$$

对式(8-16)进行级数展开,可求得最后一块滑块的推力,即剩余下滑力 $P_n$ 为

$$P_n = \sum_{i=1}^{n-1}(T_i \prod_{j=i}^{n-1}\psi_j) - \sum_{i=1}^{n-1}(R_i \prod_{j=i}^{n-1}\psi_j) + T_n - R_n \tag{8-17}$$

推力 $P_i$ 和剩余下滑力 $P_n$ 可用于滑坡支挡结构的设计。理论上,$P_n \leqslant 0$ 表明边坡是稳定的,$P_n > 0$ 表明边坡是不稳定的。

式(8-17)中,若设 $P_n = 0$,表示最后一滑块处于极限平衡状态,将抗滑力部分用稳定系数 $K$ 折减,则折线滑动法稳定系数 $K$ 为

$$K = \frac{\sum_{i=1}^{n-1}(R_i \prod_{j=i}^{n-1}\psi_j) + R_n}{\sum_{i=1}^{n-1}(T_i \prod_{j=i}^{n-1}\psi_j) + T_n} \tag{8-18}$$

当滑坡体内地下水已形成统一水面时,应计入浮托力和动水压力。

折线滑动法稳定系数计算中应注意以下几点可能出现的问题:

(1) 当滑面形状不规则,局部凸起而使滑体较薄时,宜考虑从凸起部位剪出的可能性,可进行分段计算。

(2) 由于计算的稳定系数是滑坡最前部条块的稳定系数,若最前部条块划分过小,在后部传递力不大时,边坡稳定系数将显著地受该条块形状和滑面角度影响而不能客观地反映边坡整体稳定性状态,因此,在计算条块划分时,不宜将最前部条块划分得太小。

(3) 当滑体前部滑面较缓,或出现反倾段时,自后部传递来的下滑力和抗滑力较小,前部条块下滑力可能出现负值而使边坡稳定系数为负值,此时应视边坡为稳定状态;当最前部条块稳定系数不能较好地反映边坡整体稳定性时,可采用倒数第二条块的稳定系数,或最前部 2 个条块稳定系数的平均值。

### 8.4.3 萨马法

萨马法的基本原理是:边坡破坏的滑体除非是沿一个理想的平面或弧面滑动,才可能作一个完整的刚体运动,否则,滑体必须先破裂成多个可相对滑动的块体,才可能发生滑动,也就是说,在滑体内部要发生剪切情况下才可能滑动,见图 8-16。

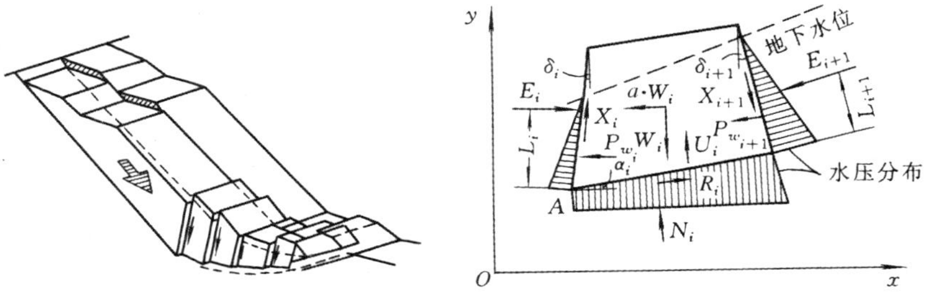


图 8-16 Sarma 法稳定性计算

由图 8-16,条块上作用力有:分块的重量 $W_i$;构造水平力 $aW_i$($a$ 为水平加速度);侧面上的孔隙水压力 $P_{w_i}$,$P_{w_{i+1}}$;底面上水压力 $U_i$;侧面上总法向力 $E_i$,$E_{i+1}$;侧面上的总剪力 $X_i$,$X_{i+1}$;底面上法向力 $N_i$;底面上抗剪力(抗滑力)$R_i$。

另外,在以下公式中用到的参数和符号有:$c_{bi}$ 为分块底面的黏聚力;$c_{si}$ 为分块侧面的黏聚力;$\phi_{bi}$ 为分块底面的内摩擦角;$\phi_{si}$ 为分块侧面的内摩擦角;$d_i$ 为分块侧面长度;$l_i$ 为分块滑面的长度;$\alpha_i$ 为滑面与水平面的夹角;$\delta_i$,$\delta_{i+1}$ 分别为分块侧面与垂直方向的夹角。

由垂直方向力的平衡得

$$\begin{aligned} &R_i\sin\alpha_i+N_i\cos\alpha_i-W_i+X_i\cos\delta_i-X_{i+1}\cos\delta_{i+1} \\ &\quad +E_i\sin\delta_i-E_{i+1}\sin\delta_{i+1}=0 \end{aligned} \tag{8-19}$$

由水平方向力的平衡得

$$\begin{aligned} &R_i\cos\alpha_i-N_i\sin\alpha_i+X_i\sin\delta_i-X_{i+1}\sin\delta_{i+1} \\ &\quad -aW_i+E_i\cos\delta_i-E_{i+1}\cos\delta_{i+1}=0 \end{aligned} \tag{8-20}$$

抗滑力 $R_i$ 和侧面上总剪力 $X_i$,$X_{i+1}$ 经稳定系数 $K$ 折减后分别为

$$R_i=\frac{c_{bi}l_i+(N_i-U_i)\tan\phi_{bi}}{K} \tag{8-21}$$

$$X_i=\frac{c_{si}d_i+(E_i-P_{w_i})\tan\phi_{si}}{K} \tag{8-22}$$

$$X_{i+1}=\frac{c_{si+1}d_{i+1}+(E_{i+1}-P_{w_{i+1}})\tan\phi_{si+1}}{K} \tag{8-23}$$

将式(8-21)—式(8-23)代入式(8-19)、式(8-20),消去 $R_i$,$X_i$ 和 $X_{i+1}$,再消去 $N_i$,得

$$E_{i+1}=m_i+E_in_i-P_ia \tag{8-24}$$

式中

$$m_i=\theta_i[W_i\sin(\phi_{bi}-\alpha_i)+Q_i\cos\phi_{bi}+T_{i+1}\sin(\phi_{bi}-\alpha_i-\delta_{i+1})]T_i\sin(\phi_{bi}-\alpha_i-\delta_i)$$

$$n_i=\theta_i[\sec\phi_{si}\cos(\phi_{bi}-\alpha_i+\phi_{si}-\delta_i)]$$

$$P_i=\theta_iW_i\cos(\phi_{bi}-\alpha_i)$$

$$\theta_i=\cos\phi_{si+1}\sec(\phi_{bi}-\alpha_i+\phi_{si+1}-\delta_{i+1})$$

$$T_i=\frac{c_{si}d_i-P_{w_i}\tan\phi_{si}}{K}$$

$$T_{i+1}=\frac{c_{si+1}d_i-P_{w_{i+1}}\tan\phi_{si+1}}{K}$$

$$Q_i=\frac{c_{bi}b_i\sec\alpha_i-U_i\tan\phi_{bi}}{K}$$

由式(8-24),逐步递推可得

$$E_{i+1}=(m_i+m_{i-1}n_i+m_{i-2}n_in_{i-1}+\cdots+m_1n_in_{i-1}\cdots n_2)\\-a(P_i+P_{i-1}n_i+P_{i-2}n_in_{i-1}+\cdots+P_1n_in_{i-1}\cdots n_3n_2)\\+E_1n_in_{i-1}\cdots n_1 \tag{8-25}$$

由边界条件 $E_{i+1}=E_1=0$，得

$$a=\frac{m_i+m_{i-1}n_i+m_{i-2}n_in_{i-1}+\cdots+m_1n_in_{i-1}\cdots n_2}{P_i+P_{i-1}n_i+P_{i-2}n_in_{i-1}+\cdots+P_1n_in_{i-1}\cdots n_3n_2} \tag{8-26}$$

计算稳定系数 $K$ 时，一般假定边坡有一个水平加速度为 $a_0$ 的水平外力作用及无穷小 $\varepsilon$，给出一系列的 $K$ 值迭代求解相应的 $a$ 值，其中满足 $|a-a_0|\leqslant\varepsilon$ 的 $K$ 值即为所要求的稳定系数。通常设 $a_0=0$，得到的 $K$ 即为无水平地震力时的边坡稳定系数。

若假设 $K=1$，用式(8-26)求解 $a$，此时为 $a_c$，即极限水平加速度，则式(8-26)的物理意义是，使滑体达到极限平衡时的平衡状态，必须在滑体上施加一个临界水平加速度 $a_c$。$a_c$ 为正时，方向向坡外；$a_c$ 为负时，方向向坡内。在萨马的原文中假定的构造水平力为 $a_c\cdot W_i$，式(8-26)也为 $a_c$ 的表达式。

萨马法可以用于评价各种破坏模式下边坡稳定性，诸如平面破坏、楔形体破坏、圆弧面破坏和非圆弧面破坏等，而且它的条块的分条是任意的，条块边界无须垂直，从而可以对各种特殊的边坡破坏模式进行稳定性分析。

### 8.4.4 简布法

对于松散均质的边坡，由于受基岩面的限制而产生两端为圆弧、中间为平面或折线的复合滑动，分析具有这种复合破坏面的边坡稳定性可用简布法，如图 8-17 所示。

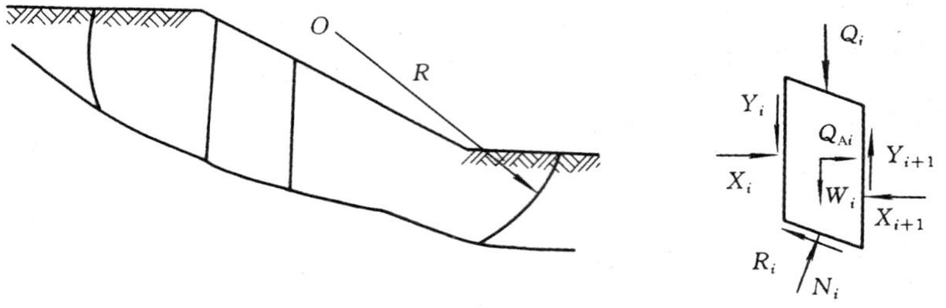


图 8-17 Janbu 法稳定性计算

假设条件：①垂直条块侧面上的作用力位于滑面之上 1/3 条块高处；②作用于条块上的重力、反力通过条块底面的中点。

由图 8-17，条块上作用力有：分块的重量 $W_i$；作用在分块上的地面荷载 $Q_i$；作用在分块上的水平作用力(如地震力)$Q_{Ai}$；条间作用力的水平分力 $X_i$；条间作用力的垂直分力 $Y_i$；条块底面的抗剪力(抗滑力)$R_i$；条块底面的法向力 $N_i$。

另外，在以下公式中用到的参数和符号有：$u_i$ 为作用在分块滑面上的空隙水压力；$b_i$ 为岩土条分块宽度；$\alpha_i$ 为分块滑面相对于水平面的夹角；$c_i$ 为滑体分块滑动面上的黏聚力；$\phi_i$ 为滑面岩土的内摩擦角。

由垂直方向力的平衡得

$$W_i+Q_i-N_i\cos\alpha_i-R_i\sin\alpha_i+Y_i-Y_{i+1}=0 \tag{8-27}$$

由水平方向力的平衡得

$$X_i + Q_{Ai} - N_i \sin\alpha_i - R_i \cos\alpha_i - X_{i+1} = 0 \tag{8-28}$$

抗滑力 $R_i$ 经稳定系数 $K$ 折减后为

$$R_i = \frac{c_i b_i + (N_i - u_i b_i)\tan\phi_i}{K} \tag{8-29}$$

联合式(8-27)、式(8-28)和式(8-29),得

$$K = \frac{\sum \frac{1}{m_{\alpha i}}\{c_i b_i + [(W_i + Q_i - u_i b_i) + (Y_i - Y_{i+1})]\tan\phi_i\}}{\sum\{[W_i + (Y_i - Y_{i+1}) + Q_i]\tan\alpha_i + Q_{Ai}\}} \tag{8-30}$$

式中

$$m_{\alpha i} = \cos^2\alpha_i\left(1 + \frac{\tan\alpha_i \tan\phi_i}{K}\right) \tag{8-31}$$

若令 $Y_i - Y_{i+1} = 0$,并引入修正系数 $f_0$,式(8-30)改为

$$K = f_0 \frac{\sum \frac{1}{m_{\alpha i}}[c_i b_i + (W_i + Q_i - u_i b_i)\tan\phi_i]}{\sum[(W_i + Q_i)\tan\alpha_i + Q_{Ai}]} \tag{8-32}$$

式(8-32)称为简化的简布法。$f_0$ 的取值见图 8-18,其中,$d$,$L$ 的取法见图 8-19。

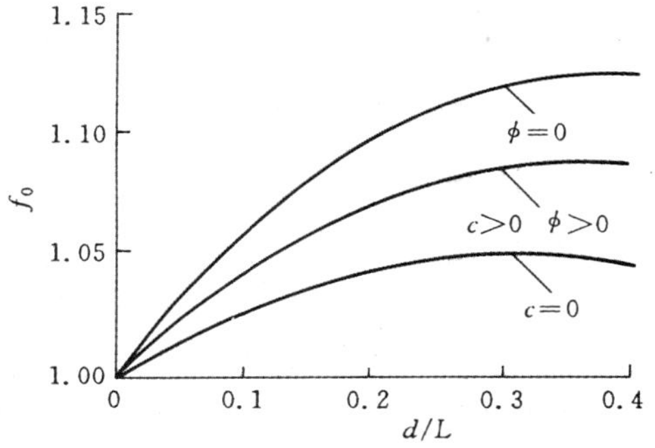


图 8-18　$f_0$ 与 $d/L$ 的关系曲线

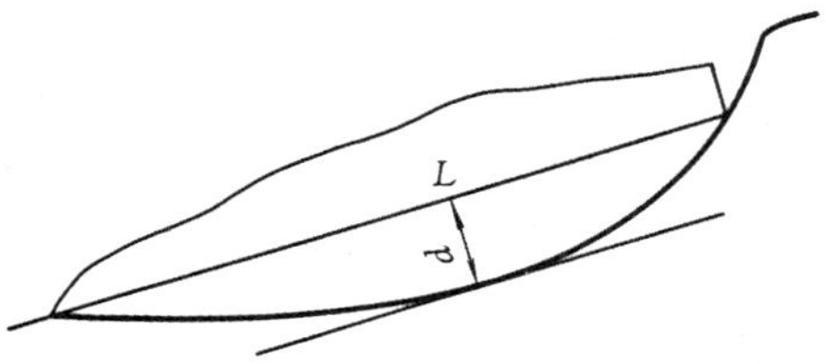


图 8-19　$d$ 和 $L$ 的量测方法

当 $d/L \leqslant 0.02$ 时,可取 $f_0 = 1.0$;当 $c>0$,$\phi>0$ 时,可用下式近似求得 $f_0$:

$$f_0 = \left(\frac{50d}{L}\right)^{1/33.6} \tag{8-33}$$

简布法计算稳定系数的特点是,计算准确但计算复杂。主要适用于复合破坏面的边坡,既可用于圆弧滑动,也可用于非圆弧滑动。但条块分割时要求垂直条分。

## 8.4.5　三维楔形体法

楔形体滑动是常见的一种边坡破坏形式。因为楔形体是一个空间块体,因此其稳定性计算是一个比较复杂的问题。如图 8-20 所示楔形滑动体 $ABCD$ 坡顶面为一水平面,具有两个滑动面 $ABD$ 和 $BCD$,倾角分别为 $\beta_1$,$\beta_2$,滑动面交线 $BD$ 的倾角为 $\beta$。

当仅考虑自重 $W$ 作用时,楔形体的下滑力 $F$ 为 $W\sin\beta$。垂直交线 $BD$ 的作用力分量 $N$ 为 $W\cos\beta$。

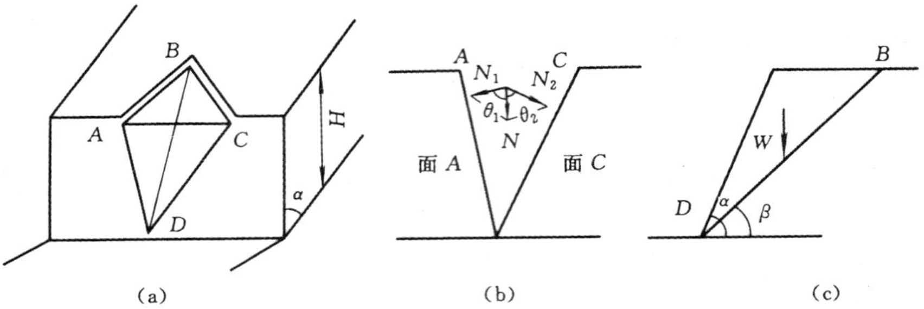


图 8-20　三维楔形体法稳定性计算

如图 8-20(b)所示,将 $N$ 分解到两个滑动面上,得到滑动面上的法向力 $N_1$,$N_2$ 为

$$\left.\begin{aligned} N_1 &= \frac{N\sin\theta_2}{\sin(\theta_1+\theta_2)} = \frac{W\cos\beta\sin\theta_2}{\sin(\theta_1+\theta_2)} \\ N_2 &= \frac{N\sin\theta_1}{\sin(\theta_1+\theta_2)} = \frac{W\cos\beta\sin\theta_1}{\sin(\theta_1+\theta_2)} \end{aligned}\right\} \tag{8-34}$$

式中,$\theta_1$,$\theta_2$ 分别为 $N$ 与两滑动面法线间的夹角。

设滑动面 $ABD$ 和 $BCD$ 的内聚力分别为 $c_1$,$c_2$,内摩擦角分别为 $\phi_1$,$\phi_2$。那么两滑动面的抗滑力之和为

$$R = N_1\tan\phi_1 + N_2\tan\phi_2 + c_1S_1 + c_2S_2 \tag{8-35}$$

式中,$S_1$,$S_2$ 分别为滑动面 $ABD$ 和 $BCD$ 的面积。

则边坡的稳定系数为

$$K = \frac{N_1\tan\phi_1 + N_2\tan\phi_2 + c_1S_1 + c_2S_2}{W\sin\beta} \tag{8-36}$$

三维楔形体法主要用于评价岩质边坡及沿两结构面的交线滑动的楔形体模式的边坡稳定性。实际分析中也可考虑后张裂缝的水压力影响,允许两结构面有不同的强度参数和水压,坡顶面可倾斜,并且可用于分析锚杆加固后的稳定性验算。

## 8.5　岩质边坡的加固措施

岩质边坡之所以失稳,是由于岩体下滑力增加或岩体抗滑力降低。因而,岩质边坡的加固措施要针对这两方面来进行,以提高边坡的稳定系数。这里介绍岩质边坡工程常用的一些加固措施。

### 8.5.1　排水措施

水在边坡工程中是不利因素,它降低了岩土的物理力学性质,并导致抗滑力的减小和下滑力的增大,因此排水对提高边坡的稳定性具有重要作用。边坡工程应根据实际情况设置地表及内部排水系统。

为减少地表水渗入边坡坡体内，应在边坡潜在塌滑区后缘设置截水沟，如图 8-21 所示。边坡表面应设地表排水系统，其设计应考虑汇水面积、排水路径、沟渠排水能力等因素。不宜在边坡上或边坡顶部设置沉淀池等可能造成渗水的设施，必须设置时应做好防渗处理。

地下排水措施宜根据边坡水文地质和工程地质条件选择，可选用大口径管井、水平排水管、各种形式的渗沟或盲沟系统，以截排来自滑坡体外的地下水流，如图 8-21、图 8-22 所示。

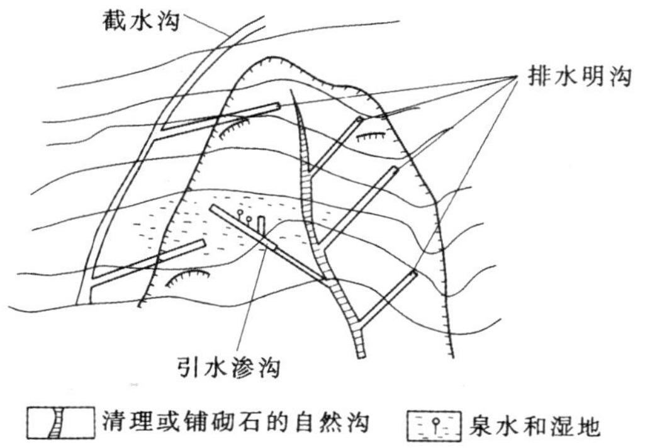


图 8-21　边坡排水系统

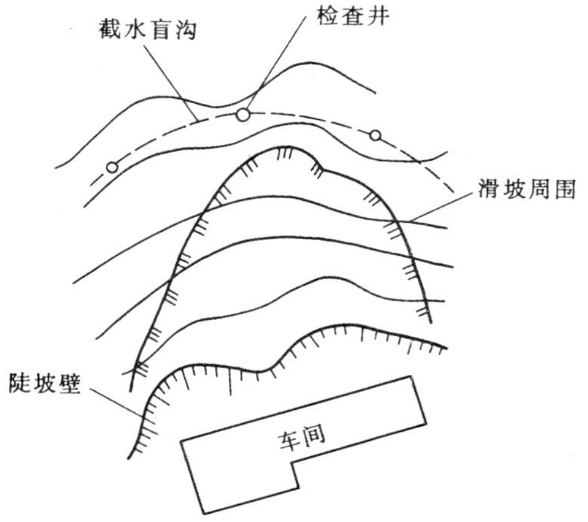


图 8-22　盲沟截水布置图

边坡工程应设泄水孔。对岩质边坡，其泄水孔宜优先设置于裂隙发育、渗水严重的部位。边坡坡脚、分级台阶和支护结构前应设排水沟。当潜在破裂面渗水严重时，泄水孔宜深入至潜在滑裂面内。

## 8.5.2　刷方减重

对边坡进行刷方，既可减小滑力，又可清除可能引起斜坡破坏（即岩崩和滑坡）的不稳定或潜在不稳定的部分，有时可把刷方下来的岩土体压脚（回填坡脚），以增加边坡的抗滑力。

对安全等级为二、三级的建筑边坡工程，可采用坡率法进行刷方减重。在工程条件许可时，应优先采用坡率法。岩质边坡开挖的坡率允许值应根据实际经验，按工程类比的原则并结合已有稳定边坡的坡率值分析确定。对无外倾软弱结构面的边坡，《建筑边坡工程技术规范》（GB 50330—2013）根据边坡岩体类型、风化程度和边坡高度，给出了坡率允许值，其范围在 1∶0.10～1∶1.0。

高度较大的边坡应自上而下分级开挖放坡。通常开挖成台阶形（图 8-23），每一台阶的坡度均需满足边坡稳定的坡率允许值。边坡的整个高度可按同一坡率进行放坡，也可根据边坡岩土的变化按不同的坡率放坡。一般把台阶修筑成水平状，以避免水的纵向流动对坡面的冲蚀。

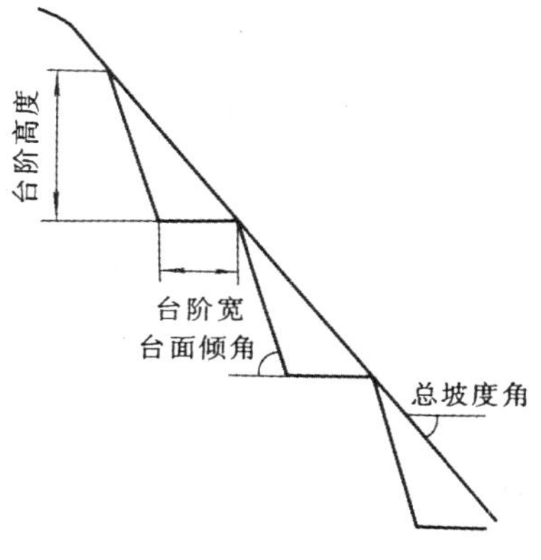


图 8-23　边坡台阶形开挖

坡率法可与锚杆、锚喷支护等支挡结构联合应用形成组合边坡。例如当不具备全高放坡条件时，上段可采用坡率法，下段可采用支挡结构以稳定边坡。

对永久性边坡，坡面上宜采用锚喷、浆砌片石或格构措施护面。条件许可时，宜尽量采用格构或其他有利于生态环境保护和美化的护面措施,这在当前工程建设中越来越受到重视。临时性边坡可采用水泥砂浆护面。

### 8.5.3 支挡措施

岩质边坡工程常用的支挡措施有锚杆(索)、锚喷、挡墙(重力式挡墙、桩板式挡墙、板肋式或格构式锚杆挡墙、排桩式锚杆挡墙)、抗滑桩等。

锚杆(索)是一种受拉结构体系,可显著提高边坡岩体的整体性和稳定性,目前在边坡工程中得到广泛应用。锚杆材料可根据锚固工程性质、锚固部位和工程规模等因素,选择高强度、低松弛的普通钢筋、高强精轧螺纹钢筋、预应力钢丝或钢绞线。对非预应力全黏结型锚杆,当锚杆承载力设计值低于400kN时,采用Ⅱ、Ⅲ级钢筋能满足设计要求。预应力锚杆能提供很大的承载力,其承载力设计值可达到3000kN。设计上,锚杆分锚固段、自由段和外锚段。自由段长度是指外锚头到潜在滑裂面的长度。锚固段长度对岩质边坡不应小于3m,且应位于完整坚硬岩体中。当锚固段岩体破碎、渗水量大时,宜对岩体作固结灌浆处理。图8-24、图8-25为锚杆和锚索结构示意图。

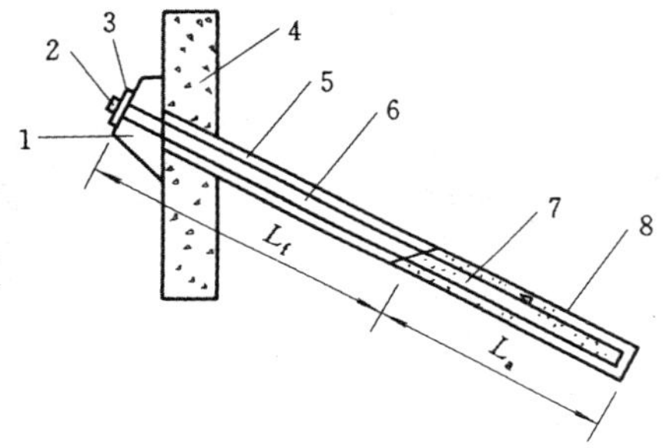


1—台座;2—锚具;3—承压板;4—支挡结构;5—钻孔;6—自由隔离层;7—钢筋;8—注浆体;$L_f$—自由段长度;$L_a$—锚固段长度

图8-24 锚杆结构示意图

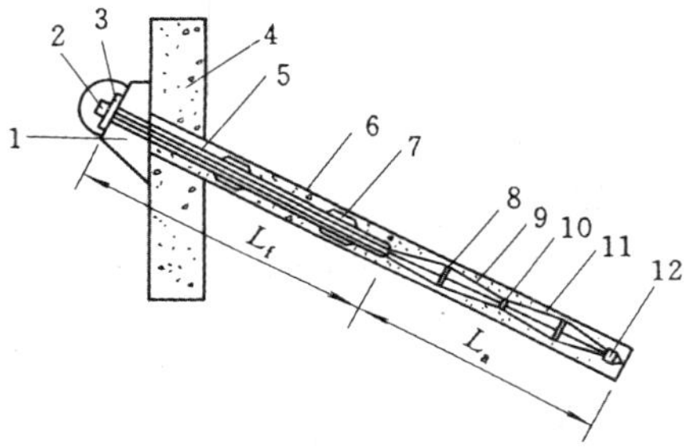


1—台座;2—锚具;3—承压板;4—支挡结构;5—自由隔离层;6—钻孔;7—对中支架;8—隔离架;9—钢绞线;10—架线环;11—注浆体;12—导向帽;$L_f$—自由段长度;$L_a$—锚固段长度

图8-25 锚索结构示意图

锚喷支护对岩质边坡具有良好效果且费用低廉,有时为改善支护结构外表,采用现浇钢筋混凝土板代替喷射混凝土。锚喷支护中锚杆起主要承载作用,分系统加固锚杆和局部加强锚杆两种类型。系统锚杆用以维持边坡整体稳定,而局部锚杆用以维持不稳定块体。

现浇钢筋混凝土板肋式挡墙适用于挖方地段,当不能保证施工期坡体稳定时,宜采用排桩式锚杆挡墙。

排桩式锚杆挡墙适用于边坡稳定性很差、坡肩有建(构)筑物等附加荷载地段的边坡。排桩可采用人工挖孔桩、钻孔桩或型钢。排桩施工完后用"逆作法"施工锚杆及钢筋混凝土挡板或拱板。

钢筋混凝土格构式锚杆挡墙,是利用浆砌块石、现浇钢筋混凝土或预制预应力混凝土进行边坡坡面防护,并利用锚杆或锚索加以固定的一种边坡加固技术。格构技术一般与环境美化相结合,利用框格护坡,同时在框格之内种植花草可以达到美观的效果。这种技术在山区高速公路高陡边坡加固中被广泛采用。其墙面垂直型适用于稳定性、整体性较好的岩质边坡,在坡面上现浇网格状的钢筋混凝土格架梁,在竖向肋和水平梁的结点上加设锚杆,岩面上可加钢筋网并喷射混凝土作支挡或封面处理。其墙面后仰型可用于各类岩质边坡，格架内墙面根据稳定性可作封面、支挡或绿化处理。

桩板式挡墙适用于开挖土石方可能危及相邻建筑物或环境安全的边坡及工程滑坡治理。桩板式挡墙按其结构形式分为悬臂式桩板挡墙和锚拉式桩板挡墙。挡板可以采用现浇板或预制板。桩板式挡墙形式的选择应根据工程特点、使用要求、地形、地质和施工条件等综合考虑。

抗滑桩常用于重大工程的滑坡治理中，单根桩的规模有时很大，以提供较大的抗滑能力。在天生桥二级水电站厂房边坡的抗滑桩中，曾配 15kg/m 的钢轨。小湾水电站堆积体的悬臂抗滑桩规模巨大，其悬臂高度达 30m，且桩身拉有 165 根预应力锚索。

## 思考题及习题

1. 岩质边坡应力分布有哪些特征？其影响因素有哪些？

2. 岩质边坡的变形和破坏有哪些类型？不同类型其机理有何区别？

3. 岩质边坡极限平衡稳定性分析方法主要有哪些？简述这些方法的力学模型和适用范围。

4. 岩质边坡的加固措施有哪些？

5. 有一岩坡如图 8-26 所示，坡高 $H=100$m，坡顶垂直张裂隙深 40m，坡角 $\alpha=35°$，结构面倾角 $\beta=20°$。岩体重度 $\gamma=25\text{kN/m}^3$，结构面内聚力 $c_j=0$，内摩擦角 $\phi_j=25°$。试问当裂隙内的水深 $Z_w$ 达何值时，岩坡处于极限平衡状态？

6. 某一滑坡面为折线形，拟设计抗滑结构物，其主轴断面及作用力参数如图 8-27、表 8-2 所示，分析其稳定系数 $K$，并计算最终作用在抗滑结构物上的推力 $P_3$ 为多少？

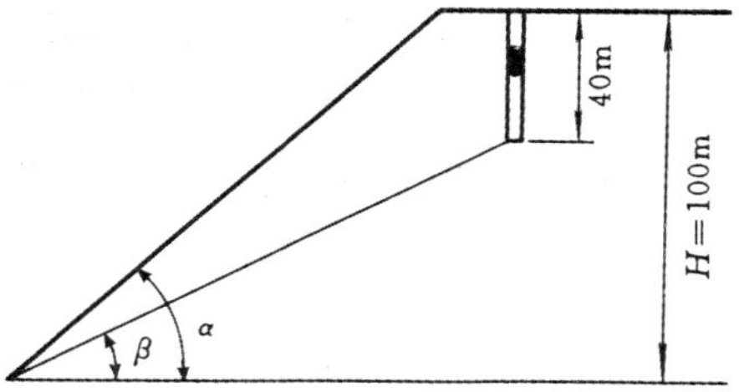


图 8-26　题 5 图

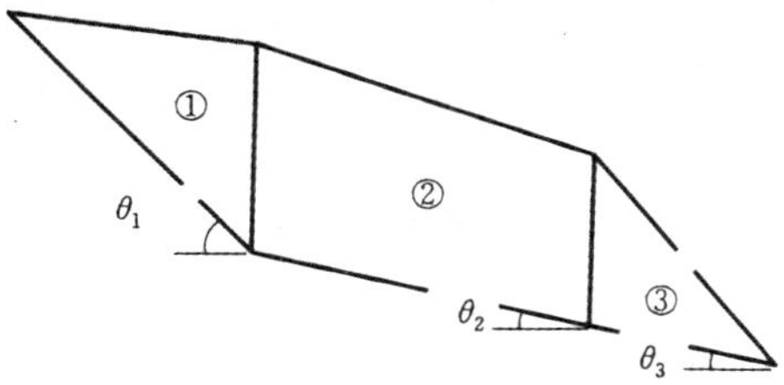


图 8-27　题 6 图

**表 8-2**

| 参数 | 下滑分力 $T$ /(kN·m$^{-1}$) | 抗滑力 $R$ /(kN·m$^{-1}$) | 滑面倾角 $\theta$ | 传递系数 $\psi$ |
|---|---|---|---|---|
| ① | 12000 | 5500 | 45° | 0.733 |
| ② | 17000 | 19000 | 17° | 1.0 |
| ③ | 2400 | 2700 | 17° | |

# 第 9 章　岩体力学在岩基工程中的应用

## 9.1　概述

我国地域辽阔，但山区多平原少，很多地区基岩完全出露于地面或浅埋于地面，随着山区高层建筑、水利水电、道路桥梁建设的发展，对岩基的研究引起了越来越多的重视。

所谓岩基，是指建筑物以岩体作为持力层的地基。相对于土体，完整岩体具有更高的抗压、抗剪强度，更大的变形模量，由此具有承载力高和压缩性低的特点，对于一般的工业和民用建筑，是一种极为良好的地基。完整的中等强度岩基，其承载力足以承受来自于摩天大楼或大型桥梁产生的荷载。

但岩体在很多情况下都不是完整的，而是具有各种不良地质结构面，如各种断层、节理、裂隙及其填充物，还可能包含有洞穴或经历过不同程度的风化作用，有时非常破碎，因此在上部荷载作用下岩基可能会产生较大的沉降、引起破坏，甚至可能导致灾难性的后果。遇到这种情况，在勘察设计中需作专门论证，在施工中要进行专门的处理方可保证建筑物的安全和正常使用。这种情况尤其在水工建设和高层建筑中最为常见。

坝体是水工构筑物的主要承载和传载构件，由于坝体承受自重、水压力和渗透场压力等较大荷载，对下部地基有较高的要求，因此，一般大型水工坝址都选在岩基上。水工岩基的特点是承受的荷载较大，且荷载涉及较大的岩体区域，因此，水工构筑物岩基的主要岩体力学问题是对坝基岩体进行承载稳定性评价。修建于黄河上游的刘家峡水电站，其大坝为重力坝，坝高148m，装机容量 122.5 万千瓦。坝基岩体系前震旦系云母石英片岩夹少量角闪片岩，绝大部分岩体呈微风化至新鲜状态，坚硬完整，但局部岩体裂隙较发育，并发育有一条顺河走向的断层。在施工中专门对裂隙较发育的岩体和断层带作了特别处理，使其抗剪强度大幅度提高，才满足了大坝的安全要求。

## 9.2　岩基上的基础形式

对于一般的工业和民用建筑，岩基具有承载力高和变形小等特点，是一种很好的地基。根据上部建筑荷载的大小和方向，以及工程地质条件，在岩基上可以采取多种基础形式。一般在土质地基上采用的基础形式应用到岩基上，都能较好地满足使用要求，这里主要介绍适应于岩基特点的基础形式。

### 9.2.1　直接利用岩基

若岩基中岩石的单轴抗压强度大于 30MPa，且岩体裂隙不太发育，对于砖墙承重且上部结构传递给基础的荷载不太大的民用房屋，可在消除基岩表面强风化层后直接砌筑墙体，而无须制作基础大放脚。

如图 9-1(a)所示，对荷载较小的现浇钢筋混凝土柱(墙)，如为中心受压或小偏心受压，可将柱子钢筋直接插入基岩作锚桩。基岩钻孔孔深不小于 40$d$($d$ 为柱内主筋直径)，孔径为

$(3\sim4)d$，将柱内主筋插入孔洞内，浇注不低于 M30 的水泥砂浆，锚固主筋。对大偏心受压柱，为了承受拉力，当岩层强度较低时可作大放脚，以便布置较多的锚桩。对某些设备基础，也可将地脚螺栓直接埋设在岩基中，利用岩层作为设备的基础。

如图 9-1(b)所示，对于承受荷载及偏心距不大的预制钢筋混凝土柱，则可在岩基中按杯壁构造尺寸要求开凿杯口，将预制钢筋混凝土柱直接插入，然后用强度等级为 C20 的细石混凝土将柱周围空隙填实，使其与岩基连成整体，杯口深度要满足柱内钢筋的锚固要求。如岩层整体性较差，则一般仍要做混凝土基础，但杯口底部厚度可适当减少到 8～10cm。

对于砖墙承重且上部结构传递给基础的荷载不太大的钢筋混凝土现浇柱，可根据柱内主筋的布置，在岩基中凿孔，孔深不小于 $40d$（$d$ 为柱内筋直径），将柱内主筋插入孔洞内，浇注不低于 M30 水泥砂浆，锚固主筋。

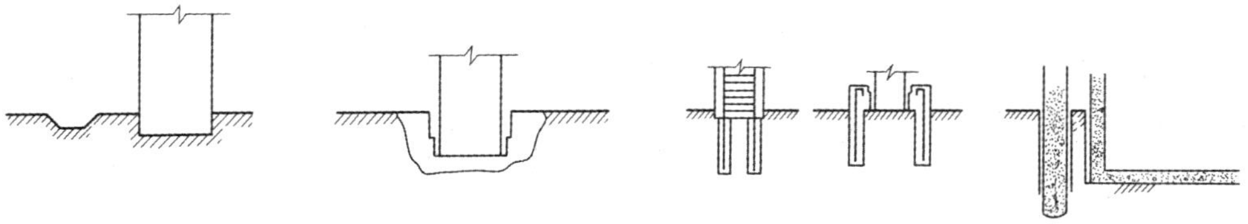

(a) 现浇钢筋混凝土柱（墙）直接插入岩基　(b) 预制钢筋混凝土柱杯口基础　(c) 锚杆基础　(d) 嵌岩桩基础

图 9-1　岩基上的基础形式

## 9.2.2　锚杆基础

当上部结构传递给基础的荷载中，有较大的弯矩或上浮力（上拔力）时，可采用锚杆基础（图 9-1(c)）。锚杆在基础上主要承受拉应力，同时保证上部结构的稳定性，对裂隙岩基还具有锚固的作用。实践表明，在岩基上沿高层建筑物周边设置锚杆，由于平衡了各种水平荷载及弯矩在基底产生的拉应力，从而可大大减少基础的埋置深度。

锚杆的锚孔是利用钻机在岩基中钻成。其孔径 $D$ 随成孔机具及锚杆抗拔力而定，一般取锚筋直径的 3 倍，但不应小于一倍锚杆直径加 50mm，以便于将砂浆或混凝土捣固密实。锚孔的间距，一般取决于岩基的情况和锚孔的直径。对致密完整的基岩，其最小间距可取 $(6\sim8)D$；对裂隙发育的风化基岩，其最小间距可增大至 $(10\sim12)D$。锚筋一般采用螺纹钢筋，其有效长度应根据现场试验或计算确定，并不应小于 $40d$，如图 9-2 所示。

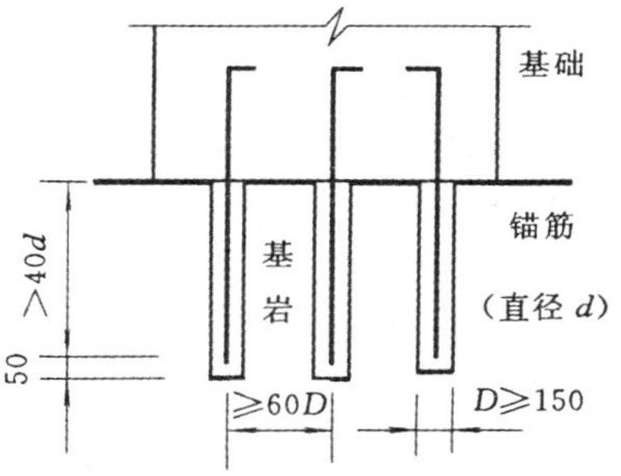


图 9-2　锚杆基础的构造要求

## 9.2.3　嵌岩桩基础

在岩基埋深不太大的情况下，常常通过人工挖孔、钻机钻孔等方式将大直径灌注桩穿过覆盖层嵌入基岩，成为嵌岩桩（图 9-1(d)）。对于高层建筑、重型厂房等建筑物，嵌岩桩是一种良好的基础形式。嵌岩桩如果设计得当，可以充分利用基岩的承载性能而提高单桩的承载力，且由于桩端持力层压缩性很小，并可忽略群桩效应，因此单桩和群桩沉降很小，而承载力很大。嵌岩桩基础上建筑物的沉降在施工过程中即可完成。

嵌岩桩桩端以下三倍桩径范围内应无软弱夹层、断裂破碎带和洞穴分布；并应在桩底应力扩散范围内无岩体临空面。

# 9.3 岩基上基础的沉降

岩基上基础的沉降主要是由上部结构荷载作用下引起的。对于一般的中小型工程来说，由于荷载相对较小，所引起的沉降量也较小。但对于重型和巨型建(构)筑物来说，则可能产生较大的沉降量，尤其是当地基较软弱或破碎时，产生的沉降量会更大。

一般岩基上基础的沉降计算较多的仍采用弹性理论解法，对于岩基不均匀、荷载分布复杂的基础，则采用数值计算方法比较合适。

下面介绍圆形、矩形基础沉降的弹性理论公式。

## 9.3.1 圆形基础的沉降

当半无限体表面上作用有一垂直的集中力 $P$ 时，根据布辛涅斯克(Boussinesq)弹性理论解，在半无限体表面处($z=0$)的沉降量 $s$ 为

$$s=\frac{P(1-\mu^2)}{\pi E_0 r} \tag{9-1}$$

式中 $E_0$，$\mu$——岩基的变形模量和泊松比；

$r$——计算点至集中荷载 $P$ 处的距离。

### 9.3.1.1 圆形柔性基础的沉降

当圆形基础为柔性时(图 9-3)，如果其上作用有均布荷载 $p$，且基础接触面上无摩擦力，则基底反力 $\sigma_v$ 也将是均匀分布的，数值上等于 $p$。这时，通过 $M$ 点作一割线 $MN$，再作一无限接近的另一割线 $MN_1$，则微单元(图 9-3 中阴影部分)的面积 $\mathrm{d}F=r\mathrm{d}r\mathrm{d}\phi$，于是微单元体上作用的荷载 $\mathrm{d}P$ 为

$$\mathrm{d}P=p\mathrm{d}F=pr\mathrm{d}r\mathrm{d}\phi \tag{9-2}$$

根据式(9-1)，可得微单元体作用荷载 $\mathrm{d}P$ 引起的 $M$ 点的沉降 $\mathrm{d}s$ 为

$$\mathrm{d}s=\frac{\mathrm{d}P(1-\mu^2)}{\pi E_0 r}=\frac{1-\mu^2}{\pi E_0}p\mathrm{d}r\mathrm{d}\phi \tag{9-3}$$

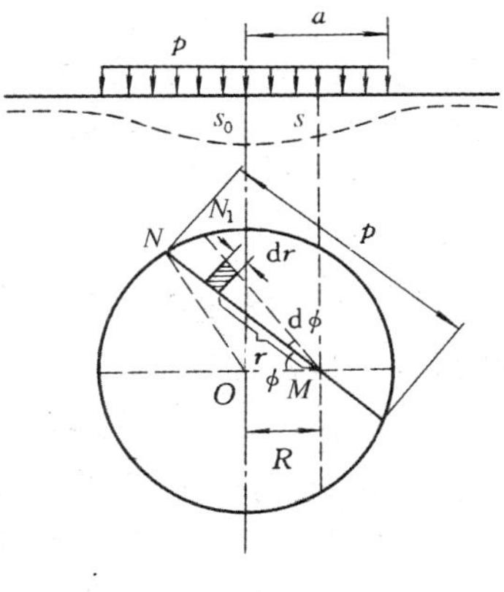


图 9-3 圆形基础沉降计算图

而整个基础上作用的荷载引起 $M$ 点的总沉降量 $s$ 为

$$s=\frac{1-\mu^2}{\pi E_0}p\int\mathrm{d}r\int\mathrm{d}\phi=4p\,\frac{1-\mu^2}{\pi E_0}\int_0^{\frac{\pi}{2}}\sqrt{a^2-R^2\sin\phi}\,\mathrm{d}\phi \tag{9-4}$$

式中 $R$——$M$ 点到圆形基础中心的距离；

$a$——基础半径。

由式(9-4)可知，圆形柔性基础中心($R=0$)处的沉降量 $s_0$ 为

$$s_0=\frac{2(1-\mu^2)}{E_0}pa \tag{9-5}$$

圆形柔性基础边缘($R=a$)处的沉降量 $s_a$ 为

$$s_a=\frac{4(1-\mu^2)}{\pi E_0}pa \tag{9-6}$$

比较式(9-5)、式(9-6)，有

$$\frac{s_0}{s_a}=1.57 \tag{9-7}$$

可见，对于圆形柔性基础，当承受均布荷载时，其中心沉降量为其边缘沉降量的 1.57 倍。

#### 9.3.1.2　圆形刚性基础的沉降

对于圆形刚性基础(图 9-4)。当作用有集中荷载 $P$ 时，基底各点的沉降将是一个常量，但基底接触压力 $\sigma_v$ 不是常量，即

$$\sigma_v=\frac{P}{2\pi a\sqrt{a^2-R^2}} \tag{9-8}$$

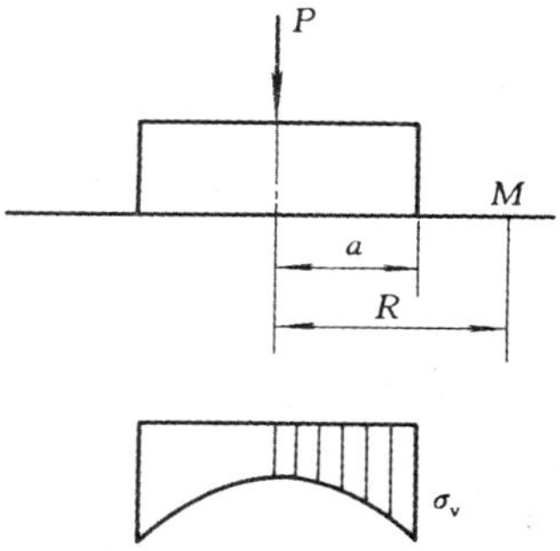

图 9-4　圆形刚性基础及基底反力分布

由式(9-8)可知，当 $R\to 0$ 时，$\sigma_v=\dfrac{P}{2\pi a^2}$，当 $R\to a$ 时，$\sigma_v\to\infty$。这表明，在基础边缘上的接触压力为无限大。出现这种情况的原因是假设基础是完全刚性体，使得基础中心下岩基变形大于边缘处，形成一个下降漏斗，造成了荷载集中在基础边缘处的岩基上。但这种无限大的压力实际上不会出现，因为基础结构并非完全刚性，而且当基础边缘应力集中到一定程度时会产生塑性屈服，使边缘处的应力重新调整。

在集中荷载 $P$ 作用下，圆形刚性基础的沉降量 $s$ 可按下式计算：

$$s=\frac{P(1-\mu^2)}{2aE_0} \tag{9-9}$$

圆形刚性基础以外各点的垂直位移 $S_R$ 可按下式计算：

$$s_R=\frac{P(1-\mu^2)}{\pi aE_0}\arcsin\left(\frac{a}{R}\right) \tag{9-10}$$

### 9.3.2　矩形基础的沉降

刚性基础承受中心荷载 $P$ 或均布荷载 $p$ 时，基础底面上各点沉降量相同，但基底压力不同；柔性基础承受均布荷载 $p$ 时，基础底面各点沉降量不同，但基底压力相同。

当基础底面宽度为 $b$，长度为 $a$ 时，无论刚性基础还是柔性基础，其基底的沉降量都可按下式计算：

$$s=\omega\frac{bp(1-\mu^2)}{E_0} \tag{9-11}$$

式中，$\omega$ 沉降系数，对于不同性质的基础及不同位置，其取值并不相同。

表 9-1 列出不同类型、不同形状的基础不同位置的沉降系数。

表 9-1　　各种基础的沉降系数 $\omega$ 值

| 基础形状 | 沉降系数 $\omega$ | | | | |
|---|---|---|---|---|---|
| | $a/b$ | 柔性基础中点 | 柔性基础角点 | 柔性基础平均值 | 刚性基础 |
| 圆形基础 | — | 1.00 | 0.64 | 0.58 | 0.79 |
| 方形基础 | 1.0 | 1.12 | 0.56 | 0.95 | 0.88 |
| 矩形基础 | 1.5 | 1.36 | 0.68 | 1.15 | 1.08 |
| | 2.0 | 1.53 | 0.74 | 1.30 | 1.22 |
| | 3.0 | 1.78 | 0.89 | 1.53 | 1.44 |
| | 4.0 | 1.96 | 0.98 | 1.70 | 1.61 |
| | 5.0 | 2.10 | 1.05 | 1.83 | 1.72 |
| | 6.0 | 2.23 | 1.12 | 1.96 | — |
| | 7.0 | 2.33 | 1.17 | 2.04 | — |
| | 8.0 | 2.42 | 1.21 | 2.12 | — |
| | 9.0 | 2.49 | 1.25 | 2.19 | — |
| | 10.0 | 2.53 | 1.27 | 2.25 | 2.12 |
| 条形基础 | 30.0 | 3.23 | 1.62 | 2.88 | — |
| | 50.0 | 3.54 | 1.77 | 3.22 | — |
| | 100.0 | 4.00 | 2.00 | 3.70 | — |

## 9.4　岩基的承载力

在上部结构荷载作用下，当岩基中的应力超过岩体的强度，则岩基发生破坏，故为保证岩基的稳定性，需确定其承载力。岩基极限承载力是指岩基在荷载作用下到达破坏状态前或出现不适于继续承载的变形前所对应的最大荷载。岩基承载力特征值是指静载试验测定的岩基变形曲线线形变形段内规定的变形所对应的压力值。

### 9.4.1　岩基破坏模式

在自然界中，岩体的成分、结构构造以及埋藏条件千变万化，在荷载作用下，它的破坏模式也是各种各样的。而对同一种岩体，不同荷载大小也会产生不同的破坏模式。勒单尼曾研究过脆性无孔隙岩基在荷载作用下发生破坏的模式(图 9-5(a)，(b)，(c))。

在上部荷载作用下，当岩基中应力超过其弹性极限时，岩基从基脚处开始产生裂缝，并向深部发展(图 9-5(a))。当荷载继续作用，岩基就进入岩体压碎破坏阶段(图 9-5(b))。压碎范围随着深度增加而减少，据试验观测，压碎范围近似倒三角形。当荷载继续增大，则基底下岩体的竖向裂缝加密且出现斜裂缝，并向更深部延伸，这时，进入劈裂破坏阶段(图 9-5(c))。该阶段由于裂缝开裂使压碎岩体产生向两侧扩容的现象，基脚附近的岩体发生剪切滑移，并使基脚附近的地面破坏。

图 9-5(d)是岩基冲切破坏的模式。这种破坏模式多发生于多孔洞或多孔隙的脆性岩体中，如钙质或石膏质胶结的脆性砂岩、熔渍胶结的火山岩、溶蚀严重或溶孔密布的可溶岩类等。如图 9-6 所示，有时在一些风化沉积岩(如石灰岩、玄武岩、砂岩等)中分布纵横密布的张开竖

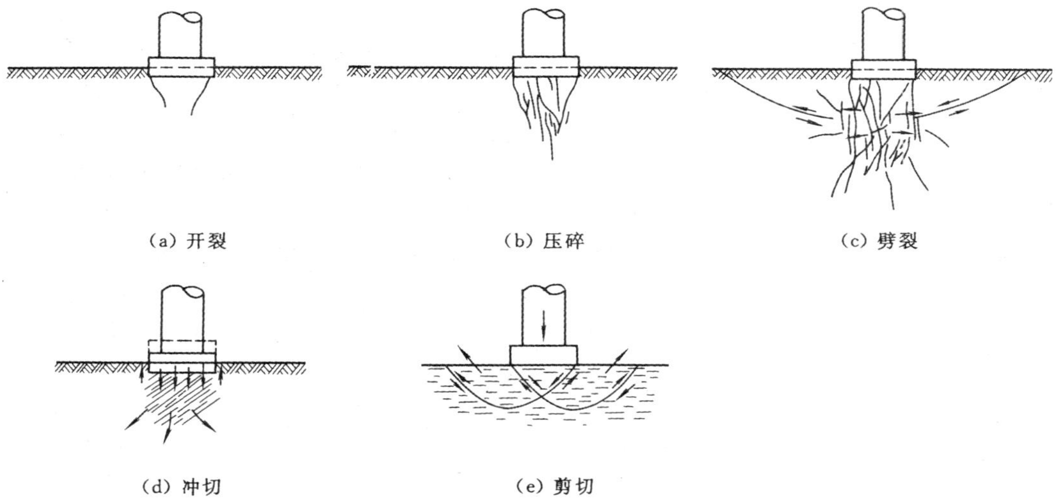


图 9-5　岩基破坏模式

节理，也会产生冲切破坏。

图 9-5(e)是岩基发生剪切破坏的模式，这种破坏多发生于高压缩性的黏土岩类岩基中，如页岩、泥岩等。这种破坏常常在基础底面下的岩体出现压实楔，而在其两侧岩体有弧线的滑面。如图 9-7 所示，分布有竖向节理的风化岩基可产生直线剪切滑面。如图 9-8 所示，当岩基内有两组近于或大于直角的节理相交，则剪切面追踪此两组节理，也可形成直线剪切滑动面，使岩基破坏。

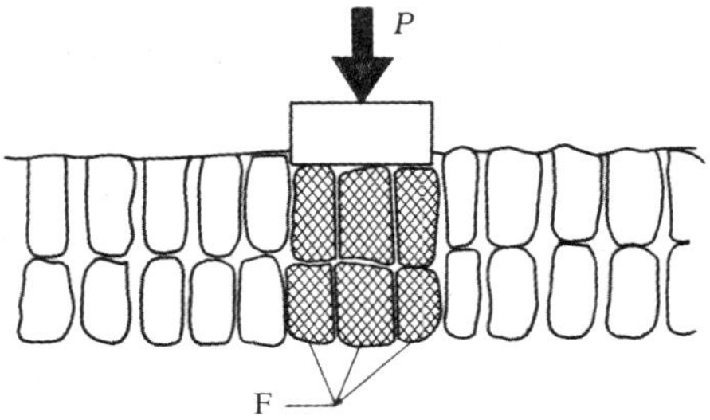


F—断裂位移岩体

图 9-6　张开竖节理风化沉积岩的冲切破坏

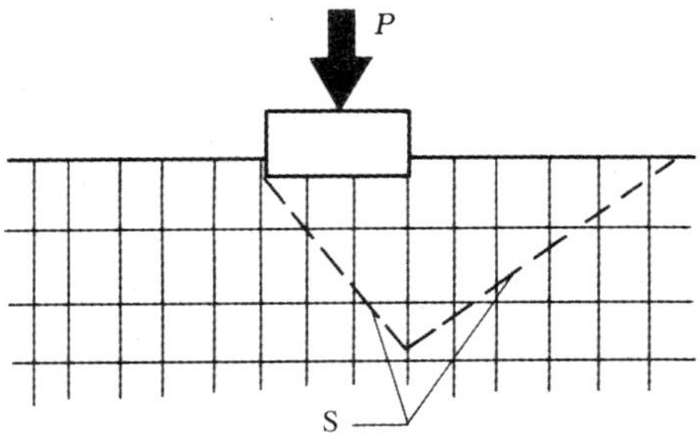


S—剪切面

图 9-7　闭合竖节理风化岩的剪切破坏

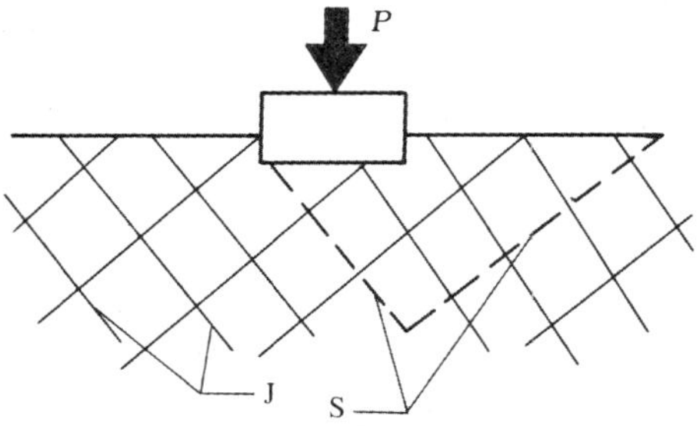


J—节理；S—剪切面

图 9-8　追踪两组相交节理的剪切破坏

## 9.4.2　岩基承载力确定

岩基承载力特征值可由岩基载荷试验方法确定，也可根据室内岩石饱和单轴抗压强度计算。另外，根据岩基破坏模式，介绍基脚压碎岩基和直线剪切破坏岩基极限承载力计算的理论公式。

#### 9.4.2.1 岩基载荷试验方法

《建筑地基基础设计规范》(GB 50007—2011)规定,岩基载荷试验适用于确定完整、较完整、较破碎岩基作为天然地基或桩基础持力层时的承载力。

载荷板采用圆形刚性承压板,直径为300mm。当岩基埋藏深度较大时,可采用钢筋混凝土桩,但桩周需采取措施以消除桩身与土之间的摩擦力。加载方式采用单循环加载,荷载逐级递增直到破坏,然后分级卸载。荷载分级为第一级加载值为预估设计荷载的1/5,以后每级为1/10。加载后立即测读沉降量,以后每10min读数一次。当连续三次读数之差均不大于0.01mm时,达到稳定标准,可加下一级荷载。

当出现下述现象之一时,即可终止加载:①沉降量读数不断变化,在24小时内,沉降速率有增大的趋势;②压力加不上或勉强加上而不能保持稳定。

卸载时,每级卸载为加载时的两倍,如为奇数,第一级可为三倍。每级卸载后,隔10min测读一次,测读三次后可卸下一级荷载。全部卸载后,当测读到半小时回弹量小于0.01mm时,即认为稳定。

岩基承载力特征值 $f_a$ 按以下步骤确定:

(1) 对应于 $p$-$s$ 曲线上起始直线段的终点为比例界限。符合终止加载条件的前一级荷载为极限荷载。将极限荷载除以安全系数3,所得值与对应于比例界限的荷载相比较,取小值。

(2) 每个场地载荷试验的数量不应少于3个,取最小值作为岩基承载力特征值。

(3) 岩基承载力特征值不需要进行基础埋深和宽度的修正。

对破碎、极破碎的岩基承载力特征值,可根据适合土层的平板载荷试验确定。

#### 9.4.2.2 按室内饱和单轴抗压强度计算

《建筑地基基础设计规范》(GB 50007—2011)规定,对完整、较完整和较破碎的岩基承载力特征值,也可根据室内饱和单轴抗压强度按下式计算

$$f_a=\psi_r f_{rk} \tag{9-12}$$

式中 $f_a$——岩基承载力特征值;

$f_{rk}$——岩石饱和单轴抗压强度标准值;

$\psi_r$——折减系数,根据岩体完整程度以及结构面的间距、宽度、产状和组合,由地区经验确定。无经验时,对完整岩体可取0.5,对较完整岩体可取0.2~0.5,对较破碎岩体可取0.1~0.2。

上述折减系数值未考虑施工因素及建筑物使用后风化作用的继续。对于黏土质岩,在确保施工期及使用期不致遭水浸泡时,也可采用天然湿度的试样,不进行饱和处理。

岩石饱和单轴抗压强度标准值 $f_{rk}$ 计算中,岩样数量不应少于6个,并进行饱和处理。$f_{rk}$ 由以下公式统计确定:

$$f_{rk}=\psi f_{rm} \tag{9-13}$$

$$\psi=1-\left(\frac{1.704}{\sqrt{n}}+\frac{4.678}{n^2}\right)\delta \tag{9-14}$$

式中 $f_{rm}$——岩石饱和单轴抗压强度平均值;

$\psi$——统计修正系数;

$n$——试样个数;

$\delta$——变异系数。

### 9.4.2.3　基脚压碎岩体的承载力

假设在地基岩体上有一条形基础，在上部荷载 $q_f$ 作用下条形基础下产生岩体压碎并向两侧膨胀而诱发裂隙。因此，基础下的岩体可分为如图 9-9(a)所示的压碎区 A 和原岩区 B。由于 A 区压碎而膨胀变形，受到 B 区的约束力 $p_h$ 的作用。$p_h$ 可取 B 区岩体的单轴抗压强度，$q_f$ 由 A 区岩体三轴强度给出，见图 9-9(b)，因此，有式(9-15)、式(9-16)成立。

$$p_h = 2c_B \tan\left(45° + \frac{\phi_B}{2}\right) \tag{9-15}$$

$$q_f = p_h \tan^2\left(45° + \frac{\phi_A}{2}\right) + 2c_A \tan\left(45° + \frac{\phi_A}{2}\right) \tag{9-16}$$

式中，$c_A$，$\phi_A$，$c_B$，$\phi_B$ 分别为 A 区和 B 区岩体的内聚力和内摩擦角。

由式(9-15)、式(9-16)可获得基脚压碎岩体的承载力 $q_f$。若把 A 区、B 区看作是同一种岩体，取相同力学参数，即 $c_A = c_B = c$，$\phi_A = \phi_B = \phi$，则式(9-16)可简化为

$$q_f = 2c\tan\left(45° + \frac{\phi}{2}\right)\left[1 + \tan^2\left(45° + \frac{\phi}{2}\right)\right] \tag{9-17}$$

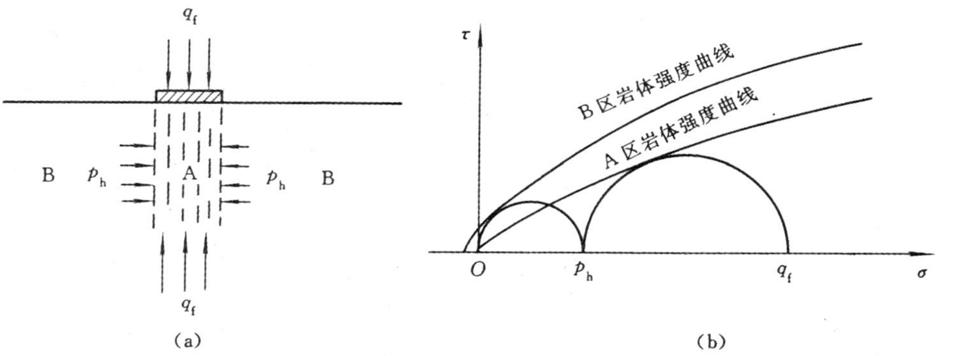


图 9-9　基脚压碎岩体承载力计算

### 9.4.2.4　基脚直线剪切破坏岩体的承载力

基脚岩体剪切破坏面可呈曲线形(图 9-5(b))和直线形(图 9-7、图 9-8)两种。岩体中由于结构面的存在，多数剪切破坏呈直线剪切滑面。

如图 9-10 所示，设在半无限体上作用着宽度为 $b$ 的条形均布荷载 $q_f$，$q$ 为作用在荷载 $q_f$ 附近岩基表面的均布荷载。为便于计算，假设：①破坏面由两个互相正交的平面组成；②荷载 $q_f$ 的作用范围很长，以致 $q_f$ 两端面的阻力可以忽略；③荷载 $q_f$ 作用面上不存在剪力；④对于每个破坏楔体可以采用平均的体积力。

将图 9-10(a)的岩基分为两个楔体，即 $x$ 楔体和 $y$ 楔体。如图 9-10(b)所示，对于 $x$ 楔体，由于 $y$ 楔体受 $q_f$ 作用，会产生一水平正应力 $\sigma_h$ 作用于 $x$ 楔体，这是作用于 $x$ 楔体的最大主应力，而岩体的自重应力和岩基表面均布荷载 $q$ 的合力 $\sigma_v$ 是作用于 $x$ 楔体的最小主应力，即

$$\sigma_h = \sigma_v \tan^2\left(45° + \frac{\phi}{2}\right) + 2c\tan\left(45° + \frac{\phi}{2}\right) \tag{9-18}$$

$$\sigma_v = \frac{1}{2}\gamma h + q \tag{9-19}$$

式中，$\gamma$ 为岩体重度。

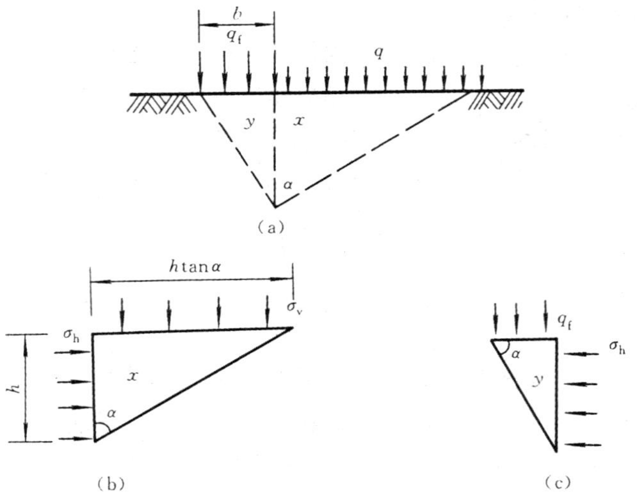


图 9-10　基脚直线剪坏岩体的承载力计算

如图 9-10(c)所示,对于 $y$ 楔体,$\sigma_h$ 为最小主应力,而最大主应力为

$$q_f+\frac{1}{2}\gamma h=\sigma_h\tan^2\left(45°+\frac{\phi}{2}\right)+2c\tan\left(45°+\frac{\phi}{2}\right) \tag{9-20}$$

联合式(9-18)、式(9-19)和式(9-20),并由 $h=b\tan\left(45°+\frac{\phi}{2}\right)$,得到

$$q_f=\frac{1}{2}\gamma b\tan^5\left(45°+\frac{\phi}{2}\right)+2c\tan\left(45°+\frac{\phi}{2}\right)\left[1+\tan^2\left(45°+\frac{\phi}{2}\right)\right]$$
$$+q\tan^4\left(45°+\frac{\phi}{2}\right)-\frac{1}{2}\gamma b\tan\left(45°+\frac{\phi}{2}\right) \tag{9-21}$$

式(9-21)最后一项远小于其他各项,可将其略去,令

$$N_\gamma=\tan^5\left(45°+\frac{\phi}{2}\right) \tag{9-22}$$

$$N_c=2\tan\left(45°+\frac{\phi}{2}\right)\left[1+\tan^2\left(45°+\frac{\phi}{2}\right)\right] \tag{9-23}$$

$$N_q=\tan^4\left(45°+\frac{\phi}{2}\right) \tag{9-24}$$

式(9-21)可写为

$$q_f=\frac{1}{2}\gamma bN_\gamma+cN_c+qN_q \tag{9-25}$$

式中,$N_\gamma$,$N_c$,$N_q$ 称为承载力系数。

如果破坏面是一曲面,则承载力系数较大,可按以下式确定:

$$N_\gamma=\tan^6\left(45°+\frac{\phi}{2}\right)-1 \tag{9-26}$$

$$N_c = 5\tan^4\left(45° + \frac{\phi}{2}\right) \tag{9-27}$$

$$N_q = \tan^6\left(45° + \frac{\phi}{2}\right) \tag{9-28}$$

以上 $N_\gamma$，$N_c$，$N_q$ 为条形基础的承载力系数。对于方形或圆形基础，承载力系数中仅 $N_c$ 有显著改变，可由下式确定：

$$N_c = 7\tan^4\left(45° + \frac{\phi}{2}\right) \tag{9-29}$$

## 9.5　坝基岩体的抗滑稳定性

重力坝、支墩坝等挡水建筑物的岩基除承受竖向荷载外，还承受着库水、泥沙等产生的水平荷载作用，因此，坝体和坝基便会产生向下游滑移的趋势。在水利水电工程建设中，坝基岩体抗滑稳定性研究是一项十分重要的内容。

### 9.5.1　坝基岩体承受的荷载分析

坝基岩体承受的荷载大部分是由坝体直接传递来的，主要有坝体的重力、库水的静水压力、泥沙压力、波浪压力、岩基重力、扬压力等。此外，在地震区还有地震作用，在严寒地区还有冻融压力等。由于坝基多呈长条形，其稳定性可按平面问题来考虑。因此，坝体地基受力分析通常是沿坝轴线方向取 1m 宽坝基（单宽坝基）为单位进行计算。

下面仅对泥沙压力、波浪压力和扬压力作简要介绍。

1. 泥沙压力 $F$

当坝体上游坡面接近竖直面时，作用于单宽坝体的泥沙压力的方向近于水平，并从上游指向坝体。泥沙压力 $F$ 的大小可按朗肯土压力理论来计算，即

$$F = \frac{1}{2}\gamma_s h_s^2 \tan\left(45° - \frac{\phi}{2}\right) \tag{9-30}$$

式中　$\gamma_s$——泥沙重度（$kN/m^3$）；

$h_s$——坝前淤积泥沙厚度（m），可根据设计年限、年均泥沙淤积量及库容曲线求得；

$\phi$——泥沙的内摩擦角（°）。

2. 波浪压力 $p$

波浪压力的确定比较困难，当坝体迎水面坡度大于 1∶1，而水深 $H_w$ 介于波浪破碎的临界水深 $h_f$ 和波浪长度 $L_w$ 的二分之一时，即 $h_f < H_w < 0.5L_w$，水深 $H_w'$ 处波浪压力的剩余强度 $p'$ 为

$$p' = \frac{h_w}{\cosh\left(\frac{\pi H_w'}{L_w}\right)} \tag{9-31}$$

式中，$h_w$ 为波浪高度（m）。

当水深 $H_w > 0.5L_w$ 时，在 $0.5L_w$ 深度以下可不考虑波浪压力的影响，因而，作用于单宽坝体上的波浪压力 $p$ 为

$$p=\frac{1}{2}\gamma_w[(H_w+h_w+h_0)(H_w+p')-H_w^2] \tag{9-32}$$

式中 $\gamma_w$——水的重度($kN/m^3$);

$h_0=\frac{\pi h_w^2}{L_w}$。

波浪高度 $h_w$ 和波浪长度 $L_w$ 可以根据风吹程 $D$ 和风速 $v$ 来确定,即

$$h_w=0.0208v^{\frac{5}{4}}D^{\frac{1}{3}} \tag{9-33}$$

$$L_w=0.304vD^{\frac{1}{2}} \tag{9-34}$$

式中 $v$——风速,应根据当地气象部门实测资料确定;

$D$——吹程,是沿风向从坝址到水库对岸的最远距离,可根据风向和水库形状确定。

3. 扬压力 $U$

扬压力对坝基抗滑稳定的影响很大,相当数量的毁坝事件是由扬压力的剧增引起的。扬压力一般可分解为浮托力 $U_1$ 和渗透压力 $U_2$ 两部分。浮托力的确定方法比较简单,渗透压力的确定则比较困难,至今仍没有找到一种准确有效地确定渗透压力的方法。

如图 9-11 所示,在没有灌浆和排水设施的情况下,坝底渗透压力 $U_2$ 可按下式确定:

$$U_2=\gamma_w B\frac{\lambda_0 h_1+h_2}{2} \tag{9-35}$$

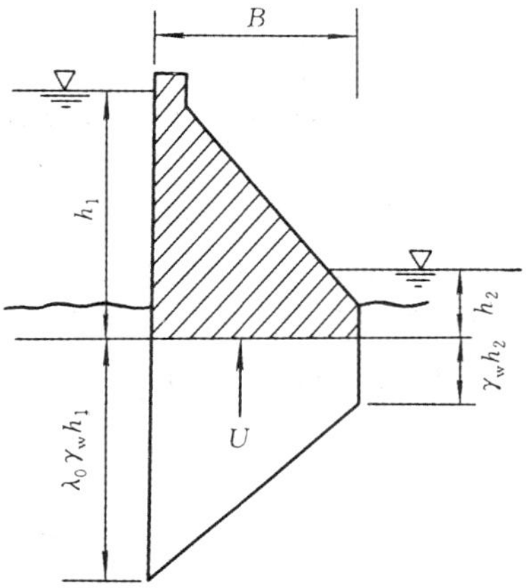

图 9-11 坝底渗透压力的分布

式中 $U_2$——单宽坝底所受渗透压力(kN);

$B$——坝底宽度(m);

$\lambda_0$——不大于 1.0 的系数,但为安全起见,目前大多数设计取 1.0;

$h_1,h_2$——分别为坝上游和下游水的深度(m)。

当坝基有灌浆帷幕和排水设施时,坝底上渗透压力的大小,除受坝底宽度 $B$、上下游水的深度($h_1,h_2$)等因素的影响外,还受坝基岩体的渗透性能、灌浆帷幕的厚度和深度、排水孔间距以及这些措施的效果等因素影响。渗透压力的确定通常先根据经验对具体条件下的渗透压力分布图进行某些简化,然后再根据这些简化图形计算渗透压力。如果仅有排水设施,可取 $\lambda_0=0.8\sim0.9$,仍按式(9-35)确定渗透压力 $U_2$。

如果能够确定坝基岩体内地下水渗流的水力梯度 $I$,也可以按下式计算渗透压力:

$$U_2=\gamma_w I \tag{9-36}$$

## 9.5.2 坝基岩体的破坏模式

根据坝基失稳时滑动面的位置可以把坝基滑动破坏分为三种类型:接触面滑动、岩体内滑动和混合型滑动。这三种滑动类型发生与否在很大程度上取决于坝基岩体的工程地质条件和性质。

1. 接触面滑动

接触面滑动是指坝体沿着坝基与岩基接触面发生滑动，如图 9-12 所示。接触面剪切强度的大小除与岩体的力学性质有关外，还与接触面的起伏差和粗糙度、清基干净与否、混凝土标号以及浇注混凝土的施工质量等因素有关。因此，对于一个具体的挡水建筑物来说，是否发生接触面滑动，不仅取决于岩基质量的好坏，还往往很大程度上受设计和施工方面的因素影响。正是由于这种原因，当坝基岩体坚硬完整，其强度远大于接触面强度时，最可能发生接触面滑动。

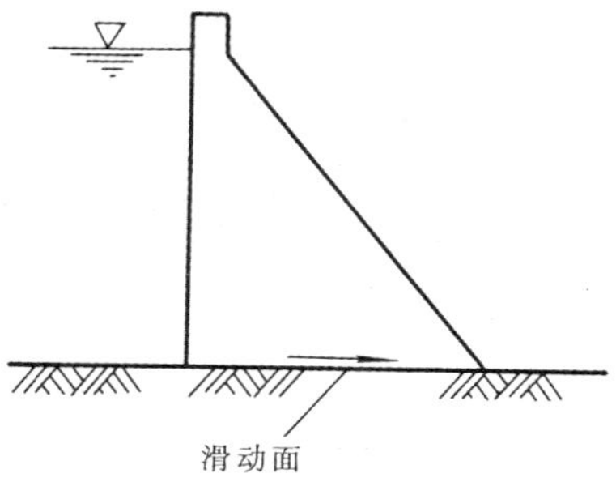


图 9-12　接触面滑动示意图

2. 岩体内滑动

岩体内滑动是指坝体连同一部分岩体在倾斜荷载作用下，沿着坝基岩体内的软弱面发生滑动。该类型滑动破坏主要受坝基岩体中发育的结构面网络所控制，而且只在具备滑动几何边界条件的情况下才有可能发生。根据结构面的组合特征，特别是可能滑动面的数目及其组合特征。按可能发生滑动的几何边界条件可大致将岩体内滑动划分为 5 种类型，如图 9-13 所示。

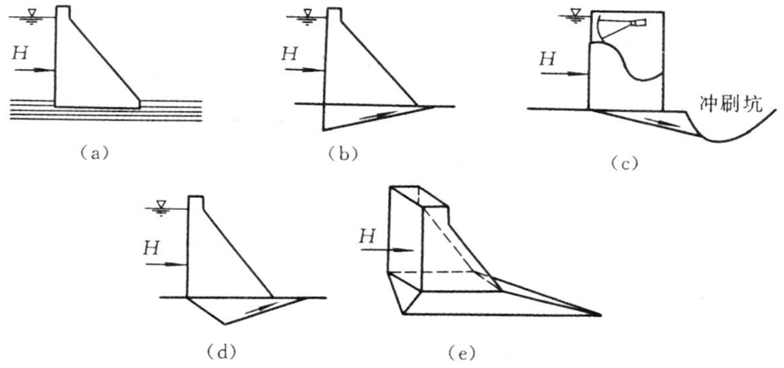


图 9-13　岩体内滑动类型示意图

(1) 沿水平软弱面滑动。当坝基为产状水平或近水平的岩层而大坝基础砌置深度又不大，坝趾部被动压力很小，岩体中又发育有走向与坝轴线垂直或近于垂直的高倾角破裂构造面时，往往会发生沿层面或软弱夹层的滑动，如图 9-13(a)所示。例如西班牙梅奎尼扎(Mequinenza)坝就坐落在埃布罗(Ebro)河近水平的沉积岩层上，该坝为重力坝，坝高 77.4m，坝长 451m，坝基为渐新统灰岩夹褐煤夹层，经抗滑稳定性分析，有些坝段的岩基稳定性系数不够，为保证大坝安全不得不进行了加固。我国的葛洲坝水利枢纽以及朱庄水库等水利水电工程坝基岩体内也存在缓倾角泥化夹层问题，为了防止大坝沿坝基内近水平的泥化夹层滑动，在工程的勘测、设计以及施工中，均围绕着这一问题展开了大量的研究工作，并都因地制宜地采取了有效的加固措施。

(2) 沿倾向上游软弱结构面滑动。可能发生这种滑动的几何边界条件必须是坝基中存在着向上游缓倾的软弱结构面，同时还存在着走向垂直或近于垂直坝轴线方向的高角度破裂面，如图 9-13(b)所示。在工程实践中，可能发生这种滑动的边界条件常常遇到，特别是在岩层倾向上游的情况下更容易遇到。例如上犹江电站坝基便具备这种类型滑动的边界条件(图 9-14)。

(3) 沿倾向下游软弱结构面滑动。可能发生这种滑动的几何边界条件是坝基岩体中存在

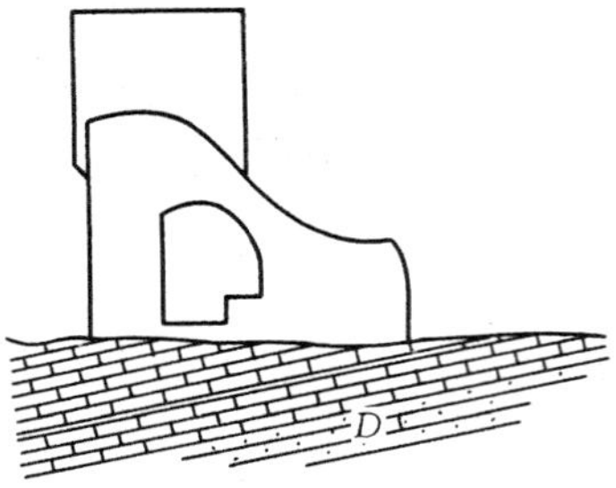


图 9-14 上犹江电站坝基板岩中的泥化夹层

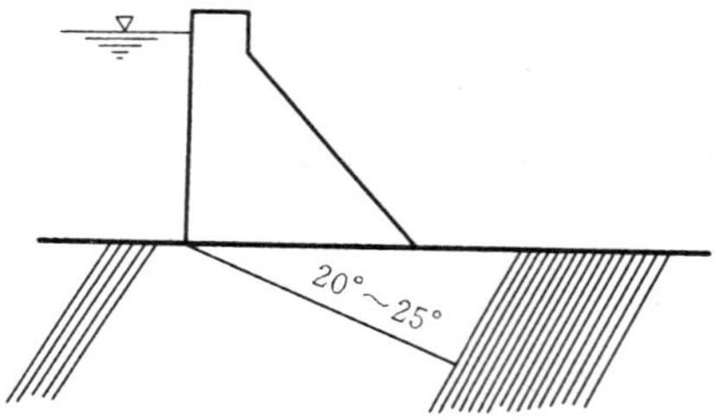


图 9-15 乌江渡电站坝基地质情况示意图

着倾向下游的缓倾角软弱结构面和走向垂直或近于垂直坝轴线方向的高角度破裂面，并在下游存在着切穿可能滑动面的自由面，如图 9-13(c)所示。一般来说，当这种几何边界条件完全具备时，坝基岩体发生滑动的可能性最大。

(4) 沿倾向上下游两个软弱结构面滑动。当坝基岩体中分别发育有倾向上游和下游的两个软弱结构面以及走向垂直或近于垂直坝轴线的高角度切割面时，坝基存在着这种滑动的可能性，如图 9-13(d)所示。图 9-15 所示的乌江渡电站坝基就具备这种几何边界条件。一般来说，当软弱结构面的性质及其他条件相同时，这种滑动较沿倾向上游软弱结构面滑动要容易，但较沿倾向下游软弱结构面滑动要难一些。

(5) 沿交线垂直坝轴线的两个软弱结构面滑动。可能发生这种滑动的几何边界条件是坝基岩体中发育有交线垂直或近于垂直坝轴线的两个软弱结构面，且坝趾附近倾向下游的岩基自由面有一定的倾斜度，能切穿可能滑动面的交线，如图 9-13(e)所示。

3. 混合型滑动

混合型滑动则是指坝体部分沿接触面、部分沿岩体内结构面发生滑动。它是接触面滑动和岩体内滑动的组合破坏类型。

## 9.5.3 坝基岩体抗滑稳定性计算

坝基岩体抗滑稳定性计算需在充分研究岩基工程地质条件的基础上并获得必要的计算参数之后才能进行，其结果正确与否取决于滑体几何边界条件确定的正确性、受力条件分析是否准确全面、各种计算参数的安全系数选取是否合理、是否考虑可能滑面上的强度和应力分布的不均一性、长期荷载的卸荷作用以及其他未来可能发生变化的因素的影响等。一般来说，在这一系列影响因素中，如何正确确定剪切强度参数和安全系数对正确评价岩基的稳定性具有决定意义。

### 9.5.3.1 接触面抗滑稳定性计算

对于可能发生接触面滑动的坝体来说，其坝底接触面如果为水平或近于水平，如图 9-16 所示，其抗滑稳定系数 $K$ 可用下式计算：

$$K=\frac{f(\sum V-U)}{\sum H} \tag{9-37}$$

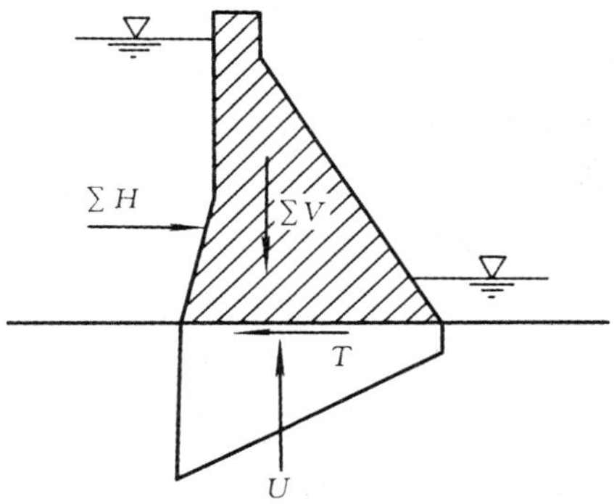


图 9-16 接触面抗滑稳定性计算

式中 $K$——抗滑稳定系数；

$f$——坝体与岩基接触面的摩擦系数；

$\sum V, \sum H$ ——作用于坝体上的总竖向作用力和水平推力(kN)；

$U$——作用在坝底的扬压力(kN)。

当考虑接触面岩体内聚力时，抗滑稳定系数 $K$ 为

$$K = \frac{f(\sum V - U) + cl}{\sum H} \tag{9-38}$$

式中　$c$——接触面岩体的内聚力(kPa)；

$l$——单宽坝基接触面长度(m)。

有时为增大坝基抗滑稳定性系数，将坝体和岩体接触面设计成向上游倾斜的平面，如图 9-17 所示。这时，抗滑力 $R$ 为

$$R = f(\sum H\sin\alpha + \sum V\cos\alpha - U) + cl \tag{9-39}$$

滑动力 $F$ 为

$$F = \sum H\cos\alpha - \sum V\sin\alpha \tag{9-40}$$

则接触面的抗滑稳定性系数 $K$ 为

$$K = \frac{f(\sum H\sin\alpha + \sum V\cos\alpha - U) + cl}{\sum H\cos\alpha - \sum V\sin\alpha} \tag{9-41}$$

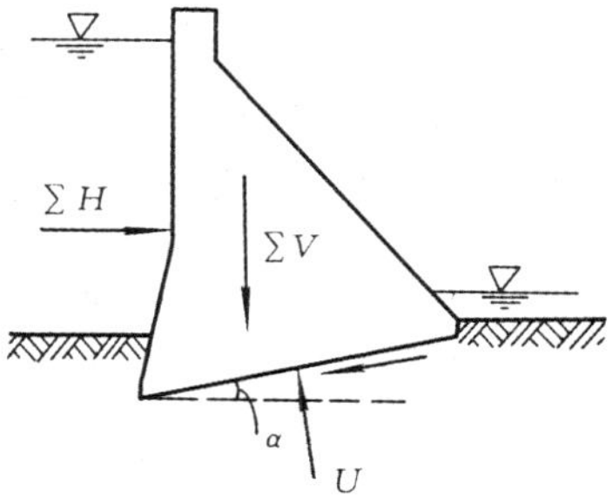


图 9-17　坝底面倾斜接触面抗滑稳定性计算

式中，$\alpha$ 为接触面与水平面夹角。

### 9.5.3.2　坝基岩体内滑动的稳定性计算

坝基岩体内滑动的稳定性分析，首先应根据岩体软弱结构面的组合关系，充分研究可能发生滑动的各种几何边界条件，对每一种可能的滑动都确定出稳定性系数，然后根据最小的稳定性系数与所规定的安全系数相比较进行评价。

下面就分别论述各种类型的岩体内滑动的抗滑稳定性计算问题。

1. 沿水平软弱结构面滑动的稳定性计算

大坝可能沿水平软弱结构面发生滑动的情况多发生在水平或近水平产状的岩基中，由于岩层单层厚度多小于 2.0m，因此，可能发生滑动的软弱结构面距坝底较近，在抗滑力中不应再计入岩体抗力。如果滑动面埋深较大则应考虑岩体抗力的影响。

将坝基可能滑动面上总的法向压力 $\sum V$ 和切向推力 $\sum H$ 求得后，可按式(9-38)确定抗滑稳定性系数 $K$，这时，式(9-38)中的 $f$，$c$ 分别为可能滑动面的摩擦系数和内聚力，$l$ 为可能滑动面的长度(m)。

2. 沿倾向上游软弱结构面滑动的稳定性计算

如图 9-18 所示，当坝基具备这种滑动的几何边界条件时，可按下式计算其抗滑稳定性系数：

$$K = \frac{f(\sum V\cos\alpha + \sum H\sin\alpha - U) + cl}{\sum H\cos\alpha - \sum V\sin\alpha} \tag{9-42}$$

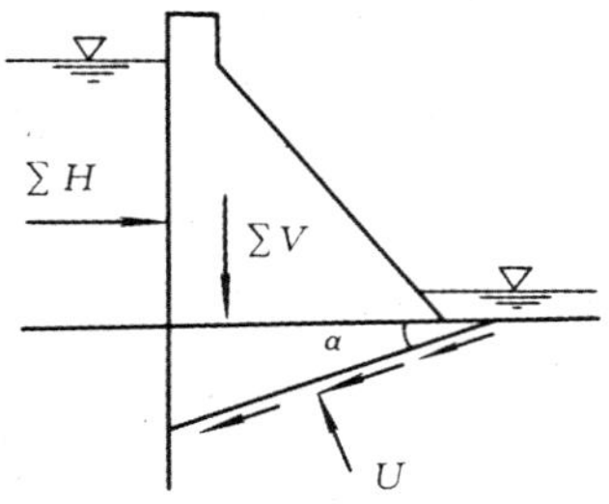


图 9-18　倾向上游结构面滑动稳定性计算

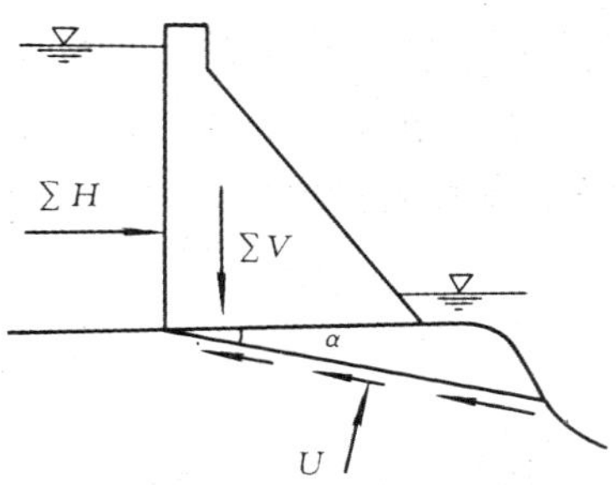


图 9-19　倾向下游结构面滑动稳定性计算

3. 沿倾向下游软弱结构面滑动的稳定性计算

如图 9-19 所示，当坝基具备这种滑动的几何边界条件时，对大坝的抗滑稳定最为不利。此时，其稳定性系数为

$$K=\frac{f(\sum V\cos\alpha-\sum H\sin\alpha-U)+cl}{\sum H\cos\alpha+\sum V\sin\alpha} \tag{9-43}$$

比较式(9-42)和式(9-43)，可以看出，当其他条件相同时，沿倾向上游软弱结构面滑动的稳定性系数将显著大于沿倾向下游软弱结构面滑动的稳定性系数。

4. 沿两个相交软弱结构面滑动的稳定性计算

沿两个相交软弱结构面滑动可分为两种情况：一种是沿着分别倾向上下游的两个软弱结构面的滑动，如图 9-13(d)所示；另一种是沿交线垂直坝轴线方向的两个软弱结构面的滑动，如图 9-13(e)所示。后者的抗滑稳定性是两个软弱结构面抗滑稳定的叠加；前者抗滑稳定性系数一般可用非等 $K$ 法和等 $K$ 法计算。

如图 9-20 所示，分析时将滑动体分成 $ABD$ 和 $BCD$ 两部分。由于 $BCD$ 所起的作用是阻止 $ABD$ 向前滑动，故把 $BCD$ 称为抗力体。抗力体作用在 $ABD$ 的力 $P$ 称为抗力，$P$ 的作用方向有三种假设：①$P$ 与 $AB$ 面平行；②$P$ 垂直 $BD$ 面；③$P$ 与 $BD$ 面的法线方向成 $\phi$ 角，$\phi$ 为 $BD$ 面的内摩擦角。一般常假定 $P$ 与 $AB$ 面平行，以下分析采用该假定。

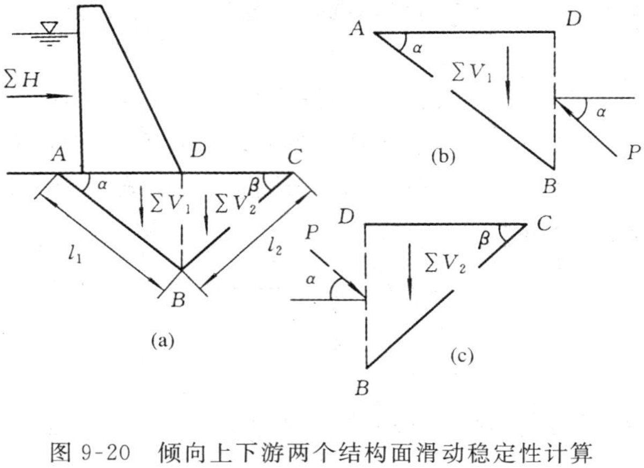


图 9-20　倾向上下游两个结构面滑动稳定性计算

1) 非等 $K$ 法

滑体 $ABD$ 和抗力体 $BCD$ 的稳定系数 $K_{ABD}$，$K_{BCD}$ 分别为

$$K_{ABD}=\frac{f_1(\sum V_1\cos\alpha-\sum H\sin\alpha-U_1)+c_1l_1+P}{\sum V_1\sin\alpha+\sum H\cos\alpha} \tag{9-44}$$

$$K_{BCD}=\frac{f_2[\sum V_2\cos\beta+P\sin(\alpha+\beta)-U_2]+c_2l_2}{P\cos(\alpha+\beta)-\sum V_2\sin\beta} \tag{9-45}$$

式中　$f_1,f_2$——$AB$ 面和 $BC$ 面摩擦系数；

$\sum V_1,\sum V_2$——作用在滑体 $ABD$ 和抗力体 $BCD$ 的总竖向作用力；

$\sum H$——作用在坝体上总的水平推力；

$U_1,U_2$——作用在 $AB$,$BC$ 面上的扬压力；

$c_1,c_2$——$AB$,$BC$ 面岩体内聚力；

$l_1,l_2$——$AB$,$BC$ 面长度；

$\alpha,\beta$——$AB$,$BC$ 面与水平面的夹角；

$P$——抗力。

令 $K_{ABD}=1$,由式(9-44)得抗力 $P$,代入式(9-45),可得 $K_{BCD}$,即为表示坝基抗滑稳定性系数。有时根据地质条件,也可反过来先假设 $K_{BCD}=1$,求得 $K_{ABD}$,以 $K_{ABD}$作为坝基抗滑稳定性系数。

2) 等 $K$ 法

等 $K$ 法分为非极限平衡等 $K$ 法和极限平衡等 $K$ 法两种。

若令式(9-44)、式(9-45)中的 $K_{ABD}=K_{BCD}=K$,联立求解获得 $K$,即为非极限平衡等 $K$ 法。

极限平衡等 $K$ 法是将 $AB$、$BC$ 面上的抗剪指标 $c_1,f_1,c_2,f_2$ 同时降低 $K$ 倍,使滑体 $ABD$ 和抗力体 $BCD$ 都处于极限平衡状态,即 $K_{ABD}=K_{BCD}=1$,因此有

$$\frac{f_1}{K}(\sum V_1\cos\alpha-\sum H\sin\alpha-U_1)+\frac{c_1}{K}l_1+P=\sum V_1\sin\alpha+\sum H\cos\alpha \tag{9-46}$$

$$\frac{f_2}{K}[\sum V_2\cos\beta+P\sin(\alpha+\beta)-U_2]+\frac{c_2}{K}l_2=P\cos(\alpha+\beta)-\sum V_2\sin\beta \tag{9-47}$$

联立式(9-46)、式(9-47),即可获得极限平衡等 $K$ 法的坝基稳定性系数 $K$。

## 9.6　岩基的加固措施

建(构)筑物的岩石地基,在整个地质历史中遭受了地壳变动的影响,使得岩基中存在各种类型和大小的结构面,直接影响到建(构)筑物地基的选用。对于设计等级较高的建(构)筑物,首先在选址时就应该尽量避开构造破碎带、断层、软弱夹层、节理裂隙密集带、溶洞发育等地段,将建(构)筑物选在良好的岩基上。但实际上,任何地区都难找到十分理想的地质条件,多少存在着各种各样的不足。因此,要对不满足要求的岩基进行一定的处理,以确保建(构)筑物的安全。

处理过的岩基应达到如下的要求：

(1) 地基的岩体应具有均一的弹性模量和足够的抗压强度。尽量减少建(构)筑物修建后

的绝对沉降量。要注意减少地基各部位间出现的拉应力和应力集中现象,使建(构)筑物不致倾覆、滑动和断裂。

(2) 建(构)筑物的基础与地基之间要保证结合紧密,有足够的抗剪强度,使建(构)筑物不致因承受水压力、土压力、地震力或其他推力而沿着某些抗剪强度低的软弱结构面滑动。

(3) 如为坝基,则要求有足够的抗渗能力,使库区蓄水后不致产生大量渗漏,以避免增高坝基扬压力和恶化地质条件,导致坝基不稳。

为了达到上述要求,一般采用如下处理方法:

(1) 开挖和回填是处理岩基的最常用方法,对断层破碎带、软弱夹层、带状风化等较为有效。若其位于表层,一般采用明挖,局部的用槽挖或洞挖等,使基础位于比较完整的坚硬岩体上。如遇破碎带不宽的小断层,可采用"搭桥"的方法,以跨过破碎带。对一般张开裂隙的处理,可沿裂隙凿成宽缝,再回填混凝土。

(2) 固结灌浆改善岩体的强度和变形,提高岩基的承载能力,达到防止或减少不均匀沉降的目的。固结灌浆是处理岩基表层裂隙的最好方法,它可使基岩的整体弹性模量提高1~2倍,对加固岩基有显著的作用。

(3) 增加基础开挖深度或采用锚杆与插筋等方法提高岩体强度。

(4) 如为坝基,在坝基上游做一道密实帷幕灌浆,并在帷幕上加设排水孔或排水廊道,使坝基的渗漏量减少、扬压力降低和排除管涌事故。帷幕灌浆一般用水泥浆或黏土泥浆灌注,有时也用热沥青灌注。

## 思考题及习题

1. 岩基工程有哪些特点?岩基上常用的基础形式有哪几种?

2. 岩基上柔性基础和刚性基础沉降计算有何区别?

3. 岩基破坏模式有哪几种?如何确定岩基承载力?

4. 重力坝坝基破坏模式有哪些?如何计算不同破坏模式下坝基的稳定性?

5. 岩基的加固措施主要有哪些?

6. 某建筑场地地基为紫红色泥岩,在同一岩层(中风化)取样,测得其饱和单轴抗压强度值为3.6MPa、4.7MPa、5.8MPa、6.2MPa、4.5MPa和8.1MPa,取折减系数$\psi_r=0.20$,试求该岩基承载力特征值。

7. 某岩基上圆形刚性基础,直径$\phi$0.5m,基础上作用有$N=1000$kN/m的荷载,基础埋深1m,已知岩基变形模量$E_m=400$MPa,泊松比$\mu=0.2$,求该基础沉降量。

8. 某岩基各项指标如下:$\gamma=25\text{kN/m}^3$,$c=30$kPa,$\phi=30°$,若作用一条形荷载,宽度$b=$1m,则按基脚岩体直线剪切破坏模式计算岩基极限承载力。

9. 某混凝土坝重90 000kN(以单位宽度1m计),建在岩基上,如图9-21所示。岩基为粉砂岩,重度$\gamma=27\text{kN/m}^3$,坝基内有一倾向上游的软弱结构面$BC$,该面与水平面成15°角。结构面的内聚力$c=200$kPa,摩擦系数$f=0.36$。建坝后由于某原因在坝踵岩体内产生一条铅直张裂隙,与软弱结构面$BC$相交,张裂隙的深度为25m,设$BC$内的水压力按线性规律减少。问库内水位上升高度$H$达到何值时,坝体和地基开始沿$BC$面滑动?

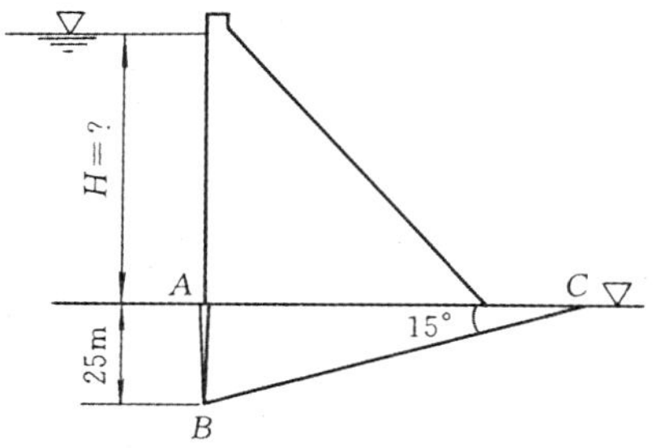


图 9-21　题 9 图

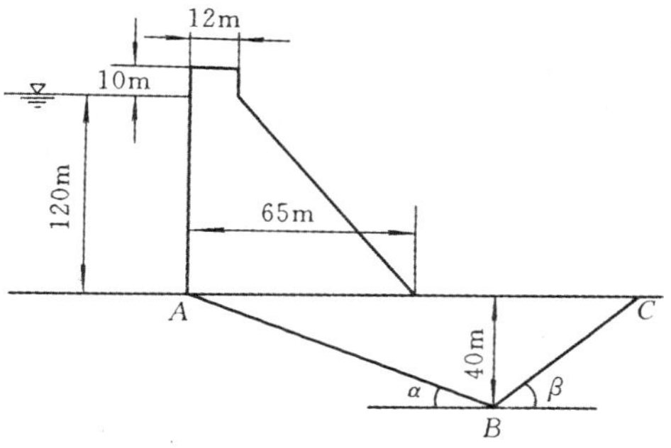


图 9-22　题 10 图

10. 一混凝土重力坝横断面如图 9-22 所示，坝基内存在两组结构面 $AB$ 和 $BC$，工程地质勘查表明，$ABC$ 为最危险的滑动体。已知坝基岩体重度为 22.5kN/m³，坝体混凝土重度为 21.5 kN/m³。结构面 $AB$ 的抗剪强度指标：$c_1=0.34$MPa，$f_1=0.39$；结构面 $BC$ 的抗剪强度指标：$c_2=0.32$MPa，$f_2=0.34$。结构面 $AB$ 的倾角 $\alpha=28.5°$，结构面 $BC$ 的倾角 $\beta=41°$。不考虑地下水的静水压力、动水压力及地震力的作用，其他几何尺寸如图 9-22 所示。试分别用非等 $K$ 法和等 $K$ 法计算坝基的稳定性系数。

# 第 10 章　岩体力学数值分析方法及研究展望

## 10.1　岩体力学数值分析方法

岩体不仅为一般材料，更重要的是一种地质结构体，它具有非均质、非连续、非线性等特性以及复杂的加卸载条件和边界条件，这使得岩体力学问题通常无法用解析方法简单地求解。相比之下，数值法具有较广泛的适用性。它不仅能模拟岩体的复杂力学与结构特性，也可很方便地分析各种边值问题和施工过程，并对工程进行预测和预报。因此，岩体力学数值分析方法是解决岩土工程问题的有效工具之一。

目前较为常用的数值分析方法有有限元法、边界元法、有限差分法、离散元法、刚体元法、不连续变形分析法、数值流形方法等。其中，有限元法、边界元法和有限差分法是基于连续介质力学的方法，离散元法、刚体元法和不连续变形分析法则是基于非连续介质力学的方法，而数值流形方法具有这两大类方法的共性。

数值分析方法的共同特点是，将带有边值条件的常微分方程或偏微分方程离散为线性代数方程组，采用适当的求解方法解方程组，获得基本未知量，进而根据几何方程和物理方程，求出研究范围内的其他未知量。

对于岩体工程问题，还应重视随工程活动和时间变化岩体及加固结构中的节理、裂隙等各种不连续面及其扩展过程和自然环境变化过程的数值仿真模拟。与此同时，应根据实际岩体的赋存环境和工程因素影响情况，确定用于数值分析的计算力学参数。因此，利用工程现场的实测位移，进行位移反分析来获取数值分析的力学参数，将仍是数值分析获取较符合实际结果的有效方法之一。

这里简要介绍有限元法、边界元法、有限差分法、离散元法、数值流形方法和位移反分析法的基本内容。

### 10.1.1　有限元法

有限元法(Finite Element Method，FEM)是最为广泛应用的一种数值计算方法。自 20 世纪 50 年代发展至今，有限元已成功地求解了许多复杂的岩体力学问题，成为广大岩体力学研究人员与工程技术人员用来解决岩体力学问题的有效工具。

有限元法是把一个实际的结构物或连续体用一种由多个彼此相联系的单元体所组成的近似等价物理模型来代替。通过结构及连续体力学的基本原理及单元的物理特性建立起表征力和位移关系的方程组。解方程组求其基本未知物理量，并由此求得各单元的应力、应变以及其他辅助量值。有限元法按其所选未知量的类型，即是以节点位移作为基本未知量，还是以节点力作为基本未知量，或二者皆有，可分为位移型的、平衡型的和混合型的有限元法。由于位移型有限元法在计算机上更易实现复杂问题的系统化，且便于电算求解，更易推广到非线性和动力效应等其他方面，所以位移型有限元法比其他类型的有限元法应用更为广泛。

有限元法求解岩体力学问题的步骤如下：

(1) 确定计算模型。根据对称性、材料性质和所关心部位的边界尺寸等确定计算模型。

如对于一圆拱形隧道，若其受力、几何形状及材料性质均对称于 y 轴，则可取其 1/2 作为研究对象，而外边界可根据隧道的跨度和高度确定。通常外边界左右取跨度的 3～5 倍，上下取高度的 3～5 倍。在所取范围之外可认为不受开挖等施工因素的影响，即在这些边界处可忽略开挖等施工所引起的应力和位移。同时，保证模型不出现刚体位移及转动。

(2) 划分单元。根据上面所确定的模型，在比较规则的区域划分四边形单元，复杂区域可选择任意四边形和三角形单元。划分时不能出现同一单元跨过两种材料，避免出现钝角。单元编号时，应使同一单元的编号的最大差值为最小。应力集中的区域和重点研究的区域单元应密集些。

(3) 选择位移函数。依据单元的类型，选择对应的位移插值函数，相同类型单元取同一插值函数。

(4) 建立单元刚度矩阵，并进行坐标转换。

(5) 形成总体刚度矩阵。

(6) 荷载等效移置，确定节点力列阵。

(7) 列出有限元基本方程，并根据已知位移对方程进行修正。

(8) 求解总体方程，可获得节点位移。

(9) 利用几何关系和物理方程计算单元的应变和应力。

(10) 绘制计算结果，以便直观了解分析结果，给出定量的评价。利用有限元法计算结果画出破坏区(塑性区)、应力和位移等值线、应力场和位移场矢量图及所需要某一截面的应力分布曲线和位移分布曲线等。

在应用有限元法分析岩体力学问题时应注意下列问题和相关技术。

1. 正确输入岩体参数及初始应力场

选择计算参数的途径有三种：一是根据实验确定，但实验室确定的参数不能直接采用，通常需进行折减，因为实验室试验一般确定的是岩块的力学参数，而数值计算需要的是岩体的力学参数，大量的研究资料表明：岩体的力学参数应是岩块的力学参数的 1/2～1/20；二是现场试验和实测参数，这些由现场所获得的参数一般也需进行数学上的处理之后才可使用；三是利用量测位移进行反分析确定，这种方法将在本章后面进行简要介绍。

初始地应力场的输入直接影响计算结果，所以，正确确定岩体的初始应力状态是有限元法分析中的一个关键环节。实际工程宜采用现场测量的岩体初始地应力值。对于一般性工程，若无地应力测试数据，可根据现场岩性和地质构造、开挖后是否出现高地应力现象、埋深、地形地貌、地壳剥蚀程度等评估初始地应力状态：

(1) 较平缓的孤山体，一般情况下，地应力的垂直向应力为自重应力，水平向应力不大于 $\gamma H \cdot \mu/(1-\mu)$。

(2) 通过对历次构造形迹的调查和对近期构造运动的分析，以第一序次为准，根据复合关系，确定最新构造体系，据此确定初始应力的最大主应力方向。

当垂直应力为自重应力，且是主应力之一时，水平向主应力较大的一个，可取(0.8～1.2) $\gamma H$ 或更大。

(3) 埋深大于 1000m，随着深度的增加，初始应力场逐渐趋向于静水压力分布；大于 1500m 以后，可按静水压力分布确定。

(4) 在峡谷地段，从谷坡至山体以内，可划分为应力松弛区、应力过渡区、应力稳定区和河底应力集中区。峡谷的影响范围，在水平方向一般为谷宽的 1～3 倍。在谷底较深部位，最大主应力趋于水平且多垂直于河谷。

(5) 地表岩体剥蚀显著地区,水平向应力应按原覆盖层厚度(包括已剥蚀的部分)计算。

(6) 根据岩体开挖或钻孔取心过程中出现的高地应力现象,可按表 6-4 评估工程岩体所对应的围岩强度比。

2. 采用节理单元来考虑岩体的非连续性

岩体中常存在大量节理,而节理的变形性质和岩石的力学性质有十分明显的差别。从某种程度上讲,节理的存在决定着岩体的力学性质。因此分析节理的变形性质,对于研究岩体工程的变形情况至关重要。在进行有限元分析时,一般采用节理单元来处理。

节理单元首先由古德曼(R. E. Goodman)于 1976 年提出来的。古德曼认为节理不是一个实体,它只在若干点处接触,因此节理单元也应满足这一特点。古德曼单元应用广泛,但古德曼单元是无厚度单元,仅适用于直接接触的节理面,而对于有一定厚度的软弱面或夹层不适用。因此,有人提出一种六节点变厚度的节理单元,这种单元实际上是细长四边形等参单元,可以用于模拟等厚度、变厚度的节理及软弱夹层,也可以用它处理曲线边界,具有较强的灵活性和广泛的适用性。

3. 开挖、衬砌(回填)的模拟

开挖导致沿开挖边界各点产生应力释放,模拟这一开挖效果目前普遍采用 J. M. Dancan 提出的"反转应力释放法",即在开挖边界上作用一"等效释放荷载",这一等效释放荷载等价于原来作用在该边界上的初始地应力,但方向相反。

对于岩体工程而言,除了开挖,各种支护(加固)施工过程均对周围岩体产生一定的作用和力学效应。同时,支护结构形式也随着施工建造过程不断变化。因此,在进行有限元分析前,确定离散化网格时,就应充分考虑施工建造过程的各种变化。

如图 10-1 所示一地下洞室,开挖及支护分上、下两部分进行,施工步骤如图中的数字所示。模拟该洞室施工过程的有限元网格如图 10-2 所示。对于每一步开挖,释放荷载模拟了开挖的力学效应,而开挖掉的单元改变了工程结构的形式,因此,除计算等效释放荷载外,将其变为"空单元"(有些通用程序里称为"死单元"),即令开挖单元的刚度接近于零;每一步衬砌施工或回填,将这些部位所对应的单元赋予衬砌或回填材料的力学参数。同时,在形成有限元方程进行求解时,应重视考虑空间效应的影响。在开挖瞬时,开挖荷载一般只释放 50%~80%,若衬砌或回填紧跟掌子面,则支护施工后,仍有 20%~50%的开挖释放荷载,具体荷载释放系数的大小,要根据实际施工情况而定。上述计算分四步完成,叠加每一步的模拟结果可得最终分析结果。

喷射混凝土通常是紧跟掘进工作面及时施工,因此,可以把它与围岩作为一体来考虑,也可采用梁单元来模拟。采用梁单元的优点是可以得出喷层的轴力、剪力和弯矩,并根据各截面的内力计算出喷层外边缘的应力,以此对喷层所处的状态作出判断。此外,由于梁单元与围岩的连续体平面单元具有不同的节点自由度,在软件编制中需作适当处理。对于很薄的喷层,考虑到实际喷层主要是受轴向压应力的特点,也可以近似地用轴力杆单元模拟。

4. 锚杆支护的模拟

锚杆支护是岩体工程中广泛应用的重要支护形式之一。常见的锚杆类型有两种:一类是点锚固锚杆,这类锚杆通常在安装时施加一定的预应力;另一类是全黏结式锚杆。对于前一类锚杆可把预应力作为作用在锚固点处的一对集中荷载加以考虑,在两端锚固点之间的锚杆则以一个轴力杆单元来模拟;后一类全黏结式锚杆则可按锚杆全长分为若干个小单元进行模拟

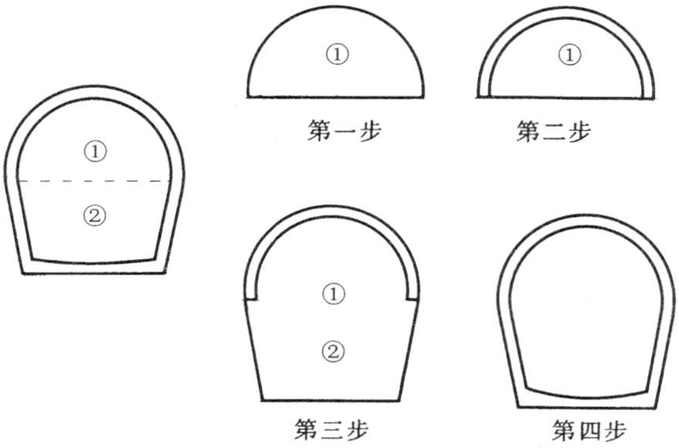


图 10-1　某地下洞室施工步骤示意图

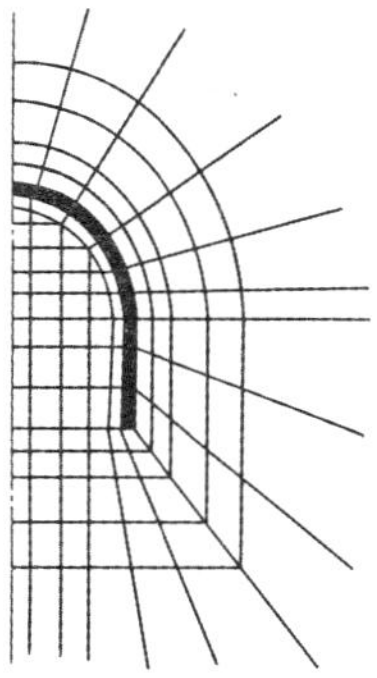

图 10-2　有限元网格图

(图 10-3)。同时,由于锚杆作用改善了锚固区的岩体的力学性态,将使其内聚力和内摩擦角的值提高,这一点需通过实验来确定。在没有进行充分的实验研究之前,可以把锚杆的抗剪强度平均到每一根锚杆所支护的岩体单元上。

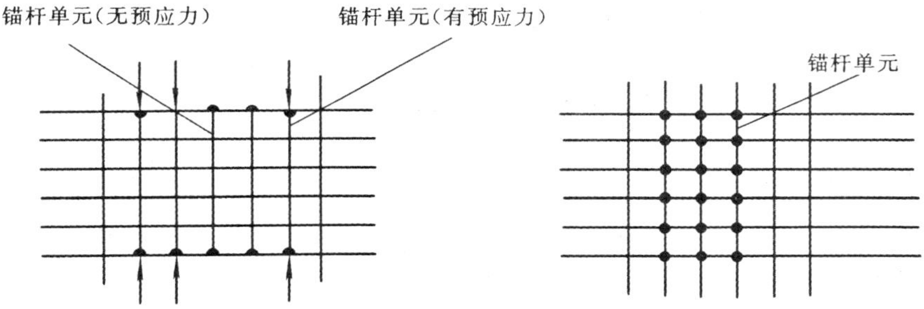


(a) 点锚固锚杆单元　　(b) 全粘结式锚杆单元

图 10-3　锚杆支护模拟分析

### 10.1.2　边界元法

边界元法(Boundary Element Method,BEM)是和有限元法同步发展的一种数值计算方法。与有限元相比有以下特点:①边界元法把一个均质区域看作一个大单元,只把它的边界离散化,区域内不划分单元,场变量处处连续;②对于无限区域,场变量自动满足无穷边界条件及自然表面状态。对于半无限区域,场变量也自动满足无穷远边界条件及自然表面状态。有限元法是全区域离散化,而边界元是把基本方程转化为边界积分方程,只对边界离散化建立相应的方程组进行求解。这样边界元使三维问题降为二维问题求解,使二维问题转化为一维问题求解,当物体的表面积和体积之比较小时,边界元的划分单元数要比有限元少数倍和十几倍,这样也使待解的方程数目、处理和存储的数据量降低同样的倍数,大大节省了机时和算题费用。当仅需求解物体内部几个点的应力时,有限元仍不得不划分整个区域,才能确定这几个点的应力值。而边界元当知道边界的应力解时,就可以根据需要去求物体内部个别点的解。在应力梯度较高处,有限元法的剖分密度常常受到限制,而边界元可以方便地确定应力梯度的分布。但随着计算机硬件的飞速发展,边界元的优势逐渐显得不很明显。

边界元法矩阵方程中系数阵的元素结构比有限元法刚度阵中的元素复杂。有限元刚度阵属带状稀疏阵,而边界元法的系数阵为满阵,因此对于面积和体积之比较大的薄壁结构而言,边界元不占优势。

边界元比较适合求解无限区域和半无限区域问题,如深埋洞室是一个典型的例子。但边界元在计算非均质介质问题、非线性问题以及模拟工程开挖过程等方面不如有限元方便有效。有限元与边界元划分单元的比较如图 10-4 所示。

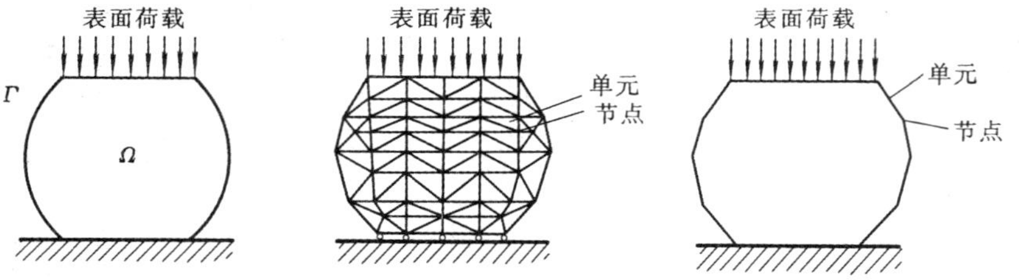


(a) 力学模型和边界条件　(b) 有限元单元划分　(c) 边界元单元划分

图 10-4　有限元法与边界元法的比较

求解边界方程组主要有 Massonet 和 Rizze 分别提出的直接和间接两种数值解法。直接法是直接建立关于边界的积分方程,通过离散化求解边界未知参数,进而求得计算区域内场函数值。间接法是设立一个在求解区域内含有若干系数的满足基本方程组的解,代入边界条件求出系数,进而求得边界及区域内各点的场函数值。

### 10.1.3　有限差分法

有限差分方法(Finite Difference Method,FDM)是从一般的物理现象出发建立相应的微分方程,经离散后得到差分方程,再进行求解的方法。随着计算机的不断发展和其他计算方法的兴起,有限差分法曾一度受到冷遇,但 20 世纪 80 年代末由美国 ITASCA 公司开发的 FLAC(Fast Lagrangian Analysis of Continuum)程序广泛采用差分方法进行求解,在岩土工程数值计算中得到了广泛的应用。

FLAC 是为岩土工程应用而开发的连续介质显式有限差分计算机软件,主要适用于模拟计算岩土类工程地质材料的力学行为,特别是岩土材料达到屈服极限后产生的塑性流动。材料通过单元和区域表示,根据研究对象的形状构成相应的网络结构。每个单元在外载和边界约束条件作用下,按照约定的线性和非线性应力-应变关系产生力学响应。FLAC 软件建立在拉格朗日算法基础上,特别适用于模拟材料的大变形和扭曲转动。FLAC 程序设有多种本构模型,可模拟地质材料的高度非线性(包括应变软化和硬化)、不可逆剪切破坏和压密、黏弹性(蠕变)、孔隙介质的流固耦合、热力耦合以及动力学行为等。另外,程序还设有边界单元,可以模拟断层、节理和摩擦边界的滑动、张开和闭合行为。支护结构,如衬砌、锚杆、可缩性支架或板壳等与围岩的相互作用也可以在 FLAC 程序中进行模拟。同时用户可根据需要在 FLAC 中创建自己的本构模型,进行各种特殊的修正和补充。

FLAC 和有限元相比具有以下一些特点:

(1) 由马蒂(J. Maxti)和康德(P. Cundall)于 1982 年提出的混合离散法适用于塑性破坏荷载和塑性流动的模拟,这个方法比有限元中普遍采用的归约积分法更为合理。

(2) FLAC 虽然具有动力方程,但模拟系统实质上是静止的。这使得 FLAC 不需要数值上卸载就可以遵循物理的失稳过程。

(3) FLAC 采用显式表达方式,对于任意非线性应力-应变关系计算所用的时间和线性关系基本一致，而且它并不需要存储任何矩阵，这就意味着计算机一般的内存就可以计算大量的单元，而且大变形计算所花费的计算时间和小变形基本一样，因为它没有刚度矩阵。

FLAC 也有不足之处：①用 FLAC 计算线性问题比同样的有限元要慢，FLAC 对非线性、大变形问题及岩土物理失稳的计算更有效；②FLAC 的计算时间由模拟系统最长固有周期和最短固有周期之比确定。对于一些特定的模型，如弹性模量和单元尺寸变异较大的模型，计算效率非常低。

### 10.1.4　离散元法

离散元法(Distinct Element Method，DEM)是 20 世纪 70 年代初开始兴起的一种数值计算方法。有限元法、边界元法和有限差分法都是基于连续介质力学的数值计算方法，将问题域的内部或边界进行了离散化，但在计算过程中，仍要求保持整体完整性，单元之间决不允许拉开，应力仍保持连续。离散元法则完全强调岩体的非连续性，问题域由众多的岩体单元所组成，但这些单元之间并不要求完全紧密接触，单元之间既可以是面接触或面与点的接触，也允许块体之间滑移或受到拉力以后脱开，甚至脱离母体而自由下坠。

有限元法的理论基础是基于最小势能原理，边界元法的理论基础是 Betti 互等定理，而离散元法的理论基础则为最简单、最基本的牛顿第二运动定律。离散元法认为，岩体中的各离散单元，在初始应力作用下各块体保持平衡。岩体表面或内部被开挖以后，一部分岩体就存在不平衡力，离散单元法对计算域内的每个块体所受的四周作用力及自重进行不平衡力计算，并采用牛顿运动定律确定该岩块内不平衡力引起的速度和位移。反复逐个块体进行类似的计算，最终确定岩体在已知荷载作用下是否将破坏或计算出最终稳定体系的累积位移，所采用的算法称为动态松弛法。为了要达到快速收敛和避免产生振荡，还要对运动方程式加上一定的阻尼系数。

UDEC 和 3DEC 分别是目前在岩体工程中得到较广泛应用的二维和三维离散元数值分析程序。图 10-5 是采用 UDEC 分析的一个算例，为地下煤层开挖形起冒落和岩层移动的模拟。

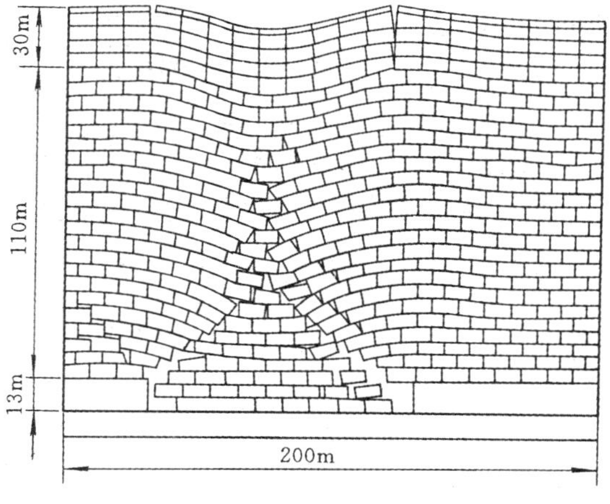


图 10-5　岩层移动和冒落形态

### 10.1.5　数值流形方法

数值流形方法(Numerical Manifold Method，NMM)是我国留美学者石根华于 20 世纪 90

年代初提出并开发的一种全新数值计算方法。

实际的工程岩体常被一些节理等结构面所切割,形成一种处于连续与非连续之间的拟连续介质。连续介质力学数值方法,如有限元、边界元、有限差分方法等,处理岩体节理时需采用节理单元方式;而非连续介质力学数值方法,如离散元和非连续变形分析(Discontinuous Deformation Analysis,DDA),处理的是事先划分好的块体模型。数值流形方法则可处理连续与非连续介质耦合问题,这对于岩体这种拟连续介质材料尤为适合。

数值流形方法以拓扑流形学为基础,应用有限覆盖技术,通过在计算区域内各物理覆盖上建立通用的覆盖函数和以加权求和形成总体位移函数,从而把连续和非连续变形力学问题统一起来考虑。它以数值流形为核心,在 DDA 基础上,联合有限元和解析法的连续分析方法,形成了在一切空间(包括有限元、DDA 和解析法)统一的计算形式。

有限覆盖技术是在数学流形分析中经常采用的一种方法。石根华采用这一方法,统一解决了连续和非连续变形的力学问题。有限覆盖技术构造的覆盖函数具有以下两个基本性质:①局部非零性,覆盖函数只在局部区域内不为零,即在局部区域内有解;②在求解区域内,覆盖函数之和为 1。它与数学流形的区别在于,数学流形在整个求解区域内的总体位移函数处处连续并光滑可导,它可完全定义而与覆盖无关,而数值流形的总体位移函数是在覆盖基础上定义的,且可分片微分,在覆盖的接触面上是完全非连续的。总之,数值流形的基本特征是覆盖函数在局部区域内连续,各分片区域之间覆盖函数不连续。通过采用连续和非连续覆盖函数的方法,把连续和非连续变形的计算统一到数值流形中。

图 10-6 是数值流形方法的一个算例,为一隧洞在高地应力作用下坍塌过程的模拟。

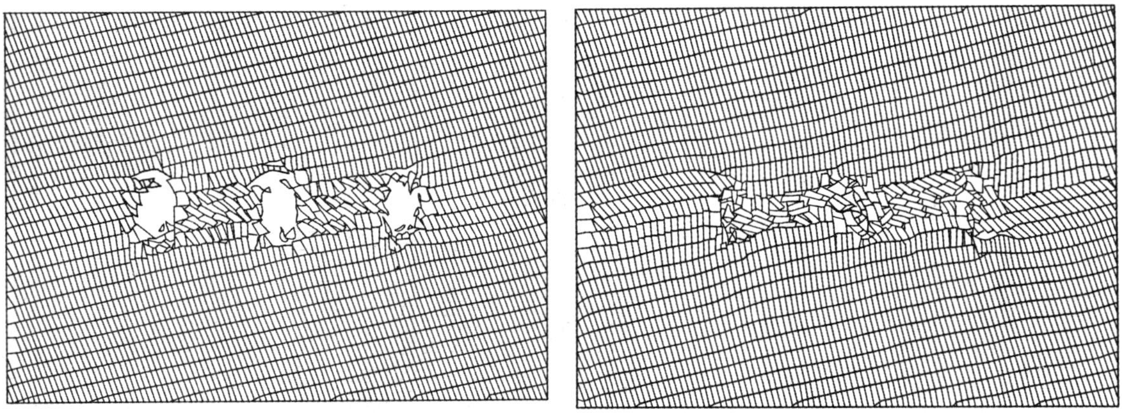

(a) 坍塌前　　(b) 坍塌后

图 10-6　高地应力引起的隧洞坍塌过程模拟

### 10.1.6　位移反分析法

在力学范畴内,一般是根据表征某一系统力学属性的各项初始参数来确定系统的力学行为;而当利用反映系统力学行为的某些物理量推算该系统的各项或一些初始参数时,这种问题通常被称为反问题或逆问题。在岩土工程领域内,则被称为反分析法。反分析以工程现场的量测值(如位移、孔压)作为基础信息反求实际岩土的力学参数、初始地应力、结构荷载等,为理论分析特别是数值分析提供符合实际情况的基本参数。

反分析法理论首先是从人们对岩质隧道的量测和分析研究中形成,并逐步发展和完善的。

20 世纪 70 年代以前有关研究人员就已经对岩体中初始地应力和地层参数的试验测定有较多研究，并得到许多可用于工程实践的方法。然而在当时水平下，初始地应力的测定主要依靠钻孔，地层参数的获得则主要依靠室内试验与野外试验，这些方法虽然都能取得预期的结果，但都费钱费时，使绝大多数工程在设计时都不能按实际需要开展工作。20 世纪 70 年代起，用于隧道施工的新奥法技术开始得到推广应用。新奥法技术进行隧道设计和施工的主要依据是洞周收敛位移量测信息，包括拱顶下沉量、洞周最大收敛位移值及其收敛速率等。有关研究人员在开展收敛限制法设计理论研究的同时，也对隧道施工采集的位移量测信息进行反演研究。经过十多年的研究，到 20 世纪 80 年代已经取得了一系列成果，初步形成了可供岩体工程实践采用的反演理论和方法体系。

根据反分析时所利用的基础信息不同，反分析法可分为应力反分析法、位移反分析法和混合反分析法。由于位移量测比应力量测更经济、方便，且较易获取，故位移反分析法更为工程所广泛采用。

位移反分析法按照其采用的计算方法又可分为解析法和数值法（有限元法、边界元法等）。解析法只适于简单几何形状和边界条件的问题反演，难以为复杂的岩土工程所广泛采用，而数值方法具有普遍的适应性。一般把数值分析方法（如有限元法、边界元法）与数学优化方法结合起来，通过不断修正岩土的未知参数，使得现场实测值与相应的数值分析的计算值的差异达到最小。

在位移反分析中，存在着三个系统识别问题，即力学模型系统、边界条件系统和参数系统。力学模型的正确选择是反分析的基础，边界条件合理的确定是反分析中正确利用数值分析方法的必要条件，而选择待分析参数则是反分析中的关键，它直接影响到反分析结果的精度。从理论上讲，当实测位移值足够多时，可以借助位移反分析来确定所有参数，但实际只要反分析对位移敏感的参数，这样可减少反分析的工作量，加快反分析速度，并能保证反分析的精度。

应该指出，反分析得出的岩体物理力学参数只是供进一步正算采用的等效参数或综合参数，它不能取代试验和实测，也不能推广到诸如围岩应力分析等普遍用途。

反分析方法不仅是参数估计，它可进一步推广应用到工程预测和险情预报、反馈动态设计、调整施工方案以及可靠度评价等。

## 10.2　岩体力学研究展望

作为岩体力学学科，在 21 世纪不断提出新问题将成为一个重要的发展趋势。这里我们无法预测这些新问题十分具体的内容，但可以从岩体力学发展的经验出发，对岩体力学的发展进行一下展望。以下介绍谢和平等归纳的岩体力学研究展望。

### 10.2.1　岩体非线性本构理论

自岩体力学学科创立以来，岩体本构理论一直是岩体力学研究的核心问题，受到许多专家和学者的极大关注和重视，已取得了很大的进展。由于岩体介质的特殊性和复杂性，其本构理论的许多基本问题尚未认识清楚，尤其是岩体非线性本构理论中至今还留有许多尚未解决的问题。目前在宏观唯象学基础上建立起来的岩体弹塑性理论、流变学理论以及损伤理论已日趋完善。然而这些模型和理论大多沿用金属固体力学的基本概念和假设。实际上岩体是一种非常复杂的地质材料，其细观结构和金属材料有很大的差别。因而造成了其独特的力学特性：

①非线性体积变化(膨胀与扩容);②非正交塑性与黏性流动;③应变软化;④各向异性。因此建立适合岩体材料力学性质的非线性本构关系成为岩体力学发展的一个重要内容。

目前,宏观唯象学本构理论对岩体线性特性作了很好的描述,但对岩体非线性描述至今仍很不完善,迫切需要新的理论与新的方法。研究微裂纹扩展、成核以及宏观裂纹的出现,岩体破坏与失稳全过程的非线性本构描述;研究非局部理论、微极理论以及高应变梯度等岩体本构理论。特别是力学学科中刚刚兴起的细观到宏观跨层次的研究将为揭示岩体真实本构理论提供有力的手段。

### 10.2.2 细观岩体力学

岩体含有大量微裂隙、微裂纹等内部缺陷,这些缺陷的存在是造成岩体宏观非弹性变形和各向异性的根本原因。而岩体宏观变形和破坏都是内部细观微裂隙和微裂纹的扩展、贯通的综合效应。为了解决岩体的力学特性和工程问题,应开展对岩体细观结构力学机制的研究。首先应提出描述岩体内部结构状态的定量方法,合理定义损伤变量。这些都要应用和发展新的测量技术和理论方法,如应用分形几何理论、声发射、CT 扫描(Computerized Tomography)、扫描电镜(Scanning Electron Microscope, SEM)、TV 扫描、光纤技术和计算机图像数据处理。在此基础上,建立岩体损伤演化规律的理论模型。而分形几何理论作为研究复杂现象和规律的非线性数学工具,为岩体细观破裂演化成宏观破裂的跨尺度过程研究提供了工具和手段,使之能更定量地认识岩体的破坏过程。因此以下一些岩体细观力学值得注意:

(1) 确定可测量能描述岩体组构的微结构参数,组构演化的细观力学分析,包括三维各向异性损伤积累和局部化与裂纹起裂、扩展、成核及分岔的力学关系。

(2) 岩体损伤演化与岩体宏观变形和破坏之间的力学关系。

(3) 岩体不规则裂纹尖端应力场奇异性及其分形性质和效应,三维 J 积分和表面裂纹 HRR 场以及岩体各向异性和非均质性对裂纹动态扩展的影响。

(4) 岩体细观损伤演化方程的建立以及细观破裂诱发岩体宏观破裂机理研究,特别是岩体细观破裂和宏观破裂的临界值。

### 10.2.3 岩体计算力学

数值计算已被岩体力学研究和工程设计广泛接受,并成为和解析分析相平行的一种力学分析工具。出现了有限元、边界元、离散元、刚体元、数值流形方法及有限差分等多种数值计算技术,促进了岩体力学学科的发展,使复杂岩体工程的分析和设计发生很大的变化。尤其是数值计算能处理许多传统理论无能为力的工程问题。特别是细观力学方法和计算机方法的有机结合将为岩体工程非线性力学响应分析和模拟提供非常有力的工具。

但目前的数值计算方法大多以连续介质为基础,而离散元则人为地把岩体介质离散化,刚刚兴起的数值流形方法虽然同时考虑了岩体的连续性和非连续性,但还处于不断完善的阶段。因此岩体计算力学今后发展的方向是:

(1) 岩体工程中非线性科学问题的数值分析,尤其是岩体破坏与失稳过程的模拟,包括细观破坏演化至宏观整体失稳破坏的全过程,用于研究岩体破坏机理和判据。

(2) 开发新的岩体非线性数值计算模拟技术与方法,发展各种岩体非线性本构模型的高效数值计算方法。

(3) 开展岩体计算细观力学的研究,模拟基于细观分析的岩体变形、损伤、局部化的演化过程。

(4) 岩体数值计算的可视化方法研究，进行岩体工程的计算机仿真与计算机辅助设计，以此达到生产、设计、施工方案的优化。

### 10.2.4　耦合岩体力学

天然岩体是一种固相、液相和气相并存的多相介质，在许多情况下，必须考虑液体(水和油)或气体(瓦斯)在岩体空隙中的流动规律以及岩体本身变形和强度造成的影响，如地下油库、核废料处理、煤矿中瓦斯流动、石油流动、水库大坝等都涉及多相介质在空隙岩体中的渗流问题。因此岩体渗流力学研究应予大力发展。主要包括：

(1) 岩体裂隙网络几何形状和裂隙表面粗糙度的描述，其中分形理论、混沌理论和随机理论将是强有力的理论工具。

(2) 多相介质应力作用的耦合分析，研究液体、气体流经非弹性变形空隙岩体或裂隙岩体的渗透性和流动规律，特别是研究流动的细观力学问题，了解细观结构参数与渗透率之间的关系。岩体的应力变化、孔隙流体压力对渗透率和流动性的影响。

(3) 岩体中应力—热—气(液)体及化学材料渗透耦合分析，从而研究温度对岩体力学性质和气(液)体渗流的影响。

(4) 岩体内二相流动的稳定性问题，包括非层流流动和非牛顿效应。

### 10.2.5　非连续岩体力学

地壳浅部岩体几乎都不同程度地受到非连续面的切割，岩体的变形和强度在很大程度上取决于结构面(非连续面)力学特性以及岩块间的相对平衡与运动。在数值计算方面，研究岩体的非连续性变形和移动一般采用离散元法、DDA 和数值流形方法等，在力学分析方面，目前采用块体理论。非连续岩体力学研究应着重以下几个方面：

(1) 节理岩体的地质描述，包括结构面的方向、间距、粗糙度、表面强度、开度、充填物、通导性、组数和岩块尺寸；岩体结构面网络的准确描述——有限范围的实测统计与计算机模拟研究，是传统地质统计学与岩体力学面临的研究课题。

(2) 节理面力学性质的研究，包括变形刚度、抗剪强度、剪胀、残余抗剪强度、环境因素特别是水和充填物对岩体节理力学性质的影响。

(3) 对传统的块体理论进行完善。传统的块体理论认为结构面是贯通的，不具有强度，而且块体被认为刚体，这种简化对迅速识别关键块体十分有效，但与实际岩体有所不符。因此块体理论应用于岩体力学分析时，不仅要考虑初始块体的运动，还要考虑块体系统的后续力学行为。此外块体理论研究应将结构面的几何形状和物理力学性质联系一起，将块体系统与结构面视为统一的力学体系看待，并考虑在荷载作用下非贯通节理构成块体的可能性。

### 10.2.6　深部开采的岩体力学研究

随着我国对自然资源需求的日益增加，地表资源已日趋短缺，而目前尚未找到比较有效的自然资源的替代物，因此人们不得不向地壳深部寻求所必需的资源，从而造成露天开采陆续转为地下开采，地下矿山也向深部矿床伸展，未来地下开采的比重将逐渐增大，而且开采深度也越来越大。随着开采深度的增加，岩体变形、强度和破坏特征将发生明显的变化。就强度性质而言，普遍认为岩体的强度随深度的增加而有所提高，岩体的变形性质集中反映在岩体的脆性—塑性转化上,即随着开采深度的增加,在浅部表现为脆性的岩体在深部却表现为塑性。另外在深部开采条件下岩体的剪胀或扩容现象也不明显或消失。在岩体破坏机理方面,由浅部脆性能或断裂韧度控制的破坏转化为深部开采条件下由侧向应力控制的破坏,也就是由浅部的动态破坏转化为深部的准静态破坏。

目前的深部开采岩体力学研究以实验研究为主,并且大部分只涉及岩体力学行为的宏观表现,缺乏对深部条件下岩体物理力学特性转化的基本规律和转化机理的认识。因此深部开采岩体力学以下几部分内容值得研究:

(1) 研究高应力条件下岩体的力学行为(即变形特征、破坏特征与强度特征)转化机理。借助于先进的实验手段,模拟岩体在深部开采条件下的应力条件,研究岩体在高应力作用下组织结构的变化,充分认识岩体力学行为转化的物理力学机理。

(2) 借助于非线性科学的思想和方法建立高应力作用下岩体的强度理论和本构方程。研究深部开采条件下岩体失稳破坏事故特征以及产生机理、过程和防治手段。

(3) 根据分岔和混沌理论,岩体工程失稳破坏是一种分岔混沌现象,当荷载达到某临界点时,岩体工程系统的力学平衡控制微分方程的解不唯一。当荷载超过某临界点时,可能出现多种分岔和混沌解,那么岩土工程就会出现局部剪切带和裂隙带破坏和失稳。应用分岔和混沌理论不仅能解释岩土工程失稳与破坏形式的多样性和非唯一性,而且可以解释系统对初始条件的敏感性,从而提出深部开采过程中发生岩体失稳的判据、预测预报方法以及防治措施。

### 10.2.7 岩体力学与环境

人类为了生存和栖息,一直同自然界做斗争。同时也无意识地破坏了自己生存的自然环境。环境日益恶化成为21世纪人类必须面对的现实。为了实现经济可持续发展,正确认识发展和环境的辩证关系,逐步形成环境科学这门新兴学科,其中包括环境地学、环境物理、环境化学和环境生物学等分支,而环境地学与岩体力学密切相关。例如地下开采引起地表沉陷破坏了原有的生态环境,并且造成地下水水位下降。不适当的大坝建设也会带来严重的环境问题,如河口渔业衰退、江河水位下降等。考虑到以上因素,应该把环境因素放在岩土工程建设的首位进行综合研究。因此岩体力学的发展与环境科学相互交叉成为岩体力学发展的一个新方向。此方面的研究应包括:

(1) 地下开采引起上覆岩层结构演变机理和规律是开采沉陷控制研究的基础,不论是离层注浆减沉中离沉裂缝的时空发育位置,还是控制地表沉陷的措施均以采动覆岩结构演化机理和规律为基础。研究采动覆岩结构演化机理涉及非连续介质(垮落带、断裂带)与连续介质(弯曲带)的耦合本构关系。因此连续介质与非连续介质的耦合本构关系是开采沉陷控制研究的基础和关键。

(2) 加快地下工程的发展是减少地表环境污染的有效方法,世界各国都日益注重地下空间的开发利用,因此先进的地下工程开挖技术(全断面隧道掘进机和微型隧道开挖技术)是我国急需攻克的难题。此外,地下工程的综合利用也是环境科学研究的问题之一。

(3) 大型岩土工程的建设(如水库大坝)对周围地应力影响及周围地区沼泽化和盐碱化的扩散规律。

### 10.2.8 核废料处理

高放射性核废料地下深部处理将成为21世纪举世关注的难题。核废料主要来自于核电站。根据联合国原子能机构调查，1997 年，世界上关闭了 9 座核电站，仍在运行的有 437 座。20 世纪末，核电站排放的废料达到 19 万吨。为了防止核废料的放射危害，一般核废料都深埋在深达数百米到千米的岩体洞室中作为永久储存。在核废料库址选择时，不但涉及地下洞室的热力学—岩体力学—流体力学—化学(TMHC)的耦合作用，还涉及构造地质、水文地质、水文化学、地球物理、地球化学等。所考虑的时间因素至少要 1 万年，甚至 10 万年以上。我国于 1988 年成立了高放核废料处理研究小组，对场址选择、回填材料、放射性核素在裂隙岩体中迁移模式进行了研究。但仍有许多岩体力学问题没有得到圆满解决：

(1) 深部岩体在高地应力作用下力学性能脆塑性转化，岩体长期强度及流变性能主要变化规律。

(2) 深部岩体流—固—热—化学(TMHC)的耦合作用仍是核废料处理的主要难题。

(3) 复杂裂隙岩体的网络结构模型及放射性核素在裂隙岩体中扩散迁移规律。

# 附录　岩体力学室内试验指导书

## 试验一　块体密度试验

### 一、试验目的

块体密度是一个间接反映岩石致密程度、孔隙发育程度的参数，也是评价工程岩体稳定性及确定围岩压力等必需的计算指标。根据岩石含水状态，块体密度可分为天然密度、干密度和饱和密度。岩石块体密度试验可采用量积法、水中称量法或蜡封法。量积法适用于能制备成规则试件的各类岩石；水中称量法适用于除遇水崩解、溶解和干缩湿胀外的其他各类岩石；蜡封法适用于不能用量积法或直接在水中称量法进行测定的岩石。

本试验采用量积法测定岩石的天然密度、干密度和饱和密度。

### 二、试件制备

1. 量积法试件应符合下列要求：

(1) 试件尺寸应大于岩石最大矿物颗粒直径的10倍。

(2) 试件可采用圆柱体、方柱体或立方体。

(3) 沿试件高度、直径或边长的误差不得大于0.3mm。

(4) 试件两端面不平行度误差不得大于0.05mm。

(5) 试件端面应垂直于试件轴线，最大偏差不得大于0.25°。

(6) 方柱体或立方体试件相邻两面应互相垂直，最大偏差不得大于0.25°。

2. 测干密度时，每组试验试件数量不得少于3个；测天然密度和饱和密度时，试件数量不宜少于5个。

### 三、试件描述

1. 岩石名称、颜色、矿物成分、结构、构造、风化程度、胶结物性质等。

2. 节理裂隙的发育程度及其分布。

3. 试件的形态。

### 四、主要仪器设备

1. 钻石机、切石机、磨石机、砂轮机等。

2. 烘箱和干燥器。

3. 天平、测量平台。

4. 游标卡尺。

### 五、试验程序

(1) 量测试件两端和中间三个断面上相互垂直的两个直径或边长，按平均值计算截面积。

(2) 量测两端面周边对称四点和中心点的五个高度，计算高度平均值。

(3) 测定天然密度时，应在岩样开封后，在保持天然湿度的条件下，立即加工试件和称量。测定后的试件，可作为天然状态的单轴抗压强度试验用的试件。

(4) 测定干密度时，应将试件置于烘箱中，在105℃～110℃的恒温下烘24h，取出放入干燥器内冷却至室温，称试件质量。测定后的试件，可作为干燥状态的单轴抗压强度试验用的试件。

(5) 测定饱和密度时，先将试件烘干至恒重，而后可任选以下一种方法进行烘干试件的饱和：①当采用煮沸法饱和试件时，煮沸容器内的水面应始终高于试件，煮沸时间不得少于6h。经煮沸的试件，应放置在原容器中冷却至室温，取出并沾去表面水分后称重。②当采用真空抽气法饱和试件时，饱和容器内的水面应高于试件，真空压力表读数宜为当地大气压值。抽气直至无气泡逸出为止，且抽气时间不得少于4h。经真空抽气的试件，应放置在原容器中，在大气压力下静置4h，取出并沾去表面水分后称重。

(6) 长度量测精确至0.02mm，称量精确至0.01g。

## 六、成果整理和计算

1. 试验数据填入记录表1。

**表1** **岩石块体密度量积法试验记录表**

工程名称： 试验日期：

| 岩石名称 | 含水状态 | 试件编号 | 直径/边长(mm) | | 高度(mm) | | 质量(g) | 密度($g/cm^3$) | 备注 |
|---|---|---|---|---|---|---|---|---|---|
| | | | 测定值 | 平均值 | 测定值 | 平均值 | | | |
| | | | | | | | | | |
| | | | | | | | | | |
| | | | | | | | | | |
| | | | | | | | | | |
| | | | | | | | | | |
| | | | | | — | | | | |
| | | | | | | | | | |
| | | | | | | | | | |
| | | | | | | | | | |
| | | | | | | | | | |
| | | | | | | | | | |
| | | | | | — | | | | |
| 平均密度($g/cm^3$) | | | | | | | | | |
| 试 件 描 述 | | | | | | | | | |
| | | | | | | | | | |

试验者： 计算者： 校核者：

2. 按下式计算岩石的块体密度：

$$\rho_0=\frac{m_0}{AH},\quad \rho_d=\frac{m_d}{AH},\quad \rho_{sa}=\frac{m_{sa}}{AH}$$

式中 $\rho_0$——岩石块体天然密度($g/cm^3$)；
$\rho_d$——岩石块体干密度($g/cm^3$)；
$\rho_{sa}$——岩石块体饱和密度($g/cm^3$)；
$m_0$——天然试件质量(g)；
$m_d$——干试件质量(g)；
$m_{sa}$——饱和试件质量(g)；
$A$——试件截面积($cm^2$)；
$H$——试件高度(cm)。

3. 计算值精确至0.01。

# 试验二　单轴抗压强度试验

## 一、试验目的

测定岩石的单轴抗压强度 $R_c$。当无侧限试件在纵向压力作用下出现压缩破坏时，单位面积上所承受的载荷称为岩石的单轴抗压强度，即试件破坏时的最大载荷与垂直于加载方向的截面积之比。岩石的单轴抗压强度主要用于岩石的强度分级和岩性描述。

本次试验主要测定天然状态下试件的单轴抗压强度。

## 二、试件制备

1. 试件可用钻孔岩心或岩块制备。试样在采取、运输和制备过程中，应避免产生裂缝。
2. 本次试验采用圆柱体作为标准试件，直径为 48mm～54mm，高度为直径的 2.0～2.5 倍。
3. 试件的直径应大于岩石中最大颗粒直径的 10 倍。
4. 试件精度：

(1) 两端面的不平行度误差不得大于 0.05mm。

(2) 沿试件高度，直径误差不得大于 0.3mm。

(3) 两端面应垂直于试件轴线，偏差不得大于 0.25°。

5. 同一含水状态和同一加载方向下，每组试验试件数量应为 3 个。

## 三、试件描述

1. 岩石名称、颜色、矿物成分、结构、构造、风化程度、胶结物性质等。
2. 加载方向与岩石试件层理、片理及节理裂隙之间的关系。
3. 含水状态及所使用的方法。
4. 试件加工中出现的现象。

## 四、主要仪器设备

1. 钻石机、切石机、磨石机或其他制样设备。
2. 测量平台、角尺、放大镜、游标卡尺。
3. 压力机，应满足下列要求：

(1) 压力机应能连续加载且没有冲击，并具有足够的吨位，使能在总吨位的 10%～90%之间进行试验。

(2) 压力机的承压板，必须具有足够的刚度，其中之一须具有球形座，板面须平整光滑。

(3) 承压板的直径应不小于试件直径，且也不宜大于试件直径的两倍。如压力机承压板尺寸大于试件尺寸两部以上时，需在试件上下两端加辅助承压板。辅助承压板的刚度和平整度应满足压力机承压板的要求。

(4) 压力机的校正与检验，应符合国家计量标准的规定。

## 五、试验程序

1. 根据所要求的试件状态准备试件。

2. 量测试件直径和高度,量测方法同块体密度试验。按直径的平均值计算试件截面积。

3. 将试件置于压力机承压板中心,调整有球形座的承压板,使试件均匀受载。

4. 以 0.5～1.0MPa/s 的加载速度加荷,直到试件破坏为止,并记录最大破坏载荷及加荷过程中出现的现象。

5. 描述试件的破坏形态。

## 六、成果整理和计算

1. 试验数据填入记录表 2。

**表 2** 　　岩石单轴抗压强度试验记录表

工程名称:　　　　　　　　　　　　试验日期:

<table>
<tr><td>岩石名称</td><td>含水状态</td><td>受力方向</td><td>试件编号</td><td>试件截面积(mm²)</td><td>破坏荷载(N)</td><td>抗压强度(MPa)</td><td>备注</td></tr>
<tr><td rowspan="3"></td><td rowspan="3"></td><td rowspan="3"></td><td></td><td></td><td></td><td></td><td></td></tr>
<tr><td></td><td></td><td></td><td></td><td></td></tr>
<tr><td></td><td></td><td></td><td></td><td></td></tr>
<tr><td rowspan="3"></td><td rowspan="3"></td><td rowspan="3"></td><td></td><td></td><td></td><td></td><td></td></tr>
<tr><td></td><td></td><td></td><td></td><td></td></tr>
<tr><td></td><td></td><td></td><td></td><td></td></tr>
<tr><td rowspan="3"></td><td rowspan="3"></td><td rowspan="3"></td><td></td><td></td><td></td><td></td><td></td></tr>
<tr><td></td><td></td><td></td><td></td><td></td></tr>
<tr><td></td><td></td><td></td><td></td><td></td></tr>
<tr><td colspan="8">试　件　描　述</td></tr>
<tr><td colspan="8"></td></tr>
</table>

试验者:　　　　　　　　　　计算者:　　　　　　　　　　校核者:

2. 按下式计算岩石的单轴抗压强度:

$$R_c = \frac{P}{A}$$

式中 $R_c$——岩石单轴抗压强度(MPa);

$P$——最大破坏载荷(N);

$A$——垂直于加载方向的试件横截面积($mm^2$)。

3. 计算值取 3 位有效数字。

# 试验三　抗拉强度试验

## 一、试验目的

测定岩石的单轴抗拉强度 $R_t$。试件在纵向力作用下出现拉伸破坏时，单位面积上所承受的载荷称为岩石的单轴抗拉强度。

劈裂法试验是测定岩石单轴抗拉强度 $R_t$ 的方法之一。该法是在圆柱体试件的直径方向上，施加相对的线形荷载，使之沿试件直径方向破坏的试验。

本次试验采用劈裂法测定天然状态下试件的抗拉强度。

## 二、试件制备

1. 本次试验采用圆柱体作为标准试件，直径宜为 48～54mm，试件的厚度宜为直径的 0.5～1.0 倍，并应大于岩石最大颗粒直径的 10 倍。

2. 其他应与试验二的试件制备一致。

## 三、试件描述

同试验二。

## 四、主要仪器设备

同试验二。

## 五、试验程序

1. 根据所要求的试件状态准备试件。

2. 根据要求的劈裂方向，通过试件直径的两端，沿轴线方向划两条相互平行的加载基线。

3. 量测两基线间试件两端和中间三个断面上的直径，并量测沿基线两端和中心点的试件厚度，计算直径和厚度平均值。

4. 将 2 根垫条沿加载基线固定在试件两侧，并将试件置于压力机承压板中心，调整球形座，使试件均匀受力，并使垫条与试件在同一加荷轴线上。

5. 以 0.3～0.5MPa/s 的加载速度加荷，直到试件破坏为止，并记录最大破坏载荷及加荷过程中出现的现象。

6. 描述试件的破坏形状。

## 六、成果整理和计算

1. 试验数据填入记录表 3。

表 3　　岩石单轴抗拉强度试验(劈裂法)记录表

工程名称：　　　　　　　　　　　　　　　　　　　　试验日期：

| 岩石名称 | 含水状态 | 受力方向 | 试件编号 | 试件直径(mm) | 试件厚度(mm) | 破坏荷载(N) | 抗压强度(MPa) | 备注 |
|---|---|---|---|---|---|---|---|---|
| | | | | | | | | |
| | | | | | | | | |
| | | | | | | | | |
| | | | | | | | | |
| | | | | | | | | |
| | | | | | | | | |
| | | | | | | | | |
| | | | | | | | | |
| | | | | | | | | |
| 试　件　描　述 | | | | | | | | |
| | | | | | | | | |

试验者：　　　　　　　　　　　　　　计算者：　　　　　　　　　　　　　　校核者：

2. 按下式计算岩石的单轴抗拉强度：

$$R_t = \frac{2P}{\pi D t}$$

式中　$R_t$——岩石单轴抗拉强度(MPa)；

$P$——最大破坏载荷(N)；

$D$——试件直径(mm)；

$t$——试件厚度(mm)。

3. 计算值取 3 位有效数字。

# 试验四　单轴压缩变形试验

## 一、试验目的

岩石单轴压缩变形试验用于测定岩石试件在单轴压缩应力条件下的轴向及径向(横向)应变值，据此计算岩石的弹性模量和泊松比。

弹性模量是轴向应力与轴向应变之比，泊松比是径向应变与轴向应变之比。

本次试验主要测定天然状态下试件的弹性模量和泊松比。

## 二、试件制备

同试验二。

## 三、试件描述

同试验二。

## 四、主要仪器设备

1. 制样设备和检查仪器同试验二。

2. 压力机、电阻应变仪(也可使用精度能达到0.1%和量距能满足变形测定需要的其他仪表)。使用电阻应变仪应符合仪器说明书的规定。使用时要遵守仪器的工作条件、使用方法及维护中的注意事项。

## 五、试验程序

1. 量测试件直径和高度，量测方法同块体密度试验。按直径的平均值计算试件截面积。

2. 电阻片的粘贴和防潮处理：

(1) 选择的电阻片，要求电阻丝平直，间距均匀，丝栅与栅板粘贴牢固，质量符合产品要求。电阻丝的长度应大于组成试件的矿物最大粒径或斑晶的10倍以上，并应小于试件的半径。同一试件使用的工作片和补偿片的电阻值应不超过±0.2Ω。

(2) 贴片位置应选择在试件中部相互垂直的两对称部位，以相对面为一组，分别粘贴轴向和径向电阻片，并应避开裂隙或斑晶。

(3) 贴片位置应打磨平整光滑，并用清洗液清洗干净。各种含水状态的试件，应在贴片位置的表面均匀地涂一层防底潮胶液，厚度不宜大于0.1mm，范围应大于电阻片。

(4) 电阻片应牢固粘贴在试件上，轴向或径向电阻片的数量可采用2片或4片，其绝缘电阻值不应小于200MΩ。

(5) 在焊接导线后，可在电阻片上作防潮处理。

2. 将贴好电阻片的试件置于压力机上，对准中心，接通电源，并调整电阻应变仪。

3. 在逐渐对试件施加载荷的过程中，应不断调整球形座，使之受力均匀。检查的方法是，在试件上施加少许压力之后，观测几个纵向应变片的应变值是否接近，如读数相差较大，应重新调整试件，直到调好为止。

4. 以0.5～1.0MPa/s的加载速度对试件施加荷载。

5. 施加载荷的过程中,记录各级应力下的纵向和横向应变值。为了绘制应力-应变关系曲线,观测记录的应力-应变值应尽可能多一些,通常不少于10个测值。

## 六、成果整理和计算

1. 试验数据填入记录表4。

**表4　　岩石压缩变形记录表**

**工程名称:**　　　　**试验日期:**

| 岩石名称: | | | 含水状态: | | | $E_{av}=$ | | | $\mu_{av}$ | |
|---|---|---|---|---|---|---|---|---|---|---|
| 试件编号: | | | 试件截面积($mm^2$): | | | $E_{50}=$ | | | $\mu_{50}=$ | |
| 序号 | 加载 | | 纵向应变($\times10^{-6}$) | | | 横向应变($\times10^{-6}$) | | | 备注 | |
| | 轴向荷载(N) | 应力(MPa) | 测量值 | | 平均 | 测量值 | | 平均 | | |
| | | | 1 | 2 | | 1 | 2 | | | |
| 1 | | | | | | | | | | |
| 2 | | | | | | | | | | |
| 3 | | | | | | | | | | |
| 4 | | | | | | | | | | |
| 5 | | | | | | | | | | |
| 6 | | | | | | | | | | |
| 7 | | | | | | | | | | |
| 8 | | | | | | | | | | |
| 9 | | | | | | | | | | |
| 10 | | | | | | | | | | |
| 试　样　描　述 | | | | | | | | | | |
| | | | | | | | | | | |

试验者:　　　　计算者:　　　　校核者:

2. 计算各级应力下的应变值。

(1) 将纵向和横向的电阻片读数分别进行平均,求得纵向应变和横向应变。如各电阻片的读数相差较大,则应检查分析原因:若是试件本身所造成的,应在记录中予以说明;若系测试技术等人为因素所引起的,试验成果应予以舍弃。

(2) 绘制应力与纵向应变及横向应变曲线。

3. 计算弹性模量和泊松比。

(1) 按下列公式计算岩石平均弹性模量和岩石平均泊松比:

$$E_{av}=\frac{\sigma_b-\sigma_a}{\varepsilon_{1b}-\varepsilon_{1a}}$$

$$\mu_{av}=\frac{\varepsilon_{db}-\varepsilon_{da}}{\varepsilon_{1b}-\varepsilon_{1a}}$$

式中 $E_{av}$——岩石平均弹性模量(MPa)；

$\mu_{av}$——岩石平均泊松比；

$\sigma_a$——应力与纵向应变关系曲线上直线段始点的应力值(MPa)；

$\sigma_b$——应力与纵向应变关系曲线上直线段终点的应力值(MPa)；

$\varepsilon_{1a}$——应力为 $\sigma_a$ 时的纵向应变值；

$\varepsilon_{1b}$——应力为 $\sigma_b$ 时的纵向应变值；

$\varepsilon_{da}$——应力为 $\sigma_a$ 时的横向应变值；

$\varepsilon_{db}$——应力为 $\sigma_b$ 时的横向应变值。

(2) 计算岩石割线弹性模量及相应的岩石泊松比：

在纵向应变曲线上，作通过原点与应力相当于 50%抗压强度处的应变点的连线，其斜率即为所求的割线弹性模量：

$$E_{50}=\frac{\sigma_{50}}{\varepsilon_{50}}$$

式中 $E_{50}$——弹性模量(MPa)；

$\sigma_{50}$——相当于 50%抗压强度的应力值(MPa)；

$\varepsilon_{50}$——应力为抗压强度 50%时的应变值。

取应力为抗压强度 50%时的纵向应变值和横向应变值计算泊松比：

$$\mu_{50}=\frac{\varepsilon_{d50}}{\varepsilon_{l50}}$$

式中 $\mu_{50}$——泊松比；

$\varepsilon_{d50}$——应力为抗压强度 50%时的横向应变值；

$\varepsilon_{l50}$——应力为抗压强度 50%时的纵向应变值。

(3) 岩石弹性模量取 3 位有效数字，泊松比精确至 0.01。

# 试验五　三轴压缩强度试验

## 一、试验目的

岩石三轴压缩强度试验是测定一组岩石试件在不同侧压条件下的三向压缩强度，据此计算岩石在三轴压缩条件下的强度参数 $c$，$\phi$ 值。

本试验采用等侧向压力三轴压缩强度试验测定天然状态试件的强度参数。

## 二、试件制备

1. 同试验二。
2. 圆柱形试件直径应为承压板直径的 0.96～1.00。
3. 同一含水状态和同一加载方向下，每组试验试件的数量应为 5 个。

## 三、试件描述

同试验二。

## 四、主要仪器设备

1. 钻石机、锯石机、磨石机、车床等。
2. 测量平台。
3. 三轴试验机(包括测试系统和记录系统)。

## 五、试验程序

1. 量测试件直径和高度，量测方法同块体密度试验。按直径的平均值计算试件截面积。
2. 按等差级数或等比级数选择侧压力。最大侧压力应根据工程需要和岩石特性及三轴试验机性能确定。
3. 根据三轴试验机要求安装试件。试件应采用防油措施。
4. 以 0.05MPa/s 的加荷速度同时施加侧压力和轴向压力至预定侧压力值，并使侧压力在试验过程中始终保持为常数。
5. 以 0.5～1.0MPa/s 的加荷速度施加轴向荷载，直至试件完全破坏，记录轴向荷载、轴向和横向变形、破坏荷载。
6. 对破坏后的试件进行描述。当有完整的破坏面时应量测破坏面与最大主应力作用面之间的夹角。

## 六、成果整理和计算

1. 试验数据填入记录表 5。

**表 5　　岩石三轴压缩试验记录表**

工程名称：　　　　　　　　　　　　　　　　　　　　　　试验日期：

| 岩石名称 | 含水状态 | 试件编号 | 试件截面积（$mm^2$） | 轴向破坏荷载（N） | 侧压力（MPa） | 轴向应力（MPa） | 备注 |
|---|---|---|---|---|---|---|---|
| | | | | | | | |
| | | | | | | | |
| | | | | | | | |
| | | | | | | | |
| | | | | | | | |
| | | | | | | | |
| | | | | | | | |
| | | | | | | | |
| | | | | | | | |
| | | | | | | | |
| 试件描述 | | | | | | | |
| | | | | | | | |

试验者：　　　　　　　　　　　　　　计算者：　　　　　　　　　　　　　　校核者：

2. 按下列公式计算不同侧压条件下的轴向应力：

$$\sigma_1 = \frac{P}{A}$$

式中　$\sigma_1$——不同侧压条件下的轴向应力(MPa)；

$P$——试件轴向破坏荷载(N)；

$A$——试件截面积($mm^2$)。

3. 根据计算的轴向应力 $\sigma_1$ 及相应施加的侧压力值，在 $\tau$-$\sigma$ 坐标图上绘制莫尔应力圆，根据莫尔-库仑强度理论确定岩石三轴应力状态下的强度参数 $c$，$\phi$ 值。

# 试验六　结构面直剪试验

## 一、试验目的

岩石直剪试验是将同一类型的一组试件，在不同法向荷载下进行剪切，根据库仑公式确定岩石的抗剪强度参数。岩石直剪试验一般可测定：①岩石结构面(包括夹泥和不夹泥的层面，节理裂缝面和断层带等)的抗剪强度；②混凝土与岩石胶结面的抗剪强度；③岩石本身的抗剪强度。试验时岩石的含水状态可根据需要采用天然含水状态、饱和状态或其他含水状态。

本次试验测定天然状态下岩石结构面的抗剪强度。

## 二、试件制备

1. 岩石结构面直剪试验试件的直径或边长不得小于 5cm，试件高度与直径或边长相等。结构面应位于试件中部。

2. 每组试验试件的数量应为 5 个。

## 三、试件描述

1. 岩石名称、颜色、矿物成分、结构、构造、风化程度、胶结物性质等。
2. 层理、片理、节理裂隙的发育程度及其与剪切方向的关系。
3. 结构面的充填物性质、充填程度以及试件在采取和制备过程中受扰动的情况。

## 四、主要仪器设备

1. 试件制备设备。
2. 游标卡尺及位移测表。
3. 直剪试验仪。

## 五、试验程序

1. 沿结构面受剪方向量测试件两端及中部的边长，计算边长平均值。

2. 试件安装步骤：

(1) 将试件置于直剪仪的剪切盒内，试件受剪方向宜与预定受力方向一致，试件与剪切盒内壁之间的间隙以填料填实，使试件与剪切盒成为一个整体。预定剪切面应位于剪切缝中部。

(2) 法向荷载和剪切荷载应通过预定剪切面的几何中心。法向位移测表和水平位移测表应对称布置，各测表数量不宜少于 2 只。

3. 法向荷载施加步骤：

(1) 在每个试件上，首先应分别施加不同的法向荷载，所施加的最大法向荷载，不宜小于预定的法向应力(一般是指工程设计应力)。各试件的法向荷载，宜根据最大法向荷载等分确定。

(2) 在施加法向荷载前，应测读各法向位移测表的初始值。应每 10min 测读一次，各个测表三次读数差值不超过 0.02mm 时，可施加法向荷载。

(3) 对于岩石结构面中具有充填物的试件，最大法向应力应以不挤出充填物为宜。

(4) 不需要固结的试件，法向荷载可一次施加完毕，而后测读法向位移，5min 后再测读一次，即可施加剪切荷载。

(5) 需固结的试件，应按充填物的性质和厚度分 1～3 级施加。在法向荷载施加至预定值后的第 1h 内，每隔 15min 读数 1 次，然后每 30min 读数 1 次，当每小时法向位移不超过 0.05mm时，即认为固结稳定，可施加剪切荷载。

(6) 在剪切过程中，应使法向荷载始终保持恒定。

4. 剪切荷载施加步骤：

(1) 测读各位移测表读数，必要时可调整测表读数。根据需要，可调整剪切千斤顶位置。

(2) 按预估最大剪切荷载分 8～12 级施加。每级荷载施加后，即测读剪切位移和法向位移，5min 后再测读一次，即可施加下一级剪切荷载直至破坏。当剪切位移量增幅变大时，可适当加密剪切荷载分级。

(3) 试件破坏后，应继续施加剪切荷载，直至测出趋于稳定的剪切荷载值为止。

(4) 将剪切荷载退至零。根据需要，待试件充分回弹后，调整测表，按本条第 1 款至 3 款步骤进行摩擦试验。

5. 试验结束后，应对试件剪切面进行下列描述：

(1) 量测剪切面，确定有效剪切面积。

(2) 描述剪切面的破坏情况，擦痕的分布、方向和长度。

(3) 测定剪切面的起伏差，绘制沿剪切方向断面高度的变化曲线。

(4) 当结构面内有充填物时，应准确判断剪切面的位置，并记述其组成成分、性质、厚度、结构构造、含水状态。根据需要，可测定充填物的物理性质和黏土矿物成分。

## 六、成果整理和计算

1. 试验数据填入记录表 6。

**表 6**　　**直剪试验记录表**

工程名称：　　　　　　试验日期：

| 岩石名称 | 含水状态 | 试件编号 | 试件边长 (mm) | 法向荷载 (N) | 法向应力 (MPa) | 剪切荷载 (N) | 剪向应力 (MPa) | 备注 |
|---|---|---|---|---|---|---|---|---|
| | | | | | | | | |
| | | | | | | | | |
| | | | | | | | | |
| | | | | | | | | |
| | | | | | | | | |
| | | | | | | | | |
| | | | | | | | | |
| | | | | | | | | |
| | | | | | | | | |
| | | | | | | | | |
| 试　件　描　述 | | | | | | | | |
| | | | | | | | | |

试验者：　　　　　　计算者：　　　　　　校核者：

2. 试验成果整理应符合下列要求：

(1) 按下列公式计算各法向荷载下的法向应力和剪应力：

$$\sigma=\frac{P}{A}, \quad \tau=\frac{Q}{A}$$

式中 $\sigma$——作用于结构面上的法向应力(MPa)；

$\tau$——作用于结构面上的剪应力(MPa)；

$P$——作用于结构面上的法向荷载(N)；

$Q$——作用于结构面上的剪切荷载(N)；

$A$——剪切面积($mm^2$)。

(2) 绘制各法向应力下的剪应力与剪切位移及法向位移关系曲线，根据曲线确定各剪切阶段特征点的剪应力。

(3) 根据各剪切阶段特征点的剪应力和法向应力绘制关系曲线，按库仑表达式确定相应的岩石结构面抗剪强度参数 $c$，$\phi$ 值。

# 试验七　岩块声波试验

## 一、试验目的

采用超声波仪在实验室测试岩石试件的纵波和横波速度，据此计算岩石的动弹性模量、动剪切模量、动泊松比、动拉梅系数和动体积模量等动弹性参数，并可与岩体现场声波试验一起来判断岩体的完整性。

岩块声波试验可采用直透法和平透法。本次试验采用直透法。

## 二、试件制备

同试验二。

## 三、试件描述

同试验二。

## 四、主要仪器设备

1. 钻石机、切石机、磨石机、车床等。
2. 测量平台。
3. 岩石超声波参数测定仪。
4. 纵、横波换能器。
5. 测试架。

## 五、试验程序

1. 选用换能器的发射频率应满足下式要求：

$$f \geqslant \frac{2v_{\mathrm{P}}}{D}$$

式中　$f$——换能器发射频率(Hz)；

$v_{\mathrm{P}}$——纵波速度(m/s)；

$D$——试件直径(m)。

2. 测定纵波速度时，耦合剂可采用凡士林或黄油；测定横波速度时，耦合剂可采用铝箔、铜箔或水杨酸苯酯。

3. 将试件置于测试架上，换能器应置于试件轴线的两端，并应量测两换能器中心距离。应对换能器施加约 0.05MPa 的压力，测读纵波或横波在试件中的传播时间。若要对受力状态下的试件进行声波测试，宜与单轴压缩变形试验同时进行。

4. 测试结束后，应测定超声波在标准有机玻璃棒中的传播时间，绘制时距曲线并确定仪器系统的零延时。也可将发射、接收换能器对接测读零延时。

## 六、成果整理和计算

1. 试验数据填入记录表 7。

表 7　　　　岩块声波测试记录表

工程名称：　　　　　　　　　　　　　　　　　　　　试验日期：

| 岩石名称 | 含水状态 | 试件编号 | 换能器间距(mm) | 纵波时间(s) | 横波时间(s) | 纵波波速(m/s) | 横波波速(m/s) | 备注 |
|---|---|---|---|---|---|---|---|---|
| | | | | | | | | |
| | | | | | | | | |
| | | | | | | | | |
| | | | | | | | | |
| | | | | | | | | |
| | | | | | | | | |
| | | | | | | | | |
| | | | | | | | | |
| | | | | | | | | |
| 试　样　描　述 | | | | | | | | |
| | | | | | | | | |

试验者：　　　　　　　　　　　　计算者：　　　　　　　　　　　　校核者：

2. 按下列公式计算岩石的纵波速度和横波速度：

$$v_{\mathrm{P}}=\frac{L}{t_{\mathrm{P}}-t_0},\quad v_{\mathrm{S}}=\frac{L}{t_{\mathrm{S}}-t_0}$$

式中　$v_{\mathrm{P}}$——纵波速度(m/s)；

$v_{\mathrm{S}}$——横波速度(m/s)；

$L$——发射、接收换能器中心间的距离(m)；

$t_{\mathrm{P}}$——纵波传播时间(s)；

$t_{\mathrm{S}}$——横波传播时间(s)；

$t_0$——仪器系统的零延时(s)。

3. 岩块动弹性参数按下列公式计算：

$$E_{\mathrm{d}}=\rho v_{\mathrm{P}}^2\frac{(1+\mu_{\mathrm{d}})(1-2\mu_{\mathrm{d}})}{1-\mu_{\mathrm{d}}}\times 10^{-3}$$

$$E_{\mathrm{d}}=2\rho v_{\mathrm{S}}^2(1+\mu_{\mathrm{d}})\times 10^{-3}$$

$$\mu_{\mathrm{d}}=\frac{\left(\frac{v_{\mathrm{P}}}{v_{\mathrm{S}}}\right)^2-2}{2\left[\left(\frac{v_{\mathrm{P}}}{v_{\mathrm{S}}}\right)^2-1\right]}$$

$$G_d=\rho v_S^2\times10^{-3}$$

$$\lambda_d=\rho(v_P^2-2v_S^2)\times10^{-3}$$

$$K_d=\rho\left(v_P^2-\frac{4}{3}v_S^2\right)\times10^{-3}$$

式中　$E_d$——动弹性模量(MPa)；

$\mu$——泊松比；

$G_d$——动刚性模量或动剪切模量(MPa)；

$\lambda_d$——动拉梅系数(MPa)；

$K_d$——动体积模量(MPa)；

$\rho$——岩石密度($kg/m^3$)。

4. 计算值取 3 位有效数字。

# 参考文献


[1] 沈明荣.岩体力学[M].上海:同济大学出版社，1999.

[2] 谢和平,陈忠辉.岩石力学[M].北京:科学出版社，2004.

[3] 蔡美峰,何满潮,刘东燕.岩石力学与工程[M].2 版.北京:科学出版社，2013.

[4] 张永兴.岩石力学[M].北京:中国建筑工业出版社，2004.

[5] 刘佑荣,唐辉明.岩体力学[M].北京:化学工业出版社，2008.

[6] 李夕兵.岩石动力学基础与应用[M].北京: 科学出版社，2014.

[7] 石根华.数值流形方法与非连续变形分析[M].裴觉民，译. 北京:清华大学出版社,1997.

[8] 崔政权,李宁.边坡工程:理论与实践最新发展[M].北京:中国水利水电出版社，1999.

[9] 李造鼎.岩体测试技术(修订版)[M].北京:冶金工业出版社，1993.

[10] 陈祖煜,汪小刚,杨健.岩质边坡稳定分析——原理·方法·程序[M].北京:中国水利水电出版社，2005.

[11] Brady B H G,Brown E T. Rock mechanics for underground mining[M]. 3rd Edition. Kluwer Academic Publishers，2004.

[12] 凌贤长,蔡得所.岩体力学[M].哈尔滨:哈尔滨工业大学出版社，2002.

[13] 孔宪立,石振明.工程地质学[M].北京:中国建筑工业出版社，2001.

[14] 中华人民共和国建设部. GB 50007－2011 建筑地基基础设计规范[S].北京:中国计划出版社，2012.

[15] 重庆市城乡建设委员会. GB 50330－2013 建筑边坡工程技术规范[S].北京:中国建筑工业出版社，2014.

[16] 中华人民共和国水利部. GB/T 50218－2014 工程岩体分级标准[S].北京:中国计划出版社，2015.

[17] 重庆交通科研设计院. JTG D70－2004 公路隧道设计规范[S].北京:人民交通出版社，2004.

[18] 中国电力企业联合会. GB/T 50266－2013 工程岩体试验方法标准[S].北京:中国计划出版社，2013.

[19] 中国电力企业联合会.DL/T 5368—2007 水利水电工程岩石试验规程[S].北京:中国电力出版社,2007.

[20] 中交第二公路勘察设计研究院. JTG E41－2005 公路工程岩石试验规程[S].北京:人民交通出版社，2005.

[21] 孔宪立.岩体工程地质及其灾害[M].上海:同济大学出版社，1993.

[22] 沃特科里 V S,拉马 R D,萨鲁加 S S.岩石力学性质手册[M].北京:水利水电出版社，1981.

[23] 佩特森 M S.实验岩石变形——脆性域[M].北京:地质出版社，1982.

[24] 国际岩石力学学会实验室和现场试验标准化委员会.岩石力学试验建议方法[M].北京:煤炭工业出版社，1982.

[25] 古德曼 RE.不连续岩体中的地质工程方法[M].北京:中国铁道出版社，1980.

[26] 周维垣.高等岩石力学[M].北京:水利水电出版社，1989.